U0342176

难采矿床地下开采
理论与技术

周爱民　等编著

北　京

冶金工业出版社

2015

内容提要

本书针对难采金属矿床的开采特点，按照全面掌握矿床开采条件、合理改造开采环境、优化匹配采矿方法和保障矿山安全的基本思想，系统阐述了难采金属矿床开采环境探测、开采环境重构、地压监测与预警、固废胶结充填和采矿方法等五个方面的理论、技术、工艺以及装备，重点介绍了国内外创新理论、技术成果及工程实践，结合矿山实例介绍了实际应用的条件、方法和效果。

本书是开发难采金属矿床资源的参考用书，适合从事采矿工程技术研究与设计的技术人员阅读，也可以作为高等学校相关专业课程的参考用书。

图书在版编目(CIP)数据

难采矿床地下开采理论与技术/周爱民等编著. —北京：
冶金工业出版社，2015.5
ISBN 978-7-5024-6874-3

Ⅰ.①难… Ⅱ.①周… Ⅲ.①金属矿开采—地下开采
Ⅳ.①TD853

中国版本图书馆 CIP 数据核字(2015)第 062663 号

出 版 人　谭学余
地　　址　北京市东城区嵩祝院北巷 39 号　邮编　100009　电话　(010)64027926
网　　址　www. cnmip. com. cn　电子信箱　yjcbs@ cnmip. com. cn
责任编辑　杨秋奎　美术编辑　吕欣童　版式设计　孙跃红
责任校对　石　静　责任印制　牛晓波
ISBN 978-7-5024-6874-3
冶金工业出版社出版发行；各地新华书店经销；北京百善印刷厂印刷
2015 年 5 月第 1 版，2015 年 5 月第 1 次印刷
787mm×1092mm　1/16；23.75 印张；572 千字；367 页
90.00 元
冶金工业出版社　投稿电话　(010)64027932　投稿信箱　tougao@cnmip. com. cn
冶金工业出版社营销中心　电话　(010)64044283　传真　(010)64027893
冶金书店　地址　北京市东四西大街 46 号(100010)　电话　(010)65289081(兼传真)
冶金工业出版社天猫旗舰店　yjgy. tmall. com
(本书如有印装质量问题，本社营销中心负责退换)

前　　言

  我国金属矿产资源总量丰富，但资源禀赋差，多为形态难采、矿岩软破、环境复杂和残留矿体等类型的难采矿床。矿床的矿体形态、矿岩稳固性、矿区环境和一次开采破坏，均严重制约着采矿效率、产能规模、成本效益和开采回采率，显著降低了矿床的经济可采性，其建矿模式、开采技术以及经营管理，均需要相应的技术支撑。以至于国内相当一部分已经探明的难采矿床，在当时的开采技术水平和市场条件下，一直不能被有效地开采，甚至长期不能被开发利用。随着金属矿产资源的不断开发，越来越多的难采矿床将成为主要开采对象。

  国内外矿山开采实践表明，难采矿床按照常规的矿山工程设计程序难以正常开采，需要针对这类矿床的开采条件开展相应的试验研究，全面系统地掌握矿床的开采条件，提出相匹配的开采对策、优化选择或开发新型相应的支撑技术，为矿山工程设计和安全生产提供必要的支撑。矿床的天然属性使其开采条件存在很大的差异，使得采矿工程布置及开采工艺、技术具有条件优先的特殊性。因此，针对难采矿床开采的主要试验研究的基本思想是，首先需要全面地了解矿床的开采条件，然后是合理地改造条件，最后才是根据被改造的矿床条件采用与之相匹配的开采方案、工艺与技术进行开采。因此，矿床开采条件的探测分析技术、矿床环境条件的改造重构技术、适应难采条件的采矿方法以及矿山安全保障技术，成了开采难采矿床不可或缺的支撑技术。

  由此可见，难采矿床开采技术的研究已成为金属矿床开采学科的主要研究方向，其创新研发和成果转化也成为重点任务，并且将成为采矿行业长期的科研任务。我国经济建设的快速发展带来资源瓶颈问题，对难采金属矿床的开采需求迫切，有力推动了我国难采矿床开采技术的进步，这些进步引领了全球难采矿床开采理论及工艺技术的发展。

  长沙矿山研究院建院以来，一直致力于金属矿床开采技术的研究与实践，将安全高效和经济地开采难采矿床技术作为研究开发的主要任务，特别是近些年来结合国内矿山的建设与生产实践开展了大量的试验研究工作，取得了一批能够解决实际问题的先进实用理论与技术，为我国难采矿床开采技术的发展，以及形成难采矿床开采理论与技术系统，发挥了重要作用。本书以这些研究与应用成果为基础，重点介绍了长沙矿山研究院科技人员在难采矿床开采技术方向上所取得的已成功应用于设计和矿山生产的新理论、新工艺、新技术，同时也概要介绍了国内外难采矿床开采的创新成就。

本书的编写遵循了内容新颖和先进实用的原则，同时兼顾系统性和应用需要，重点阐述了难采矿床类型、开采环境探测与重构、地压监测预警、固废胶结充填以及适应于难采矿床开采的高效采矿方法等方面的先进适用理论、技术、工艺和装备，结合矿山实例介绍了实际应用的条件、方法和效果。按照全面掌握难采环境条件，重构开采环境，根据重新构造的开采条件优化匹配相适应的采矿方法、充填方式和地压监测保障系统的技术主线，构建形成难采矿床开采技术系统，供科研、设计、工程建设、矿山生产和专业教育参考，促进先进适用理论与技术的推广应用，充分发挥创新成果的作用和效果，推动难采矿床开采的可持续发展。

全书共分6章，由周爱民博士主持编写。各章节编写人员：第1章鲍爱华、周爱民；第2章李庶林（2.1）、鲍爱华（2.2）、容玲聪（2.3）、尹贤刚（2.4）、李爱兵（2.5）；第3章周爱民（3.1）、鲍爱华（3.2）、王军（3.3）、李爱兵（3.4）；第4章李庶林（4.1，4.4）、毛建华（4.2）、尹彦波（4.3）；第5章周爱民；第6章周爱民、李向东（6.4部分内容）。全书由周爱民博士统稿和终审定稿。

在本书编著过程中参阅了大量文献资料，谨向原作者表示诚挚的感谢。

限于写作时间与水平，书中疏漏和不足之处，恳请广大读者批评指正。

周爱民

2015年3月于长沙

目　　录

1 绪　　论

我国矿产资源的特点是矿种比较齐全，资源总量较大，人均占有量少，资源禀赋条件差，开采难度大。针对这一特点，研究开发和推广应用安全、高效、经济的难采矿产资源的采矿技术，对增强国内矿产品的供给保障能力，提高我国矿山企业在国际矿业市场的竞争力，保障国民经济的可持续发展具有重要意义。

1.1　难采矿床及其特征

矿床往往由多个矿体组成。既有整个矿床均属难采范畴，也有矿床中的部分矿体属于难采，甚至是矿体中的部分矿段属于难采，前者称之为难采矿床，后两者称之为难采矿体。难采矿床包括了难采矿体。

难采矿床是指矿岩破碎不稳固，矿体形态复杂，存在高地应力、高温、大水等矿床条件，或地表有重要建构筑物、交通要道、江河湖海、生态保护区等需要保护的环境条件的矿床。针对这类矿床，采用常规工艺技术进行开采的难度大，很难取得安全、高效、经济的开采效果，甚至无法回采而被迫丢弃，容易导致矿产资源严重浪费。

关于难采矿床的界定是相对的。随着科学技术的发展和采矿工艺技术的进步，一些过去难采的矿床能够实现常规开采。但易采的矿床总会得到优先开发，难采矿床并不会随着难采技术的发展而不再存在，随着矿业的发展，难采矿床只会越来越成为主要开采对象。

难采矿床具有以下基本特征：

（1）难采矿床的地质条件、赋存状况比较复杂或很复杂。

（2）难采矿床在现有的技术条件下不仅开采工艺技术复杂，开采难度较大，回采率低，采矿贫化率高，而且安全性不好，开采效率低。

（3）难采矿床的开采条件直接影响矿山不同时期的可采储量和开采区域的正常布置，往往导致一些矿段甚至不能正常开采，影响矿山的生产服务年限。

（4）难采矿床的开采将增加作业工序，以致会提高开采成本，制约企业的市场竞争力。

基于难采矿床的基本特征，其开采需要诸多方面的技术综合支持，如需要探测和掌握难采对象的赋存状态和环境状态技术，预测地压活动规律技术，相应的岩层支护加固技术与地压预报和预警技术，以及井下气候调控、矿山防治水技术和高效、可靠的配套采掘装备技术和合理的采矿方法、优化的采场结构和回采顺序等。

1.2　难采矿床类型

根据难采矿床的基本特征，以其难采特征为依据可将难采矿床划分成形态难采矿体、矿岩软破难采矿床、环境复杂难采矿床、二次开采残矿。

1.2.1　形态难采矿体

由于矿体赋存形态方面的原因，使得矿体的开采工作受到局限而成为难采矿体，主要有以下三种难采矿体：

（1）薄与极薄难采矿体。此类矿体厚度一般为0.2～1.0m，由于矿体采后的空间太窄或太矮，致使采矿工作人员不便或无法进入采场，导致常规采矿方法难以应用。如产于古老变质岩及火成岩中的中南地区的钨锡矿脉，通常由大致平行而且一般是紧密相邻的极薄石英脉所组成，甚至在一个矿带中，矿脉数有几十到几百条，矿脉形态变化往往非常复杂，有膨胀缩小、分枝复合、尖灭复现和弯曲错动等现象，而且这些现象在水平和垂直方向上也是变化不定的，这类薄而复杂多变的矿脉，给开采带来很大困难，尤其是岩矿不稳时其难度更大。

（2）缓倾斜、倾斜中厚难采矿体。缓倾斜、倾斜中厚矿体是难采矿体中比较常见的一种，主要难点一是采下矿石不能自溜进入底部结构，二是高效自行无轨设备无法在底板上行走，工作面上的矿石运搬难题至今尚未有效解决。典型代表如康家湾矿深部矿床矿体主要赋存于硅化破碎带中，4个主矿体呈似层状、透镜状产出，倾角5°～35°，平均厚度4.49～8.65m；开阳磷矿洋水矿区位于鄂湘黔中隆起洋水背斜上，其中东翼地层倾角为25°～45°，使矿床开采面临缓倾斜、倾斜中厚矿体和顶板不稳固的难题。

（3）多层复合难采矿体。当一个矿床由间距不大的多层矿体组成时，其中一层矿体的开采必将影响到相邻的矿体，相互间的采动影响使得如何安全、有效采出全部矿层变得复杂而难以处理。典型矿体如云锡松树脚锡矿大马芦矿段共有47个矿体，缓倾斜层状矿体33个，呈叠瓦状产出，倾角5°～25°；云南大姚铜矿凹地苴矿床属典型的缓倾斜多层薄矿体，平面形态似飘带，南北两端宽厚，在剖面上由东西向呈雁行式排列，上段呈多层产出，少则2层，多则4～5层，层间夹石厚度一般为1.0～8.0m，给有效开采带来较大困难。

1.2.2　矿岩软破难采矿床

矿岩松软破碎是难采的主要根源，采掘空间极易发生垮塌，很难形成高效、安全、经济的采掘作业循环，给矿体回采带来极大困难，是最常见的一种难采矿床类型，广泛存在。此类难采矿床主要表现为以下三种情况：

（1）矿石软破难采矿体。矿石不稳固时，若用上向式回采，所暴露的顶板就不稳定，回采作业极易因顶板冒落而中断，必须采取安全有效的护顶措施才能回采这类矿体。代表性矿体如金山店铁矿余华寺矿区Ⅰ号主矿体，由块状和浸染状矿石、粉状加块状混合状矿石和纯粉状矿石组成，其中块状和浸染状磁铁矿矿石结构致密坚固，节理裂隙不发育，中等稳固；粉状加块状混合状矿石结构不甚紧密，节理裂隙发育，稳固性差；纯粉状矿石结构松散，强度较低，稳固性极差。后两类矿石因其松软破碎、自稳性差、矿体内成巷困难、巷道支护成本高、作业安全性差而成为采矿难题。

（2）围岩软破难采矿床。矿体围岩不稳固时，回采暴露围岩后会出现围岩片帮，容易使矿体因失去围岩夹持而失稳，进而引发矿体冒落。如玉石洼铁矿矿体赋存于灰岩与闪长岩的接触带上，矿体中等稳固，厚度为15～20m，接近矿体的石灰岩较破碎，远离矿体的围岩往往充填有较厚的黏性较强的黏土，稳定性较差。

（3）矿岩软破难采矿床。当矿体和围岩都不稳固时，给回采带来的困难更大，常规的采矿方法和工艺几乎无法回采。如招远金矿灵山5号脉赋存于2号断裂带中，矿体和上盘围岩主要为花岗质碎裂岩、糜棱岩，岩石破碎、节理发育、不稳固、极易冒落；漓诸铁矿东Ⅱ号矿体赋存于上寒武统华严寺灰岩之中，矿岩主要由氧化矿层、风化矽卡岩和风化灰岩组成，受到成矿前后众多断层和褶皱的强烈影响，节理裂隙很发育，矿岩疏散松软，强度低、完整性与稳定性差，容易坍塌。

1.2.3　环境复杂难采矿床

矿床环境包括地质环境和地面环境，其范围较大。一般可分为以下几种类型：

（1）高地应力难采矿床。有些矿床赋存在有构造应力存在的地区，开采这样的矿床时会比一般矿床显现出更大的地压。如金川矿区300m深度的地应力值为3~30MPa，应力的差异由软弱和坚硬岩石混合在一起产生应力分布不均引起，沿矿体走向开挖的主运输巷道与主构造应力接近垂直，开采后产生严重的巷道底鼓，以致运输矿车无法通行。

（2）高温难采矿床。一些矿床由于受地下温泉、热水或矿石氧化放热的影响，使井下空气温度超过相关技术规程规定的井下最高气温（28℃），必须采取降温或防灭火措施。如铜坑矿区上部为细脉带体，围岩含矿，矿岩界线不明显，炭质页岩平均含硫6.2%、碳4.1%，1976年在试采崩落区发生自燃火灾，靠近火区的两个分段中部分炮孔温度高达100~196℃，地表二氧化硫气体浓度达157×10^{-6}以上，塌陷坑周围呈焦土。

（3）深部高温、高地应力难采矿床。深部矿床的埋藏深度大，存在高地应力、高地温和高提升，构成深部矿床开采的"三高"特征，给采矿作业带来困难。如凡口铅锌矿进入800m深度，最大主应力达31.2MPa，最大主应力接近水平方向，最大主应力与垂直应力之比为1.02~1.7，且最大主应力和应力差值随深度的增加而增大；开磷集团马路坪矿开采深度达800m时，最大水平主应力达34.49MPa，最大主应力方向与背斜走向大致相同，大小随深度增加而增大。

（4）大水难采矿床。当矿床赋存在富含地下水或地下水有丰富补给来源的地区，矿井的日涌水量以数万吨计，矿山作业往往因工作面涌水量太大而带来安全隐患、增加开采难度和生产成本。如业庄铁矿矿体上盘存在两大含水层：一个为含水丰富的中奥陶系灰岩、岩溶裂隙含水层，渗透系数为29.5m/d，为矿体直接顶板；另一个为第四系砂砾岩孔隙潜水含水层，渗透系数为100~300m/d，富水性强。开采过程中受到水害困扰，曾发生过严重的突水事故。

（5）"三下"难采矿床。矿床在开采前地面存在大片水体、重要的建筑物、重要的交通干线等，因而要求地下开采时，不允许地面下沉、开裂或塌陷。如南京铅锌银矿地处南京市郊栖霞山风景区，矿体赋存于栖霞街与九乡河下，南临沪宁铁路与沪宁高速公路，北距长江仅1.5km，属典型的"三下"矿床，地表不允许塌陷和堆放尾砂与废石。

1.2.4　矿柱与残矿资源

我国金属矿山在开采过程中受当时开采技术与开采政策的影响，留下了大量受到一次开采影响的矿柱或残矿，这些矿体受一次开采的扰动和采空区的影响，开采条件更极其困难，开采难度更大。主要有以下几种：

（1）矿山建设设计时，为满足当时的需要而留下的矿柱或先采富矿而留下的贫矿。如锡矿山南矿当年按照有关规定划定保护南炼厂、一号竖井、南矿办公室和河床的 4 个保安矿柱；金川二矿区建成投产时，采取"采富保贫"的方式开采下盘富矿体后，在上盘留下的厚度大于 20m 的贫矿体。

（2）受开采方式和开采顺序的影响而留下的大量空区条件下的矿柱群。早期采用空场采矿法留下大量采空区，空区和矿柱形态错综复杂，多层重叠、相互关联。如河南栾川钼矿和南泥湖钼矿、广东大宝山铁矿、山西袁家村铁矿、甘肃厂坝铅锌矿、河北东坪金矿、湖南柿竹园多金属矿等。受空区影响的矿柱，在回采过程中的安全条件极差、隐患相当大，使这类矿体成为极度难采的资源。

（3）矿山在早期生产过程中，受到经济效益影响放弃的中低品位矿体、边角矿体，以及开采过程中损失的矿石。如宜昌磷矿区的磷矿层为"两贫夹一富"的稳定矿层结构，23% ~30% 中低品位磷矿石储量达 8 亿吨，由于磷矿销售市场长期维持富矿价高、贫矿价低的规律，矿山企业大多选择采富弃贫，中低品位磷矿石开采量仅占开采总量的三分之一，大量中低品位磷矿资源需要二次开采；赤峰国维矿受选用的开采技术和设备条件的限制，40m 高的浅孔留矿法采场只回采 15 ~16m，每个中段都留有高 20m 左右的矿体没有回采。

（4）一次开采时当作废石充填采空区的含矿围岩与尾矿等。如辰州矿业沃溪矿区是一个具有 130 多年开采历史的老矿坑，2000 年以前，主要采用削壁充填法和竖分条房柱嗣后尾砂充填法开采，由于当时的技术经济条件以及市场行情等历史原因，已经回采的中、上部中段采场充填料中混杂有大量的高品位矿石，也留有不少保安矿柱和矿壁未回采。

（5）一次开采时认为没有开采价值的贫矿、氧化矿与矿化围岩等。如湖北铜山口矿Ⅳ号矿体已探明的氧化铜矿资源平均铜品位 1.37%，因矿石破碎、矿岩不稳定、矿石氧化率高达 75% 以上，因难采难选而在一次开采过程中未被开采利用。

1.3 难采矿床的开采

1.3.1 主要采矿方法

难采矿床的采矿方法选择，应按照安全、高效、经济开采的原则，重点针对难采矿床特殊的开采技术条件，因矿施法、因矿创法，选择具有针对性的方法和方案。

充填采矿法可以重构开采条件和有效保护地表环境，进行深部开采时有益于降温和防止岩爆，是开采难采矿床的首选。其中下向进路胶结充填法，在可控强度的人工顶板和帮壁的保护下，人员、设备都在进路中作业，安全有保障，足以应对任何矿岩软破的难采矿体；分层充填采矿法可以很好地适应矿体的产状与形态变化。机械化充填采矿法还突破了生产能力低的传统概念，已能满足大型和特大型地下矿山对采场能力的要求。

崩落采矿法比较适用于矿石价值不高的厚大难采矿体，以及多空区条件下的难采矿体，相比其他采矿方法可以取得更好的安全、高效和经济效果。

基于难采矿体的开采技术条件，有下列采矿方法可供选择：

（1）充填采矿法。

　　1）分层充填采矿法。

　　①下向进路充填采矿法；

　　②上向进路充填采矿法；

　　③盘区分层充填采矿法；

　　④脉内采准分层充填采矿法；

　　⑤盘区梯段连续充填采矿法；

　　⑥特型分层充填采矿法。

　　2）分段充填采矿法。

　　①下向分段充填采矿法；

　　②上向分段充填采矿法；

　　③分段分条充填采矿法；

　　④垂直分条分段充填采矿法。

　　3）阶段充填采矿法。

　　4）点柱充填采矿法。

　　（2）崩落采矿法。

　　1）阶段自然崩落采矿法。

　　2）阶段强制崩落采矿法。

　　3）大爆破协同崩落采矿法。

　　（3）特殊采矿法。

　　1）薄矿脉分采采矿法。

　　2）原地溶浸采矿法。

　　需要指出的是，难采矿体的采矿方法并非一成不变的，随着采矿技术的进步，矿山新材料、新设备的应用，回采工艺技术的创新，特别是针对难采矿床不断增长的开发要求，已经和必将涌现出更多新的采矿方法。可以说，难采矿床的开采是推动采矿方法创新的强大动力。

1.3.2　主要配套技术

　　难采矿床的开采条件对采矿指标都有重大的负面影响。在矿岩软破不稳固、高地应力的矿床开采条件下，难以形成或维持较大的采掘空间，地压活动显著，致使井巷、采场发生冒落、片帮，采掘工作难以进行，地压活动剧烈时甚至可能破坏生产系统，使得生产难以正常进行；复杂的矿体产状形态和高井温开采条件严重制约采矿效率；富含水条件容易导致井下突水灾害。以至开采过程中安全隐患多、损失贫化大、采场生产能力低、劳动生产率低，为了解决难采矿床开采所面临的这些问题，必须获得广泛的技术支持。

　　（1）环境探测技术。广义的矿山环境包括矿山地质环境、水环境、生态环境、大气环境和空间环境。随着科学技术的发展，矿山环境探测方面涌现出了一大批新技术和新方法，如3S技术、野外和室内测试试验技术、动态监测和地球物理勘探方法等。其中，与地下采矿活动直接相关的矿山环境探测技术主要有井下气候测量、空区勘测、地下水勘测，岩石原位力学试验和室内岩土物理力学性质试验等。

　　（2）地压控制技术。地压控制是矿岩不稳固难采矿床、高地应力难采矿床和深部矿床开采必然涉及的主要问题。采区二次应力分布规律、地压监测预警及地压卸载转移是有效管理和控制矿山地压诱发矿山灾变的关键技术。

（3）矿山充填技术。矿山充填是应对复杂多变的矿体产状形态、控制采场空间和矿山区域地压活动的最重要手段，是抑制上覆岩层和地表沉陷破坏，有效保护地面构建筑物和矿区水系不可替代的关键技术，也有利于高井温作业工作面的降温。充填材料及其制备、输送技术，充填方式及充填工艺，合理的充填体结构与强度，都将对矿山充填的推广应用和开采效益发挥重要作用。

（4）岩层支护技术。对于不良岩层实行加固支护，维护巷道和采场稳定性，防止冒顶、片落，在难采矿床开采中发挥十分重要的作用。针对岩层条件采取喷、锚、网支护或联合支护，以及超前支护和注浆加固等支护技术，及时、有效地维护采掘工程的暴露面十分必要。

（5）井下降温技术。井下降温是开采高井温难采矿床不可或缺的手段，国外在这方面已有成熟的配套技术，国内针对井下降温技术开展了研究，但缺乏成套的技术和系统的研究。随着矿山逐渐转入深部开采，必将推进井下降温技术及装备的发展。

（6）防治水技术。大水难采矿床的开采，首先必须防治水患。国内在地下水探测、矿床疏干排水、注浆堵水等方面，有较多的成熟技术可供选用。

1.3.3　主要技术进展

难采矿床是一个相对概念。它一方面是由矿床复杂多变的地质及开采技术条件决定其开采难度，另一方面是受开采时的科学技术水平的制约而难以实行安全高效开采。显然，难采矿床开采技术是采矿业发展的永恒课题。我国针对难采矿床的开采开展了大量的研究，通过国内采矿科研机构和矿业院校与重点矿山企业的持续科技攻关，一些难采矿床的关键技术问题相继攻克。

（1）矿岩松软破碎矿体开采技术。丰山铜矿南缘矿体，矿岩破碎不稳固，经研究采用分段充填采矿法，解决了矿石损失贫化率高的技术难题。机械化水平分层充填采矿方法成功地应用于新城、焦家、三山岛等黄金矿山，使一批储量大、品位高，矿岩不稳固、地表不允许陷落的黄金矿山顺利建成投产，其中的三山岛金矿建成国内地下开采规模最大的地下黄金矿山。"两淮一店一门"以及程潮、綦江、莱芜、漓渚、冶山等一批难采铁矿床，由于矿岩松散破碎，巷道、采场垮塌严重，作业不安全、生产不正常。通过技术攻关，在地压控制、岩层支护等方面取得了丰硕成果，使这些难采矿床相继实现了正常生产。开磷集团针对缓倾斜中厚矿体且直接顶板易风化冒落的开采难题，利用磷石膏和废渣实现充填采矿，使得矿石资源回采率从之前的70%提高至80%以上。

（2）高地应力及深部矿床开采技术。金川镍矿是地应力大的特大型有色金属难采矿床，金川镍矿自建矿伊始即针对高地应力及矿岩破碎的开采条件围绕采矿方法、地压活动规律展开持续攻关，不仅达到了设计生产能力，而且实现了稳产、高产，并使充填采矿法步入了高效采矿法的行列。凡口铅锌矿开采深度近900m，地下岩层温度达40℃，通过深部开采技术攻关，成功应用了卸荷高分层充填采矿技术、热交换通风降温技术、全数字远程微震监测技术，顺利地进行深部开采。冬瓜山铜矿埋藏深度-690~-1007m，原岩应力高达38MPa，岩层温度高达39℃，现已建成年产矿石300万吨的特大型地下矿山。

（3）大水矿床开采技术。莱新铁矿针对矿床疏干排水效果不明显所面临的水害问题，采用井下近矿体帷幕注浆、顶板加密注浆、群孔注浆和全尾砂胶结充填采矿法相结合治理岩溶大水水害，使矿山井下涌水量从 50000m^3/d 降至 5000m^3/d；张马屯铁矿针对"大水"、"三下"的复杂开采条件，通过帷幕注浆建立起长效稳定的地下"拦水大坝"，采用全尾砂胶结充填技术保护矿山开采环境，实现了难采矿床的安全开采。

（4）复杂环境矿床开采技术。南京栖霞山铅锌矿位于城区和风景区，矿区地表不允许排放废物或遭受破坏。该矿通过研究应用全尾砂胶结充填技术、采掘废石不出窿充填工艺，将矿山全尾砂和废石用于井下充填，不建尾砂库及废石堆场，保证地表变形远小于国家规定值，使矿区生态环境、区域水系与地表人文景观得到了切实有效保护，使矿石资源得到了合理充分利用，为国内金属矿山绿色开采提供了很好的示范。

（5）低品位矿床开采技术。铜矿峪铜矿在低品位条件下成功应用自然崩落法，成为年产矿石量 600 万吨和采矿成本最低的地下金属矿山。

（6）薄矿脉开采技术。通过相关的技术攻关，中南地区薄矿脉钨矿的矿石回采率由之前的 30% 提高到 70%~80%；锡矿山锑矿试验成功了杆柱护顶房柱法，取代长期以来留护顶矿的房柱法，使矿石损失率降低了 40%。

（7）矿柱群开采技术。柿竹园多金属矿与三道庄钼矿均留下大量的地下采空区和矿柱群，受空区影响的矿石资源量大。通过科技攻关开发协同崩落开采技术，成功地应用井下立体分区协同强化开采技术、露天大区协同强化开采技术，两座矿山成为安全、高效开采空区环境下矿柱群资源的示范地下矿山和露天矿山。

1.3.4　开采技术展望

导致矿床难采的因素很多，有与矿体厚度和产状相关的极薄和薄矿脉、倾斜中厚矿体，有与矿体埋藏位置和深度相关的"三下"矿体、"三高"深部矿床，有与矿体赋存环境相关的大水矿床、松软破碎矿岩、自燃性矿体和复杂多变矿体，以及各类矿柱和残矿等。由于社会发展伴随着大量的资源消耗和采易避难的客观规律，难采矿床的开采问题不会因为科技进步而逐步消失，而是会越来越多、越来越难。因此，当今采矿科技创新的重要课题和核心，就是难采矿床的安全、高效、经济、绿色开采。难采矿床开采技术的重点将在于满足深部"三高"矿床开采、"三下"矿床开采和软破矿床开采的需要，创新与发展相应的技术与装备。

（1）深部"三高"矿床开采技术。随着浅部资源的逐渐消耗，深部资源的开采利用将成为主要开采对象。为了满足深部矿床安全高效开采的需要，相应的开采技术将得到发展和推广应用。其重点是发展适应于高应力、高地温、高井深开采条件的采矿方法、开采顺序、地压控制、降温隔热等方面的理论与工艺技术。其中在深井采矿模式、深井高应力致灾机理、深部采动围岩二次稳定控制理论与支护技术、深井开采中高温环境控制理论与技术等方面的研究与应用将取得突破。

（2）充填采矿技术。充填采矿工艺技术既是难采矿床开采的共性关键技术，又是绿色开采不可或缺的支撑技术。面对深部矿床、"三下"矿床和软破矿床开采方面的技术难题，充填采矿技术的进一步发展与大量推广应用将是必然趋势。为满足充填采矿推广应用的需要，大规模充填采矿工艺及充填技术、胶结充填新技术与新材料、深矿井充填技术、充填采矿条件匹配优化技术将得到快速发展，并在大流量充填工艺与装备、细尾矿充填利用、改性及无害化充填材料的开发利用方面突破关键技术，在低成本充填工艺技术方面持续发展。

（3）开采环境重构技术。难采环境是制约难采矿床安全、高效开采的主要难点。针对不稳固的软破矿岩、高地应力、高温、富含水等难采环境条件进行重构，以满足安全高效开采的要求，一直是难采矿床开采的重要方向和努力目标。目前虽已取得重要技术进展，并在工业生产中大量应用。但安全、高效开采的目标将不断提升，则环境重构的技术目标也将无止境。因此，针对难采矿床开采环境的重构技术将会不断发展，在改善采场作业安全条件和作业效率条件方面，实现技术的持续创新和推广应用。

（4）智能采矿技术。难采条件致使开采过程中存在安全隐患，是导致难采矿床之所以难采的重要方面。智能采矿技术可以显著减少事故对作业人员的伤害，并且智能化采矿还是采矿领域的前瞻方向和愿景目标。因此，智能采矿技术将会持续不断地得到发展。其中开采环境数字化、采掘装备智能化、信息传输网络化和经营管理信息化方面的技术将加快工业化应用，采矿生产过程自动化的技术瓶颈将有所突破，并在难采矿床开采的关键工序中得到应用。

参 考 文 献

[1] 陈宗基. 我国在复杂岩层中的巷道掘进——兼论构造应力与时间效应的重要性 [J]. 岩石力学与工程学报, 1988, 7 (1): 1~14.

[2] 周爱民, 廖全佳. 分段碎石水泥浆充填采矿方法的研究与应用 [J]. 金属矿山, 1997, 9 (9): 3~8.

[3] 蔡美峰, 乔兰, 于波. 金川二矿区深部地应力测量及其分布规律研究 [J]. 岩石力学与工程学报, 1999 (4): 414~418.

[4] 李文成, 马春德, 李凯, 等. 贵州开阳磷矿三维地应力场测量及分布规律研究 [J]. 采矿技术, 2010, 10 (5): 31~33.

[5] 李朝晖. 云南大姚铜矿多层缓倾斜薄矿体采矿方法研究 [D]. 昆明: 昆明理工大学, 2002: 38~51.

[6] 王方汉. 风景区地下资源开采与环境保护实践与展望 [J]. 采矿技术, 2002, 2 (3): 48~51.

[7] 周爱民. 深部难采矿床开采技术 [C] //采选技术进展报告会, 2006.

[8] 褚洪涛. 我国金属矿山大水矿床的地下开采采矿方法 [J]. 采矿技术, 2006, 6 (3): 49~52.

[9] 李光裕. 沃溪矿区残矿回收的实践 [J]. 采矿技术, 2007, 7 (1): 3~5.

[10] 洪石奇. 原地钻孔浸铜技术开采难采、选氧化矿之设想 [J]. 化工矿物与加工, 2005 (8): 28~31.

[11] 姚金蕊, 王永奇. 开磷集团采矿工艺与装备进展 [J]. 采矿技术, 2010, 10 (3): 82~83, 124.

[12] 周爱民. 国内金属矿山地下采矿技术进展 [J]. 中国金属通报, 2010, 768 (27): 17~19.

[13] 柳小胜. 中国铁矿床充填采矿实践 [J]. 矿业研究与开发, 2012, 32 (6): 7~9.

 # 2 开采环境探测

难采矿床的难采，主要在于矿床的开采环境存在高地应力、高地温、大水、地下空区和软破矿岩等一种或多种条件，必须针对矿床所处的开采环境条件，进行必要的环境重构和选择采用与之相匹配的开采工艺技术，才能确保安全、高效和高回采率开采。因此，探测掌握矿床的环境条件成为开采难采矿床的首道必要工序。重点探测内容主要有地应力、井下气候、地下水、地下空区以及工程地质条件等。

2.1 地应力测量

地应力属于岩体环境中天然存在的应力，是采矿工程中岩体结构的作用荷载。掌握地应力状态是进行采矿方法选择、采矿工程设计、岩体稳定性分析的重要依据。对于高地应力和软破矿岩类型的难采矿床，地应力是影响其安全开采的最主要和最直接的因素，掌握矿山开采环境的地应力条件是这类难采矿床开采的基本前提，只有如此才能合理确定矿山总体布置、井巷工程的支护方式、选择合理采矿方法，确保矿山安全生产。

一般情况下，地应力主要由岩体自重应力和构造应力组成。岩体自重应力可以根据岩石的平均密度进行估算；而构造应力是构造运动之后残留在地壳岩体中的应力，不能进行计算，只能通过现场实际测定。在矿山工程中测定的原岩应力，是受到矿山开采影响的地应力。

自 1932 年技术人员成功地测定了胡佛水坝下面一个隧道的岩体地应力值以来，地应力量测从理论方法到应用都得到了迅速发展。为了进行有效的岩体应力量测，发展了多种现场岩体应力测量方法，形成了直接和间接两大类测量法。直接测量法主要包括扁千斤顶法、水压致裂法、刚性包体应力计法。间接测量法主要有套孔应力解除法和声发射凯萨效应法。直接测量法是由测量仪器直接测量出某种应力量，并由该应力量和原地应力的相互关系，通过计算获得原地应力值。在计算过程中并不涉及不同物理量的相互转换，不需要知道岩石的物理力学性质和应力–应变关系。间接测量法借助某些传感元件或某些媒介，测量出岩体中某些与应力有关的间接物理量的变化，如岩体中的变形或应变，岩体的密度、电磁、电容的变化，弹性波传播速度的变化等，同时确定所测物理量和应力的相互关系，然后由测得的间接物理量的变化，通过已知的公式计算出岩体中的原地应力。

国内外普遍采用的方法一般为应力解除法，常用方法为空心包体测量法。实质是有意扰动岩石的应力状态，然后测量其产生的应变或位移，再测量应变与应力的关系，从而求出应力的大小。迄今为止，国内外应力解除法测量应力的理论计算均有其假设的前提，如岩体为线弹性体、连续均一的介质，各向同性等假设，从而导出符合经典数理力学理论的计算公式。以这种理论分析计算的结果有时往往与实际地应力大小相差较大，而且应力解除法现场量测的工作量大，一次量测只能获得少量的实测数据，容易出现数据失真现象。利用岩石受载时的声发射凯萨效应测定岩体应力，可以克服现场岩体应力量测的上述缺

点。该方法是从地层中取出岩芯（岩样），将岩芯在实验室进行再次加载，根据其声发射突增点时对应的应力状态推算出原地应力。这一方法将地应力量测从现场搬进实验室，可以经济有效地进行量测工作，而且还可以简捷方便地获得大量实测数据，提高测量数据的可靠性，收到了很好的效果，为地应力量测提供了一个简便易行的新途径。

2.1.1　空心包体法

2.1.1.1　基本原理与方法

空心包体法是套孔应力解除法中孔壁应变法的一种。对于在测点周围小的范围内，假设岩石是一种受三维应力作用下的均质、连续、各向同性的线弹性体。测量时先在岩体中钻一个大孔至待测区，然后在大孔孔底中心钻一同轴小孔，在小孔中安装应变计探头。之后用大直径套钻钻取探头所在的岩芯。当岩石套钻钻完岩芯后，岩芯内的应力被完全释放，地应力作用而产生的变形也得到恢复。通过测量岩芯在应力解除后孔壁的变形回复量，利用弹性力学原理便可以按以下步骤计算出地应力的大小：

（1）建立直角坐标系，z 轴与钻孔同轴。这样测点处的空间应力状态可以由 6 个应力分量表示，即 σ_x、σ_y、σ_z、τ_{xy}、τ_{yz}、τ_{zx}。根据弹性力学原理可以得到量测孔壁上每个应变片的应变值 ε_i（$i = 1，2，\cdots，12$）和 6 个应力分量之间的关系，即 $\varepsilon_i = f_i$（σ_x，σ_y，σ_z，τ_{xy}，τ_{yz}，τ_{zx}）。共得到 12 个方程。

（2）上述 12 个方程中只有 6 个未知数，即 6 个应力分量值，因此，联立 12 个方程，利用最小二乘法求解这个方程组即可得到 6 个应力分量值。

（3）由 6 个应力分量值可求得 3 个主应力（σ_1，σ_2，σ_3）的大小和方向。

（4）进行坐标变换，把主应力的方向用地质学上的倾角和方位角表示。

2.1.1.2　现场应力解除测试方法

（1）确定开钻点位，初定钻孔方位、倾角。

（2）正常钻进，钻取孔直径 130mm。

（3）钻进 2m 左右到完整岩层时，停止打孔钻进，进行一次套孔试验，即用磨平钻头磨平孔底，用锥形钻头开喇叭口，采用直径为 36mm 的小钻头钻长度为 450mm 的小孔，再套钻直径为 130mm、孔长 500mm 的大孔，取出大孔岩芯。此次试验目的是熟悉解除钻孔的过程，检验钻头性能，并取出钻有小孔的大岩芯做安装试验和围压率定仪性能检测试验。

（4）继续将直径 130mm 的大孔钻到预定位置，据测点情况，确定钻孔深度。钻孔的深度适宜、岩层条件好，即可开始进行解除测量。

（5）安装试验。在试验室将测量探头安装在大岩芯中的小钻孔中。目的是检查探头的橡皮密封环是否配套，整个探头能否顺利推进至小孔中；直径 2mm 的竹销子在安装时是否既能保证橡皮密封圈顺利进入小孔，又能在到位后被顶断。

（6）正式开始解除。用大钻孔钻进，磨平孔底、开喇叭口、钻小孔，小孔钻进深度450mm，钻进到位取出岩芯后再将钻杆送入，用水冲洗保证小孔中没有岩渣。

（7）探头安装。用干净的棉纱将小孔中水擦干，用棉纱浸丙酮清洗小孔孔壁。用应变仪检测探头各应变片是否正常。调胶水，A 组分 59g、B 组分 14g 混合调匀后倒入探头中，把柱塞形探头用竹销子固定后安装在定向器上。用安装杆把探头和定位器一同送入孔中，定向器开口向下，一直将探头送到小孔末端，并记录第一次总深度。顶断竹销子挤出探头中空腔中的胶水，使探头与钻孔壁黏结在一起，当挤不动时记录第二次总深度，获知柱塞进入探头中空腔中的长度。记录定位器读数，计算 A 组应变片安装角，如需调整可以转动定位器。上述工作完成后即可认为探头安装完毕。定位器暂置于孔中不取出，以免安装角变化。待第二天再进行应力解除。

（8）应力解除。首先检查安装角是否有变化，以此次检测为准，取出定位器。准备解除钻进，将探头电缆穿过直径 130mm 钻头、大岩芯管、钻杆，并从水管接头引出接在应变仪上。将直径 130mm 钻头送至孔底，打开水管阀门，冲水 5min 以上，然后测量各应变片的起始读数或调零，每片读取 5min 时的测值。测完后将仪器转到第一个测片的位置后即可开钻进行解除。钻进时，用应变仪监视第一测片的变化，每钻进 30mm，停钻记录一次各应变片的测值，每次都记录 1min 时的测值，停钻时不停水。如此循环钻进 400mm，当有 3 个测值不变时可以认为应力解除结束。最后一次数据记录 5min 时的测值或不漂移的测值。测完后取下接头接线，松开水管接头的堵水装置，开钻取出包含有探头的岩芯，或拆卸钻具后，用安装杆接岩芯铲把岩芯铲断取出。将包含探头的岩芯进行围压率定，以测量岩石的弹性模量和泊松比。

（9）围压率定。把包含探头的岩芯放入围压率定仪中，使贴应变花的位置位于率定仪的中间位置。用手动油泵给率定仪加压。用应变仪监测各应变片的测量值。每增加 1MPa，测一个应变值。读数方式与解除一致。

（10）一个孔的应力解除做完之后，测量确定钻孔方位、倾角、高程等参数。

2.1.1.3　应力解除注意事项

（1）安装探头前应检测探头和各应变片是否正常，探头橡皮密封圈是否与小孔配套。

（2）探头、电缆接线头不能粘泥、粘水，以免引起测量误差。

（3）每次解除测量的前一天给应变仪充电，以保证其能正常使用。

（4）每个应力解除循环必须连续完成，不允许隔天继续解除。

（5）解除过程中，若岩芯断裂无法继续正常测量，则此次解除不成功，应重新做一次，每个孔要有两次成功解除。

（6）如果需要用粘贴在岩芯中的探头工作片作补偿片，可保留一个解除后的岩芯在井下做补偿之用。

2.1.1.4　凡口铅锌矿应用实例

长沙矿山研究院应用空心包体法在凡口铅锌矿 -550m 中段和 -650m 中段进行了地应力测量。

A　测量仪器与设备

采用 KX -81 型空心包体应力计，主要特点是可用于破碎的和较软弱的岩层中进行地应力测量，且操作简便。

应力计由嵌入环氧树脂筒中的 12 个电阻应变片组成。每 4 个应变片构成一枚应变花，将 3 枚应变花沿环氧树脂筒圆周相隔 120°粘贴（图 2 -1）；然后再用环氧树脂浇注外层，使电阻应变片嵌在筒壁内。

环氧树脂圆筒有一个足够大的内腔用来装黏结剂和一个环氧树脂柱塞（图 2 -2）。使用时，将圆筒内腔装满黏结剂，然后将柱塞插入内腔约 20mm 深处，用铅丝将其固定。柱塞的另一端有个定位棒，以使应力计顺利安装在所需要的位置。将应力计送入钻孔中预定位置后，用力推动安装杆切断铅丝，继续推进使黏结剂经柱塞小孔流出，进入应力计和小孔孔壁之间的间隙。待黏结剂经过一定时间的固化后，进行应力解除。

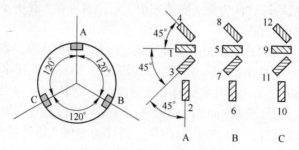

图 2 - 1　应变花的位置分布

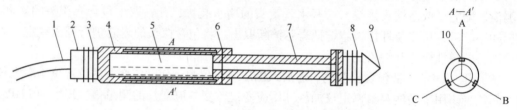

图 2 - 2　KX - 81 型空心包体全应力计结构

1—电缆；2—定向销；3，8—密封圈；4—环氧树脂筒；5—黏结剂；

6—固定销；7—柱塞；9—导向杆；10—应变花

B　测量点的选取

地应力测量的两个测点设在矿区 -550m 水平 S_6 穿脉和 -650m 水平北面 N_{12} 穿口。所选取的两个测点的坐标见表 2 - 1。

表 2 - 1　测点坐标及覆岩厚度　　　　　　　　　　（m）

测　点	X	Y	Z	H
1 号测点	2778207.851	462555.473	-548.420	680.420
2 号测点	2778651.496	462715.586	-647.841	779.841

C　测量过程

a　钻孔与安装传感器

（1）首先在巷道壁的岩体中钻一直径为 φ130mm、倾角约 3°～5°、长为 7～9m 的大孔。在钻到一定深度后取岩芯，观察节理、裂隙发育情况及层理位置等，力求使测点深度处岩性好，不在层理面上。

（2）用 φ130mm 合金平钻头磨平孔底。

（3）用 φ130mm 尖钻头钻喇叭孔，深 50～60mm，以便在钻小孔时能保证大孔小孔同轴，在安装探头时能使探头顺利进入小孔。

（4）用 φ36mm 合金小钻头钻 320～350mm 长的小孔，并用清水冲洗干净。

（5）用定位器和安装杆将准备好的探头推送至既定的位置，并调整好安装角，即完成安装过程（图2-3）。

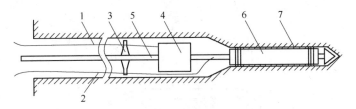

图2-3　地应力测试探头安装示意图

1—定向器导线；2—应变片电缆；3—扶正轮；4—定向器；5—传送杆；6—探头；7—黏结剂

b　应力解除测量

待探头与孔壁岩石胶结牢固24h后，卸除安装器，换上岩芯套钻。把探头引出线分别接到电阻平衡箱上，调好应变仪，套取岩芯。在套钻的过程中，应变仪测量出12个应变片在整个应力解除过程中不断变化的应变值。套孔每进尺30mm测量一次应变值，直到钻进深度超过测孔孔底为止。测量完毕后，取出岩芯以备率定试验用。-550m中段和-650m中段两个测点的应力解除测试结果如图2-4和图2-5所示，两图的测试曲线表明，两个测点的应力解除测试结果比较正常，为有效解除。

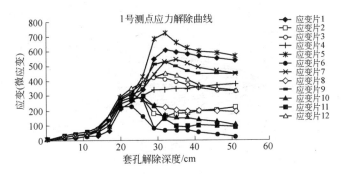

图2-4　-550m中段地应力解除曲线

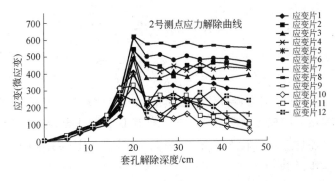

图2-5　-650m中段地应力解除曲线

c　岩芯率定试验

率定试验是为了测量岩芯的弹性模量 E 和泊松比 μ，同时也能起到检验探头黏结质量的作用。将解除好的岩芯连同传感器，应用专门的率定机对岩芯进行加压率定（图2-6）。

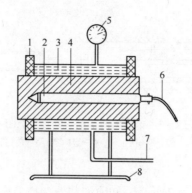

图2-6 岩芯率定装置

1—支架；2—岩芯；3—高压油；4—环氧树脂筒；5—压力显示仪；
6—应变片电缆；7—油管；8—底座

-650m 中段的岩芯率定曲线如图2-7所示。根据图2-7及式（2-1）和式（2-2）确定该点的弹性模量和泊松比。

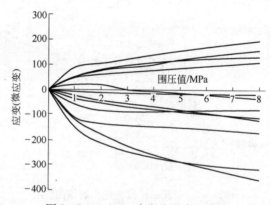

图2-7   -650m 中段岩芯率定曲线

$$E = K_1 \left(\frac{p_0}{\varepsilon_\theta}\right)\left(\frac{2R^2}{R^2 - r^2}\right) \qquad (2-1)$$

$$\nu = \frac{\varepsilon_z}{\varepsilon_\theta} \qquad (2-2)$$

式中，p_0 为围压值；E、ν 分别为岩石的弹性模量和泊松比；K_1 为修正系数，与岩石和空心包体材料的弹性模量、泊松比、空心包体的几何形状、钻孔半径等有关的变量，每一次应力解除，都必须具体计算测点的 K 系数值；ε_θ、ε_z 分别为围压引起的平均周向应变和平均轴向应变；R、r 分别为围压引起的平均周向应变和平均轴向应变。

-550m 中段的测点的岩芯因在解除完成之后取岩芯时磨坏测试电缆，不能进行直接的岩芯率定。因而针对 -550m 中段的岩芯弹性模量和泊松比，则采用该测点的岩芯对应于测试面处的岩样，加工成试样之后，在 MTS 全数字液压伺服岩石压力机上进行测定。其加卸载曲线如图2-8所示。应力解除过程是一个卸载过程，在确定岩石的弹性模量时用卸载段的曲线来求算。由于图2-8中岩石加卸载应力-应变曲线均明显表现出非线性性质，在计算E时仅取对应于$10\sim30$MPa应力段的曲线段的割线来表示弹性模量。两个测点的岩芯的弹性模量和泊松比见表2-2。

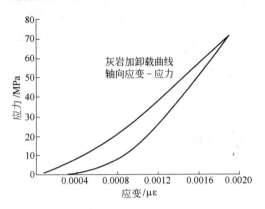

图2-8　-550m中段测点岩样加卸载曲线

表2-2　两个测点处的弹性模量、泊松比

测　点	弹性模量/MPa	泊 松 比
1 号	59396	0.2
2 号	68128	0.19

D　测量结果与分析

编制地应变计算分析程序，将测量读数输入计算机计算地应力的大小和方向，并且对测量误差进行分析。为了在空间中直观地表示主应力，选择地理坐标系，规定方位角为地理方位角，倾角取俯角为正，仰角为负。

依照上述规定，所得的测点处主应力结果见表2-3，各测点主应力的空间方向如图2-9与图2-10所示。-650m水平最大主应力为31.2MPa，-550m水平最大主应力为21.9MPa，最大主应力接近水平方向，最大主应力与垂直应力之比为$1.02\sim1.7$。在该矿区内最大主应力随深度H的变化规律如图2-11所示。

表2-3　各测点实测主应变计算结果

测点中段/m	深度/m	最大主应力 σ_1			中间主应力 σ_2			最小主应力 σ_3		
		数值/MPa	方位/(°)	倾角/(°)	数值/MPa	方位/(°)	倾角/(°)	数值/MPa	方位/(°)	倾角/(°)
-550	680.420	21.9	227.87	1.35	20.5	-44.52	-60.51	14.9	138.64	-29.46
-650	779.841	31.2	174.10	1.10	18.8	84.16	-3.31	17.3	245.83	-86.50

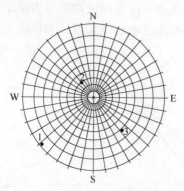
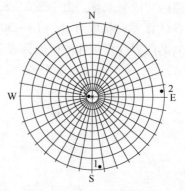

图 2-9　-550m 实测主应力方向极点　　　图 2-10　-650m 实测主应力方向极点
（1、2 与 3 分别表示最大主应力、中间主应力与最小主应力）　（1、2 与 3 分别表示最大主应力、中间主应力与最小主应力）

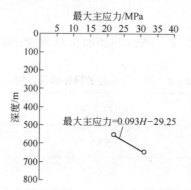

图 2-11　矿区最大主应力随深度的变化规律

2.1.2　声发射凯萨效应

2.1.2.1　测量原理

1950 年德国物理学家 J. Kaiser（J. 凯萨）在对多晶金属材料进行声发射试验时，发现经过一次应力作用的金属材料在再次加载未达到前次所承受的应力水平之前，不发生或很少发生声发射现象，而当再次被加载到先前经受过的应力水平之后，其声发射活动将产生突然增加的现象。后来，人们把这种现象称为声发射凯萨效应。1963 年 R. E. Goodman 首次用这种方法对岩石材料进行了声发射试验，证实岩石材料同样具有"记忆"先前应力大小的特性，这种凯萨效应可用来测试岩体中的地应力。通过对岩石试样进行加卸载试验，可以测得岩石在重复加载时的声发射事件的活跃点，这个活跃点对应的应力值就是先前岩石所受的应力值。

日本的金川忠、北原义浩和林正夫分别于 1976 年和 1978 年用这种效应评价了地下结构的应力状态，与现场实测应力比较，其误差在 10% 以内，这种结果已能较好地满足工程精度的要求。我国赵文、林韵梅等人应用凯萨效应对五龙金矿的地应力进行了实测，实测值比理论值偏高 10% 以内。

2.1.2.2　测量方法

采用声发射凯萨效应测定地应力时，可以把现场测试转移到进行室内试验来确定地应力值和地应力方向。声发射凯萨效应的地应力测试方法和步骤如下。

A　岩样的采取

采用地质钻取法从需要测量原地应力的部位采取岩芯。为避免周围开挖的影响，应采取较深的未扰动的岩石。在进行地应力空间状态量测时，为了便于计算空间主应力及判断主应力方向，按如下直角坐标的 9 个方向截取岩芯，即：x，y，z，$x45°y$，$y45°z$，$z45°x$，$x45°-y$，$y45°-z$，$z45°-x$，如图 2-12 所示。

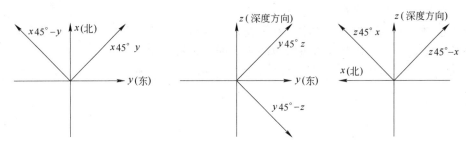

图 2-12　钻取岩芯的 9 个方向

对于单向地应力量测，则只需在现场按预定的方向钻取岩芯即可。现场钻取的岩芯必须标明地点方位及标号等。岩芯直径可为 ϕ30mm 或 ϕ56mm，加工时按长径比在 3∶1 左右截取岩芯。现场取样还可以取长方块形，加工尺寸为 25mm × 25mm × 75mm 左右。长方块岩样一般在室内加工成型，所以从现场取出的岩块应在加工时确定方向性，切截之后标注岩样的方向。

B　室内加工岩样

采用无定位功能的声发射仪时，必须考虑岩样上下受压面加工误差导致受力不均所造成的应力集中的局部破坏、受压面上的摩擦效应等的影响。因为这种影响会产生不正确的声发射信号，严重影响测量数据的正确性。为了消除这些影响，金川忠等人采用在岩样端部加衬托的方法，加衬托的材料应满足：

（1）衬托材料的弹性模量与岩体的弹性模量应基本一致；

（2）衬托材料在受载过程中产生很少的声发射信号；

（3）衬托材料能与岩样胶合牢固。

根据金川忠等人及林庆喜的研究，硬岩岩样采用环氧树脂加水泥按 1∶2 配比的混合材料制成的衬托比较好（$E_{衬托}$ 应大于 300GPa）。金川忠等人给出的圆柱状岩芯及长方块岩芯加衬托的具体尺寸如图 2-13 所示。

采用有强定位功能的声发射仪时，无需加衬托来消除端部应力集中和端部摩擦效应的影响，如中国科学院地质研究所等单位研制的 AE-400 声发射仪就有这种强定位功能，可按照常规试验要求进行岩样加工。在试验过程中，试件上一般布置 4 个探头，而且只需在试件中部一定位置布

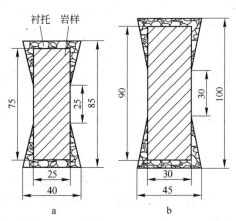

图 2-13　岩样加衬托

a—长方形岩样加衬托；b—圆柱形岩样加衬托

置标定点并给出一定的走时误差，以保证声发射仪所接收的信号是事先确定的标定点附近产生的声发射，以排除距标定点一定距离以外的声发射。姚宝魁、刘竹华等采用的方法是以每个标定点为圆心，圆的半径由所给定的误差值确定。试验中一般在试件的每一面的中部适当位置布置 4 ~ 5 个标定点，4 个面（长方块）共布置 16 ~ 20 个标定点，以覆盖试件中部一定范围，从而保证实验得到的是试件中部应力分布均匀段的声发射信息，如图 2 - 14 所示。

C 凯萨效应点的确定方法

对岩样进行加载试验的过程中，在声发射事件与应力关系曲线上声发射事件显著增加处即称为凯萨效应点；凯萨效应点对应的应力即为岩石先前所承受过的地应力。实际测试中，一般的确定方法是以声发射累计数 - 应力曲线的斜率突变点作为凯萨效应点（图 2 - 15）。

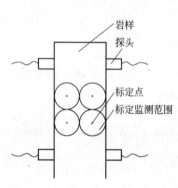

图 2 - 14 定位监测岩样示意图

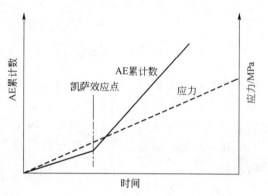

图 2 - 15 凯萨效应点的确定方法

D 测试结果的分析方法

试验室声发射测得的同一方向上的应力值不一定相同，其原因是岩石的不均质性和实验的精度等的影响。因此，必须对测定值作统计分析，求得最优值 σ：

$$\sigma = \sum_{i=1}^{n} \sigma_i P_i \Big/ \sum_{i=1}^{n} P_i \qquad (2-3)$$

式中，σ 为最优应力值；σ_i 为同一方向第 i 块岩样的测定应力值；P_i 为加权值，对凯萨效应明显的 $P_i = 1$，不明显的 $P_i = 0.5$；n 为同一方向上测试的岩块数。

对于拟定单一方向的地应力（如铅垂方向的主应力）的测试结果分析，可以直接按上述统计计算方法处理。

对于空间问题，如前述从 9 个方向取得岩芯做出的测试结果，必须进行分析计算，以求出主应力的大小及方向。如图 2 - 16 所示，按 x、y、z 及 $x45°y$、$y45°z$、$z45°x$、$x45°-y$、$y45°-z$、$z45°-x$ 这 9 个方向取岩芯。对实验测得的 9 个方向的应力值按前述统计方法，分别对各个方向的值作统计处理，求得 9 个方向上各自的最优应力值，然后再求主应力的大小和方向。现已知 9 个方向测试的最优应力值为 σ_x、σ_y、σ_z、$\sigma_{x45°y}$、$\sigma_{y45°z}$、$\sigma_{z45°x}$ 和 $\sigma_{x45°-y}$、

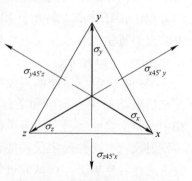

图 2 - 16 实测的声发射应力值

$\sigma_{y45°-z}$、$\sigma_{z45°-x}$。首先求出 τ_{xy}、τ_{yz}、τ_{zx}，则可以求 3 个主应力的大小及方向。对于图 2 - 16，因 $\sigma_{x45°y} = \sigma_{n_1}$，则有下列 3 个 $\sigma_{nn} = \sigma_{ji}n_jn_i$ 的展开式。

$$\sigma_{x45°y} = \sigma_x l^2 + \sigma_y m^2 + \sigma_z n^2 + 2\tau_{xy}lm + 2\tau_{yz}mn + 2\tau_{zx}nl$$

式中，l、m、n 分别为 n_1 方向与 x、y、z 坐标的方向余弦。

由于：

$$\begin{cases} l = \cos(n_1\boldsymbol{x}) = \cos45° \\ m = \cos(n_1\boldsymbol{y}) = \cos45° \\ n = \cos(n_1\boldsymbol{z}) = \cos90° = 0 \end{cases} \quad (2-4)$$

式中，$\boldsymbol{x}$、$\boldsymbol{y}$、$\boldsymbol{z}$ 分别为方向矢量。

则上式化简为：

$$\sigma_{x45°y} = \sigma_x l^2 + \sigma_y m^2 + 2\tau_{xy}lm \quad (2-5)$$

同理对于 $\sigma_{y45°z} = \sigma_{n_2}$ 和 $\sigma_{z45°x} = \sigma_{n_3}$ 可以得到：

$$\sigma_{y45°z} = \sigma_y m^2 + \sigma_z n^2 + 2\tau_{yz}mn \quad (2-6)$$

$$\sigma_{z45°x} = \sigma_x l^2 + \sigma_z n^2 + 2\tau_{zx}nl \quad (2-7)$$

根据式（2-5）~ 式（2-7）就可以求出 τ_{xy}、τ_{yz}、τ_{zx} 的大小。然后根据空间任一点的应力状态方程式（2-8）求解主应力大小。

$$\sigma^3 - \text{I}_\sigma\sigma^2 + \text{II}_\sigma\sigma - \text{III}_\sigma = 0 \quad (2-8)$$

$$\text{I}_\sigma = \text{tr}\sigma = \sigma_{ii}$$

$$\text{II}_\sigma = \frac{1}{2}[(\text{tr}\sigma)^2 - \text{tr}(\sigma^2)] = \frac{1}{2}(\sigma_{ii}\sigma_{jj} - \sigma_{ij}\sigma_{ji})$$

$$\text{III}_\sigma = \det\sigma = |\sigma_{ij}|$$

求出 I_σ、II_σ、III_σ，代入应力状态特征方程，可求出该方程的 3 个实根 σ_1、σ_2、σ_3，即为所要求解的主应力值。

由柯西应力公式得出：

$$t_i^{(n)} = \sigma_{ji}n_j \quad (2-9)$$

由于主应力法线 $\boldsymbol{n}$ 与张力矢量 $\boldsymbol{t}$ 重合，所以有：

$$t_i^{(n)} = \boldsymbol{\sigma}_n\boldsymbol{n}_i = \sigma_{ji}\boldsymbol{n}_j \quad (2-10)$$

且根据方向余弦有：$\boldsymbol{n}_i\boldsymbol{n}_j - 1 = 0$

联立此两式，即可以求解主应力的方向余弦值及其夹角。这样，所取岩样处的应力状态及其方向就全部确定出来了。

2.1.2.3 厂坝铅锌矿应用实例

鉴于厂坝铅锌矿地压研究工作的需要，长沙矿山研究院于 2001 年采用声发射凯萨效应方法对该矿的地应力进行了试验研究，初步给出了地应力的大小，为地压研究提供了依据。

A 实验装置

声发射凯萨效应测试系统由压力机加压系统和声发射监测系统组成（图 2-17）。测试工作采用 MT815 型岩石力学试验系统，该系统配置了由长沙矿山研究院研制的 DYF-2 型声发射仪，声发射系统采集频率为 100 ~ 10000Hz 的声发射事件，可与计算机实时通信，并自动采集处理声发射参量，打印输出时间、事件率、振铃、振铃率、能量、能量率随时间的变动图等。

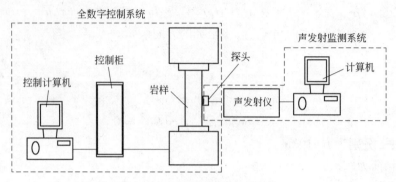

图 2 – 17   声发射加载实验系统

B   取样与测试

在矿山 I 号矿体 1213m 分层 26 号切槽处取样，主要对两个方向的岩样进行了取样，即沿巷道方向和垂直巷道方向。对取回的岩样按照试验规范进行加工和打磨，形成标准试验样品。

试验中，对 15 个岩石试验样品进行了凯萨效应的测试。在一次性加载过程中，凯萨效应点一般出现在压密阶段的后期或者弹性阶段的前期。对实验数据进行整理，得出声发射累计数与时间、应力关系，声发射率与时间、应力关系。在关系图上以声发射急剧增加点为凯萨效应点，确定先行应力（图 2 – 18）。采用了两种方法凯萨效应点：一是从声发射率关系图上读取声发射率急剧增加的点作为凯萨效应点；二是从声发射累计数关系图上读取曲线斜率突变点作为凯萨效应点。然后对同一方位的应力结果按式（2 – 3）取应力最优值。应用该方法分别对厂坝矿 I 号矿体 1213m 分层沿进路水平方向和垂直进路水平方向进行了测试，获得其结果的平均值分别为 2.83MPa 和 6.275MPa。现场测量点垂直方向的地应力主要以岩体自重应力为主，采用理论计算的方法来确定垂直方向上的地应力：

$$\sigma_v = \gamma h \tag{2 – 11}$$

式中，γ 为岩石容重；h 为测量点埋深。

岩石容重 $\gamma = 27kN/m^3$，测量点埋深 $h = 90m$，代入式（2 – 11）可得垂直方向地应力

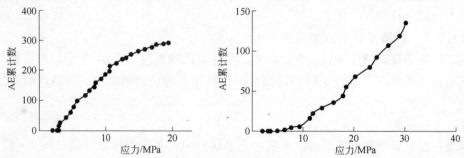

图 2 – 18   部分试件声发射事件累计数 – 应力曲线凯萨效应点

为 $\sigma_v = 2.43\text{MPa}$。

三个方向的地应力比值约为垂直进路水平方向：沿进路水平方向：铅垂方向为 $2.58:1.16:1$。

2.1.2.4 发展趋势

近年来，利用岩石声发射凯萨效应量测地应力的方法为岩体地应力的测量开辟了一条新的途径，在国内外已越来越受到重视。就目前的应用情况来说，采用声发射凯萨效应方法的许多地应力测试已取得较为理想的结果，能够较好地满足工程的需要。与传统的地应力现场量测相比，利用声发射凯萨效应量测地应力有下述明显的特点和优点：相对而言较为经济；将现场量测转变为室内研究测试；可以获得大量的测试数据，便于科学分析，这也是近年来科研技术人员热衷于研究和应用的原因。

但是，声发射凯萨效应方法测试地应力也存在一些问题，如声发射凯萨效应"记忆"的先前地应力是岩石在整个历史过程中的最大一次所受作用的地应力，由于地应力场是一个变化的动态应力场，这就存在着试验测试的凯萨效应点对应的应力不是当前岩体所受的应力；另外，岩石在取样、加工过程中，其取样和加工应力对试验测试应力的影响程度还没有可靠的、让人接受的理论上的量化评价。尽管该方法还存在不少的争议，但并没有妨碍它在工程中的实用价值，原因就是它具有上述的优点。

2.2 井下气候测量

井下气候是长时间内井下空气要素的平均或统计状态，以冷、暖、干、湿、空气流动速度等特征来衡量。通常由某一时期的平均值和离差值表征，时间尺度为日、月、季、年到数年以上。井下空气的温度、湿度和风速等参数的不同组合，便构成了不同的井下气候条件。一般地，井下气候受季节和大气环流的影响不大，主要由井下热源的散热、水分的蒸发和通风等情况决定。井下气候条件直接影响着井下作业人员人体的热平衡状态，对井下作业人员的身体健康和劳动生产率有决定性影响。研究井下气候是为了给井下工作人员提供较为舒适的工作环境，保护井下工作人员的健康，提高井下作业效率。

井下气候参数的狭义概念是指井下空气的温度、湿度、热辐射和风速，这些参数是反映人体感觉最主要的参数。广义的概念还包括粉尘、噪声、照度等对井下气候的影响。井下气候的研究一般只限于狭义的范围，同时也不考虑热辐射，因为热辐射对井下工作场所的影响微不足道。

2.2.1 井下空气成分与基本性质

井下空气来源于地面空气，地面空气是氮、氧等多种气体的混合物，它的恒定组成部分为氮、氧、氩，可变组成部分为二氧化碳和水蒸气等，此外空气中还有微量的氢、臭氧、氧化二氮、甲烷以及或多或少的尘埃。实验证明，空气中恒定组成气体的百分含量，在离地面 100km 高度内几乎是不变的，仅随位置、温度不同在很小范围内微有变动。以体积含量计，氧约占 20.95%，氮约占 78.09%，氩约占 0.932%。而空气中的可变组成部分则随位置、温度、环境的不同而不同，如硫化矿的井下空气中常常会含有较多的二氧化硫。

常态下的地面空气是无色、无味、无臭的气体，是地球上动植物生存的必要条件。当其进入井下后的成分与地面空气成分相同或近似，符合国家安全卫生标准时，称为井下新鲜空气。由于井下爆破、出矿等生产过程会产生各种有毒有害物质，使井下空气中的含氧量降低，二氧化碳含量增高，并混入矿尘和 CO、NO_2、H_2S、SO_2 等有毒有害气体。这种温度、湿度和压力发生了变化的各种气体、矿尘和杂质的混合物，统称为井下污浊空气。我国《金属非金属矿山安全规程》规定，井下空气中含氧量不得低于 20%；有人工作或可能有人到达的井巷，二氧化碳不得大于 0.5%，总回风风流中，二氧化碳不得超过 1%，否则必须立即查明原因并采取相应措施，以满足井下污浊空气的排放要求。

（1）氧气（O_2）。氧气无色、无味、无臭，大气中的氧气含量约为 20.95%，是维持人体正常生理机能所不可缺少的气体。O_2 对空气的相对密度为 1.105，能助燃，易使多种化学元素氧化。地面空气进入井下后，由于井下作业人员的呼吸，矿岩、坑木和其他有机物的缓慢氧化，以及采矿生产作业的影响，井下空气中的氧气浓度会有所降低。在正常通风的井巷和工作面中，氧气浓度与地面相比变化一般不大，不会对人体造成太大影响。但在井下柴油铲运机、爆破工作面和盲巷、通风不良的巷道中或发生火灾、爆炸事故后，氧气浓度有较大的变化，应特别注意对氧气浓度的检查，以防发生窒息事故。一般情况下，人在休息时的需氧量为 0.2~0.4L/min，工作时为 0.6~3.1L/min。人体缺氧症状见表 2-4。

表 2-4　人体缺氧症状与空气中 O_2 浓度的关系

O_2 体积浓度/%	人 体 主 要 症 状
17	静止状态无影响，工作时会感到喘息、呼吸困难和强烈心跳
15	呼吸及心跳急促，无力进行劳动
10~12	失去知觉，昏迷，有生命危险
6~9	短时间内失去知觉，呼吸停止，可能导致死亡

（2）氮气（N_2）。氮气无色、无味、无臭，大气中的氮气含量约占 78.08%，是一种不能供人呼吸的惰性气体。N_2 对空气的相对密度为 0.97，微溶于水，不助燃，无毒。井下空气中的氮气除来源于大气外，还来源于井下爆破和有机物的腐烂，以及从矿岩中涌出的天然氮气等，在井下废弃旧巷道或长期封闭的采空区中，有可能积存氮气。正常情况下，氮气对人体无害，但空气中的氮气浓度增加时会相应降低氧气浓度，人会因缺氧而窒息。

（3）二氧化碳（CO_2）。二氧化碳无色、略带酸臭味，是一种略带毒性、不助燃也不能供人呼吸、易溶于水的气体，大气中的二氧化碳含量约为 0.03%。CO_2 对空气的相对密度为 1.52，因而常常积聚在井下巷道的底板、水仓、溜井、盲巷、采空区及通风不良处。井下空气中的 CO_2 除来源于大气外，还来源于矿物和有机物的氧化、人员呼吸和井下爆破、火灾等。CO_2 对人体的呼吸有刺激作用，在为中毒或窒息的人员输氧时常常在 O_2 中加入 5% 的 CO_2，以促使患者加强呼吸。但当空气中的 CO_2 浓度过高时，轻则使人呼吸加快，呼吸量增加，严重时也能造成人员中毒或窒息。空气中 CO_2 浓度对人体的危害程度见表 2-5。

表 2-5　空气中 CO_2 浓度对人体的影响

CO_2 体积浓度/%	人 体 主 要 症 状
1	呼吸加深，急促
3	呼吸急促，心跳加快，头痛，很快疲劳
5	呼吸困难，头痛，恶心，耳鸣
10	头痛，头昏，呼吸困难，昏迷
10～20	呼吸停顿，失去知觉，时间稍长会死亡
20～25	短时间中毒死亡

2.2.2　井下气候条件

井下气候条件影响人体热平衡，进而影响到人体舒适感和健康状况，关系到人员的作业效率。

人体只要存在生命体征，就需要通过皮肤表面与外界通过对流、辐射和汗液蒸发等三种形式进行散热。对流散热主要取决于周围空气的温度和风速；辐射散热主要取决于周围物体的表面温度；蒸发散热则取决于周围空气的相对湿度和风速。各种气候参数中，空气温度对人体散热起着主要作用。空气湿度影响人体蒸发散热的效果。风速影响着人体对流散热和蒸发的效果。一般地，井下气候条件对人体热平衡的影响是一种综合作用，各参数之间相互联系、相互影响。

2.2.2.1　井下空气温度

井下空气温度是构成井下气候条件最重要的因素，过高或过低对人体都有不良影响。井下空气最适宜人劳动的温度是 15～20℃。当井下入风温度低至 2～0℃ 时，就要采取进风预热措施，而井下工作地点的空气温度超过 28℃ 时，就要采取降温措施。影响井下空气温度的主要因素如下：

（1）地面空气温度。地面气温对井下气温有直接影响，对于浅井影响更为显著。地面气温一年四季有周期性变化，甚至一日之内也发生周期性变化。这种变化近似为正弦曲线。井下气温受地面气温影响，也存在这种周期性变化。不过，随着距进风口距离的增加而逐渐减弱，达到某一定距离后，气温趋于稳定。我国北方，冬季地面气温低，冷空气进入井下后使入风段气温降低，如不预热，进风段回游冻结。而南方夏季热空气进入井下后，会使井下气温升高，恶化作业环境。

（2）空气压缩或膨胀。当空气沿井巷流动时，由于位置相对于进风口降低或升高，空气会受到压缩或膨胀，气温亦随之升高或降低。

（3）岩石温度的影响。地面以下岩层温度的变化可分为三带：变温带、恒温带、增温带。变温带的地温随地表气温而变化，夏季岩层从空气中吸热而使地温升高，冬季则相反。恒温带地温不受地面空气温度的影响，保持恒定不变，近似等于当地年平均气温，其深度距地面约 20～30m。增温带岩石的温度随深度而增加。

在进风路线上，井下空气的温度主要受地面气温和围岩温度的影响，有冬暖夏凉之感。工作面温度基本上不受地面季节气温的影响，且常年变化不大。

在回风路线上，因通风强度较大，加上水分蒸发和风流上升膨胀吸热等因素影响，温度有所下降,常年基本稳定。

2.2.2.2　井下空气湿度

空气湿度是指空气中所含水蒸气量或潮湿程度,井下空气湿度与地面空气的湿度、井下涌水大小及井下生产用水状况等因素有关,采用绝对湿度和相对湿度两种表示方法。

(1) 绝对湿度是指标准状态下单位体积湿空气中所含水蒸气的质量 (g/m^3)。在某一温度条件下,空气中水蒸气的含量所能达到的最大值称为饱和水蒸气量,此时的空气状态称为饱和状态,空气中的水蒸气开始凝结成水珠。显然,温度越高,空气的饱和水蒸气量越大。

(2) 相对湿度是指空气中水蒸气的实际含量与同温度下饱和水蒸气量比值的百分数,或实际水蒸气压力与同温度下饱和水蒸气压力之比。它反映空气中所含水蒸气量接近饱和的程度,通常所说的湿度指的都是相对湿度。相对湿度大于80%时,人体出汗不易蒸发;相对湿度低于30%时,人体感到干燥,会引起黏膜干裂。一般认为人体最适宜的相对湿度为50%~60%。

井下空气的湿度一般多为80%~90%,在井下进风路线上,有冬干夏湿之感。在采掘工作面和回风系统中,因空气温度较高且常年变化不大,空气湿度也基本稳定,一般都在90%以上,甚至接近100%。与地面空气一样,井下空气的湿度都是由于空气和水蒸气混合程度不同而引起的。影响井下空气湿度的因素有以下几种:

(1) 气候季节。阴雨季节湿度较大;夏季相对湿度较低,但气温较高,绝对湿度较大;冬季相对湿度较大,但气温较低,绝对湿度并不高。

(2) 地理位置。井下所处地理位置的经纬度、海拔高度不同,井下空气湿度亦有明显的区别。

(3) 井下开采技术条件。当井下涌水量较大或滴水较多时,由于水珠易于蒸发,则井下比较潮湿。

井下湿度变化规律为:冬天地面空气温度较低,相对湿度高,进入井下后,温度不断升高,相对湿度不断下降,于是出现进风段空气干燥的现象。夏天则相反,地面空气温度高,相对湿度低,进入井下后,温度逐渐降低,相对湿度不断升高,可能出现过饱和状态,致使进风段显得很潮湿。当然,在进风段有滴水时,即使是冬天井下空气仍是潮湿的。

2.2.2.3　井下巷道风速

井下巷道风速过低或过高,对安全生产和人体健康都不利,因此,井下工作地点和通风井巷中都有一个合理的风速范围。表2-6为井下不同温度下适宜的风速范围,表2-7为《金属非金属矿山安全规程 (GB 16423—2006)》规定的不同井巷的允许风速。

表 2-6　风速与温度之间的适宜关系

空气温度/℃	适宜风速/m·s⁻¹	空气温度/℃	适宜风速/m·s⁻¹
<15	<0.5	22~24	>1.5
15~20	<1.0	24~26	>2.0
20~22	>1.0		

表 2-7　井巷中的允许风流速度

井 巷 名 称	允许风速/m·s⁻¹	
	最　低	最　高
专用风井和风硐		15
物料专用提升井		12
风　桥		10
提升人员和物料的井筒		8
主要进风道、回风巷、修理中的井筒		8
运输巷道、采区进风巷道	0.25	6
硐室型采场	0.15	4
巷道型采场、掘进巷道	0.25	4
电耙道、二次破碎巷道	0.50	4
其他通风人行巷道	0.15	4

2.2.2.4　井下气候条件的评价

人员在井下进行生产作业时，体内要产生大量的热量，除一部分热量耗费于体力劳动所做的机械功外，其余部分则以热的方式散发到体外。人体所产生的热流量与劳动强度、散热条件有关。如果周围的空气温度超过人体温度，则不能散热，人的体温就会升高，体温超过 40℃，就会危及生命；只有当人体产生和散发的热量保持平衡，人体温度保持在36.5~37℃的正常值时，人体才感到舒适。影响人体散热的主要因素，就是空气的温度、湿度和风速，评价井下气候条件的舒适性，就是评价人体在井下环境劳动时人体散热条件的舒适程度，其综合指标主要有三种：

（1）干球温度。干球温度是我国现行的最简单的评价井下气候条件的指标之一，但它只反映温度对井下气候条件的影响，不太全面，其评价指标有一定的局限性。

（2）等效温度。等效温度是 1923 年由美国采暖通风工程师协会提出的，通过受试者对实验环境的感觉而得出的指标。实验时，先把 3 个受试者置于某一温度、湿度、风速的已知环境中，并记下自己的感受；然后，再将他们换到另一个相对湿度为 100%、风速为0、温度可调的环境中，通过调节此时的温度，找到与原来的环境相同的感觉，此时的温度值就称为原环境的等效温度。这个指标可以反映出温度、湿度和风速对人体热平衡的综合作用。显然，等效温度越高，人体舒适感就越差。但这种方法在井下的高温高湿条件下，湿度与风速对气候条件的影响反映不足，也没有考虑辐射换热的效果，所以同样存在着局限性。

测算井下某点的等效温度时，先用干湿球温度计（如风扇湿度计）测出空气的干球温度和湿球温度，再用风表测出该地点风流的风速，然后从图 2-19 上查得相应的等效温度值。

（3）卡他度。卡他度是井下气候条件评价中经常采用的指标，用卡他计检测。卡他计是检查气体温度、湿度、风速综合作用的仪器（图 2-20），全长约 200mm，下端是长圆形的储液球，内储酒精，长约 40mm，直径为 16mm，表面积为 22.6cm²；上端也有长圆形的空间，以便测定时容纳上升的酒精。仪器上刻有 38℃ 和 35℃，其平均值正好等于人体温度。测定时,将卡他计先放入约 55℃ 的热水中使酒精液面升至仪器上部空间 1/3 处,取出卡他计抹干,然后挂在待测点,此时酒精液面开始下降;记录由 38℃ 下降至 35℃ 所需时间,然后按式 (2-12) 计算卡他度。测定湿卡他度时,仅需将储液球包上湿纱布,然后按上述方法进行。

$$H_{干}(H_{湿}) = \frac{F}{t} \tag{2-12}$$

式中,$H_{干}$($H_{湿}$)为干(湿)卡他度,毫卡;F 为卡他常数,附于仪器上;t 为温度由 38℃ 下降至 35℃ 所需时间,s。

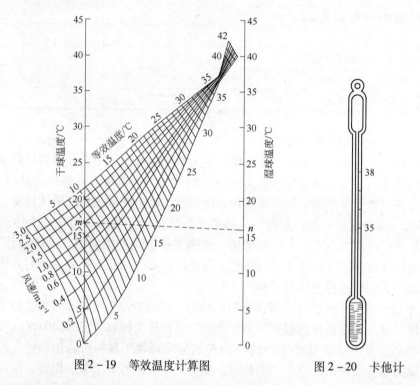

图 2-19　等效温度计算图　　　　　图 2-20　卡他计

利用卡他度所测定的上述数据,还可以分别计算风速:

当 $H/\theta \leqslant 0.6$ 时:
$$v = \left(\frac{H/\theta - 0.20}{0.40}\right)^2 \tag{2-13}$$

当 $H/\theta \geqslant 0.6$ 时:
$$v = \left(\frac{H/\theta - 0.13}{0.40}\right)^2 \tag{2-14}$$

式中,v 为待测点风速,m/s;θ 为卡他度的平均温度,即 36.5℃ 减去该处的空气温度,℃。

2.2.3　井下空气温度的测定

井下空气温度分为干球温度和湿球温度。简单地说,干球温度就是干空气的温度,湿球温度就是湿空气的温度。干球温度是一种状态参数,它是对分子能量的度量,也可看成气体分子运动的平均速度的度量。湿球温度则是考虑空气中的水分蒸发的冷却作用而测得的温度。因而同一地点的湿球温度一般会低于干球温度,只有在干燥空气中,两种温度相同。井下风流的温度习惯上用干球温度计上的干球温度表示，也可用半导体测温仪测量。

由于巷道每一断面上各点的温度不同，故应在断面上均匀布置3～9个测点。各个测点温度的平均值，即为该断面的平均空气温度。测点布置如图2－21所示。

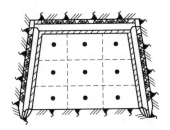

图2－21　巷道气温测点布置

测温仪器可使用最小分度0.5℃并经校正的温度计。测温时间一般在8：00～16：00的时间内进行。测定温度的地点应符合以下要求：

（1）掘进工作面空气的温度测点，应设在工作面距掌子面2m处的回风风流中。

（2）采场空气温度的测点，应选在工作面靠近回风道口的回风风流中；工作面串联通风时，应分别测定。

（3）机电硐室空气温度的测点，应选在硐室回风道口的回风风流中。

此外，测定温度时应将温度计放置在一定地点10min后读数，读数时先读小数再读整数。温度测点距离人体、发热或制冷设备至少0.5m。

2.2.4　井下湿度的测定

井下空气湿度测量仪器有毛发湿度计和干湿球湿度计，分为固定式、手摇式和风扇式。矿山多采用风扇湿度计（图2－22）。风扇湿度计主要由两支相同的温度计和一个通风器组成，其中一支温度计的水银液球上包有湿纱布，称为湿温度计；另一支温度计称为干温度计。两支温度计的外面均罩着内外表面光亮的双层金属保护管，以防热辐射的影响。通风器内装有风扇和发条，上紧发条，风扇转动，使风管内产生稳定的气流，干、湿温度计的水银球处在同一风速下。

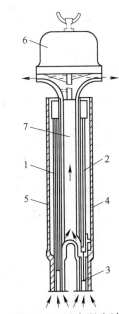

测定相对湿度时，先用仪器附带的吸水管将湿温度计的棉纱布浸湿，然后上紧发条，风叶旋转1～2min，空气从两个金属保护管的入口进入，经中间风管由上部排出。空气的相对湿度越小，蒸发吸热作用越显著，干湿温度差就越大。根据湿温度计的读数和干、湿温度计的读数差值即可由表2－8查出空气的相对湿度。

图2－22　风扇湿度计

1—干球温度计；2—湿球温度计；

3—湿棉纱布；4，5—双层金属保护管；

6—通风器；7—风管

表2-8　由风扇湿度计读数值查相对湿度

湿球示度/℃	干、湿温度计示度差/℃														
	0	0.5	1.0	1.5	2.0	2.5	3.0	3.5	4.0	4.5	5.0	5.5	6.0	6.5	7.0
	相对湿度/%														
0	100	91	83	75	67	61	54	48	42	37	31	27	22	18	14
1	100	91	83	76	69	62	56	50	44	39	34	30	25	21	17
2	100	92	84	77	70	64	58	52	47	42	37	33	28	24	21
3	100	92	85	78	72	65	60	54	49	44	39	35	31	27	23
4	100	93	86	79	73	67	61	56	51	46	42	37	33	30	26
5	100	93	86	80	74	68	63	57	53	48	44	40	36	32	29
6	100	93	87	81	75	69	64	59	54	50	46	42	38	34	31
7	100	93	87	81	76	70	65	60	56	52	48	44	40	37	33
8	100	94	88	82	76	71	66	62	57	53	49	46	42	39	35
9	100	94	88	82	77	72	68	63	59	55	51	47	44	40	37
10	100	94	88	83	78	73	69	64	60	56	52	49	45	42	39
11	100	94	89	84	79	74	69	65	61	57	54	50	47	44	41
12	100	94	89	84	79	75	70	66	62	59	55	52	48	45	42
13	100	95	90	85	80	76	71	67	63	60	56	53	50	47	44
14	100	95	90	85	81	76	72	68	64	61	57	54	51	48	45
15	100	95	90	85	81	77	73	69	65	62	59	55	52	50	47
16	100	95	90	86	82	78	74	70	66	63	60	57	54	51	48
17	100	95	91	86	82	78	74	71	67	64	61	58	55	52	49
18	100	95	91	87	83	79	75	71	68	65	62	59	56	53	50
19	100	95	91	87	83	79	76	72	69	65	62	59	57	54	51
20	100	96	91	87	83	80	76	73	69	66	63	60	58	55	52
21	100	96	92	88	84	80	77	73	70	67	64	61	58	56	53
22	100	96	92	88	84	81	77	74	71	68	65	62	59	57	54
23	100	96	92	88	84	81	78	74	71	68	65	63	60	58	55
24	100	96	92	88	85	81	78	75	72	69	66	63	61	58	56
25	100	96	92	89	85	82	78	75	72	69	67	64	62	59	57
26	100	96	92	89	85	82	79	76	73	70	67	65	62	60	57
27	100	96	93	89	86	82	79	76	73	71	68	65	63	60	58
28	100	96	93	89	86	83	80	77	74	71	68	66	63	61	59
29	100	96	93	89	86	83	80	77	74	72	69	66	64	62	60
30	100	96	93	90	86	83	80	77	75	72	69	67	65	62	60
31	100	96	93	90	87	84	81	78	75	73	70	68	65	63	61
32	100	97	93	90	87	84	81	78	76	73	71	68	66	63	61

2.2.5　井下风速的测定

人员在井下狭小的空间内作业，人体散发出的热量在周围聚集，空气中的氧含量也会逐渐减少，使人感到闷热，因此必须使空气流动。适当提高风速，可提高人体散热效果。为确保矿山生产安全，《金属非金属矿山安全规程（GB 16423—2006）》规定井下采掘作业地点在干球温度低于18℃时，风速应低于0.3m/s；干球温度低于26℃时，风速为0.3～0.5m/s；干球温度低于28℃时，风速的上限为1m/s；运输巷道和采场进风道的风速不得超过6m/s。因此，测量风速是井下通风测定技术中的重要组成部分，也是井下通风管理中的基础性工作。

井下风速一般用风表测量。常用测量风速的仪表有热球风速仪、电子式风速表和机械式风表（杯式、翼式风表）。测量时根据风速的大小选择合适的风表。

2.2.5.1　测风仪表

（1）热球风速仪。热球风速仪的测风原理是：一个被加热的物体置于风流中，其温度随风速大小和散热多少而变化，通过测量物体在风流中的温度便可测量风速。由于只能测瞬时风速，且测风环境中的灰尘及空气湿度等对它也有一定的影响，所以这种风表使用不太广泛，多用于微风测量。

（2）电子式风速表。电子式风速表由机械结构的叶轮和数据处理显示器组成（图2-23）。它根据叶轮转速与风速成正比的原理，利用光电、电感等技术把叶轮的转速转变成电量，通过电子线路实现风速的自动记录和数字显示。它的特点是体积小、质量小、读数和携带方便，易于实现遥测。

（3）机械式风表。机械式风表全部采用机械结构，是目前矿山使用最广泛的风表，多用于测量平均风速，也可以用于测定点风速。按其感受风力部件的形状，可分为叶轮式和杯式，其中杯式主要用于气象部门，也可用于井下矿山。

机械叶轮式风表（图2-24）由8个铝合金叶片组成，叶片与转轴的垂直平面成一定的角度，当风流吹动叶轮时，通过传动机构将运动传给计数器3，指示出叶轮的转速。离合闸板4的作用是使计数器与叶轮轴联结或分开，用来开关计数器。回零压杆5的作用是能够使风表的表针回零。

图2-23　电子式风速表

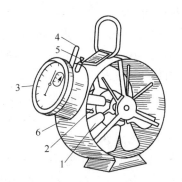

图2-24　机械叶轮式风表

1—叶轮；2—蜗杆轴；3—计数器；

4—离合闸板；5—回零压杆；6—护壳

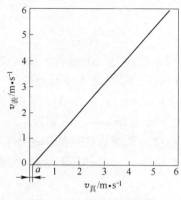

图 2 - 25   风表校正曲线

风表按风速的测量范围不同分为高速风表（0.8 ~ 25m/s）、中速风表（0.5 ~ 10m/s）和微（低）速风表（0.3 ~ 5m/s）3 种。3 种风表的结构大致相同，只是叶片的厚度不同，启动风速有差异。由于使用中的机件磨损、腐蚀和结构等的影响，其计数器所示风速（表速 $v_表$）通常不能代表实际风速（真风速 $v_真$），两者之间的关系可用风表校正曲线表示。每个风表出厂时都附有该风表的校正曲线（图 2 - 25），使用一段时间后的风表还必须按规定重新进行检修和校正，得出新的风表校正曲线。

风表的校正曲线还可用 $v_真 = a + bv_表$ 的表达式来表示，式中 a 是表明风表启动初速的常数，决定于风表转动部件的惯性和摩擦力；b 为校正常数，决定于风表的构造尺寸。

我国生产和使用的叶轮式风表主要有：DFA - 2 型（中速）、DFA - 3 型（微速）、DFA - 4 型（高速）、AFC - 121（中、高速）、EM9（中速）等。机械叶轮式风表的特点是体积小、质量小、重复性好，使用及携带方便，测定结果不受气体环境影响；缺点是精度低，读数不直观，不能满足自动化遥测的需要。

2.2.5.2　测风地点

井下测风要在测风站内进行，为了准确、全面地测定风速，井下矿山必须建立完善的测风制度和分布合理的固定测风站。测风站必须满足如下要求：

（1）矿山井下的总进风、总回风，各阶段水平的总进风、总回风，各采区和各用风地点的进、回风巷中均应设置测风站，但要避免重复设置。

（2）测风站应设在平直巷道中，其前后各 10m 不得有风流分叉、断面变化、障碍物和拐弯等局部阻力。

（3）采矿工作面不设固定的测风站，但必须随工作面的推进选择在支护完好、前后无局部阻力物的断面上测风。

（4）在不规整巷道设立测风站时应将其衬砌成固定断面形状，衬砌长度不得小于 4m。

2.2.5.3　测风方法

空气在井巷中流动时，受井巷断面形状、支护形式、直线程度及障碍物的影响，其速度在井巷断面上的分布是不均匀的，最大风速不一定正好位于井巷的中轴线上，也不一定具有对称性。一般来说，位于巷道轴心部分的风速最大，靠近巷道周壁部分的风速最小（图 2 - 26），通常所称巷道的风速都是指平均风速 $v_均$。平均风速 $v_均$ 与最大风速 $v_大$ 的比值定义为巷道的风速分布系数或速度场系数（$K_速$），

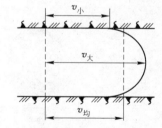

图 2 - 26   巷道中的风速分布

其值与井巷周壁粗糙程度有关，巷道周壁越光滑，$K_速$ 就越大，即井巷断面上的风速分布越均匀。据调查，对于砌碹巷道，$K_速 = 0.8 ~ 0.86$；木棚支护巷道，$K_速 = 0.68 ~ 0.82$；无支护巷道，$K_速 = 0.74 ~ 0.81$。

为了测得平均风速，一般采用线路法或定点法。线路法是风表按一定的线路均匀移动（图 2 - 27）；定点法是将巷道断面分为若干格，风表在每一个格内停留相等的时间，根据

断面大小，常用的有9点法（图2-28）、12点法等。

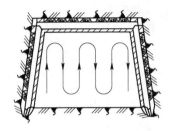

图2-27　线路法测风路线

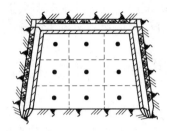

图2-28　9点法测风点的布置

测风方法根据测风员的站立姿势不同可分为迎面法和侧身法两种。

迎面法测风时，测风员面向风流，将手臂伸向前方测风。由于测风断面位于人体前方，且人体阻挡了风流，使风表的读数值偏小，为了消除人体的影响，需将测得的风速乘以1.14的校正系数，才能得到实际风速。

侧身法测风时，测风员背向巷道壁站立，手持风表将手臂向风流垂直方向伸直，然后在巷道断面内均匀移动。由于测风员立于测风断面内减少了通风面积，从而增大了风速，测量结果较实际风速偏大，故需按测风站的断面对测得的风速进行校正。校正系数K由式（2-15）确定：

$$K = \frac{S - 0.4}{S} \qquad (2-15)$$

式中，S为测风站的断面面积，m^2；0.4为测风员阻挡风流的面积，m^2。

当风速很小（低于0.1~0.2m/s）时，风速测定可以采用烟雾、气味或者粉末作为风流的传递物进行。采用式（2-16）计算巷道内的平均风速v（m/s）：

$$v = \frac{L}{t} \qquad (2-16)$$

式中，L为风流流经的巷道距离，m；t为风流流经巷道所用的时间，s。

2.2.5.4　机械式风表测风步骤

（1）测风员进入测风站或待测巷道后先估测风速范围，然后选用相应量程的风表。

（2）取出风表和秒表，先将风表指针和秒表回零，然后使风表叶轮平面迎向风流，并与风流方向垂直，待叶轮转动正常后（约20~30s），同时打开风表的计数器开关和秒表，在1min时间内，风表要均匀地走完预定测量路线（或测量点），然后同时关闭秒表和计数器开关，读取其指针读数。为保证测量准确，同一测点一般要测3次，取平均值，并按式（2-17）计算表速$v_表$（m/s）：

$$v_表 = \frac{n}{t} \qquad (2-17)$$

式中，n为风表刻度盘的读数，取3次平均值，m；t为测风时间，s。

（3）根据表速查风表校正曲线，求出风速$v_真$。

（4）根据测风时测风员的站立姿势，将真风速乘以校正系数K得实际平均风速$v_均$，即$v_均 = Kv_真$。

2.2.5.5　测风时应注意的问题

（1）风表测量范围要与所测风速相适应，避免风速过高、过低造成风表损坏或测量不准。

（2）风表不能距离人体和巷道壁太近，否则会引起较大误差。

（3）风表叶轮平面要与风流方向垂直，偏角不得超过 10°，在倾斜巷道中测风时尤其要注意。

（4）按线路法测风时，路线分布要合理，风表的移动速度要均匀，防止忽快忽慢，造成读数偏差。

（5）秒表和风表的开关要同步，确保在 1min 内测完全线路（或测点）。

（6）有车辆或行人通过时，要等风流稳定后再测。

（7）同一断面 3 次测得的计数器读数之差不应超过 5%。

2.3　地下水探测

矿区地下水探测的目的是为矿井防治水提供基础性的资料。精准掌握地下水类型、富水规律、位置和规模，对防治地下水危害至关重要，它是制订防治水方案的依据，也是提高防治水效果的关键。近年来国内外在地下水探测的理论、技术、方法与仪器等方面取得了较大的发展，探测深度日益加深、探测精度越来越高、探测效果也越来越好。

2.3.1　地下水富水规律

矿床的富水规律受很多因素影响，主要影响因素有：含水层的种类、特征、数量、结构特点，地下水补径排条件，含水层与构造、地表水（河流、湖泊）、大气降水的关系；隔水层的性质、数量及厚度；矿层特点（厚度、赋存深度等）及其组合关系；地下水化学成分；区域地质、水文地质、自然地理环境等。

凡透水性能好、空隙大的岩层，以及卵石、粗沙、疏松的沉积物、富有裂隙的岩层，岩溶发育的岩层均可视为含水层。因此，含水层种类很多，但根据含水层的容水空间特征可将其分为孔隙含水层、裂隙含水层和岩溶含水层三大类。

2.3.1.1　孔隙含水层

孔隙含水层有砂砾含水层、砂岩含水层、第四系残坡积和冲积含水层。按其水力特性可分潜水及承压自流水两个含水层组。

砂砾岩及泥页岩孔隙潜水含水层，主要分布在山间盆地内。地下水主要富集在层间孔隙中。受大气降水补给条件制约，富水程度差异较大。一般在盆地边缘富水性较好，向盆地中心逐渐减弱，流量极不稳定。

孔隙含水层分布比较广泛，但其富水性及水质差异甚大。以此类含水层为主的充水矿床在我国多分布于沿海丘陵地带，海滩、山前冲洪积平原、山间盆地、河流两岸阶地、河床沉积及山谷的缓坡地带。主要是产在第三系及第四系岩层中的矿床，有原生的油页岩矿；有次生的第四系残坡积和冲积的各种砂矿床，如合浦的高岭土。另外，一些上覆巨厚透水性强的孔隙含水层，而矿体产在透水性弱的坚硬基岩中的矿床亦属此类。

A　孔隙充水矿床的特点

（1）充水岩层埋藏浅，多接近或裸露于地表，主要接受大气降水的就地渗入补给，因此矿坑涌水量动态受大气降水影响明显，季节变化系数大。

（2）矿坑充水程度受地表水性质及受水面积大小的控制。

（3）岩层不稳定，工程地质条件复杂，松散沉积物的强度低和稳定性差，因此开采过程中孔隙水不仅成为充水水源，而且由于孔隙水的存在常常改变岩层的物理力学性质，引起一些严重的工程地质问题，如黏土的隆胀、流砂的冲溃、露天开采矿场边坡的滑动等。因此，在开采孔隙充水矿床时，水文地质和工程地质问题常常同时出现。

（4）一般位于当地最低排泄基准面以下，且受地表水体的影响，水文地质条件较复杂。

B　孔隙充水矿床（突）透水规律

（1）大气降水是此类矿床地下水的主要补给来源，因此多数矿床的矿坑充水条件都直接或间接受大气降水的影响。透水往往发生在雨季，日降雨量越大，透水可能性越大，透水量越大。矿坑涌水量的动态变化与当地降水变化过程相一致，具有多年的季节性变化和多年的周期性变化，矿坑涌水量的年动态曲线反映降水的水量分布特征。

（2）受水面积越大，透水可能性越大，透水量越大。矿坑涌水量的大小及动态是降水强度、降水分布连续性及入渗条件的综合反映。同类型年份不同时期的同量降雨所引起的最大矿坑涌水量可以有很大的差异。通常，在时间上分散而不连续、强度又不大的小雨，其降水量仅能湿润包气带和消耗于蒸发，对矿坑充水无大的影响。强度与就地入渗率相适应的降水，延续时间越长，矿坑涌水量的增值越大。

（3）如果矿区内有河流、小溪流等地表水体，透水时，受岩层不稳定，工程地质条件复杂、松散沉积物本身的强度低和稳定性差等因素的影响，加上河床往往地势相对最低，其透水性更好。因此，透水时常引起河流、小溪断流。

2.3.1.2　裂隙含水层

以裂隙为储水空间的含水层为裂隙含水层。基岩裂隙水赋存于前中生代各种沉积变质岩、侵入岩的风化裂隙、构造裂隙中。在不同的地貌、气候、岩性、构造条件下，富水性极不均匀，埋藏相差悬殊，水质变化复杂。这种地下水运动复杂，水量变化较大，与裂隙发育及成因有密切关系。按基岩裂隙成因可将裂隙水分成风化裂隙含水层、成岩裂隙含水层、构造裂隙含水层三类。

A　风化裂隙含水层

风化裂隙含水层赋存于岩体的风化带中。风化作用与卸荷作用决定了岩体的风化裂隙带在近地表处呈壳状分布，通常厚数米至数十米。裂隙分布密集均匀，连通良好的风化裂隙带构成含水层，未风化或风化程度较轻的母岩构成相对隔水层。因此，风化裂隙水一般为潜水。被后期沉积覆盖的古风化壳，也可赋存承压水。风化裂隙水通常分布比较均匀，水力联系较好，但含水体的规模和水量都比较局限。

风化裂隙彼此相连通，在一定范围内形成的地下水也是相互连通的水体。水平方向透水性均匀，垂直方向随深度而减弱，有时也存在上层滞水。如果风化壳上部的覆盖层透水性很差，则其下部的裂隙带有一定的承压性。风化裂隙水主要受大气降水的补给，有明显的季节循环交替性，常以泉的形式排泄于河流中。

根据裂隙发育和富水程度，一般可划出上部渗入带、中部积极交替带和下部缓慢交替带。这种含水层的特点是潜水面随地形起伏，随着裂隙的向下尖灭，以裂隙不发育的基岩为底板。

风化带中地下水的产状和分布由风化层的孔隙度和渗透率决定，水文地质特征因风化物的非均质性而不同。基岩风化带厚度各处不一，风化含水层的厚度亦相应变化，又因主要受大气降水补给，所以富水性随深度增加而逐渐减弱，且季节性差异很大。

一般风化带裂隙潜水循环条件较好，若含水层与隔水层相间，而断层导水性又不明显时，地下水循环条件就差。位于侵蚀基准面以上的风化裂隙中的地下水，一般补给地表水。如以泉的形式补给常年性溪流，而在当地侵蚀基准面以下的地下水则与地表水的联系较少。

风化岩石的裂隙特征、富水性和井的单位涌水量，常与原岩岩性有一定关系。如粗粒花岗岩风化后变成砂类物质，颗粒粗，这种裂隙含水层的单位涌水量较大；而片麻岩、片岩的风化带较易黏土化，因此常贫水或无水。

据此，风化裂隙含水层按其岩性，构造部位可再分成一些亚类。如侵入接触带风化裂隙潜水带，构造破碎风化裂隙潜水带，古风化壳 - 沉积间断承压含水带等。

B 成岩裂隙含水层

成岩裂隙作为含水层来说主要是在火成岩地区。成岩裂隙是沉积岩固结脱水及岩浆岩冷凝收缩形成的裂隙。如各种结晶岩石在成岩过程中，由于岩浆分异，或岩浆侵入时处于围岩的各种不同部位、流动特点等所形成的一些细微节理裂隙，结晶岩体内的地下水，就沿着这些极其复杂的节理系统流动。一般来说，成岩裂隙多为闭合，不构成含水层。同时，由于缺乏补给来源，含水量不大，即使有水亦不均匀，如果后期未经构造切割，那么这种裂隙在储水和运水方面的意义都不大。

但在特定条件下，如结晶岩体与破碎的围岩接触或侵入、顶托等原因，也可形成一些形态复杂的有良好补给条件的富水带。陆地喷溢的玄武岩裂隙发育且张开，可构成良好含水层。岩脉及侵入岩体与围岩的接触带，冷凝后可形成张开的呈带状分布的裂隙，赋存带状裂隙水。熔岩流冷凝过程中未冷凝的熔岩流走，在岩体中留下的巨大熔岩孔道，形成管状含水带，可成为强富水的含水层。

各种喷出岩在成岩过程中所形成的裂隙构造包括放射状裂隙、柱状节理、层理裂隙、裂隙气孔带、裂隙熔孔等，在有良好的补给条件下，可构成较好的层状承压含水层，成为有价值的地下水资源，如我国高原玄武岩地区。

需要指出的是，火成岩地区的结晶岩脉侵入带往往会形成含水量大的层状承压含水层。

C 构造裂隙含水层

构造裂隙是固结岩石在构造应力作用下形成的最为常见的裂隙。构造对地下水区域运动规律及富水性具有支配性影响。构造裂隙水以分布不均匀、水力联系不好为特征。在钻孔、平硐、竖井及各种地下工程中，构造裂隙水的涌水量、水位、水温与水质往往变化很大，这是因为构造裂隙的分布密度、方向性、张开性、延伸性极不均一。含水层的水文地质复杂程度，除主要取决于地质构造及裂隙本身的复杂程度外，还与地下水的补给通流条件有关。某些断裂构造可沟通大的地表水体和强含水层，或存在延深达数百米的大裂缝。在区域构造和局部构造复合地区，地下水往往沿着启开程度很好的张裂隙或张扭裂隙系统积极循环。根据构造形态的特点、规模大小、部位不同，可以将构造裂隙含水层再划分为断裂构造裂隙层状承压含水层、褶曲轴部张力构造裂隙潜水富水带、层间裂隙层状承压含水层等主要的构造裂隙含水层。

（1）断裂构造裂隙层状承压含水层。这种含水层一般较好，但其规模大小、富水程度与断层的应力性质、破碎带宽度及断裂带的围岩性质有关。一般张性、张扭性的断裂带比压性、压扭性的断裂带含水性、导水性好。断裂地带地下水的赋存与断裂影响范围的岩石孔隙有关。

当断层通过刚性岩石（如石英岩、灰岩、砂岩等）时，往往破碎带发育，有大的泉水出露。在塑性为主的岩层（如粉砂岩、泥岩）中，裂隙常不很发育，并受到软化物质的充填。此时，即使是张性、张扭性的构造断裂，含水性亦会变得很差。

若断裂带中存在胶结的压碎岩、糜棱岩、角砾岩及沿断裂侵入的结晶岩脉，则往往起隔水作用，成为地下水运动的障碍。此时含水最强的部位主要在上下盘应力集中的裂隙破碎带。某些平行岩层走向的断裂往往造成局部地带有较高的地下水位。在计算地下水时，必须考虑这种阻水作用形成的具有不同的地下水位、不同的补给和排泄条件的水文地质单元。

断裂旁侧入字形张节理发育地带，具有强透水性的密集裂隙，由断裂引起的岩石牵引弯曲、扭动等裂隙发育带，都是地下水运动的良好通道和储藏场所。

若断层因岩脉侵入，接触带上岩层进一步破裂，也就形成理想的导水、储水条件。

（2）褶曲轴部张力构造裂隙潜水富水带。受张力影响，在背斜的轴部常产生一些与轴面走向一致的纵向张性断裂或裂隙。在褶曲轴面附近，岩层的纵向张节理构成了裂隙发育的地下水富水带。褶曲转折激烈地段，充水性可能较大。一般背斜较向斜裂隙发育强，轴部较翼部强，陡翼较缓翼强。

通常利于地下水汇集赋存的向斜背斜倾状端，比不利于地下水汇集赋存的单斜及逆倾状端富水性要强。

（3）层间裂隙层状承压含水层。当软硬相间的岩层受力挤压时，褶曲的两翼形成一个层间柔折破碎—裂隙带，甚至形成空洞，成为地下水的储藏场所和运移通道。这种含水层的含水量一般较少，除非在地形上得到有利的配合，且两翼外侧伴随有断裂带存在时，也可构成好的含水层。

（4）裂隙含水层充水矿床的特点。裂隙充水矿床的水文地质条件一般比较简单，只有当这类矿床的矿体埋藏在当地最低基准面以下，并出现下列情况之一时属于复杂情况：

1）位于地表水体之下，人工导水裂隙带可构成地表水的充水途径。

2）断裂构造沟通地表水体和强含水层。

3）存在大裂缝，造成突水。

4）存在假岩溶洞穴，造成突水，如在玄武岩中存在较大的洞穴造成突水。

（5）裂隙含水层顶板透水规律。

1）矿井涌水量与季节变化无关。

2）顶板涌突水与褶皱、断层、裂隙发育程度等因素相关。褶皱构造受强烈挤压，轴部易形成张性裂隙，两翼易形成次一级褶皱、断层、节理等，这些小构造周围裂隙发育，易形成局部富水地带。在褶皱轴面突然转折部位岩层被扭曲，倾向急剧变化，裂隙发育，易形成相对富水区。断层的发育与出水点、出水量直接有关。

3）顶板涌、突水与顶板含水层性质及岩层组合有关。

4）断层导水、涌水量较大。

5）裂隙带出水量小，但范围大。

（6）裂隙含水层底板突水规律。

1）底板突水多发生在断层附近。

2）承压水在水压作用下不断侵蚀、冲刷底板隔水层，渗透至上覆隔水层的构造裂隙中，降低隔水层的完整性，减弱岩体的抵抗强度，并扩大隔水层内部的裂隙，最终形成突水通道。

3）当底板岩层存在导水断层时，承压水会沿断层直接进入工作面采空区。

4）当含水层的上部岩层为透水层时，则承压水会渗透至该岩层内，形成承压水导升裂隙带，造成底板有效隔水层厚度的减小。

5）当含水层上部岩层为隔水层时，则承压水将作为一种静力作用于上覆岩层。当水压力较高或水流速较大时，承压水将挤入其上覆岩层中，并形成导水裂隙。

采动应力不断向底板传递，在它与含水层水压的综合作用下，底板岩体加速破坏，并使底板隔水层中原生裂隙、断层重新活动，形成新的透水裂隙。因此，导致底板有效隔水层的阻水能力降低，底板承压水很容易通过破坏裂隙而进入开采工作面，造成底板突水。

2.3.1.3 岩溶含水层

我国岩溶含水层分布广泛，其范围北自黑龙江，南到海南岛，西起青海盐湖，东至东海之滨。南方的中低温热液矿床，接触交代的矽卡岩型矿床，泥盆系宁乡式铁矿床，石炭系的铝土矿床，碳酸盐岩相关的铅锌矿等金属和非金属矿床，以及一些稀有分散元素的矿床都属于这种类型。但不同区域，岩溶含水层的岩溶发育程度和富水规律差别很大。

岩溶含水层主要有以溶隙、溶洞和地下暗河为主三种类型的碳酸盐岩系含水层。

（1）以溶隙为主的岩溶含水层。华北地区处于半干旱的温带气候区，可溶岩主要有震旦纪、寒武纪、奥陶纪、石炭纪等不同时代的碳酸盐岩系，除奥陶纪的呈连续状分布外，其他均呈间夹型或互层状，并夹有较多白云岩，受断块升降运动的影响，多形成宽缓的褶皱，在地貌和新构造运动上表现为较单一的断块隆升山地和沉降盆地。主要分布在秦岭—大别山—淮河一线以北中朝准地台大地构造单元范畴内。以此类含水层为主的矿床有冀鲁的矽卡岩型铁矿，辽宁、鲁南等地的非金属和多金属矿床等。除断块山地外，可溶岩多深埋于地下，仅在山前丘陵平原盆地区有零星的、浅覆盖的可溶岩分布。除古岩溶外，近代岩溶作用较弱，地表岩溶形态一般不发育，地下岩溶形态以溶隙为主，溶洞、管道发育不普遍。

（2）以溶洞为主的岩溶含水层。主要有南方的泥盆纪、石炭纪、二叠纪、三叠纪等各个时代的碳酸盐类岩系含水层。沉积厚度大，且多呈连续状，以纯灰岩为主，多形成紧密褶皱。地貌形成组合类型较复杂，宏观上可分为高原、山地与丘陵平原，可溶岩分布较广泛，近代岩溶作用较强烈，地表岩溶形态较发育，地下岩溶以溶洞为主，且有管道发育。如长江中下游、南岭一带的大型多金属矿床，湘中、赣中一带大多数碳酸盐岩区的铅锌矿等。

（3）地下河管道灰岩含水层。主要分布在我国的南方，特别是西南地区较多，在广西十分典型。水文地质单元受褶皱控制，面积较小，以溶洞管道含水类型为主，不均一性明显，从补给到排泄距离短，水力坡度大，地下水动力作用较强，交替较强烈，浅部岩溶充填程度相对较低。含水岩层一般裸露于地表，漏斗、落水洞等地表岩溶发育，可将充沛的大气降水直接导入地下河，因此地面不易形成地表径流。

岩溶含水层矿床的充水特征主要有：

（1）矿坑涌水量大。

（2）以集中突水为主要充水方式，突然冲溃的危险是这类矿床的主要威胁。

岩溶含水层矿床的透（突）水规律包括：

（1）突水点与岩溶裂隙密集区往往一致。

（2）突水与岩溶裂隙的发育有密切关系，突水点一般呈条带状展布，且展布方向与矿区岩溶裂隙走向基本一致。

（3）随着开采深度的加大，突水危险性增大，突水强度增加。

（4）岩溶矿床开采过程中易产生塌陷，因此其突水往往与大气降水特别是暴雨联系密切。

2.3.1.4　地下水含水层的补径排条件

孔隙含水层接近或裸露于地表，主要接受大气降水的就地渗入补给。一般位于当地最低排泄基准面以下。如果断裂构造沟通大的地表水体和强含水层，裂隙含水层则接受地表水体和强含水层的补给。由于岩溶发育的不均一，岩溶含水层本身的水力联系程度在不同方向和不同地段差异很大，因而矿坑水的补给具有方向性和局部性，主要来水方向正是岩溶强烈发育的地下强径流带。

岩溶含水层的透水性较强。当其分布很广时，在矿井长期大量排水、地下水位大幅度下降的情况下，含水层中降落漏斗可以扩展到很远。矿坑排水在矿区形成新的地下水人工排泄点，当矿坑中心的水位降低到原始天然排泄区的标高之下时，则从根本上破坏了区域天然条件下地下水的补排关系，矿坑排水中心成为新的最低排泄基准，原先天然的排泄区则成了补给区，从而造成泉水干涸、河水倒灌、地下水分水岭外移、地下水汇水范围扩大、增强补给量等现象，并改变当地地下水流场，如凡口铅锌矿。因此，岩溶充水矿床的矿坑排水不仅可以完全袭夺地下水的天然排泄量，并可以获得比天然地下水排泄量大得多的补给量。

对岩溶充水矿床进行长期疏干排水，在含水层中形成巨大降落漏斗的同时，还时常出现地面塌陷和井下泥沙冲溃。

2.3.2　矿体水文地质特征

2.3.2.1　薄与极薄矿体的水文地质特征

由于岩层接触面一般都很破碎，薄与极薄矿体一般也比较破碎，其富水规律类似于碎屑岩的富水规律。但因含水层类型不同，富水规律也不同。

（1）层间裂隙孔隙水富水规律。如果上下为隔水层，一般来说层间裂隙孔隙水具有分布较广、水量小、埋藏较深的特点。总体上地下水赋存于层间裂隙孔隙中，富水性较弱。

（2）构造裂隙孔隙水富水规律。构造裂隙孔隙水具有分布面积小、水量丰富、埋藏深等特点。碎屑岩区的构造裂隙主要受褶皱构造影响而形成，因此该类型地下水的丰富与否决定于褶皱的发育情况。

1）褶皱发育地段地下水量丰富，赋水空间是地下水富集的前提条件。在碎屑岩区，只有构造发育才会使碎屑岩中产生大量的裂隙，才会有较大的富水空间。

2）富水性受岩层控制，岩性决定裂隙发育情况。受构造的影响，不同岩性的裂隙、孔隙发育程度不同，一般硬脆的砂岩、沙砾岩比柔性的砂页岩、油页岩裂隙发育。

3）从褶皱的轴部到翼部，富水性由强到弱。

4）斜歪褶皱轴面倾向一侧富水性较好，这一规律其实质就是岩层形变曲率大，裂隙发育，富水空间大，富水性强。

（3）灰岩溶洞裂隙层间水。富水程度取决于岩溶发育程度，由于岩溶发育差异较大，富水性也存在较大差异，一般埋藏越深，岩溶越不发育，富水性越差。

（4）水害危险程度。这类矿床，由于矿体太薄，矿体往往就是含水层，因此水害危险程度很高。因此，对于薄与极薄矿体来说，不管含水层是何种岩石，只要含水层为矿体的直接顶、底板，其结构都是松散破碎。如南方和西南地区的大部分非煤矿山，矿体的顶板或底板直接为灰岩含水层、或破碎严重的矽卡岩，有些矿体甚至产于灰岩的蚀变带中，由于矿体上下岩层接触面岩性破碎，使矿体与含水层水力联系密切，导致矿体本身含水，如卡林型的贵州水银洞金矿，矿体极薄，产于蚀变带中，矿体底板为茅口灰岩含水层。

2.3.2.2 缓倾斜中厚矿体的水文地质特征

缓倾斜中厚矿体其特殊的矿体产状，使采矿方法难以选择、采切工程量大、崩矿和矿石运搬困难、机械化程度和作业效率低、生产周期长等，从而给顶板管理带来了很大的难度，如果顶板垮塌，将加速地下水进入矿坑。如果矿体埋深较浅，则将造成地表塌陷或加速扩大地表塌陷范围，使地表水进入矿坑，使矿床水文地质条件复杂化，加大开采难度。

2.3.2.3 多层复合矿体的水文地质特征

多层复合矿体类似于煤系地层，它的富水规律受多层复合矿体基底含水层水文地质环境、内部岩层水文地质环境、盖层岩层水文地质环境制约。如果矿体赋存于岩石层理及裂隙发育的含水层中，各区段由节理裂隙块体构成的顶板可能会片帮和垮落，地下水将通过节理裂隙及垮落带进入矿坑、采场。如果有破碎带穿过矿体，在开采扰动下，极易成为导水通道。内部岩层和盖层岩层容易发生破断，造成人为裂隙，破坏水文地质环境。

2.3.2.4 软破矿体、软破围岩的水文地质特征

软破矿体的矿石软弱破碎，易成为含水层。有些矿床即使矿体顶、底板有隔水层，但只要有裂隙、构造沟通含水层，矿体就是地下水富集的区域，整个矿层就成了类似的破碎带。而且，掘进过程易片帮、冒顶，顶板伴随两帮收敛而下沉，继而随两帮片落破坏而冒落，产生错动、裂缝，形成地下水导水通道。产生塌陷区将地表水导入井下，将形成恶性循环。

软破围岩的特点是成分复杂，裂隙发育，含有膨胀性矿物。由于膨胀性矿物吸水产生软化，空气中的水分子使膨胀矿物活化，进一步产生膨胀作用，导致垮塌冒落。围岩松脱垮冒，增大导水通道，如果矿体顶板是岩溶极发育的岩溶含水层，将可能形成井下泥石流。

2.3.3 地下水探测方法

地下水探测方法很多，分类也多种多样，有按探测方法的原理分类，也有按仪器所处的空间位置分类。对于矿山防治水，由于地面、井下环境条件完全不同，空间大小相差悬

殊，加上坑下各种采矿设备的运行干扰，所以矿山水害探测，一般根据水害与矿坑的相对位置、地质水文条件以及环境条件选择物探方法，因此，矿山水害探测方法一般按探测时仪器所处的空间位置分为地面探测、井下探测及孔中探测三种类型。以下重点介绍目前探测精度相对较高、国内外使用较多的一些新方法及其探测特点、效果。

2.3.3.1　高精度地面探测方法

A　地面五极纵轴电（或激电）测深法

（1）应用条件。适用于在地面探测地下一定深度的地下水，属于一种较新型的地面电阻率法，探测深度不超过500m，只要地下水所处地层不是高矿化或高炭质岩体，探测效果好。目前，探测的准确率最低77%，最高100%。

（2）探测原理。地面电阻率法有二极、三极、四极、五极纵轴电（或激电）测深、联合剖面以及中梯扫面，还有浅部的高密度电法。根据长沙矿山研究院有限责任公司的水害防治经验，其中效果最好的是地面五极纵轴电（或激电）测深法（图2-29）。地面五极纵轴电（或激电）测深法是在三极电测深和四极电测深的基础上发展起来的，比三极测深和四极测深效果更好、精度更高，在矿山水害探测及探矿、找水工程中使用广泛。

（3）探测方法。五极纵轴电（或激电）测深法的布极方法如图2-30所示，是对一个测深点，沿其两边各布设等距离的供电极距（L），观测电极（M、N），沿着垂直于供电极距并通过观测点（A点）的Y轴逐一移动测量，从而由浅至深反映出视电阻率和视幅频率垂向变化情况。通过对实测曲线进行分析和解释，从而了解地下土、岩层电性变化，推测出地下有关地层的地质情况，并通过探测岩体的视极化率来区别异常性质。

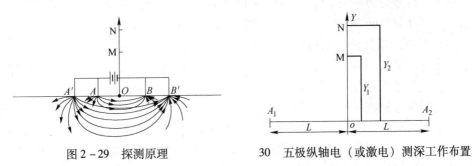

图2-29　探测原理　　　30　五极纵轴电（或激电）测深工作布置

（4）探测仪器。五极纵轴电（或激电）测深法使用的仪器是常规电法使用的仪器，使用最多的是国产的仪器（表2-9），根据需要探测的深度，选择不同的仪器和野外工作装置。

表2-9　五极纵轴激电测深法常用仪器型号

仪器型号	主要性能	应用范围
SQ-3C 双频激电仪	频率测深	地面探测水害，自配发电机最深可达500m
WDFZ-1 大功率激电系统	功率较大，接收机轻便	地面探测深度不超过500m
DZD-6 直流电法仪	收发一体机	地面探测深度不超过400m
SQ-5 双频激电仪	可自配发电机、整流器，达到大功率电系统的效果	地面探测深度不超过500m

（5）数据分析处理。五极纵轴电（或激电）测深法的数据分析处理比较简单，首先进行单点曲线分析，常使用 Grapher 软件，再进行剖面等值线分析，常使用 Surfer 软件。常用的数据处理方法是三角剖分法和克里格法。

（6）优缺点。地面五极纵轴电（或激电）测深特点是野外工作装置可以根据探测岩层的情况灵活选定。优点是探测精度最高，同时又能区分异常的性质。缺点是工作效率较低，野外工作装置比较复杂。

B　大功率瞬变电磁探测法

（1）应用条件。瞬变电磁探测法适用于含有良好导体的金、铜、镍、铅、锌矿床。瞬变电磁探测法所发现的矿床中几乎无一例外地具有较高的硫化物含量，成功实例中以镍矿和铜、铅、锌矿为主，地形起伏不大，地面探测，适用于单层水害的探测。

（2）探测原理。瞬变电磁探测法是利用不接地回线或接地电极向地下发送脉冲式一次电磁场，用线圈或接地电极观测由该脉冲电磁场感应的地下涡流产生的二次电磁场的空间和时间分布，从而解决有关地质问题的时间域电磁法。

（3）探测方法。瞬变电磁探测法观测装置灵活，有重叠回线、中心回线、偶极、大定回线外观测、大定回线内观测五种野外观测装置，分别适用于不同的勘探目标和深度。其中前三种装置适合浅层勘探，后两种适合深层勘探。

（4）仪器。主要有 ATEM－Ⅱ型瞬变电磁仪（探测深度小于 500m）和 PROTEM 系列瞬变电磁仪。其中 PROTEM 瞬变电磁仪可 3 分量同时观测，有 30 个观测道，观测时间短，信息量大。信号分辨率为 24 位，系统分辨率为 29 位，动态范围达 175dB。钻井内三维瞬变电磁仪可在 2000m 深钻孔内工作，探测半径 120m。

（5）数据处理分析。采用算术等间隔窗口观测数据，事后处理能力强，可以通过剔除、滤波方法提高信噪比，特别是可以采用小波滤波技术。在叠前叠后数据处理方面，选取叠前和叠后数据进行多尺度小波分析，观察信号在不同频率上的分布特征。

针对瞬变电磁测量中出现的激电效应的识别，常根据 cole－cole 模型采用的频率相关复电导率。对于存在激电效应的可极化大地的情况，利用时频分析方法将一维瞬变电磁的数据投影到二维时频分布空间中进行分析；以六种典型的极化层状地电断面模型为分类识别标准，采用图像识别中欧氏距离、绝对值距离和相似度等三种定量指标作为分类依据；建立一种瞬变测量中激电信号的识别方法，为消除激电效应对电磁响应解释的影响。

（6）优缺点。主要优点：对低阻异常反应灵敏，具有勘探深度大、抗干扰能力强、分辨力高、施工效率高、成本低等优点，被广泛应用于矿产勘查及水文、工程勘查等领域，在低阻层单一的矿山水文地质勘探方面具有较明显的优势。主要缺点：一方面，瞬变电磁是广谱测量，因而采集的信号中常伴各种严重随机干扰噪声（具有动态的、瞬变的特征），加之二次场信号很弱，常淹没于噪声之中；另一方面，该方法存在屏蔽现象，如果沿探测方向有多个孤立的低阻异常体，则后方的异常将被屏蔽，无法分辨出来，在岩溶地区应用效果不佳。

C　地震法

（1）使用条件。在地下水探测方面，地震法主要用于浅层折射和反射的地震测量。

（2）探测原理。地震探测法是利用地下介质弹性和密度的差异，通过观测和分析大地对人工激发地震波的响应，推断地下岩层的性质和形态的地球物理勘探方法。在地表以人工方法激发地震波，工作频率较低，约 10~20Hz，地震波在向地下传播时，若遇有介质性质不同的岩层分界面，将发生反射与折射，在地表或井中用检波器接收这种地震波。收到的地震波信号与震源特性、检波点的位置、地震波经过的地下岩层的性质和结构有关。通过对地震波记录进行处理和解释，可以推断地下岩层的性质和形态，从而探测出地面以下一定深度内的岩溶裂隙、导水构造等情况。

（3）震源方法。地震勘探中需要有震源，如爆炸震源、重锤震源、连续震动源、气动震源等，除陆地地震勘探经常采用炸药爆炸震源、海上地震勘探除采用炸药震源之外，还广泛采用空气枪、蒸汽枪及电火花引爆气体等方法产生震源。

（4）探测仪器。主要有德国 DMT 公司的 Summit Ⅱ plus 地震仪，它可利用各种地质体的波速，每个数据采集站的质量仅 1.2kg，由笔记本电脑做主机，非常轻便、稳定，利用不同的探测方法探测浅部、深部岩性、岩溶裂隙、导水构造及矿体，探测深度可达 1000m。

（5）数据分析处理。地震法的数据分析处理方法较多，有常规射线追踪方法、最小旅行时射线追踪方法、走时插值算法、动态网络最短路径射线追踪方法、最小平方共轭梯度的速度层析反演算法等。

（6）优缺点。

1）非常轻便：一套 480 道 Summit Ⅱ plus 系统（包括 Summit 单元 272 个），重约 320kg，各种电缆总长 11100m 长、重约 450kg，外加 8 个 24V 电池和一台记本电脑担当主机。

2）适应任何野外工作环境：它可以在地形复杂的山区、沼泽区、森林区、村庄密集区、高速路以及河流阻隔等地区顺利地布置三维观测系统。

3）组成灵活，道间距可变：一套 480 道 Summit Ⅱ plus 系统可以分解成两个或多个独立的地震队，只要增加一个或多个 USB 接口便可。

4）最高采样率 1/48ms：可以采集高达几千周的地震信号用于探测超浅层和薄层结构。采样率与工作道数无关。

5）没有模拟大线：由于每个数据采集站只含两个数据道，所以检波器非常靠近采集站，省掉了模拟大线，避免了外界干扰。

6）采集站功能齐全，道数可无限扩展：每个 Summit Ⅱ plus 数据采集站都是一个独立的地震数据采集单元，内置功能强大的数字处理器，可以对地震信号进行叠加和相关处理，可以对仪器和检波器的各项技术指标进行实时检测和打印输出。由于每个采集站都是独立的单元，工作道数可无限扩展。

7）当与可控震源或夯源连接时，可以实现叠前相关或叠后相关。

D　可控源变频大地电磁测量（EH4）

（1）使用条件。适用于无工业电流干扰及高压电干扰的区域。

（2）探测原理。利用天然电磁场或通过发射和接收地面电磁波来达到电阻率或电导率的测深。连续的测深点阵组成地下二维电阻率剖面，甚至三维立体电阻率成像。大地电磁同属于电探，但它是无源测量。利用天然电磁场，虽然避免了大电流供电，但天然电磁场不稳定，而且某些频段先天不足，干扰强，信号弱。

（3）探测方法。使用人工电磁场和天然电磁场两种场源，通过对地面电磁场的观测，针对地下岩土或目标体的电阻率连续成像，探测地下岩石电阻率的分布规律（图2-31）。

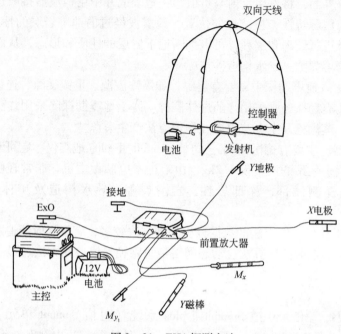

图2-31　EH4探测方法

（4）探测仪器。主要有美国 EMI 公司和 Geometrics 公司联合研制的 EH4 仪器，采用反馈式高灵敏度低噪声磁棒和特制的电极，分别接收 X、Y 两个方向的磁场和电场。由 18 位高分辨率多通道全功能数据采集、处理一体机完成所有的数据合成。

（5）数据分析处理。采用独特的 Born 近似反演，联合共轭梯度最小二乘法 CGLS 和快速系数反演 RRI，通过应用平滑约束优化高斯-牛顿方法，以多次迭代逼近理想的解释成像。这样既可保证反演解释的稳定性，而且成像快速。

（6）优缺点。优点：既具有有源电探法的稳定性，又具有无源电磁法的节能和轻便特点，对判断二维构造特别有利，仪器设备轻，观测时间短，可实现一机综合勘探，资料解释简捷，图像直观。缺点：工业电流尤其是高压线对其干扰严重。

E　可控源音频大地测深

可控源音频大地电磁法（CSAMT）是20世纪80年代兴起的一种电磁勘探技术，是针对大地电磁法场源的随机性和信号微弱，以致观测十分困难这一状况，而提出的一种使用音频段频率（音频），采用可以控制的人工场源（称可控源）的大地电磁法。

（1）应用条件。可控源音频大地测深受场源和地形影响，地表电性不均的影响尤为明显，而且当前没有特别有效的校正方法。大量实践表明，由地形和地表电性不均引起的电阻率失真可达1~2个数量级，比如在沟谷能把本来的高阻变得更高，把原来的低阻变成高阻，本来应该有的低阻异常由于地形等的影响，异常消失了。同样由于地形的影响，在山脊上往往出现了相对较宽的低阻异常带。因此，可控源音频大地测深适用于地形起伏不大、地表电性较为均匀的深部水害探测，实际有效探测深度为 1200m 左右。

（2）探测原理。通过测量电场与磁场的水平分量求取地下介质的电阻率。

（3）探测方法。用发送机通过接地电极 A、B 向地下供交变电流，在地下造成交变电磁场。电流的频率可在一定范围内按需要改变。在距离 A、B 相当远的地方进行测量。由于随着频率降低电磁波穿透深度增大，因而也就得到了卡尼亚电阻率的测深曲线。此方法可以根据需要分别以相互垂直的两组场源供电，对每个场源测量 E_x、E_y、H_x、H_y 和 H_z 5个参数，形成张量 CSAMT 测量，得到在一条测线上有关三维的信息。

（4）探测仪器。目前最先进的加拿大凤凰公司研发的第八代多功能电法系统（V-8）。

1）发射和接收无连接，始终采用 GPS 同步，避免了每天需要校对时钟同步的麻烦和出错的可能性。在 GPS 信号不好的地方，系统内晶振时钟会自动启动同步。

2）每道采用24位 A/D 转换器，并对数字信号进行处理（DSP），保持了最高的动态范围和分辨率。

3）可接收任意多个频点的信号，大大提高了测量垂向分辨率和勘探精度。

4）不受地域限制高精度同步叠加、扫频，可任意增加叠加次数和扫频时间。

5）采用无线网络技术实时监测每道数据的曲线和数值。

6）采用 TXU-30 发射机，功率大频率高，在提高观测信号的同时可有效地避免工业干扰信号。有利于在矿区和城市附近等干扰地区开展工作。

7）发电机可根据用户需要在国内采购，价格低且便于维护。

8）先进的模块化设计，配置可灵活选择。

（5）数据分析处理。利用标准偏差参数，选择剔除那些明显的误差和噪声。并采用仪器所配专用软件 CMTPRO 对 CSAMT 野外采集数据进行预处理转换。在通过必要的归一化、静态改正、滤波和导数计算来增强某种影响。通过相减、相除或对等频率、等深度的平均值进行重合叠加，从一组数据中消除其层状效应。重合叠加法能消除区域影响，增强复杂层状介质中微弱的横向影响。静态校正对于消除静态效应影响的电阻率数据不规则现象很有用。通过有效的滤波使噪声和复杂的数据易于分辨。如果滤波得当可以使细微异常特征突显出来。反演解释处理，可以使用加拿大的 WinGinlk 反演软件，对原始采集数据进行编辑处理，诸如归一化、静态改正、滤波等。

（6）优缺点。优点：分辨能力高、能穿透高阻屏蔽层、各向异性影响小、可用于观测的参数较多、便于综合分析、劳动强度小、效率高。缺点：深部探测效果不理想，无法区别异常的性质。

F　核磁共振测深（MRS）

核磁共振技术是目前世界上唯一的直接找水的地球物理新方法。此方法应用核磁感应系统 MRS（magnetic resonance sounding），通过由小到大地改变激发电流脉冲的幅值和持续时间，探测由浅到深的含水层的赋存状态。

（1）使用条件。使用条件广泛，只要地层中有自由水存在，就有磁共振信号响应，即可使用。

（2）探测原理。MRS 找水时通常向铺在地面上的线圈（发射/接收线圈）中供入频率为拉莫尔频率的交变电流脉冲，交变电流脉冲的包络线为矩形。在地中交变电流形成的交变磁场激发下，使地下水中氢核形成宏观磁矩。这一宏观磁矩在地磁场中产生旋进运动，其旋进频率为氢核所特有。在切断激发电流脉冲后，用同一线圈拾取由不同激发脉冲矩激发产生的 MRS 信号，该信号的包络线呈指数规律衰减。MRS 信号强弱或衰减快慢与水中质子的数量有直接关系，即 MRS 信号的幅值与所探测空间内自由水含量成正比，这就是核磁共振找水方法的原理。

（3）探测方法。通过测量地层水中的氢核来直接找水。MRS 是唯一的非"侵扰"式的从地面测量直接探测地下水储层的方法。将一给定频率的脉冲电流馈送到一个回线上。一个小型线圈接收被激励的氢质子（水分子）产生的响应信号。根据有自由水存在，就有 MRS 信号响应的原理，用 MRS 方法区分储水构造内是否有水，快速圈定找水远景区；在确定的有水范围内，结合电阻率值异常的特点确定井位，利用电阻率值的大小来区分出水质（咸水或淡水）；结合激发极化法异常特点，圈定烃类（含有氢核）污染水的污染范围和程度，评价工程地质中地下水的活动情况等。

（4）仪器。主要有法国 IRIS 公司的核磁共振测深仪器 NUMIS Plus。国内 JLMRS－I 型核磁共振找水仪。

（5）数据分析处理。主要数据处理方法是离散富氏变换（DFT）和加权叠加，它产生拉莫尔频率下的激励脉冲，通过滤波、放大和模数转换测量磁共振响应，使用专门的数据处理解释软件，采用数据解码技术，提高信号的信噪比与分辨率。

（6）优缺点。

1）核磁共振找水方法的原理决定了该方法能够直接找水，特别是找淡水。在该方法的探测深度范围内，只要地层中有自由水存在，就有核磁共振信号响应，反之则没有响应。

2）核磁共振方法受地质因素影响小。利用此优点可用来区分间接找水的电阻率法和电磁测深法卡尼亚视电阻率的异常性质。例如，在我国岩溶发育区，特别是在西南岩溶石山缺水地区，当溶洞、裂隙被泥质充填或含水时，视电阻率均显示低阻异常，是泥是水难以区分。核磁共振测深则不受泥质充填物干扰，很容易将两者区分开来。

3）在淡水电阻率与其赋存空间介质的电阻率无明显差异的情况下，电阻率法找水就显得无能为力，而核磁共振测深却能够直接探测出淡水的存在。完成一个核磁共振测深点的费用仅为一个水文地质勘探钻孔费用的 1/10，并可以快速地确定打井位置及划定找水远景区。

4）反演解释具有量化的特点，信息量丰富。核磁共振方法可将核磁共振信号解释为某些水文地质参数和含水层的几何参数。在该方法的探测深度范围内，可以给出定量解释结果，确定出含水层的深度、厚度、单位体积含水量，并可提供含水层平均孔隙度的信息。

5）核磁共振信号非常微弱，为纳伏级，需要极低噪声放大器和抗干扰接收、地下水弱信号鉴别提取技术。

6）核磁共振勘探深度只有 150m，要加大勘探深度必须增加发射能量，必须解决大功率交流脉冲激励技术。

7）目前确定激发频率方式效率较低，需改进确定激发频率的方式。

8）目前反演软件针对孔隙型地下水，需开发适合基岩裂隙水和岩溶水的反演技术。

G 高密度电法

（1）使用条件。探测点距不大于 10m，探测深度小于 200m。

（2）探测原理。高密度电阻率法仍然是以岩、土导电性的差异为基础，研究人工施加稳定电流场的作用下地中传导电流分布规律的一种电探方法。因此，它的理论基础与常规电阻率法相同，所不同的是方法技术。

（3）探测方法。高密度电法最简单的工作方式是：在地表同时布设数十至数百个电极（取决于最大勘探深度）。在测量过程中不断改变供电电极 AB 和测量电极 MN 的长度和位置。电极长度和位置，注射的脉冲电流强度和频率均由主机自动控制，对每次注射的脉冲电流所建立的电位差进行高密度采样和多次叠加，以提高观测精度。

（4）探测仪器。主要有重庆制造的 WGMB－9 型超级高密度电法系统（分布式），15 种野外工作装置，120 道电极转化开关，可进行滚动三维测量。

WGMB－9 型测量主机使用了无线蓝牙传输测量数据、24 位高速 A/D 转换，高电压大电流控制技术，超小信号测量精度，有抗干扰措施。而分布式电缆突破了传统集中式电缆转换道数有限的瓶颈，实现了道数的任意扩展，使得高密度测量系统不再局限于浅部的电阻率测量，中深部的电阻率测量也能实现。而配合使用分布式激电电缆，中深部的极化率测量也能实现。

WGMB－9 型高密度电法系统覆盖了从浅部到中深部的电阻率、极化率测量，具有常规电法的深度优势，兼有高密度电法的信息量丰富优势，使得高密度电法有逐渐取代常规电法的趋势。

（5）数据分析处理。高密度电法采用专用软件将仪器采集的数据转换成能够反演的数据格式，再进行反演，主要采用平滑约束的最小二乘法。

（6）优缺点。

1）电极布设是一次完成的，这不仅减少了因电极设置而引起的故障和干扰，而且为野外数据的快速和自动测量奠定了基础。

2）能有效地进行多种电极排列方式的扫描测量，可以获得较丰富的地电断面结构特征的地质信息。

3）野外数据采集实现了自动化或半自动化，不仅采集速度快，而且避免了由于手工操作所出现的错误。

4）可以对资料进行预处理并显示剖面曲线形态，脱机处理后还可自动绘制和打印各种成果图件。

5）与传统的电阻率法相比，成本低、效率高，信息丰富，解释方便，勘探能力显著提高。

2.3.3.2 矿井探测方法

A 直流电法

（1）使用条件。井下干扰因素较小（如铁轨、工业电流），巷道干湿均匀，无连续低阻体（金属物体和水沟）巷道，探测深度小于 80m。

（2）探测原理。直流电法探测技术以岩层的导电性差异为基础，通过人工向地质体供入稳定电流，观测大地电流场的分布状况，从而确定岩、矿体物性及其赋水性的分布规律或地质构造特征。

（3）探测方法。根据探测目的的不同，直流电法工作装置有多种，井下通常应用对称四极测深装置、三极测深装置和单极偶极装置。对称四极测深装置工作布置方式为 A—

M—O～N—B，三极测深装置工作布置方式为 A—M—O～N—B。根据测出的电流、电压值，结合装置系数，就可以换算出岩矿层的视电阻率值。通过对不同地点、不同深度岩矿层的视电阻率值进行全方位探测和综合分析，达到探测岩性、构造及其赋水性的目的。由于井下直流电法存在体积效应，影响资料解释中对异常区（体）具体方位的准确判断，因此需要与瞬变电磁等方向性较强的物探技术相配合，并结合水文地质资料，多种手段并用，相互取长补短，以提高探测成果解释的准确率。为降低金属物及连续状低阻体的干扰，尽可能减少各种金属物体和水沟等连续低阻体及巷道底板干湿不匀等环境的干扰影响，尽量使电极远离低阻体或同其保持一定的距离。底板过度干燥地段要将电极打深、打牢，还要经常检查电线的绝缘情况。尽量使 M、N 极保持在一条直线上，在干扰严重地段，对同一极距要多次采集数值，然后取其平均值，使采集到的数据尽量真实。

（4）探测仪器。主要有 DZD-6A 型井下直流电法测量仪。

1）体积小、质量轻：该仪器将发射机与接收机集成同一箱体内；可同时进行视电阻率法和激发极化法测量。

2）测量参数多：该仪器可直接测量、显示一次电位 V_p、自然电位 V_{sp}、供电电流 I、视电阻率 R_o、视极化率 M_s、半衰时 T_h、衰减度 D、综合激电参数 Z_p 和偏离度 R。可配接 60 道或 120 道的高密度开关进行相应的高密度电阻率方法测量。

3）操作方式更加灵活、方便：采用全数字化自动测量，可对自然电位、漂移及电极极化进行自动补偿。

4）采用大屏幕液晶汉字显示，可直接显示九种电极排列方式；键盘直接输入布极参数；当某测点测完后可直接显示电阻率曲线、视极化率曲线、半衰时曲线等。

5）资料解释更方便：该仪器可对 4800 个测点的测量数据进行存储。每个测点为 22 个数据，设有 RS-232 串行接口，通过相应的软件可直接将存储的数据传入计算机内，进行各种方法的数字化解释。

（5）数据分析处理。井下直流电法常采用间隔较小的算术坐标进行数据采集和资料处理，资料解释不宜进行单条曲线反演，而应采用断面图进行总体解释。

（6）优缺点。直流电法探测技术具有理论成熟、仪器简便、方法灵活等优点。缺点是存在较明显的空间和体积效应，探测距离一般在 80m 以内，易受外界因素干扰。

B　地质雷达法

（1）使用条件。掌子面超前探测，探测岩体距离小于 60m，周边 5～10m。

（2）探测原理。地质雷达是一种地下甚高频-超高频电磁波定位探测法，根据回波的时间和电磁波在相应介质中的传播速度确定目标距离，并通过分析判断目标性质。

（3）探测方法。地质雷达的探测布置方法比较灵活，可根据具体情况布置测点、测线或网格，在测线、网格上的点距可根据具体情况和工程所要求的精度选定，一般为 2～50m。应用地质雷达可在巷道掘进工作面的任意方向探测，对同一目标可以改变方位角或仰俯角探测。各界面反射电磁波由天线中的接收器接收并由主机记录，利用采样技术将其转化为数字信号进行处理。

（4）探测仪器。地质雷达主要由天线、发射机、接收机、信号处理机和终端设备（计算机）等组成。主要产品有美国 SIR-3000 型地质雷达。

1）SIR-3000 型雷达的一体化设计，加上内置式可充电电池，性能坚固耐用，整机仅 4kg。

2）SIR－3000 型雷达高分辨率强光型液晶显示，可在野外强光下操作。

3）除了传统的 USB、Ethernet、RS－232 等接口外，还配备了独特的微型闪存装置，提供更便捷、快速的数据传输方式。

4）目前 GSSI 公司提供的雷达天线种类最多，使购买雷达的用户具有了强大的扩展余地，可满足不同工程检测的需要。而且，所有的天线都可与 SIR－20/SIR－3000 型雷达主机兼容。频率从 16MHz 到 2.2×10^9 MHz 可选。

5）天线和主机之间使用完全屏蔽的同轴电缆进行数据传输，更加结实耐用，防土、防尘能力强，不受环境限制。

6）GSSI 公司开发的各种功能的雷达软件包更丰富了雷达系统的应用，除了配备专用的雷达数据后处理软件，用户还可根据自己需要选择特殊功能的软件模块，并且所有雷达软件基于 Windows 2000/NT/XP，可在 PC 机上进行数据处理。

（5）数据分析处理。常用的方法有滤波、动静校正与水平叠加，当然还包括叠加速度的确定。在进行资料的地质解释时，除根据波形的特征判别目标性质外，还应注意追踪回波在横向和纵向上的延续和变化，对应展现出地质构造在平面和剖面上的形态，尤其是在地面进行大面积勘探时，小的孤立目标在平面上不易追踪，这时可采用横向衰减对比处理解释方法，只要在探测时有足够的控制密度就可以找到突变点，即目标所在位置。

（6）优缺点。应用矿井地质雷达进行超前探测和工程勘探，具有速度快、机动灵活、可在地下实施全方位探测的优点。但存在空间电磁场效应的影响，应增强其发射和接收天线的方向性，提高空间定位准确度。矿井地质雷达探测距离较浅，分辨率高，在隧道掘进超前探测时，最大可控制前方 60m、周边 5~10m 的范围，分辨率达 0.3m。

C　矿井地震勘探

（1）使用条件。不适用于薄互层条件、大倾角地层、岩浆岩顺层侵入、黄土塬区、老窑采空区等地质条件的地下水探测。

（2）探测原理。当地震波遇到声学阻抗（密度和波速的乘积）差异界面时，一部分信号被反射回来，一部分信号透射进入前方介质。声学阻抗的变化通常发生在地质岩层界面或岩体内不连续界面。反射的地震信号被高灵敏地震信号传感器接收，反射体的尺寸越大，声学阻抗差别越大，回波就越明显，越容易探测到。通过分析，被用来了解隧道工作面前方地质体的性质（软弱带、破碎带、断层、含水等）、位置、形状、大小。

（3）勘探方法。

1）震波超前探测法：目前国内外的地震超前预报技术主要以反射地震方法为主，主要应用于巷道工程。国内已有的超前预报技术有负视速度法、水平剖面法等；国外的方法有瑞士的 TSP203 技术、美国的 TRT 技术以及 TSP 技术等，都是基于地震偏移成像技术，同时利用地震波运动学和动力学信息，进行复杂地质条件下超前地质预报。

2）井巷二维地震探测法：在巷道走向方向布设多次覆盖观测系统。井巷二维测线可以布设于巷道底板或两帮。地震数据采集、处理与解释等主导环节和地面二维地震勘探基本相同。根据岩层及其顶底板声波属性，经正演计算选定偏移距和检波距之后，沿测线布置炮点和检波点，按照观测系统设计进行地震数据采集。

（4）勘探仪器。主要有美国 C－Thru Ground 公司的 TRT6000 无线震动波三维成像地质超前预报系统。

1）TRT6000 超前预报系统使用锤击作为震源，可重复利用，不需要耗材。

2）使用锤击作为震源，可在同一点做多次锤击，通过信号叠加，使异常体反射信号更加明显。

3）使用锤击作为震源克服了爆炸产生的高能量对周围岩体产生挤压、破坏现象，克服了爆炸产生震动波时高频信号迅速衰减的缺点，从而保证能接收到真实的震动波信号。

4）TRT6000 采用高精度的加速计作为传感器。灵敏度高（0.5V/g），最大程度保留了高频信号，提高了精度及探测距离（硬质岩中为 300m，软质岩中为 150m），而其他仪器使用的是速度传感器，灵敏度为 1V/g，容易损失高频信号。

5）传感器和震动波采集、处理器之间采用无线传输，大大简化了装备，只有两个箱子仅 29kg，携带方便。

6）TRT6000 系统的传感器布点采用立体布点方式，在隧道两边分别布置 4 个传感器，然后在隧道顶上布置两个传感器，从而获得真实的三维立体图，直观地再现了异常体的位置、形态、大小。而其他仪器一般在左右边墙各布置一个震动波信息接收器接收震动波。这样的布置方式只能获得异常体的位置信息，而不能获得形状、大小等信息，同时对于大角度斜交隧道的裂隙可能没有反映。

7）TRT6000 采用层析扫描的图像处理方式，绘制三维视图，并可以从多个角度观察缺陷，使得图像更加清晰，易于理解，从而更加轻松地进行缺陷诊断。

8）TRT6000 能描绘到隧道水平和垂直方向的所有异常。可探测掌子面前方的不同地质状况，如异常出现的岩体和空洞等，并能形成三维的视图，对斜交巷道（尤其是大角度斜交巷道）裂隙也能很好地反映。

（5）数据分析处理。层析成像和全息成像是常用的利用信号波形及相位变化来估计介质性质变化的位置和范围的反演技术。

（6）优缺点。井下工作面地质条件超前探测，可探测巷道周边空洞、断裂或导水裂隙，探测距离 150~300m。二维地震勘探的解释精度能够查明落差 15m 以上的断层。但由于屏蔽现象和增透现象，容易造成假断层、假断点。

D 无线电波透视技术

（1）使用条件。无线电波透视法的应用条件主要取决于岩层对电磁波的吸收系数。其不适用的影响条件主要有以下几点：1）岩溶很发育的岩层内效果不好；2）高碳质岩体的巷道中不宜使用；3）金属矿体中不宜使用。

（2）勘探原理。无线电波透视法（也称为坑透法）是向地下地质体发射高频无线电波，通过观测电磁波在传播过程中场强的衰减情况，以确定地质异常体的位置和形态的一种勘探方法。坑透法在两条巷道（回风巷和运输巷）之间进行，接收透过被探测地质体的电磁波信号，当电磁波在穿过岩层途中遇到地质异常区（特别是含水构造）时，在相应的接收点处能观测到无线电场强的明显衰减，通过改变发射点或接收点位置多次观测，即可确定地质异常体的位置和形态。坑透法在我国矿井中使用较多，对解决工作面内断层、陷落柱、含水裂隙、矿层变薄区或构造等起到了很好的作用。

（3）勘探方法。有同步法和定点法两种。

（4）勘探仪器。最新的有国内生产的 DT307 - WKT - 6 型，其主要特点是：

1）采用了全新的电路设计和电子元器件，提高了发射机的发射功率，增大了透视距离，同时也提高了接收机的灵敏度和分辨率，从而大大提高了透视的有效性和精确性。

2）根据早期 WKT－Ⅲ型坑透仪的经验，合理选用低频（365kHz）和高频（965kHz）两个频率。低频较高频透距大，适用于宽度大和不易透视的岩溶、构造及黄铁矿化低阻层；高频较低频精度高，可用于宽度小和较易透视的低阻层。

3）WKT－6型无线电波坑道透视仪体积小，质量轻，便于井下携带。

4）采用合理的程序设计，操作简单，容易掌握，提高了井下测量速度。

5）在测量的同时，所测的数据会自动存储在内部的非易失性存储器中，保证数据在关机、断电等情况下不会丢失。

6）仪器设有与 PC 机通信的数据传输接口，并配备有专用的数据传输线，可将数据传输至 PC 机中。

7）WKT－6型无线电波坑道透视仪配有专用的分析软件，可将数据进行处理成图，对地质构造做出推断和解释。

（5）数据分析处理。常采用层析成像技术，另外，最小二乘迭代拟合算法和快速迭代法、求解速度快的局部反演法，如基于最小方差原理的高斯－牛顿法、马奎特法、广义逆反演法等也都被使用。

（6）优缺点。在地层较好时，探测距离最大可达300m。缺点是在岩溶发育或黄铁矿化厉害或含炭质较高的岩层中，探测距离较短。

E　矿井瞬变电磁法

（1）使用条件。适用于井下铁轨、工业电流干扰因素较小，巷道干湿均匀，无连续低阻体（金属物体和水沟）的场所，探测深度小于80m。

（2）探测原理。矿井瞬变电磁法是一类非接触式探测技术，属于时间域电磁法。井下瞬变电磁探测时，其发射和接收回线边长需依据采掘空间断面的大小选择，可通过加大发射功率和接收回线匝数的方法增强二次场信号的强度，从而增大瞬变电磁法的顺层或垂直勘探深度。

（3）探测方法。矿井瞬变电磁法常用的工作装置形式主要有重叠回线和中心回线两种，重叠回线装置的地质异常响应强，施工方便，但线圈间存在较强的互感，一次场影响严重；中心回线装置收发线圈互感影响小，消除了一次场影响，但二次场信号相对较弱，对地质异常体识别不如重叠回线。井下巷道内施工常采用多匝数小回线（小于2.0m）测量装置。

（4）探测仪器。国内使用最多的主要有加拿大 Geonics 公司的 PORTEM－CM 瞬变电磁勘探系统和武汉地大华睿地学技术有限公司的 YCS60－F 矿井瞬变电磁探测仪。

（5）数据分析处理。数据处理方法同前述地面瞬变电磁法的数据处理方法。

（6）优缺点。由于施工效率高，纯二次场观测以及对低阻体敏感，使得它在当前的矿井水文地质勘探中成为首选方法；瞬变电磁法在井下高阻围岩中寻找低阻地质体是最灵敏的方法；采用同点组合观测，与探测目标有最佳耦合，异常响应强，形态简单，可达到较为准确的精细探测，分辨能力强；剖面测量和测深工作可同时进行，大大降低了水文钻探的施工费，可提供更多的有用信息。

但该方法存在全空间电磁场效应的影响，因此，应增强其发射和接收天线的方向性，提高空间定位准确度。同时具有屏蔽的缺点。矿井全空间磁场效应和巷道影响问题已成为制约矿井瞬变电磁法的关键，需通过数值模拟研究巷道、采空区层状围岩介质中瞬变电磁场的分布规律以及二维、三维地质异常体的异常响应特征，以便在理论和方法上进一步完善矿井瞬变电磁法的技术体系。

2.3.3.3 孔间探测

A 无线电波透视

（1）使用条件。适用于电磁波吸收小的钻孔，岩溶不太发育的岩体以及低矿化、金属矿物贫乏以及低炭质岩体的钻孔。

（2）探测原理。跨孔电磁波透视法通过在一孔中发射电磁波、另一孔中接收衰减了的电磁波，利用计算机处理数据、成像来重建吸收系数的分布，从而达到探查井间的地质结构、构造。根据电磁波穿透探测目标体后，能量发生的变化来确定目标体的空间位置和形态；如果对取得的数据进行层析成像（CT）解释，能更准确的圈定目标体的位置和形态。

（3）探测方法。常用双孔法探测矿山地下水。同步观测法：在双孔中同步移动发射和接收天线进行观测；定发射观测法：固定发射，移动接收；定接收观测法：固定接收，移动发射。

（4）探测仪器。地下无线电波法（RIM）钻孔系统，主要由数据采集系统、天线、钻孔接收机、钻孔发射机、地面控制收录器、数据传输接口，数据处理及解释工作站等组成。

（5）数据分析处理。常采用计算机化的层析成像、全息成像以及数据的模式识别等数据方法。最小二乘迭代拟合算法和快速迭代法、求解速度快的局部反演法，如基于最小方差原理的高斯-牛顿法、马奎特法、广义逆反演法等也都被使用。

（6）优缺点。由于收、发探头放置于钻孔内、基岩面以下，因而上覆低阻盖层的影响较小；另外天线工作频率高、波长短、剖面内射线覆盖密度高，与地面物探方法相比，异常分辨率大为提高；除需钻孔外，场地不受限制。上述优点使得跨孔电磁波透视方法在岩溶地基探测、水库渗漏、帷幕灌浆等精细探查领域得到了广泛的应用。但钻孔中有水，往往因电磁波被含水岩溶裂隙吸收，效果不好，探测距离也很短。

B 声波透视（声波CT）

（1）使用条件。适用于有水的钻孔中。

（2）探测原理。在一个钻孔中激发弹性波，在另一个钻孔中接收，采用层析成像原理，对接收信号的波特征参数进行成像处理，圈定目标体的空间位置和形态，是一种寻找孔间构造裂隙带的方法、技术。

（3）探测方法。有同步法和定点法。同步法即是在双孔中同步移动发射机和接收天线进行观测；定点法则是发射（或接收）机固定于钻孔某深度，接收（或发射）机移动接收或发射。

（4）仪器。DST-4跨孔声波CT系统和SET-PCT-01型工程声波CT仪等。

（5）数据分析处理。有数字滤波、相关分析、波频分析、数据归一和校正等。采用二维最短路径走时路径方法实现射线追踪确定模型旅行时和雅可比矩阵的正演模型，选用最小二乘共轭梯度达到收敛快和稳定性好且易于用阻尼因子控制反演结果质量的特点。

（6）优缺点。

1）探测距离较大，地-井工作方式，实测深度已达640m，井-井工作方式水平透距为200m左右。

2）分辨率高，野外实测的声波主频达到250～4152Hz，可以分辨0.68m的薄层。

3）井下探管直径小（发射为35mm，接收为38mm）；可应用于金属矿区小口径钻孔。

4）具备地-井方式和井-井方式测量功能。

5）可以在套管中工作，这是井中声波透视与其他井中物探所不同的。应用条件是，对跨孔工作方式，目前双孔之间的理论水平距离最大为200～300m。对地-井方式，钻孔中必须有泥浆或水，不能是干孔。

6）在岩溶发育地层，尤其是在岩溶发育，地下水位较低的地区，效果不好。

2.3.4 应用实例

2.3.4.1 地面五极纵轴电（激电）测深

凡口矿是国内著名的岩溶大水矿床，前期采用疏干排水法，地面出现大量塌陷，截至2005年已产生塌陷3000多个。后采用矿区帷幕截流防治水方法，截流帷幕长达1698m，帷幕线布置在岩溶发育且存在岩溶管道的壶天灰岩中，2006年开始施工，分5段逐段进行，每段施工前采用地面五极纵轴激电测深探测帷幕线上岩溶发育位置和规模，以达到针对性布孔，提高帷幕堵水率的目的，2013年全线帷幕施工结束，经帷幕钻孔揭露的岩溶统计，五段综合探测准确率84.64%。图2-32为新技术段探测异常与实际揭露岩溶分布复合图，经帷幕施工钻探验证，该段探测准确率达100%。

2.3.4.2 高密度电法探测

新桥硫铁矿东翼为水文地质极复杂的岩溶大水矿床，东翼基建期间，措施井一次突水产生150多个地表塌陷。后采用露天坑外围地面帷幕，以保证露天采场的安全。露天转地下开采拟采用井下近矿体帷幕，为防止露天转井下开采基建及开采期间井下意外突水造成河流断流，采用高密度电法对新西河和圣冲河两条河的河床进行了渗漏探测，图2-33所示为圣冲河露天坑一侧的高密度电法探测成果图。对比原河床塌陷，图中低阻异常区就是原塌陷区。

2.3.4.3 可控源变频大地电磁测量（EH4）

海南省乐东县石门山钼铅锌矿为多金属矿床，在基建期间，井下揭露多条北北西和东西向断裂构造，并不同程度的涌水，矿坑总涌水量逐渐加大，超过600m³/h，水温也从起初的冷水逐渐变为热水（35～37℃），井下施工环境很差，工作效率低，为寻求水害治理方法，开展了探测工作，长沙矿山研究院有限责任公司根据矿区地层（花岗岩）首先采用了音频电磁测深探测了矿区周围的导水构造，再在异常处采用地面五极纵轴激电测深法验证异常性质，根据探测成果（如探测7线成果图见图2-34），图中粗虚线为推测的断裂构造位置，粗虚线附近的区域为推测的构造宽度，结合地层综合分析，矿区主要的水源来自深部，并建议采用下中段放水，上中段开拓采矿的防治水方案，经半年的开采验证，上中段已基本无水，开采环境已变成很好，说明物探效果很好，推荐的防治水方案正确。

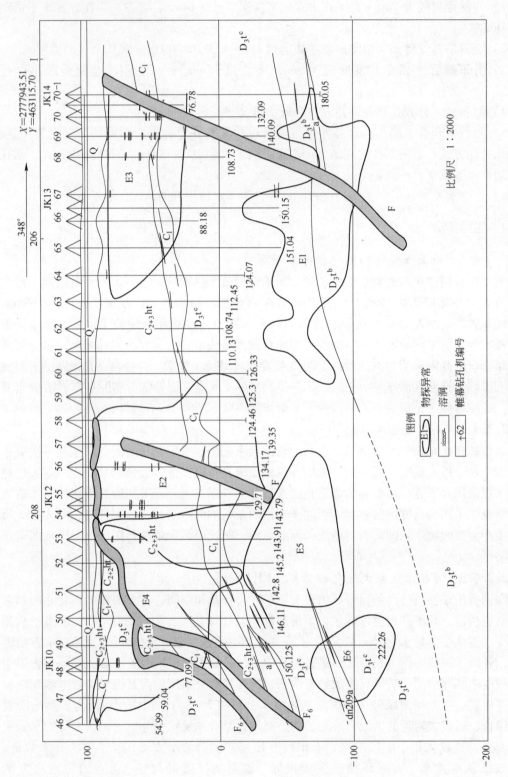

图2-32 凡口铅锌矿帷幕新技术研究段钻探和物探复合剖面

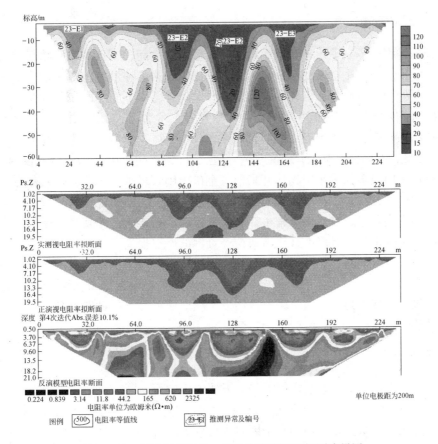

图2-33 圣冲河露天坑一侧的高密度电法探测成果图

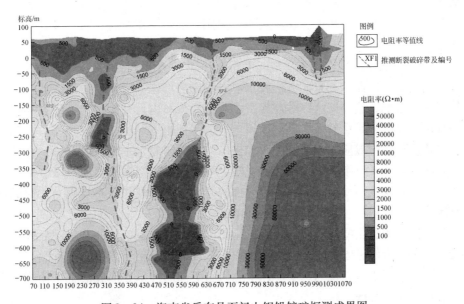

图2-34 海南省乐东县石门山钼铅锌矿探测成果图

2.4　地下空区探测

地下开采过程中，当采出矿石或矿岩崩落所形成的空间，不再被固体物料填实时，将形成地下采空区。地下采空区的形成，主要是采用空场采矿法没有针对所形成的采空区进行充填或崩落处理；其次是矿岩体的冒落未充分填实冒落面下的空区。2008 年，长沙矿山研究院有限责任公司针对全国 25 个省市 457 家（座）金属非金属矿山企业，进行的采空区现状调查结果表明，我国地下采空区普遍存在，空区体积总量达 4.3 亿立方米。其中有色金属矿山占比 43.67%，居所调查的五个行业之首，黄金矿山占比最低，仅为 7.51%。这显然与有色矿山较多地采用空场法开采而黄金矿山则较多采用充填法开采有关。

地下采空区的存在，容易导致大面积岩层移动、引发大面积地压、造成地表塌陷和植被破坏，成为重大隐患，给矿山正常生产和安全带来严重影响；尤其是给受采空区影响的矿产资源的开采带来极大难度，甚至造成矿产资源的严重损失。

针对地下采空区问题，必须通过调查与探测手段，了解采空区的成因、赋存条件、位置、形态及当前安全状态，为治理采空区隐患和避免采空区带来重大影响提供必要的依据。因此，采空区探测是预防地下采空区引发工程地质灾害、尽量回收受采空区影响的矿产资源的必要手段。

2.4.1　空区类型

采空区类型因矿体的形态、规模、采矿方法的不同而不同。目前没有针对地下采空区的分类标准。一般地，可按采矿方法、采空区处理时间、采空区连续情况、采空区形态、采空区是否通地表、采空区规模等 6 个因素进行分类。

2.4.1.1　按采矿方法分类

金属非金属矿山地下采矿方法主要是依据回采过程中的地压管理方式，分为空场采矿方法、崩落采矿方法和充填采矿方法三大类。采用不同的采矿方法，将形成各具自身特点的地下采空区。

（1）空场采矿法空区。空场采矿法是利用矿柱和采场帮壁进行地压管理，在采矿过程中不允许采场坍塌。因而这类采矿方法要求矿石和围岩都稳固，采矿后形成的采空区的自稳性比较好。一般地，这类采空区的规模大小和空间分布由设计决定，其形态和位置比较清楚。并且由于空区采矿法的亚类不同使得空区的特征也不同。

全面法、房柱法一般应用于薄、中厚和极厚的缓倾斜和水平矿体的开采，在采场内留有连续或间断的矿柱，以维护采场顶板的稳定，可形成孤立空区和贯通空区。采用房柱法开采形成的空区较规则，易于掌握。采用全面法开采时，矿柱往往不规则，并形成贯通空区，其空区形态与规模相对难以准确探测和掌握。

分段和阶段空场法主要用于矿石与围岩均稳固的中厚以上矿体的开采，形成的采空区体积较大。空区围岩体稳固性较好，空区的形态、规模相对易于掌握。

留矿法一般应用于矿岩稳固、中厚以下急倾斜矿体的开采，形成的空区体积不大，空区的形态、规模易于掌握。

（2）崩落采矿法空区。崩落采矿法是通过崩落矿体的上覆岩层管理地压的采矿方法，主要是在崩落岩层与未崩落岩层之间存在空区。一般地，因围岩较稳固使其滞后崩落或不崩落而形成层间空区，在稳固的岩层条件下这种空区比较常见。这类空区的形态、规模具有不确定性、变化大，很难探测和掌握。

（3）充填采矿法空区。充填采矿法是通过充填采空区管理地压，抑制上覆岩层塌陷。充填采矿法形成的空区，主要原因是在充填过程中因充填未接顶或接顶效果不好留下的部分采空区。因而干式充填法的矿山残留的空区相对比较多。一般地其空区体积不大，区位明确。但具体的形态与大小不太确定，较难探测和掌握。在矿山采充失衡情况下，也会形成大量的采空区，但空区状态易于掌握。

2.4.1.2　按处理时间分类

（1）即时处理的采空区。这类空区主要是采用充填采矿法回采形成的。一般在回采过程中很快进行了处理，形成的空区体积不大。

（2）嗣后处理的采空区。这类空区主要是采用空场法回采后形成的，空区需要进行嗣后处理，这类空区暴露时间相对较长，体积较大。

（3）永久存在的采空区。这类空区主要是采用空场法回采后形成的，通过封闭、隔离等措施允许长期存留。这类空区的稳定性好、暴露时间长、空区体积较小。

2.4.1.3　按连续性分类

（1）孤立空区。孤立空区指空区之间有间柱和中段矿柱隔开，形成不连续或者相隔较远的相互独立的采空区。一般地，这类空区体积较小，稳定性相对较好。

（2）贯通空区。贯通空区是指在地下形成的采空区相互连接，可分为全部贯通和局部贯通两种亚类空区。全部贯通空区是指中段矿柱和盘间矿柱被回采或垮塌，矿体内的采空区全部相互连通。这种类型的采空区体积大、形态复杂、稳定性差。局部贯通空区是指部分矿柱被回采或垮塌后，使部分采空区之间相互连通，中段或盘区之间的采空区不连通，这类空区体积相对较小，稳定性相对好些。

2.4.1.4　按形态分类

（1）房式空区。缓倾斜矿体或急倾斜矿体采用空场法回采以后，一般留下顶底柱、房间柱或者中段矿柱。这类采空区有矿柱相隔，形态较规整，空区稳定性相对较好。

（2）矿体形状空区。矿体形状空区是指脉状、囊状、透镜状的矿体回采后，空区的周围基本都是围岩，空区的形态与矿体形状大致相同，也称之为矿体原形状空区，这种类型的空区暴露面积相对较大，形态变化也较大。

（3）不规则空区。在无序开采过程中遗留的形状、大小、体积各异的采空区，或因矿柱垮塌、矿岩冒落形成的地下空区。

2.4.1.5　按采空区是否连通地表分类

（1）明空区。出露地表的矿体回采后形成的采空区或者盲矿体回采后冒通地表形成的采空区称之为明空区。

（2）盲空区。盲矿体开采后，形成的不通地表的空区，大多数地下采空区为盲空区。

2.4.1.6　按采空区的规模分类

（1）根据独立采空区的规模划分小型采空区、中型采空区、大型采空区三类。其中：小型采空区的独立空区体积为0.5万~1万立方米；中型采空区的独立空区体积为1万~3万立方米；大型采空区的独立空区体积为3万~10万立方米。

（2）根据矿山的空区总规模划分小型采空区、中型采空区、大型采空区、特大型采空区四类。其中矿山空区总体积小于 50 万立方米为小型采空区；50 万～100 万立方米为中型采空区；100 万～500 万立方米为大型采空区；500 万立方米以上为特大型采空区。

2.4.2　空区探测方法

地下采空区探测有初步探测和精确探测两个阶段。初步探测的目的在于确定空区的位置，精确探测要求掌握空区的形态。对于空区位置已确定的采空区则只求进行精确探测。一般地，采用地球物理勘探和工程钻探的方法进行初步探测，采用激光三维探测法对空区形态进行精确探测。

2.4.2.1　初步探测方法

初步探测的作用是通过工程钻探、地球物理勘探等探测方法获取并解析探测数据，从而确定某个区域是否有采空区存在。工程钻探是通过钻孔的深度，方位来探测空区存在情况。

地球物理勘探是采用 2.3.3 节中的电法、电磁法、地震波法等地球物理手段，对空区存在状况进行探测的方法。

2.4.2.2　精确探测方法

激光三维探测法是通过激光测距原理探测空区形态的方法，可以精确探测采空区形状，从而确定采空区的分布及形态。激光在亮度、方向性、单色性以及相干性等方面优势显著，测量精确度和分辨率高、抗干扰能力强。其中相位法激光测距的精度可达到厘米级，能满足矿山地下空区探测的高精度要求。故往往采用激光三维探测法对矿山采空区进行精确探测。

A　相位法激光探测原理

相位法激光探测的基本原理，是采用无线电波段频率的激光，进行幅度调制并对正弦调制光往返测距仪与目标物间距离所产生的相位差进行测定，根据调制光的波长和频率，计算激光飞行时间，得出待测距离。

测距原理如图 2-35 所示，采用正弦信号调制发射信号的幅度，并检测从目标反射的回波信号与发射信号之间的相位差 $\Delta\phi$，按式（2-18）计算待测距离。

$$L = \frac{ct}{2} = \frac{c}{2}\left(N + \frac{\Delta\phi}{2\pi}\right)\frac{1}{f} = \frac{\lambda}{2\left(N + \frac{\Delta\phi}{2\pi}\right)} \qquad (2-18)$$

式中，L 为测距仪与目标物之间的距离；c 为光速，$c = 299792458\ \mathrm{m/s}$，假设光速不受环境影响；$t$ 为激光信号往返一次的时间；$\Delta\phi$ 为调制光信号经过被测距离 L 所产生的相位差；f 为激光信号的调制频率；λ 为调制波的波长；N 为正整数。

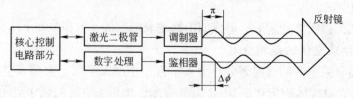

图 2-35　相位法测距技术原理

由式（2-18）可知，只要能测出发射与接收信号之间的相位差 $\Delta\phi$，就可以确定距离 L。相位法激光测距仪可以准确地测量半个波长内的相位差，最为突出的优点是测量精度高，可达到毫米级别。

B　激光三维探测空区方法

由于地下空区高温、高湿、高尘以及空间形态各异，危险性大等特点，基于安全考虑，测量人员不宜进入或者根本无法进入。因此，激光三维探测空区的基本方法就是将扫描探头置入空区，控制激光探测器对空区扫描。扫描主机主要由激光测距模组、轴向运动控制器、径向运动控制器、主控制器、姿态校准系统共同组成。通过在径向和轴向两个方向的组合运动，带动激光测距模组旋转，实现三维空间点的测量，内置的姿态校准系统对航向角、倾斜滚动变化进行实时补偿，整个扫描过程通过指令设置由主控制器实现并进行数据处理。

扫描主机利用激光发射与接收之间的时间差来计算主机与被测目标之间的距离 S，由内置精密时钟控制编码器同步测量每个激光脉冲对应的轴向旋转角 α 和径向旋转角 θ，由此就可以得到空间任意点 P 的空间坐标计算公式：

$$\begin{cases} X_P = S\cos\theta\cos\alpha \\ Y_P = S\cos\theta\sin\alpha \\ Z_P = S\sin\theta \end{cases} \quad (2-19)$$

$$S = 0.5ct$$

地下空区是复杂多变的，一次扫描并不能得到整个空区的形态，因此必须对空区进行多点扫描并进行图形拼接。三维激光扫描仪扫描获取的点云数据是相对仪器本身坐标系的，扫描后的数据必须转换成当地矿山的坐标系。采用全站仪测定三维激光扫描仪的两个基准点（靶标）坐标 P_1、P_2 和扫描仪定向杆的方位角，通过计算软件就可以将测量的数据进行坐标空间转换，将每次测量的数据转换到当地矿山坐标系中，就可以实现多观测站空间点数据的云拼接，从而得到相应的地下采空区分布空间形态图。

C　激光三维探测仪器

满足地下采空区探测的激光三维探测仪器的品牌较多。常用的国外产品有加拿大Optech 公司的 CMS 空区三维扫描仪、英国 MDL 公司的 C-ALS 空区三维激光扫描仪，美国 CYRA 公司、德国 CALLIDUS 公司、奥地利 RIEGL 公司等也各有比较成熟的产品。国内北京矿冶研究总院研制了 BLSS-PE 矿用便携式三维激光扫描仪，用于阿舍勒铜矿等，取得不错效果。

常用的激光三维探测仪的扫描探头直径为 50mm，通过地面钻孔延伸至地下空区和洞穴进行测量，采用下向钻孔能延深 300m 的距离，扫描距离可达 150m，测量精度为 $5\sim10cm$。

2.4.3　应用实例

山西袁家村铁矿在露天采场境界内存在规模大、分布广、形态复杂的地下采空区。这些采空区在空间位置上高低不同、层叠相连，没有详细的测量资料，给矿山的安全生产带来了重大灾害隐患。长沙矿山研究院有限责任公司于 2012 年采用激光三维探测方法，对该矿的典型采空区进行了三维激光扫描探测，探测到该采空区最大深度为74m，最大宽度为44m。

激光扫描数据经MDL成图，利用Supac软件建立采空区形态模型（图2-36、图2-37）。

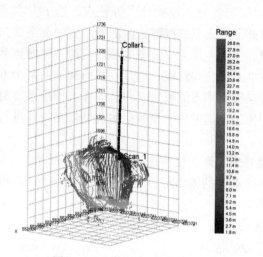

图2-36 采空区三维扫描图

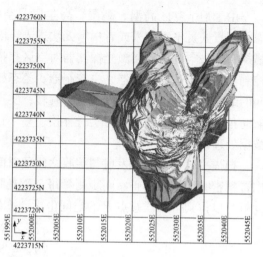

图2-37 采空区模型图

在经过多次扫描处理数据并建立各自模型的基础上，将模型数据按空间位置进行组合，形成最终的采空区分布模型图（图2-38）。

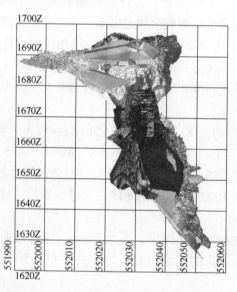

图2-38 采空区空间分布复合模型图

经综合分析，得出该采空区的构成参数见表2-10。通过多次扫描和扫描结果的复合，精确掌握了采空区上部形态及葫芦状多层分布的空区结构，为处理采空区提供了比较可靠的依据。

表 2 - 10　采空区基本参数

采空区最大长度/m	50
采空区最大跨度/m	44
采空区最大高度/m	74
最小顶板厚度/m	34
底板最低标高/m	+ 1604
采空区面积/m²	1566.4
采空区体积/m³	24689.1
顶板体积/m³	45379.8

2.5　工程地质调查与评价

矿山工程地质工作是为了查明影响矿山工程建设和生产的地质条件而进行的地质调查、评价及研究工作。一般在矿山工程设计、建设和生产等阶段开展工程地质工作，研究涉及的工程地质问题。

矿山工程地质调查的主要任务是查明矿山工程地质条件，分析、评价、预测工程建设过程中及工程运营期间可能发生的工程地质问题，选择最佳的工程场地、线路方案或建构（筑）物布置形式，提出改善和防治不良地质条件的工程措施和建议，以及提供工程规划、设计和施工所需的岩土工程地质相关资料。

矿山工程地质条件是指与矿山工程有关的地质要素之综合，即矿区内地形地貌条件、岩土类型及其工程地质性质、地质构造、水文地质条件、不良物理地质现象等地质要素的综合，查清矿区内工程地质条件是矿山工程地质的基本任务，是为分析和处理可能出现的各种工程地质问题提供基础地质资料。工程地质问题是指已有的工程地质条件在工程建筑和运行期间会产生一些新的变化和发展，构成威胁影响工程建筑安全的地质问题。矿山工程常遇到的工程地质问题有露采边坡及地下巷道、采场的稳定，井下突泥涌水，采矿引起的地面变形塌陷、岩溶塌陷等。

根据矿山开采各个阶段的性质和条件，所需开展的工程地质调查内容的重点将不同。

（1）可行性阶段：搜集区域地质、地形地貌、地震、临近地区的工程地质资料等前人的地质资料，进行矿区工程地质实地踏勘及部分勘探工程，了解场地的地层、构造、岩土体的物理力学性质、地下水特性及不良地质现象（滑坡、崩塌、泥石流、地面塌陷等），为矿山规划的可行性论证提供工程地质依据。

（2）初步设计阶段：搜集可行性研究报告、工程性质及规模等文件资料，初步或基本查明地层、构造、岩土性质、地下水条件、不良地质现象的成因分布及其对场地工程设施稳定性的影响，开展矿区工程地质填图、岩石力学试验、地应力测试、爆破震动测试等，为矿山井巷、露天矿边坡设计提供工程地质依据。

（3）基建与开采阶段：进行现场工程地质编录、岩体位移观测、地下水动态监测、地压监测等，及时发现工程地质问题并提出安全防治技术措施，以确保施工与生产安全。

2.5.1 工程地质调查方法

工程地质调查的方法有：工程地质测绘、工程地质勘探、工程地质现场原位测试与室内试验及资料整理等技术方法，根据不同情况可以选择不同的方法。

2.5.1.1 工程地质测绘

工程地质测绘是运用地质、工程地质理论对与工程建设有关的各种地质现象进行详细观察和描述，以查明拟建场地或各建筑地段的工程地质条件。将工程地质条件诸要素，采用不同的颜色、符号，按照精度要求标绘在一定比例尺的地形设计图上，配合工程地质勘探、试验等所取得的资料编制成工程地质图。

A 工程地质测绘的范围、比例尺和精度

工程地质测绘的范围，应包括场地及其附近地段。影响工程地质测绘范围因素有：拟建建构（筑）物的类型和规模、设计阶段、工程地质条件的复杂程度和研究程度。工程地质条件复杂程度包含两种情况：一种情况是在场地内工程地质条件非常复杂；另一情况是场地内工程地质条件比较简单，但场地附近有危及建构（筑）物安全的不良地质现象存在。

工程地质测绘的比例尺和精度应符合下列要求：

（1）工程地质测绘的比例尺大小主要取决于设计要求。测绘所用地形图的比例尺，可行性研究勘察阶段可选用1:5000～1:50000，初步勘察阶段可选用1:2000～1:10000，详细勘察阶段可选用1:200～1:2000，工程地质条件复杂时，比例尺可适当放大。

（2）观测点布置目的性要明确，密度要合理，要具有代表性。地质观测点的数量以能控制重要的地质界线并能说明工程地质条件为原则。

（3）对工程有重要影响的地质单元体，如滑坡、断层、软弱夹层、溶洞、泉、井等，必要时在图上可采用扩大比例尺表示。

（4）在任何比例尺的图上，建筑地段的各种地质界线（点）在图上的误差不得超过3mm，其他地段不应超过5mm。

（5）通常野外测绘填图所用的地形图应比提交的成图比例尺大一级。

B 工程地质测绘的内容

a 地层岩性

工程地质测绘对地层岩性研究的内容包括：确定地层的时代和填图单位；各类岩土层的分布、岩性、岩相及成因类型；岩土层的正常层序、接触关系、厚度及其变化规律；岩土的工程性质等。

工程地质测绘中对各类岩土层还应着重以下内容的研究：

（1）对沉积岩调查的主要内容是：岩性岩相变化特征，层理和层面构造特征，结核、化石及沉积韵律，岩层间的接触关系；碎屑岩的成分、结构、胶结类型、胶结程度和胶结物的成分：化学岩和生物化学岩的成分，结晶特点、溶蚀现象及特殊构造；软弱岩层和泥化夹层的岩性、层位、厚度及空间分布等。

（2）对岩浆岩调查的主要内容是：岩浆岩的矿物成分及其共生组合关系，岩石结构、构造、原生节理特征，岩浆活动次数及序次，岩石风化的程度；侵入体的形态、规模、产状和流面、流线构造特征，侵入体与围岩的接触关系，析离体、捕房体及蚀变带的特征；喷出岩的气孔状、流纹状和枕状构造特点，反映喷出岩形成环境和次数的标志，凝灰岩的分布及泥化、风化特点等。

（3）对变质岩调查的主要内容是：变质岩的成因类型、变质程度、原岩的残留构造和变余结构特点，板理、片理、片麻理的发育特点及其与层理的关系，软弱层和岩脉的分布特点，岩石的风化程度等。

（4）对土体调查的主要内容是：确定土的工程地质特征，通过野外观察和简易试验，鉴别土的颗粒组成、矿物成分、结构构造、密实程度和含水状态，并进行初步定名。要注意观测土层的厚度、空间分布、裂隙、空洞和层理发育情况，搜集已有的勘探和试验资料，选择典型地段和土层，进行物理力学性质试验。

b　地质构造

工程地质测绘对地质构造研究的内容包括：岩层的产状及各种构造型式的分布、形态和规模；软弱结构面（带）的产状及其性质，包括断层的位置、类型、产状、断距、破碎带宽度及充填胶结情况；岩土层各种接触面及各类构造岩的工程特性；晚近期构造活动的形迹、特点及与地震活动的关系等。

对节理、裂隙应重点研究以下三个方面：（1）节理、裂隙的产状、延展性、穿切性和张开性；（2）节理、裂隙面的形态、起伏差、粗糙度、充填胶结物的成分和性质等；（3）节理、裂隙的密度或频度。

c　地貌

研究地貌可供判断岩性、地质构造及新构造运动的性质和规模，搞清第四纪沉积物的成因类型和结构，以及了解各种不良地质现象的分布和发展演化历史、河流发育史等。

工程地质测绘中地貌研究的内容有：地貌形态特征、分布和成因；划分地貌单元，地貌单元形成与岩性、地质构造及不良地质现象等的关系；各种地貌形态和地貌单元的发展演化历史。

在大比例尺工程地质测绘中，则应侧重于微地貌与工程建筑物布置以及岩土工程设计、施工关系等方面的研究。洪积地貌和冲积地貌的形态与岩土工程实践关系密切。

d　水文地质

在工程地质测绘中研究水文地质的主要目的，是为研究与地下水活动有关的岩土工程问题和不良地质现象提供资料。在工程地质测绘过程中对水文地质条件的研究，应从地层岩性、地质构造、地貌特征和地下水露头的分布、类型、水量、水质等入手，并结合必要的勘探、测试工作，查明测区内地下水的类型、分布情况和埋藏条件；含水层、透水层和隔水层（相对隔水层）的分布，各含水层的富水性和它们之间的水力联系；地下水的补给、径流、排泄条件及动态变化；地下水与地表水之间的补、排关系；地下水的物理性质和化学成分等。泉、井等地下水的天然和人工露头以及地表水体的调查，有利于阐明测绘区的水文地质条件。

e　不良地质现象

不良地质现象研究的目的，是为了评价建构（筑）场地的稳定性，并预测其对各类岩土工程的不良影响。研究内容包括：各种不良地质现象（滑坡、崩塌、泥石流、岩溶、冲沟、河流冲刷、岩石风化等）的分布、形态、规模、类型和发育程度，分析它们的形成机制和发展演化趋势，并预测其对工程建设的影响。

此外，还有已有建筑物的调查及人类工程活动对建设场地稳定性影响的调查。

工程地质测绘的成果资料应包括：工程地质测绘实际材料图、综合工程地质图或工程地质分区图、综合地质柱状图、工程地质剖面图及各种素描图、照片和文字说明。

C　工程地质测绘方法

工程地质测绘方法基本上可以分为遥感（按遥感平台的高度分类分为航空遥感、航天遥感和地面遥感）方法和实地测绘方法两种，一般采用实地测绘法。

实地测绘方法分为：

（1）路线法（穿越法）：沿着一些事先选择好的路线，选定剖面位置，穿越测绘区，将沿线观察到的各类工程地质现象填绘在地形图上（或在实地定点，由测量人员测定位置）。路线一般为直线，也可以是折线；路线一般要垂直地层走向布置。

（2）追索法：沿地层走向或某一地质构造线或不良地质现象边界线进行布点追索，查明特定工程地质问题。

实际工作中一般是穿越法与追索法相结合。

2.5.1.2　工程地质勘探

工程地质勘探是利用一定的机械工具或开挖作业深入地下了解地质情况的工作。在地面露头较少、岩性变化较大或地质构造复杂的地方，仅靠地面观测往往不能弄清地质情况，这就需要借助地质勘探工程来了解和获得地下深部的地质情况和资料。工程地质常用的勘探工程有钻探、坑探与物探等。

（1）钻探。钻探是利用钻机向地下钻孔以采取岩芯或进行地质试验的工作，钻探是获取深部地质资料的最主要方法。工程地质钻孔的深度通常仅数十米到数百米。钻孔的孔径变化较大，一般为 75~150mm。工程勘察钻孔的方向一般都是垂直的（直孔），特殊情况下也有倾斜的（斜孔），甚至水平孔。

钻进施工一般程序：平整场地→设备定位→大口径开孔→下大管→正常口径钻进。

钻探过程和钻进方法为：一个回次的钻进过程基本可以分为以下三个步骤：1）使岩芯与岩土母体分离，在孔内形成岩芯柱；2）取岩芯：用钻具将岩芯取出地表，而且一般要有岩芯采取率（岩芯长度与回次进尺的比率）的要求；3）护壁：为了保证钻进连续进行，必须保持井壁稳定。对于浅部，可以用下套管（大管）的方法，深部一般用泥浆来护壁。泥浆护壁是在钻进过程中进行的。

工程地质勘探中的钻探方法，主要有：回转钻进、冲击钻进、冲击回转钻进、振动钻进等。其中回转钻进又称岩芯钻探法，是指在轴心压力作用下的钻头用回转方式破坏岩石的钻进法，可取岩芯，也可不取岩芯，是在工程地质钻探中的主要方法。为了采取薄层软弱岩石、夹泥、断层或破碎岩石的岩芯，通常还采用双层岩芯管或三层岩芯管以减少钻进中岩芯的磨损。

（2）坑探。为揭露地质情况，在地表或地下挖掘的不同类型的坑道工程，称为坑探，其主要形式有探坑、探槽、竖井和平硐等，其特点是地质人员可直接观察被揭露出的地质现象，采取各种岩土试验样品和直接进行岩土原位试验。

（3）物探。工程地质地球物理勘探是用综合物探方法进行区域工程地质评价、区域地质构造稳定性评价地质构造勘查、岩石土壤力学测定，研究自然或人为因素引起的灾害性工程地质问题。物探方法很多，在此不一一列举。

2.5.1.3　工程地质现场原位测试

现场原位测试是指在岩土层原来所处的位置基本保持的天然结构、天然含水量以及天然应力状态下，测定岩土的工程力学性质指标，其优点为：（1）可以测定难以取得不扰动样的有关工程力学性质；（2）可避免取样过程中应力释放的影响；（3）代表性强。

常用原位测试方法主要有：静力载荷试验（CPT）、静力触探试验（DPT）、圆锥动力触探（DPT）、标准贯入试验（SPT）、十字板剪切试验（VST）、扁铲侧胀试验、旁压试验、波速测试、现场大型直剪试验、块体基础振动试验以及岩体结构面的钻孔成像测试等。现场原位测试试验方法选择应根据矿山建设工程类型、岩土条件、设计要求、地区经验和测试方法的适用性等因素综合考虑确定。

2.5.2　岩土体工程地质特征调查

岩土体是矿山工程的地基或围岩，又是地下水埋藏的物质基础，岩土体的工程地质性质将直接影响到工程的设计、施工和使用。因此，在矿山工程地质工作中，首先要对岩土体的工程地质特征进行调查或测试，一般在室内完成相应的岩石力学实验。

岩石按成因可分为岩浆岩、沉积岩和变质岩三大类。为了对岩石进行工程地质性质的评价，应进行下列的调查或测试：

（1）一般岩石学特征（岩石的矿物成分、结构、构造、产状和岩相变化等）；岩石的化学性质（溶解性、水对岩石的作用等）。

（2）岩石的物理性质（密度、体重、孔隙率、裂隙率、含水性等）。

（3）岩石的力学性质（抗压强度、抗拉强度、抗剪强度、弹性模量等）。

（4）岩石的水理性质（透水性、吸水性、抗冻性、软化性等）。

（5）岩石的风化程度和抵抗风化的能力等。

岩石的工程地质分类可按国际岩石力学协会 1978 年发布的基于岩石单轴抗压强度 σ_c 的岩石分类标准（图 2 – 39），及按《工程岩体分级标准（GB 50218—2014）》，岩石单轴饱和抗压强度 R_c 与定性划分的岩石坚硬程度的对应关系（表 2 – 11），确定对应岩石的分类特征。

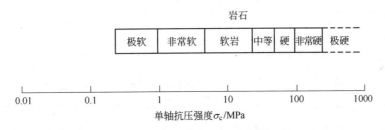

图 2 – 39　国际岩石力学协会的岩石分类标准（1978）

表 2 – 11　R_c 与定性划分的岩石坚硬程度的对应关系

$R_c > 60\text{MPa}$	$R_c = 60 \sim 30\text{MPa}$	$R_c = 30 \sim 15\text{MPa}$	$R_c = 15 \sim 5\text{MPa}$	$R_c < 5\text{MPa}$
坚硬岩	较坚硬岩	较软岩	软　岩	极软岩

注：1. 当无法取得饱和单轴抗压强度数据时，可用点荷载试验强度换算；

　　　2. 岩体完整程度为极破碎时，可不进行坚硬程度分类。

为了进行土的工程地质性质的评价，应进行下列的调查或测试：土的一般特征（包括土的粒度、矿物成分、胶体物质类型及电性、含水和气体状况以及土的结构、构造等）；土的物理性质（密度、容重、含水性、孔隙性）；土的水理性质（透水性、毛管性以及黏性土的膨胀性、收缩性、崩解性、塑性等）；土的力学性质（压缩性、抗剪性和动力压实性等）。

2.5.3 岩体结构特征调查

岩体结构是岩体在长期成岩及形变过程中形成的产物，包括结构面和结构体两个要素。岩体稳定性受结构面所控制，但各种结构面因其发育的规模不同，在结构面调查结果分析中其所处的地位就不同。因此，对结构面的规模及其对岩体稳定所起作用的分级研究是十分必要的。按结构面的成因，可分为原生结构面、构造结构面和次生结构面。按《矿区水文地质工程地质勘探规范（GB 12719—91）》，根据结构面的走向延伸性、纵深发育和宽度（厚度）大小，岩体结构面可分为 5 级，见表 2 – 12。

表 2 – 12　结构面分级

分级	结构面形式	规模		对岩体稳定性影响
		走向	倾向垂深	
I	区域断裂带	延展达数千米以上	至少切穿一个构造层	控制区域稳定，应着重研究断裂力学机制，构造应力场方向及断裂带的活动性
II	矿区内主要断裂或延伸较稳定的原生软弱层	数千米	数百米	控制山体稳定，应着重研究结构面产状、形态、物理力学性质
III	矿区内次一级断裂及不稳定的原生软弱层及层间错动带	数百米以内	数十米至数百米	影响岩体稳定，应着重研究可能出现的滑动面及滑动面的力学性质
IV	节理裂隙、层理、片理	延展有限	无明显深度及宽度	破坏岩体稳定，影响岩体的力学性质及局部稳定性，研究其节理、裂隙发育组数、密度
V	微小的节理劈理、不发育片理			降低岩石强度

结构体是由不同产状的结构面组合将岩体切割而成的单元块体，根据《矿区水文地质工程地质勘探规范（GB 12719 – 91）》附录 H，岩体结构类型可分为整体块状结构、层状结构、碎裂结构、散体结构，以及与结构类型对应的岩体变形破坏的特征和工程地质评价要点。

2.5.3.1 结构面特性调查方法

岩体结构面（断层、节理等）是岩体的重要组成部分，结构面的存在破坏了岩体的连续性和完整性，使岩体具有不均一性和各向异性，是岩体作为工程介质区别于其他工程介质的本源。岩体的破坏机制在很大程度上受结构面的控制，结构面的几何学特征和力学特征的研究是进行边坡稳定性、采场地压活动规律与结构参数和回采顺序等研究的基本前提。结构面的力学效应主要反映在：结构面结合状况，结构面充填状况，结构面形态，结构面延展性和贯通性，结构面产状以及结构面组数。结构面力学性质试验可以在现场或取样后在室内进行抗剪强度试验。

对结构面的调查方法，主要由岩石巷道或露头的详细线调查及钻孔调查两部分组成，目前还发展有摄影测量法与钻孔成像法，也可对结构面的特性进行测绘。调查的主要内容包括：不连续面的几何参数（产状（倾角/倾向）、间距及持续性）、不连续面表面条件（平直度、粗糙度、张开度）、充填物性质、风化等级及地下水条件等。

A　结构面调查网的布置

结构面调查网的布置应该能够确保获得岩体结构面的空间分布性。因此，调查网尽量形成空间网格，并且随着开挖工程的进行不断完善。通常，以工程实施范围及其影响区作为调查区域。在水平（或近水平）方向，充分利用地表岩石露头和纵、横坑道（如穿脉，沿脉，电耙道等）形成垂直（或大角度）的平面网格，作为水平方向的控制。在垂直方向，一方面，以适当网格布置垂直钻孔，另一方面，采用不同水平的坑道形成不同深度的平面网格。在采矿方法的选择以及采矿方法的设计阶段，已开挖的坑道一般很少，没有形成完整的调查网格。所以，平面网格的完善应该随着采矿工程的掘进不断完善。

钻孔布置可结合地质探矿，工程钻探亦考虑构造调查空间控制的需要，在不同岩性以及具有不同结构面特征的岩体中都应该布置钻孔。钻孔方向尽量与几组节理相交。钻孔数量随着坑道调查的进行，根据需要可适当增加，其方向亦可根据坑道调查所得的节理面方位适当调整。在此基础上的钻孔，其方向应尽量与节理面成较大的夹角。

B　岩体结构面的调查方法

采用钻孔岩芯调查和岩体原位观测相结合的方法。

a　钻孔岩芯调查

钻孔岩芯调查是结构面调查的一个必要部分。在矿床开发的最初阶段，钻孔岩芯资料往往是唯一可能获得岩体结构面的资料。

（1）钻孔岩芯记录。钻孔岩芯调查记录应包括：取芯次数和序号、钻孔深度、岩芯长度、岩芯采取率、大于等于10cm长度岩芯、岩石质量指标（RQD）、节理数、节理频数、节理产状、岩石抗压强度、岩性柱状图和岩芯描述等内容。其中岩芯描述内容，包括：岩性及其物理特征、矿化程度及主要矿物、岩石蚀变、脉的性状、裂隙开度、充填物、节理面粗糙度、渗透性、破碎带特性等。

（2）成果表示。内容有：岩芯照片；调查记录表；岩芯长度分布表及直方图；RQD值分布直方图（随深度变化）；作极点图或倾角直方图，划分节理组；综合节理频数分布直方图和分组节理频数直方图（随深度变化）。

b　岩体原位测绘

岩体原位测绘是观测地表岩石露头和已开挖的坑道内的岩体，采用详细线观测法。

在纵、横坑道布置测线（图2-40）。沿坑道壁面距底板1m高处安置测尺作为测线，用以确定各结构因素的位置。测尺必须水平拉紧，基点设在开始调查点。从基点开始沿沿线方向对各构造因素进行测定和统计。

将测线上下1m的范围作为测带，调查工作在测带以内进行。对于地表岩石露头，测带与此相同。其测线的方向应根据节理的产状确定，并且应在同一露头设置不同方向的测线。

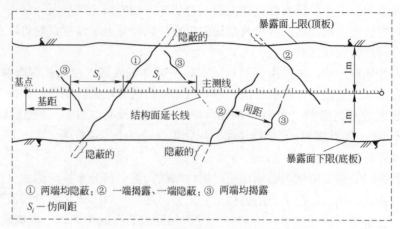

图 2 – 40 三测线结构面量测方法示意图

按表 2 – 13 的项目要求调查和记录各项内容。

表 2 – 13 岩体工程地质岩体结构面调查记录表

编号	类型	距离		产状	持续性			粗糙度类型	张开度类型	充填物		渗水性				结构面壁风化等级	整体岩体风化等级	RQD	岩性及强度	备注
		基距	间距		类型	长度	结构面靠测线一端到测线的垂直距离			厚度	矿物成分碎裂程度固结程度	干燥	潮湿	渗水	流水					
1																				
2																				
3																				
⋮																				

2.5.3.2 结构面产状调查统计分析

根据现场对岩体结构面的调查测绘结果，对结构面产状进行统计分析的内容包括：结构面极点等密度图、结构面走向图、结构面等面积极点分布图、优势结构面产状图。图 2 – 41 所示是某矿砂岩的结构面统计结果，优势结构面产状有 3 组：一组为 6°∠87°，绝大多数为陡倾角（60°~90°），占 90.8%，极少数中陡倾角（38°~59°），占 9.2%；另一组为 35°∠24°，中陡倾角（30°~46°）为主，占 84.8%，缓倾角（4°~29°）占 15.6%；第三组为 94°∠84°，陡倾角（60°~90°）为主，占 81.7%，中陡倾角（47°~59°）占 18.3%。

2.5.3.3 结构面间距调查统计分析

结构面间距和密度是表示岩体中结构面发育的密集程度的指标，它决定了工程岩体的完整性。由于岩性差异、应力累积和耗散特点不一，或多次构造运动的叠加，结构面间距常呈现不等距性，在统计分析中常采取平均间距来表征某一组结构面的间距特征。结构面密度指标常采用结构面线密度，在数值上与结构面平均间距互为倒数关系。岩组结构面平均间距通过现场测绘统计或根据钻探成果获得，而结构面线密度则通过平均间距换算

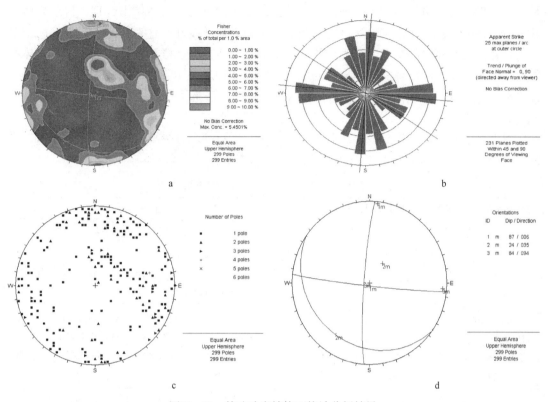

图 2 - 41　某矿砂岩结构面统计分析结果

a—结构面极点等密度图；b—结构面走向图；c—结构面等面积极点分布图；d—优势结构面产状图

求得。

通过对结构面调查与统计，由结构面间距测量的结果，采用式（2 - 20）确定岩石质量指标：

$$RQD = 100e^{-\lambda t}(\lambda t + 1) \qquad (2 - 20)$$

式中，λ 为结构面的密度，是结构面间距的倒数；t 为阈值，常值 $t = 0.1m$。

ISRM（1980）在《岩体基本岩性描述》中提出的结构面间距分类标准为：很密的间距小于6cm；密的间距为 6 ~ 20cm；中等的间距为 20 ~ 60cm；宽的间距为 60 ~ 200cm；很宽的间距大于200cm。

2.5.3.4　岩体的完整性研究

岩体完整程度研究主要考虑两项指标，即结构面间距和完整系数。前者可在现场不同地段分组测定，后者为岩体纵波速度和岩石纵波速度的平方比，岩体完整程度分类见表 2 - 14。

表 2 - 14　岩体完整程度分类

完整程度	完 整	较完整	较破碎	破 碎	极破碎
完整性指标	>0.75	0.75 ~ 0.55	0.55 ~ 0.35	0.35 ~ 0.15	<0.15

2.5.4　工程地质岩体质量分类评价

岩体质量的好坏直接关系到岩体的工程特性和稳定性，了解岩体结构特征及岩体质量是进行工程设计与施工的基本依据。进行岩体质量的评价可对岩体做出判别，揭示岩体的基本力学特征，是岩体稳定性评价的基础，也是正确指导设计、合理制定施工方案的重要保证。岩体质量评价的基本方法为岩体分级。通过岩体分级，概括地反映各类工程岩体的质量好坏，预测可能出现的岩体力学问题；提供岩体物理力学参数，在工程勘察、可研报告阶段，为选点（选线）、断面选择、开挖线和开挖方法选择、投资预算等方面提供基本依据，为工程设计、工程工艺等的选择提供参数和依据。

国内比较流行的岩体分级方法有国标分级法、岩石动态分级法（DT法）、岩体质量系数Z分级法、岩体强度分级法、CRMR法、BQ分类法等（表2-15）。

表2-15 国内工程岩体分级方法表

分级方法	分级数	适用领域	使用标准	分级过程
国标分级法	5	水利、建筑及铁道等	《工程岩体分级标准》	两步分级，第一步按质量分级；第二步按工程岩体分级
岩石动态分级法（DT法）	7	金属矿山	《矿区水文地质工程地质勘探规范》	先给出初始分级，然后用动态聚类原理反复计算修改，直到分级合理
岩体质量系数Z分级法		岩石边坡	岩体质量系数	考虑岩体的完整性系数、结构面摩擦系数、岩块的坚硬系数等指标，将岩体结构分4大类8亚类：整块状结构（Ⅰ）、层状结构（Ⅱ）、碎裂结构（Ⅲ）、散体结构（Ⅳ）
岩体强度分级法	5	岩石地基	根据工程特点选取	按照选取标准，根据岩石强度进行分类（见表2-11）
CRMR分级法		通用	RMR-SMR标准	在SMR分级方法基础上，加入修正系数进行分级
BQ分类法	5	通用	《工程岩体分级标准》	根据分级标准进行定性分级。根据公式计算BQ值，进行定量分级

国外使用较普及的方法有RQD（rock quality designation）法、RMR（rock mass rating）法、Q（rock tunneling quality index）法、GSI（geological strength index）法、RDA（rock slope deterioration assessment）法、SMR（slope mass rating）等。此外，还有上述几种方法的修正法，如应用于边坡工程的SRMR（slope rock mass rating）法，应用于矿山工程的MRMR（mining rock mass rating）法、MRMR法（modified rock mass rating）等（表2-16）。

表2-16 国外岩体分级方法一览表

分级方法	代表人物	分级指标	使用范围	方法评述
RQD	Deere	岩石质量指标（RQD）	通用	简单易行，快速经济适用，但考虑的指标太少
RMR	Bieniawski	强度指标、RQD、节理间距、节理条件和地下水	土木工程、采矿工程	按各分级指标进行评分，获得分级结果，考虑结构面影响
Q	Barton等	RQD、节理组数、节理面粗糙度、节理面蚀变程度、裂隙水及地应力	隧道工程	多用于隧道工程、极其软弱的岩层分类，计算出Q值进行分类

分级方法	代表人物	分级指标	使用范围	方 法 评 述
GSI	Hoek 等	块体结构、不连续面条件	通用	在 RMR 的基础上提出的，适用于无结构破坏的岩体
SMR	Romana 等人	RMR、边坡倾向、不连续面倾角、坡面倾角、边坡开挖方法	边坡工程	在 RMR 的基础上提出的，其值为 RMR 和各评价指标的组合值
SRMR	Robertson	RMR、边坡倾向、不连续面倾角、坡面倾角、边坡开挖方法	地下工程	基于 RMR 提出的，针对于软弱岩体
RDA	Nicholson & Hencher	岩体条件、不连续面条件、边坡几何形态、地下水条件等	边坡工程	适用于浅层风化岩质边坡
MRMR	Laubscher	岩体条件、不连续面条件、边坡几何形态、地下水条件等	采矿工程	基于 RMR 提出
RSR	Wickham	岩石强度、岩体结构、地质构造影响、节理条件、地下水	小型隧道工程	第一个岩体分级系统
普氏系数 f 分级	普罗脱亚克诺夫	普氏系数 f	通用	简单易行，分级考虑指标单一
岩体强度分级	Selby、Moonand	岩体强度	边坡工程	简单易行，分级考虑指标单一
RMI 支持法	挪威岩土工程组	单轴抗压强度、节理面条件、块体体积、地应力等	隧道工程	适用于连续或不连续介质岩体，考虑因素全面，但实施过程复杂

2.5.4.1 RQD 值分级法

该方法由美国伊利诺依斯大学的迪尔（Deere）于 1967 年提出，RQD 值为岩芯中长度等于或大于 10cm 的岩芯累计长度与钻进总长度之比，即：

$$RQD = \frac{10cm\ 以上岩芯累计长度}{岩芯累计总长度} \times 100\% \tag{2-21}$$

RQD 值反映了岩体被各种结构面切割的程度。由于指标意义明确，可在钻探过程中附带得到，又属于定量指标，因而对于矿山的总体设计以及巷道支护等的设计有较好的用途。该方法以 RQD 值为判据将岩体划分为 5 级，见表 2 - 17。

表 2 - 17　RQD 值法的岩体分级

RQD = 100 ~ 90	RQD = 90 ~ 75	RQD = 75 ~ 50	RQD = 50 ~ 25	RQD = 25 ~ 0
Ⅰ 级	Ⅱ 级	Ⅲ 级	Ⅳ 级	Ⅴ 级
很好	好	较好	差	很差

RQD 值也可通过岩体体积节理数的大小来确定，其关系为：

$$RQD = (115 ~ 3.5)J_v \tag{2-22}$$

式中，J_v 为岩体体积节理数，条/m^3，为单位长度上所有节理数量的总和，且当 $J_v < 4.5$ 时，$RQD = 100$。

2.5.4.2 岩体基本质量等级 BQ 法

岩体基本质量分级 BQ 法为我国岩体质量分级的国家标准（《工程岩体分级标准（GB 50218—94）》），岩体基本质量分级应根据岩体基本质量的定性特征和岩体基本质量指标（BQ）两者相结合，按表 2 - 18 确定。

表 2 - 18 岩体基本质量分级

基本质量级别	岩体基本质量的定性特征	岩体基本质量指标（BQ）
Ⅰ	坚硬岩，岩体完整	>550
Ⅱ	坚硬岩，岩体较完整； 较坚硬岩，岩体完整	550 ~ 451
Ⅲ	坚硬岩，岩体较破碎； 较坚硬岩或软硬岩互层，岩体较完整； 较软岩，岩体完整	450 ~ 351
Ⅳ	坚硬岩，岩体破碎； 较坚硬岩，岩体较破碎 - 破碎； 较软岩或软硬岩互层，且以软岩为主，岩体较完整 - 较破碎； 软岩，岩体完整 - 较完整	350 ~ 251
Ⅴ	较软岩，岩体破碎； 软岩，岩体较破碎 - 破碎； 全部极软岩及全部极破碎岩	≤250

岩体基本质量指标（BQ），根据分级因素的定量指标 R_c 和 K_v，按照下式计算：

$$BQ = 90 + 3R_c + 250K_v \qquad (2 - 23)$$

式中，R_c 为岩石单轴饱和抗压强度，MPa；K_v 为岩体完整性指数。

式（2 - 23）应遵守下列限制条件：

（1）当 $R_c > 90K_v + 30$ 时，应以 $R_c = 90K_v + 30$ 和 K_v 代入计算 BQ 值；

（2）当 $K_v > 0.04R_c + 0.4$ 时，应以 $K_v = 0.04R_c + 0.4$ 和 R_c 代入计算 BQ 值。

2.5.4.3 节理岩体的 RMR 分级法

Bieniawski（1976）采用主要从南非沉积岩中进行地下工程开挖所得到的数据提出了的分级法，称为 RMR 分级法，该分类法最早是由 Bieniawski 在所供职的南非科学和工业研究委员会（CSIR）提出的，又可称之为南非地质力学分类法（CSIR）。多年来该分级法经过了许多的实例验证和修改，在此介绍现在通用的 Bieniawski（1989）版本。该方法采用完整的岩石强度、岩石质量指标（RQD）、节理间距、节理状态和地下水条件等 5 个分级参数（表 2 - 19）。该法分三步进行，首先根据矿山岩体的性质参照 Bieniawski 提供的确定各级判据的表格，获得各单个参数的得分值，把单项得分值累加起来可得岩体的总分值，按总分值评价岩体属于哪一级别，得分值越大表示岩体质量越好；第二步是按裂隙产状对不同工程的影响程度修正岩体的总分值；第三步可根据节理岩体的岩石力学分类表（表 2 - 19）来预测围岩的自承时间以及开挖性质等，以此作为设计施工的依据。

表 2-19　节理岩体的岩石力学分类（RMR）表（Bieniawski，1989）

A. 分类参数及其指标（分数）

参数			数 值 范 围						
1	完整岩石材料的强度/MPa	点荷载强度	>10	4~10	2~4	1~2	对于低值范围宜用单轴抗压强度		
		单轴抗压强度	>250	100~250	50~100	25~50	5~25	1~5	<1
	指　标		15	12	7	4	2	1	0
2	岩芯质量 RQD /%		90~100	75~90	50~75	25~50	<25		
	指　标		20	17	13	8	3		
3	节理间距/m		>2	0.6~2	0.2~0.6	0.06~0.2	<0.06		
	指　标		20	15	10	8	5		
4	节理状态		表面很粗糙，不连续，无间隙、围岩无风化，节理面岩石坚硬	表面微粗糙，间隙<1mm，节理面岩石坚硬	表面微粗糙，间隙<1mm，高度风化岩，节理面岩石软弱	镜面或泥质夹层<5mm厚或节理张开度1~5mm，连续展布	软泥质夹层，厚度>5mm，或节理张开度>5mm，连续展布		
	指　标		30	25	20	10	0		
5	地下水	每10m隧道涌水量/L·min^{-1}	无	<10	10~25	25~125	>125		
		节理水压力与最大主应力之比	0	0~0.1	0.1~0.2	0.2~0.5	>0.5		
		一般条件	完全干燥	较干燥	潮湿	滴水	流水		
	指　标		15	10	7	4	0		

B. 节理方向的指标修正

节理的走向与倾向		很有利的	有利的	中等的	不利的	很不利的
指标	隧　道	0	-2	-5	-10	-12
	地　基	0	-2	-7	-15	-25
	边　坡	0	-5	-25	-50	-60

C. 根据总指标确定岩体分级

指　标	100←81	80←61	60←41	40←21	<20
分　级	I	II	III	IV	V
描　述	很好岩石	好岩石	中等岩石	差岩石	很差岩石

D. 岩体分类的意义

分　级	I	II	III	IV	V
平均自立时间	15m跨度可达20年	10m跨度可达1年	5m跨度可达1周	2.5m跨度可达10h	1m跨度可达30min
岩体黏结力/kPa	>400	300~400	200~300	100~200	<100
岩体摩擦角/(°)	>45	35~45	25~35	15~25	<15

2.5.4.4　Q 系统分级法

该方法为 Norwegian 岩土工程研究所的 N. Barton 等人提出的围岩分类法。Q 是岩体质量的简称，它是由 RQD 值、节理组数 J_n、节理面粗糙度 J_r、节理面蚀变程度 J_a、裂隙水影响因素 J_w 以及应力折减因素 SRF 等 6 项指标组成，其表达式为：

$$Q = \frac{RQD}{J_n} \cdot \frac{J_r}{J_a} \cdot \frac{J_w}{SRF} \qquad (2-24)$$

分类时，根据这 6 个参数的实测或实际资料，根据表 2 - 20 ~ 表 2 - 25 确定各自的数值，代入式（2 - 24）中求得岩体的 Q 值。以 Q 值为依据将岩体分为 9 类，它的得分按表 2 - 26 划分岩体级别。Q 值越大，表示岩体的质量越好。

表 2 - 20　岩体质量指标 RQD

岩体质量指标	RQD	备　注
A. 很好	0 ~ 25	在实测报告中，若 $RQD \leqslant 10$（包括 0）时，则名义上取 10； RQD 隔 5 选取足够精度，例如取 100、95、90 等
B. 差	25 ~ 50	
C. 一般	50 ~ 75	
D. 好	75 ~ 90	
E. 很好	90 ~ 100	

表 2 - 21　节理组数 J_n

节 理 组 数	J_n	备　注
A. 整体性好，含少量节理或不含节理	0.5 ~ 1.0	1. 对于巷道交岔口，取 $3J_n$； 2. 对于巷道入口处，取 $2J_n$
B. 一组节理	2	
C. 一组再加些紊乱的节理	3	
D. 两组节理	4	
E. 两组再加紊乱的节理	6	
F. 三组节理	9	
G. 三组再加紊乱的节理	12	
H. 四组或四组以上的节理，随机分布特别发育的节理，岩体被分成"方糖"块	15	
I. 粉碎状岩石，泥状物	20	

表 2 - 22　节理面粗糙度 J_r

节理面粗糙度	J_r	备　注
（1）节理面完全接触 （2）节理面在剪切错动 10cm 以前是接触的		1. 若有关的节理组平均间距大于 3m，J_r 按左行数值再加 1.0； 2. 对于具有线理且带擦痕的平面状节理，若线理指向有利方向，则可取以 $J_r = 0.5$
A. 不连续的节理	4	
B. 粗糙或不规则的波状节理	3	
C. 光滑的波状节理	2	
D. 带擦痕面的波状节理	1.5	
E. 粗糙或不规则的平面状节理	1.5	
F. 光滑的平面状节理	1.0	

节理面粗糙度	J_r	备　注
G. 带擦痕面的平面状节理	0.5	
（3）剪切错动时岩壁不接触		
H. 节理中含有足够厚的黏土矿物，足以阻止节理壁接触	1.0	
I. 节理含砂、砾石或岩粉夹层，其厚度足以阻止节理壁接触	1.0	

表 2－23　节理面蚀变程度 J_a

节理面蚀变程度	J_a	Φ_r 近似值/(°)	备　注
（1）节理完全闭合			
A. 节理面紧密接触，坚硬、无软化、充填物不透水，即石英或变绿帘石	0.75		
B. 节理面无蚀变、表面只有污染物	1.0	25～35	
C. 节理面轻度蚀变、不含软矿物覆盖层、砂粒和无黏土的解体岩石等	2.0	25～35	
D. 含有粉砂质或砂质黏土覆盖层和少量黏土细粒（非软化的）	3.0	20～25	
E. 含有软化或摩擦力低的黏土矿物覆盖层，即高岭土和云母。它也可以是绿泥石、滑石和石墨等，以及少量的膨胀性黏土（不连续的覆盖层，厚度≤1～2mm）	4.0	8～16	如果存在蚀变产物，则残余摩擦角 Φ_r，可作为蚀变产物的矿物学性质的一种近似标准
（2）节理面在剪切错动10cm前是接触的			
F. 含砂粒和无黏土的解体岩石等	4.0	25～30	
G. 含有高度超固结的，非软化的黏土质矿物充填物（连续的厚度小于5mm）	6.0	16～24	
H. 含有中等（或轻度）固结的软化的黏土矿物充填物（连续的厚度小于5mm）	8.0	12～16	
J. 含膨胀性黏土充填物，如蒙脱石（连续的，厚度小于5mm）。J_a 值取决于膨胀性黏土颗粒所占的百分数以及含水量	8.0～12	6～12	
（3）剪切错动时节理面不接触			
K. 含有解体矿石或岩粉以及黏土的夹层（见关于黏土条件的第G、H和J款）	8.0～12	6～24	
L. 由粉砂质黏土和少量黏土微粒构成的夹层（非软化的）	5.0		
M. 含有厚而连续的黏土夹层（见关于黏土条件的第G、H和J款）	13.0～20.0	6～24	

表 2－24　裂隙水影响因素 J_w

裂隙水影响因素	J_w	水压力的近似值/kPa	备　注
A. 隧道干燥或只有极少量的渗水，如局部地区渗流量小于5L/min	1.0	<100	1. C、D、E、F 款的数值均为粗糙估计值，如采取疏干措施，J_w 可取大一些。2. 由结冰引起的特殊问题本表没有考虑
B. 中等流量或中等压力，偶尔发生节理充填物被冲刷现象	0.66	100～250	
C. 节理无充填物，岩石坚固，流量大或水压高	0.5	250～1000	
D. 流量大或水压高，大量充填物均被冲出	0.33	250～1000	
E. 爆破时，流量特大或压力特高，但随时间增长而减弱	0.2～0.1	>1000	
F. 持续不衰减的特大流量或特高水压	0.1～0.05	>1000	

表 2 – 25　应力折减因素 SRF

应力折减因素			SRF	备　注
(1) 软弱区穿切开挖体，当隧道掘进时开挖体可能引起岩体松动				1. 如果有关的剪切带仅影响到开挖体，而不与之交叉，则 SRF 值减少25% ~50%； 2. 对于各向应力差别甚大的原岩应力场（若已测出的话）：当 $5 < \sigma_1/\sigma_3 < 10$ 时，σ_c 减为 $0.8\sigma_c$，σ_t 减为 $0.6\sigma_t$；当 $\sigma_1/\sigma_3 > 10$ 时，σ_c、σ_t 减为 $0.6\sigma_c$、$0.6\sigma_t$。这里，表示 σ_c 单轴抗压强度，σ_t 单轴抗拉强度，σ_1、σ_3 分别为最大和最小主应力； 3. 可以找到几个埋深小于跨度的实例记录。对于这种情况，建议将 SRF 值从 2.5 增加到 5.0
A. 含黏土或化学分解的岩石的软弱区多处出现，围岩十分松散（深浅不限）			10.0	
B. 含黏土或化学分解的岩石的单一软弱区（开挖深处 <50m）			5.0	
C. 含黏土或化学分解的岩石的单一软弱区（隧道深度 >50m）			2.5	
D. 岩石坚固不含黏土但多处出现剪切带，围岩松散（深度不限）			7.5	
E. 不含黏土的坚固岩石中的单一剪切带（开挖深度 <50m）			5.0	
F. 不含黏土的坚固岩石中的单一剪切带（开挖深度 >50m）			2.5	
G. 含松软的张开节理，节理很发育或像"方糖"块（深度不限）			5.0	
(2) 坚固岩石，岩石应力问题	σ_c/σ_1	σ_t/σ_1	SRF	
H. 低应力，接近地表	>200	<0.01	2.5	
J. 中等应力	200 ~ 10	0.01 ~ 0.3	1.0	
K. 高应力，岩体结构非常紧密（一般有利于稳定性，但对边墙稳定性可能不利）	10 ~ 5	0.66 ~ 0.33	0.5 ~ 2.0	
L. 轻微岩爆（整体岩石）	5 ~ 2.5	0.33 ~ 0.16	5 ~ 10	
M. 严重岩爆（整体岩石）	<2.5	<0.16	10 ~ 20	
(3) 挤压性岩石，在很高的应力影响下不坚固岩石的塑性流动		SRF		
N. 挤压性微弱的岩石应力		5 ~ 10		
P. 挤压性很大的岩石应力		10 ~ 20		
(4) 膨胀性岩石，化学膨胀活性取决于水的存在与否				
Q. 膨胀性微弱的岩石应力		5 ~ 10		
R. 膨胀性很大的岩石应力		10 ~ 15		

表 2 – 26　Q 值分类表

Q 值分类	<0.01	0.01 ~ 0.1	0.1 ~ 1.0	1 ~ 4	4 ~ 10	10 ~ 40	40 ~ 100	100 ~ 400	>400
岩体类级	特差	极差	很差	差	一般	好	很好	极好	特好

Q 分类表分为 3 个部分：第一部分是岩体评价；第二部分是支护压力估测；第三部分是按照岩体分类建议采用的支护类型。通过调查研究，巴顿等建议采用下列经验计算公式来确定工程无支护的跨度：

$$W = 2 \cdot ESR \cdot Q^{0.4} \tag{2-25}$$

式中，W 为无支护隧道最大安全跨度，m；ESR 为支护比；Q 为岩体质量指标。

图 2 – 42 是表示在采用同一的安全系数后，按 Q 值来确定不支护巷道的跨度。Q 系统分类中还进一步定义了一个附加参数，称为开挖体的"当量尺寸" D_e（等效直径），此参

数是将开挖体的跨度、直径或侧帮高度除以所谓的开挖体"支护比 ESR"而得到的，即：

$$D_e = \frac{\text{开挖体的跨度、直径或高度（m）}}{\text{开挖体的支护比（ESR）}} \qquad (2-26)$$

式中，对于永久性矿山巷道 $ESR = 1.6 \sim 2.0$；对于临时性矿山巷道或硐室，如采场可取 $ESR = 3 \sim 5$。

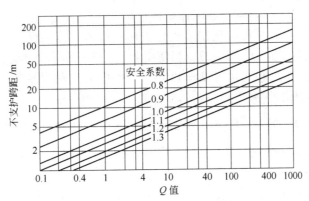

图 2-42　不同支护跨距与 Q 值的关系

2.5.4.5　GSI 分类法

GSI（geological strength index）分类方法是目前较流行的岩体力学参数确定方法，并且对该方法已进行了程序化的处理。该方法是根据野外工程地质调查对工程岩体质量进行评分，在此基础上，运用 Hoek-Brown 准则求解工程岩体强度的一种方法。

GSI 是 Hoek 教授多年来与世界各地与之合作的地质工程师进行讨论而发展起来的方法，该方法对不同的岩性其评分标准也不尽相同，反映的岩性主要有：典型砂岩、粉砂岩、泥岩、泥质页岩、灰岩、花岗岩、蛇绿岩、片麻岩、片岩、石膏及非均质岩体（复理层）等，对图表中每一部分的用词及结构与表面的组合对应的权均进行了反复推敲，以便反映真实的自然地质条件。

GSI 分类法认为，岩体强度指标的评价中，最基本的参数是单轴抗压强度（σ_{ci}）和与岩石摩擦特性有关的材料常数（m_i）。Hoek-Brown 体系的核心内容就是如何把 σ_{ci}、m_i 的"实验值"降低至合理的现场值的评价或测量。其中，σ_{ci} 可以通过实验室获得，而物性参数 m_i 可以根据其建议表确定。确定了 σ_{ci}、m_i 和评分以后，就可估算岩体的力学参数，其理论计算方法为 Hoek-Brown 破坏准则。

岩体的 GSI 指标的计算方法有以下三种：

（1）换算法，岩体的 GSI 指标与 RMR 指标间的换算式为：

$$GSI = RMR_{89} - 5 \qquad (2-27)$$

式中，RMR_{89} 为 Bieniawski 于 1989 年修正的 RMR 分类法指标，且将地下水参数的指标设为15，不考虑节理方向的指标修正的总和。式中的限制条件为：$RMR_{89} > 23$。

（2）Q' 法，岩体的 GSI 指标与 Q' 的关系：

$$GSI = 9\ln Q' + 44 \qquad (2-28)$$

式中 Q' 值是按 Q 系统分类方法，其 J_w 和 SRF 都设为 1 后求得的。

（3）图表法，考虑岩体的地质环境，Hoek-Brown 提出了地质强度指标 GSI，该指标与岩体的结构特性、表面风化程度及表面粗糙性等有关，且对各类岩体的结构与表面特征间的关系也用图的形式表示出。但 GSI 法确定岩体结构的划分时，岩体结构的描述缺乏定量化，即使在岩体结构的一种形态描述中，由于缺乏定量化，难以确定岩体地质强度指标 GSI。为使岩体结构的描述定量化，引入岩体参数 J_V（节理数/m³），与 Hoek – Brown 岩体结构特征的对应关系为：块状岩体结构，$J_V < 3$；非常块状岩体结构，$J_V = 3 \sim 10$；块状/褶曲岩体结构，$J_V = 10 \sim 30$；碎块状岩体结构，$J_V > 30$。

据此，由节理化岩体的 J_V 可确定节理化岩体的地质强度指标 GSI。补充之后的 Hoek – Brown 地质强度指标 GSI 见表 2 – 27。当使用表 2 – 27 评价岩体的地质强度指标 GSI 时，由岩体的结构特征 J_V（J_V 也可由 $RQD = 115 - 3.3J_V$ 反求）和表面条件与表 2 – 27 的斜线相交，就可确定该岩体的地质强度指标 GSI。

表 2 – 27　Hoek – Brown 地质强度指标 GSI 岩体结构定量描述

岩体结构	表面条件				
	非常好 非常粗糙的新鲜的无风化的表面	好的 粗糙的轻微风化的暗铁色的表面	比较好的 光滑的中等风化的表面	差的 有擦痕面高度风化的具有密实或角状块体充填覆盖的表面	非常差的 有擦痕面具有黏土质的软岩覆盖或充填的高度风化的表面
块状，由三个正交的不连续面形成的相互连续很好的未扰动立方块岩体，$J_V \leqslant 5$	$J_V=1$ 80 $J_V=2$ 70 $J_V=3$				
非常块状，由四个或更多不连续面形成的具有多面角状部分扰动相互连接的块状岩体，$3 < J_V \leqslant 10$	$J_V=4$ $J_V=5$ 60 $J_V=6$ $J_V=7$ $J_V=8$ $J_V=9$ $J_V=10$ GSI=50				
块状/褶曲，由许多相互交错的不连续面形成的具有角状块状的褶曲和(或)断层，$10 < J_V \leqslant 30$	$J_V=14$ $J_V=18$ $J_V=22$ 40 $J_V=26$ 30 $J_V=30$				
碎块状，具有角状或圆形岩块的非常破碎的相互连续差的岩体，$J_V > 30$				20	10

参 考 文 献

[1] 蔡美峰，等. 地应力测量原理与技术 [M]. 北京：科学出版社，1995.
[2] 于学馥，等. 岩石记忆与研究理论 [M]. 北京：冶金工业出版社，1993.

［3］　苏恺之．地应力测量方法［M］．北京：地震出版社，1985．

［4］　国家地震局地壳应力研究所情报室．地应力测量理论研究与应用［M］．北京：地质出版社，2002．

［5］　勝山邦久．声发射（AE）技术的应用［M］．冯夏庭，译．北京：冶金工业出版社，1996．

［6］　李庶林，杨念哥．凡口铅锌矿深部矿床地应力测试［J］．矿业研究与开发，2003，23（4）：15～17．

［7］　尹贤刚．岩石声发射技术实验、理论与应用研究［D］．长沙：长沙矿山研究院，2003．

［8］　长沙矿山研究院．厂坝铅锌矿地下开采地压监测与控制技术研究报告［R］．长沙：长沙矿山研究院，2004．

［9］　尹贤刚，李庶林．用岩石声发射凯萨效应量测地应力研究［J］．采矿技术，2006（3）．

［10］　GB 16423—2006．金属非金属矿山安全规程［S］．

［11］　赵以惠．矿井通风与空气调节［M］．北京：中国矿业大学出版社，1990．

［12］　李清林，秦建增，谢汝一，等．高密度电阻率二维层析成像在郯庐断裂带山东潍坊段试验结果的初步分析［J］．地震地质，2006（4）．

［13］　刘君．瞬变电磁法在探测煤矿采空区中的应用［J］．科技情报开发与经济，2005（16）．

［14］　刘红军，贾永刚．探地雷达在探测地下采空区范围中的应用［J］．地质灾害与环境保护，1999（4）．

［15］　解海军．煤矿积水采空区瞬变电磁法探测技术研究［D］．北京：中国地质大学（北京），2009．

［16］　贾东新，王自强，徐庆魁．浅层地震法在煤层采空区探测中应用［J］．河北煤炭，1999（3）．

［17］　高勇，徐白山，王启军，等．地下空区探测方法有效性研究［J］．地质找矿论丛，2003（2）．

［18］　刘希灵．基于激光三维探测的空区稳定性分析及安全预警的研究［D］．长沙：中南大学，2008．

［19］　韩俊彪．物探技术在采空区勘查中的应用［J］．煤炭技术，2010（1）．

［20］　高勇，徐白山，王启军，等．地下空区探测方法有效性研究［J］．地质找矿论丛，2003（2）．

［21］　赵庆珍，安润莲，姚精选，等．瞬变电磁勘探技术在采空区探测中的应用［J］．山西煤炭，2007（4）．

［22］　张达，陈凯，马志．地下空间三维激光扫描智能化成像系统［J］．中国矿业，2014，23（Suppl）．

［23］　长沙矿山研究院．金属非金属矿山大中型采空区调研报告［R］．2008．

［24］　长沙矿山研究院有限责任公司．太钢袁家村铁矿采空区三维激光扫描报告（1740－10－空7）［R］．2012．

［25］　GB 50218—94．工程岩体分级标准［S］．1994．

［26］　侯德义，李志德，扬言辰．矿山地质学［M］．北京：地质出版社，1998．

［27］　《工程地质手册》编委会．工程地质手册（第四版）［M］．北京：中国建筑工业出版社，2006．

［28］　GB 50021—2001．岩土工程勘察规范［S］．2002．

［29］　GB 12719—91．矿区水文地质工程地质勘探规范［S］．1992．

［30］　长沙矿山研究院．岩体结构面调查技术规范［R］，长沙：长沙矿山研究院，2006．

［31］　HUDSON J A，HARRISON J P．Rock Mechanicsan introduction to the principles［M］．England：Pergamon Elsevier Science Ltd.，2000．

［32］　HOEK E．Practical Rock Engineering［M］．Canada：Rocscience Inc. 2000．

［33］　HOEK E，Brown E T．岩石地下工程［M］．连志升，等译．北京：冶金工业出版社，1986．

3 开采环境重构

软破矿岩、高地应力、高井温和地下富水等矿床开采环境条件，给难采矿床的开采带来了难度。因此，针对这些开采环境进行重构，为难采矿床的开采创造较好的环境条件，是实现难采矿床安全、高效开采的必要支撑。本章所阐述的开采环境重构的相关理论与技术，重点涉及充填体力学、井下降温、地下水防治、岩层支护等方面。

3.1 充填体力学

广义的充填体泛指被充填到采空区内的物料，狭义的充填体是指被充填到采空区后能够固结成整体的物体，即胶结充填体。充填到采空区不能固结的散体物料的作用，在采矿过程中为采场帮壁和矿柱提供围压或在受限条件下承压，属于散体力学范畴。胶结充填体作为地下采矿工程中的人工构筑工程，其力学作用广泛，效果显著。本节主要讨论狭义的胶结充填体的力学行为及其作用机理。

在采矿过程中，充填体作为采场结构的一部分，维护采场生产安全；回采结束后，形成的大体积充填体能够平衡围岩变形，控制地表岩层移动，是控制采场地压和区域地压的主要手段。

根据采矿工艺的不同，胶结充填体有不同的受力状态和多种力学作用。在两步骤上向回采工艺中作为支柱管理采场顶板，处于单向或多向受力状态；在下向回采工艺中，充填体直接作为采场顶板，处于下方临空的多向受力状态。回采结束后，充填体整体或包裹矿柱处于三向受力状态。

3.1.1 力学特性

胶结充填体的作用与其力学特性密切相关，可以说是力学特性指标的函数。因此，要了解和研究充填体的作用，首先需要掌握充填体的相关特性。

长沙矿山研究院曾开展了三个大型胶结充填试体（1.0m×1.0m×1.5m）的现场三轴压缩试验（图3-1）。其中，Ⅰ号试体为砂浆胶结体，Ⅱ号试体为废石胶结体，Ⅲ号试体为废石砂浆胶结体；在充填试体中埋设了多种观测仪器（表3-1）。通过试验系统地研究和揭示了胶结充填体在单轴、双轴和三轴受压条件下的应力应变特性，以及由各种监测仪器反映的综合特性。

表3-1 井下大型充填试体三轴试验观测仪器表

试体编号	液压枕/台	遥测应变计/支	光应力计/个	声波测线/条	视电阻率电极/组
Ⅰ	2	1	1	2	0
Ⅱ	1	5	—	2	2
Ⅲ	1	—	1	4	2

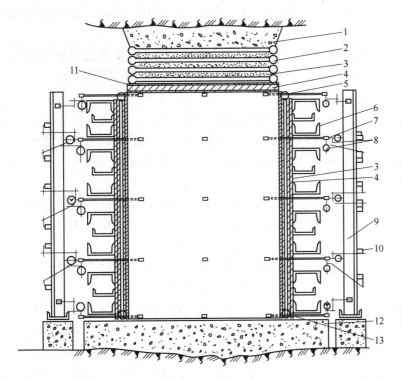

图 3-1　井下大型试体

1—封顶混凝土；2—纵向加力钢枕；3—砂浆（1:5）；4—传力钢板；5—侧向加力钢枕；6—槽钢反力框架；
7—变形测杆；8—百分表；9—槽钢表架；10—磁力千分表座；11—测杆基点；12—混凝土基座；13—钢板

3.1.1.1　受压变形特征

试验表明，各充填试体在三轴受压条件下具有相似的变形过程（图 3-2），受力后的变形破坏遵循 4 个阶段：弹性变形阶段、屈服阶段、塑性变形阶段、塑性破坏阶段。

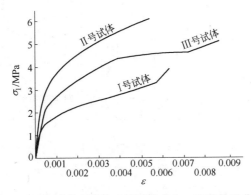

图 3-2　井下大型试体三轴试验应力 – 应变关系曲线

（1）弹性变形阶段（Ⅰ）：应力 – 应变曲线呈直线，试体中孔隙压密。试体中原有裂缝的性质基本不变，变形基本可以恢复。随着试体中尾砂含量的增加，弹性阶段明显降低。表明全尾砂粒度较细，增加了充填体的塑性。

（2）屈服阶段（Ⅱ）：当加载应力超过比例极限后，应力 – 应变曲线偏离直线，进入屈服阶段，试体中的黏结裂隙扩展和新生裂隙。该阶段的后期，变形速度迅速增长，显示出更大的塑性。

（3）塑性变形阶段（Ⅲ）：在屈服阶段以后，应力－应变曲线趋向平缓，进入塑性变形阶段。由于试体的变形速度加快，使得施加每一荷级的时间明显延长，应力和变形也不能稳定。

（4）塑性破坏阶段（Ⅳ）：塑性变形阶段快结束时，应力－应变曲线往往上翘，呈现应变硬化的塑性破坏。继续泵油加压时，应力反而降低，表明试体已经破坏，不再受力。

试体的破坏形迹表明，破坏裂隙的分布取决于试体不均质的薄弱点的位置。因此，裂隙呈现极不规则状态。

试体各部位的变形值有一定差异，试体的上、下部受端部约束的影响，应力－应变曲线在临近破坏时明显上翘，显示出变形硬化的特征。试体的破坏无明显的贯通裂隙，这种充填材料在三维应力条件下，具有较强的塑性。

试体的变形特征表明了胶结充填体的作用特性，即充填体在达到屈服点之前，具有弹性支撑作用；过屈服点之后，具有让压支座的作用。

应力－应变曲线各阶段的静力特征点数据见表3－2。这些试验特征值表明，对于砂浆胶结充填体、废石胶结充填体和废石砂浆胶结充填体等不同的充填体类型，其压缩变形特征值均存在很大差别。G. E. Blight 和 I. E. Clarke 曾针对刚性充填料与软性充填料在三轴和单轴受压条件下的变形也进行了研究，研究结果同样表明，刚性充填料的压缩率远远小于软性充填料，单轴受力状态下充填体的压缩率远大于三向受力条件（图3－3）。

表3－2　静力特征点应力及应变数值表

试体编号	σ_2/MPa	σ_3/MPa	弹性变形阶段			屈服阶段			塑性变形阶段			破坏阶段	
			σ_{I}/MPa	ε_{I}	$\sigma_{\mathrm{I}}/\sigma_{\mathrm{IV}}$	σ_{II}/MPa	$\varepsilon_{\mathrm{II}}$	$\sigma_{\mathrm{II}}/\sigma_{\mathrm{IV}}$	σ_{III}/MPa	$\varepsilon_{\mathrm{III}}$	$\sigma_{\mathrm{III}}/\sigma_{\mathrm{IV}}$	σ_{IV}/MPa	$\varepsilon_{\mathrm{IV}}$
Ⅰ	0.32	0.32	1.37	3.4×10^{-4}	30.9	1.91	11.5×10^{-4}	43.2	3.18	33.5×10^{-4}	75.8	4.42	63.0×10^{-4}
Ⅱ	$\mu(\sigma_1 + \sigma_3)$	0.42	2.61	2.5×10^{-4}	38.6	4.93	21.8×10^{-4}	72.9	5.76	32.5×10^{-4}	85.2	6.76	56.3×10^{-4}
Ⅲ	0.52	0.52	2.61	2.8×10^{-4}	44.6	4.59	36.0×10^{-4}	78.4	4.93	39.1×10^{-4}	84.3	5.85	84.5×10^{-4}

受压试验过程中的声波、视电阻率、遥测应变计、液压枕和光弹应力计等仪器的测试数值，反映了这些仪器在胶结体现场测试中的定量特征，也揭示了充填体的综合力学特性。由于针对现场胶结充填体往往是通过这些仪器进行观测，因而这些观测特征对于评价现场充填体的力学特性具有重要的实际意义。

应变计测试的变形特征与试体三轴试验应力－变形关系曲线相似，亦可划分为4个阶段；声波参数变化图像与试体的变形曲线，均具有相近的特征点。比较充填试体的应力－应变曲线、声波参数变化曲线和电阻率变化曲线，三者具有相同的特征应力值。因而声波测试技术、视电阻率测试方法，均可应用于现场观测判断胶结充填体稳定性。

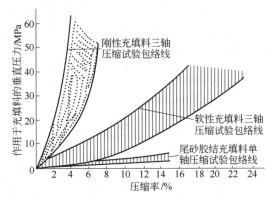

图 3 - 3　不同充填体类型的应力 - 压缩率包络线

3.1.1.2　力学参数

A　弹性参数

弹性参数可根据试体在弹性范围内循环加载的应力 - 应变曲线求得（图 3 - 4），包括试体的切线弹性模量与割线弹性模量值（表 3 - 3）。低标号试体的弹性参数值较低，显示出较大的塑性。

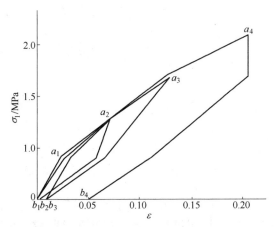

图 3 - 4　试体弹性范围内循环加载曲线

表 3 - 3　胶结充填试体的弹性参数值

试体编号	切线弹模/GPa	割线弹模/GPa	弹性模量/GPa	动弹模①/GPa	动静弹模对比	$\varepsilon_弹/\varepsilon_总$	泊松比
I	4.05	5.06	5.56	14.9	2.64	88.8%	0.304
II	8.99	9.62	13.3	34.3	2.65	72.8%	0.24

①动弹模为声波测得值。

B　极限强度和极限变形值

试验中以 σ_1 不能继续增长的压力值和变形值作为极限强度和极限变形值（表 3 - 4），但此时的试体并不出现压崩破坏现象。因此，极限强度和极限变形的试验值，对采矿来说尚有一定的安全系数。

表 3 - 4　试体的极限强度和极限变形值

试体编号	极限强度/MPa	极限变形值
I	4.42	63.0×10^{-4}
II	6.76	53.0×10^{-4}
III	5.85	84.0×10^{-4}

3.1.1.3　破坏特征

A　胶结充填体的变形及破坏特征

由胶结充填试体的综合应力 - 应变关系曲线（图 3 - 5），可以揭示胶结充填体的变形及破坏特征。

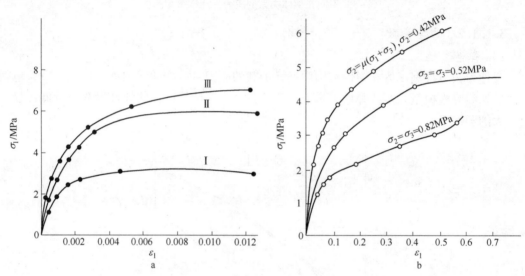

图 3 - 5　充填体的 $\sigma_1 - \varepsilon_1$ 曲线

a—三种配比的单轴条件；b—大型试体三轴条件

由图 3 - 5 可以看出，在各种应力状态条件下，各试体的 $\sigma_1 - \varepsilon_1$ 关系曲线具有相似的特征，均从弹性变形阶段，经过屈服过程，进入塑性变形阶段，最终试体呈现塑性破坏。上述各静力阶段的特征点的应力值见表 3 - 5。

表 3 - 5　胶结体各静力特征点的应力值

试体编号	σ_2/MPa	σ_3/MPa	弹变阶段 σ_{1-I}/MPa	屈服阶段 σ_{1-II}/MPa	塑变阶段 σ_{1-III}/MPa	破坏点 σ_{1-IV}/MPa	$\dfrac{\sigma_{1-I}}{\sigma_{1-IV}}$	$\dfrac{\sigma_{1-II}}{\sigma_{1-IV}}$	$\dfrac{\sigma_{1-III}}{\sigma_{1-IV}}$
I	0.32	0.32	1.37	1.91	3.18	4.42	30.9	43.2	75.8
II	$\mu(\sigma_1 + \sigma_3)$	0.42	2.61	4.93	5.76	6.76	38.6	72.9	85.2
III	0.52	0.52	2.61	4.59	4.93	5.85	44.6	78.4	84.3

可见，这种胶结充填体具有的变形与破坏特性为：当载荷超过屈服阶段后，介质显示较大的塑性变形能力，并且无"压崩"现象而呈现塑性破坏。由此可以认为胶结充填体具有的力学功能是：当胶结体达屈服点之前，具有弹性支撑作用；过屈服点之后则具有"让

压支座"的作用。

B　胶结充填体的强度特性

三轴试验表明,随围限压力的增长,充填体的弹模、屈服点和强度均增高。在试验的低围限压力的作用下,其三轴侧压力系数达4.5~6.0。

在低围限压力条件下,胶结体的莫尔强度曲线、莫尔圆顶点连线（最大剪应力迹线）、空间锥面强度曲线均近于直线。

3.1.2　充填体承载

3.1.2.1　回采过程中岩体性态变化

充分了解充填前后岩体性态的变化,对分析充填体的作用环境和充填体的作用效果均非常有用。由于岩体声波参数的改变,能够很好地反应岩体性态的变化。下面结合部分矿山岩体声波实验的观测结果,分析回采和充填过程中岩体性态的变化。

一般地沿矿柱主应力方向声速最高,反映矿柱岩体承压受力状态比较明显;沿最小主应力方向声速最低,说明矿柱岩体开裂破坏。

矿柱岩体中声速随孔深的变化规律,反映了承载矿柱岩体的松动状况和应力状态。根据孔口至孔底声速 v_p 的变化,可将矿柱岩体划分为爆破破坏区、压力松弛区和承压集中区3部分。

当矿房采后被胶结充填,充填体将作为矿柱回采的承压支柱。根据矿柱岩体中测得的声速描述岩体松动区的分布（图3-6）,基本反映了矿柱岩体的破坏随距离开挖面深度的变化规律。图3-6中,OA 段为声波低速区（v_p = 2500 ~ 4000m/s）,属爆破影响的岩石松动区。但 OA 段声速波动较大,有时测孔孔口速度反而很高,反映了爆破对岩体影响的不均一。AB 段声速平缓上升（v_p = 4000 ~ 6000m/s）,属压力松动区,其深度为0.8 ~ 1.2m;BC 段声速较高、声速稳定（v_p = 6000 ~ 6200m/s）,属岩体承压中心部位的应力升高区,岩体完整。

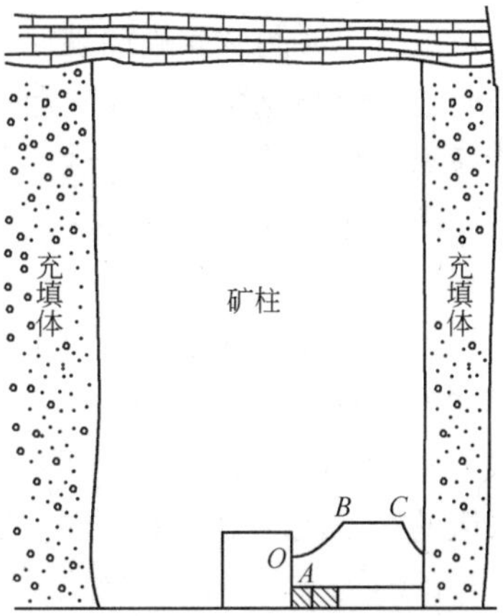

图3-6　矿柱中声波分布

3.1.2.2　采区地压规律

采用充填采矿法开采矿床过程中的采区地压变化规律,反映了待采矿块和胶结充填体在回采过程中的应力变化过程。采区的应力变化过程大致可分为四个阶段。下面结合两步骤回采的充填采矿过程进行分析。

（1）回采矿房过程。两步骤回采的充填采矿工艺中,第一步骤回采矿房时,保留矿柱以保证采场和采区的生产安全。在第一步骤回采过程中产生的应力重新分布现象,称之为区域地应力的第一次重新分布过程。这个应力重新分布过程,充分地表现在矿柱的应力变化中。现场监测的应力变化曲线表明（图3-7）,在矿房拉底过程中,其相邻矿柱的应力急剧升高（图3-7中的0-Ⅰ段）;受矿房回采和其他矿房拉底的影响,在矿房回采过程中相邻矿柱的应力亦有所增加（图3-7中的Ⅰ-Ⅱ段）;当矿房回采结束后进行胶结充填的过程中,应力趋于稳定（图3-7中的Ⅱ-Ⅲ段）。在这一阶段的应力重新分布过程造成的矿柱应力集中，明显地表现在矿房的拉底过程中。拉底过程的应力变化量为这一阶段应力总变化量的62%～67%（表3-6）。开采实践表明，在矿房拉底过程中，其相邻矿柱中的巷道往往会出现开裂和片帮现象。

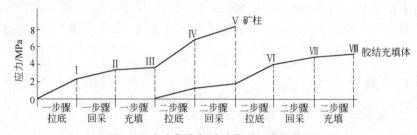

图3-7 应力集中与采矿作业工序的关系

表3-6 矿房回采过程中矿柱的应力变化值

作 业 工 序	应力变化量/MPa	占总变化量百分比/%
拉 底	2.0～4.0	62～67
回 采	1.0～2.5	33～38
总变化量	3.0～6.0	100

在第一步骤矿房回采过程中，矿房采场顶板下沉和脱层破坏是回采过程中的另一个重要特征。声波测试和脱层观测结果表明，在顶板上2.1m和4.4m的深度为脱层位置。这表明了在胶结充填体形成之前，在顶板岩层中就已经形成了一定范围的脱层破坏区。这一特征揭示了胶结充填体的载荷性质，与原岩矿柱有着重要区别。

由于应力集中的结果，造成第二步骤待采矿柱的性态发生变化。这种变化是决定第二步骤安全回采的重要条件。

（2）胶结充填过程。在胶结充填过程中，矿柱岩体中的应力变化趋于稳定（图3-7中的Ⅱ-Ⅲ段）。这表明区域岩体的第一次应力重新分布过程，至充填作业时达到稳定。

（3）回采矿柱过程。第二步骤回采矿柱时，又一次引起区域地应力的重新分布，这是采区的第二次应力集中过程。这时，矿房采后形成的胶结充填体起着人工支柱作用。这一过程的应力重新分布充分地反映在胶结充填体、待采矿柱和周围岩体的应力变化中。

图3-7中Ⅲ-Ⅳ曲线段各种仪器观测值的变化规律，体现了如下两个重要特征：其一，在相邻胶结充填体一侧的矿柱的拉底过程中，其待采矿柱的应力急剧增加，而胶结充填体的应力增长却相对较小；其二，当胶结充填体另一侧矿柱拉底时，胶结充填体的应力较一侧拉底时有较大的增长。这一方面表明了该阶段应力集中过程主要表现在拉底阶段；同时揭示了在第二步骤回采过程中，待采矿柱仍然承担上覆岩层的载荷。

在这一回采阶段中，区域岩体被扰动的范围增大，围岩体的应力明显增高。当采区矿柱全部拉开后，顶板岩层的移动范围较大，可随着岩层移动达到地表。矿柱回采过程是区域岩体受到急剧扰动的阶段。

（4）尾砂充填过程。在矿柱采后进行充填的过程中，应力再次趋于稳定（图3-7中的Ⅶ-Ⅷ段）或稍有降低。这表明第二次应力集中过程，在充填阶段达到稳定。此时，胶结充填体处于尾砂体的包裹之中，进入长期破坏过程。

3.1.2.3 充填体应力分布

在第二步骤回采过中，胶结充填体起着支撑采场顶板的支柱作用。针对缓倾斜矿体两步骤回采工艺的监测实验表明，胶结充填体的抗力和变形具有如下规律：

（1）沿胶结充填体宽度方向的应力及变形分布呈中间小两边大的"波形"分布状态（图 3 – 8）。实测的应力集中系数 $\sigma_{max}/\sigma_{min} = 3 \sim 5$，见表 3 – 7。

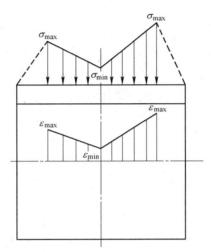

图 3 – 8　沿胶结充填体宽度方向的应力分布及变形

表 3 – 7　胶结体宽度方向的应力及应变值

应力值/MPa			应 变 值		
σ_{min}	σ_{max}	$\sigma_{max}/\sigma_{min}$	ε_{min}	ε_{max}	$\varepsilon_{max}/\varepsilon_{min}$
0.35 ~ 1.96	0.66 ~ 6.54	3 ~ 5	40×10^{-6}	200×10^{-6}	5

（2）胶结充填体的垂直方向为压应变（表 3 – 7），其值最大；沿走向（即胶结充填体的宽度方向）的应变次之；在胶结充填体的长轴方向（即沿倾向），应变最小；中间截面上应变接近于零。可见胶结充填体中间截面为平面应变状态，其主要平面为沿走向方向的截面。

（3）由于缓倾斜和自流的充填条件，造成中、下部接顶较上部密实，出现中、下部胶结充填体的压力和变形较大的一般规律。

（4）沿胶结充填体的垂直方向，中、下部变形较大（图 3 – 9），上部变形较小。

（5）胶结充填体的应力、变形状态。根据实验室测定的油囊式测力计的率定曲线，经现场大型试体三轴试验校核，取得与现场埋设条件相应的换算系数。现场观测表明，在胶结充填体的边部其值较高，高于胶结充填体的单轴抗压强度。其中一些部位接近试验的三轴强度值，表明胶结充填体的边部

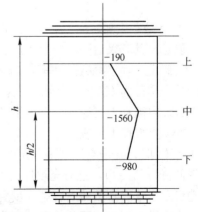

图 3 – 9　沿胶结充填体垂直方向的应变

存在一定的破坏区。而在胶结充填体的中间部位，其应力一般较小。表明在开采结束后，除局部破坏外，胶结充填体的中心部位具有一定的强度。实践亦表明，在采区回采结束后，胶结充填体仍具有相当的支撑能力。

3.1.3 充填体力学模型

胶结充填体的力学作用机理是指胶结充填体在地下采场中的力学机制，包括胶结充填体自身的受力特点、变形性质、破坏机理、充填体对矿柱的作用、充填体对采场围岩的作用及相互关系、充填体对顶板覆盖岩层的作用及其相互关系等诸多方面。长期以来，充填体的力学作用机理一直是国内外许多学者和工程技术人员研究的重要方向。一般认为，胶结充填体在采场内属于被动性支护，它不能对围岩或矿柱施加主动支撑力，而是借助于围岩或矿柱的变形而被动受力，以被动反作用的形式作用于围岩或矿柱，从而达到控制采场地压的目的。本节将重点阐述胶结充填体对围岩、矿柱的作用机理。

3.1.3.1 作用机理

胶结充填体对围岩的作用包括充填体对采场顶板岩层、上盘岩层和下盘岩层的作用。由于不同的矿床赋存条件以及采场围岩性质、充填材料种类和采矿方法等方面的差异，其作用机理存在差别，在理论上对胶结充填体与围岩的作用机理作一个统一的分析比较困难的。但当胶结充填体在体积被压缩较小的情况下，可承受较大的压力，即抵抗采场围岩变形的能力较大。

当采场开挖后，由于应力重新分布，在围岩表层一定范围内产生了弱化区，充填体的充入则可以使这部分岩体的开挖表面处的残余强度得到提高，从而改善围岩特性。这种作用机理与对矿柱的作用机理一致。

胶结充填体对围岩的作用主要是支撑、让压和阻止围岩的变形（或位移），对围岩表层残余强度的改善则是次要的。对于大面积充填体而言，它还可以起到控制大面积地压活动的作用。可以认为，胶结充填体对围岩的作用过程是一个支撑与让压过程（图 3 - 10）。

当采场开挖结束后，围岩即产生瞬时弹性变形（ε_e）和塑性变形（ε_p），由于充填工艺在时间上的滞后性，围岩还会产生流变现象（ε_R）。因此，围岩的总变形量（ε_t）由以下几部分组成：

$$\varepsilon_t = \varepsilon_e + \varepsilon_p + \varepsilon_R \qquad (3-1)$$

ε_R 是一个随时间 t 而增大的变形量，其变形特点与围岩的岩性有关。考虑到采场充填一般是在其开采后一段时间才形成，可以认为围岩弹塑性变形已经完成。

假设 $t = t_0$ 为采场开挖到充填接顶时间，充填接顶之前的总变形为 ε_0，相应地充填前的围岩位移为 U_0，充填后的充填体与围岩协同产生的位移为 U_1（图 3 - 10）。充填体在变形过程中被动地支撑围岩，若不考虑岩层与充填体交界面上的相对剪切滑动力，则在交界面的垂直界面上形成一对作用与反作用力，分别作用于充填体和围岩上。当围岩的变形量达到 U_0 时，在采空区周围一定范围的岩体内形成了一个应力降低区，即卸荷区，其应力降低值为 $P_0 - P_1$。这时充填体与围岩接触并对围岩产生支撑作用，使围岩位移曲线的发展趋势发生改变。虽然围岩进一步变形和卸压，但变形量与卸压值减小。在充填体对围岩产生作用后，围岩卸压所减少的值为 ΔP，这也是充填体提供的支撑反力。可见，这时围岩作用于充填体上的力只是很小的一部分。这种作用力与充填体的被动支撑力大小相等作用

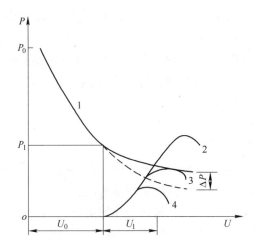

图 3 – 10   胶结充填体与围岩相互作用关系

1—采场顶板围岩卸压变形曲线；2—$\sigma > \Delta P$ 时充填体受力变形曲线；

3—$\sigma = \Delta P$ 时充填体的受力变形曲线；4—$\sigma < \Delta P$ 时充填体的受力变形曲线

方向相反。根据充填体的支撑特性可知，对于不同的充填体，ΔP 的大小与作用效果不同。

当充填体的单轴抗压强度 $\sigma > \Delta P$ 时，充填体的受力变形关系曲线为图 3 – 10 中的曲线 2。这种情况下充填体能提供足够的被动支撑力来支撑围岩，并能形成共同作用点，ΔP 的值也相对较大。若这种情况下开挖相邻的矿柱，充填体被揭露后，其受力从三维状态转化为二维或单轴状态，充填体仍有足够的强度而处于稳定状态。

当充填体的单轴强度 $\sigma < \Delta P$ 时，充填体的受力变形曲线为图 3 – 10 中的曲线 4。这时由于充填体的强度较低，难以给围岩提供有效的支撑作用，充填体受压破坏，ΔP 的值也相对较小。如果这种情况下开挖相邻的矿体，被揭露的充填体将会因破坏而垮落。因此，对于分步开采方式，一步骤回采后不能用这种质量的充填体进行充填，否则将无法保证其揭露后的自立稳定性。

当充填体的单轴抗压强度 $\sigma = \Delta P$ 时，是上述两种情况的临界点，充填体的强度正好等于围岩达到应力平衡施加给充填体的作用力。充填体处于极限平衡状态。但这种平衡为不稳定平衡，微小的挠动都将使其失去平衡。因此，在采矿工程中，也不能让充填体处于这种受力状态。

在生产实践中，由于矿山充填工艺或充填管理等方面的原因，造成采场充填不接顶的现象较为普遍。对于充填体不接顶的危害性以及此时充填体所发生的作用，一直是采矿工程师们所关注的问题。下面就不接顶充填体的作用效果作简单的探讨。

当充填体与采场顶板岩层之间的空顶高度较小，上覆岩层由于 ε_R 性质其位移值达到 U_0 之后，能与充填体接触并形成相互作用的关系，则充填体能提供支撑力，阻滞岩层的持续位移。当岩层与充填体相互作用产生位移量 U_1，使岩层达到平衡状态之后，岩层将不会产生松脱地压。那么，可以认为这种不接顶空区不会造成地压危害。

当充填体不接顶空间高度较大，上覆岩层在卸压变形过程中长时间得不到充填体的有效支撑，因而产生松脱地压。或者即使上覆岩层在经过一段时间之后能与充填体有效接触，得到充填体的支撑，但在达到共同作用的平衡位置之前，岩层已产生了松脱地压。在这两种情况下的岩层，实际上已产生了破坏。若不接顶空间条件导致产生这两种松脱地压情况，将会造成较大的危害。

当上覆岩层经过 U_0 位移值之后与充填体接触并得到有效支撑，但继续变形量达到 U_1 时，正好处在产生松脱地压的临界状态，这种不接顶高度为最大安全不接顶高度。另外，对于不同的岩层，在开挖后均有一个安全暴露面积，在这个开挖面条件下，不会产生松脱地压，则充填体是否接顶并不是十分关键。

3.1.3.2 作用模型

胶结充填体与围岩作用的力学模型，其实质是在已有的岩体和充填体力学特性的基础上，进行一些简化，抽象出可以表征胶结充填体与围岩作用机理特征的力学模型。借助于数学方法推导，从而描述胶结充填体与围岩的作用关系。

图 3-11 所示为充填体与围岩相互作用关系模型。该模型将充填体与围岩的相互作用关系视为两种不同介质的共同作用，吸收原岩开挖所释放的能量；围岩与充填体两种介质之间的相互关系，由简化后的串联模型表示。设 a 为围岩的总位移，u 为充填体的位移，整个系统的荷载来自于更大范围之外的原地应力。

在单轴加压的初期，两种介质受压变形，当压力超过充填体的峰值强度后，充填体开始破裂，且进入弱化阶段，直到完全失去承载能力。将此相互作用关系进一步推广到复杂应力状态（三维受力状态），对充填体作单轴和三轴受压作用的全应力-应变曲线，则可以得到图 3-12 所示的荷载位移 $P-U$ 图。将围岩的 $P-U$ 曲线平移与充填体相交，得到图 3-12 的 1、2、3 三个位置。

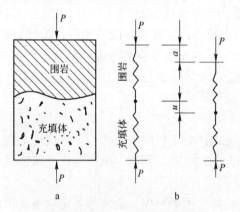

图 3-11　围岩与充填体作用模型

a—物理模型；b—等价模型

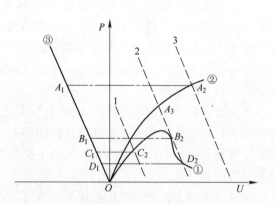

图 3-12　复杂应力状态下的 $P-U$ 关系曲线

①—充填介质单向受力变形曲线；
②—充填介质三向受力变形曲线；
③—围岩介质三向受力变形曲线

当充填体与围岩相互作用所处的应力较低，两者相互作用处于位置 1 时，应力水平均未超过充填体的单轴或三轴极限抗压强度，所以不会导致充填体产生破坏。随着应力的增加，围岩与充填体相互作用处于位置 3 时，与曲线②交于 A_2 点，在三向应力状态下充填体是稳定的。但在此时释放围压，则充填体处于单向受压状态，这时充填体不能提供足够的强度，充填体将产生破坏。一种特殊情况是当围岩与充填体相互作用处于位置 2 时，如果保持全位移变化不大，而使围压降为零，则充填体的应力状态将从 A_3 点经 B_2 点降至 D_2 点，即从 B_2 点向 D_2 产生"突跳"现象，从弱化点 B_2 突变到破坏点 D_2。

3.1.3.3 破坏机理

胶结充填体的应力状态有两个明显特征：其一是沿胶结充填体的宽度方向，应力呈非均匀分布（图 3 – 13）；其二是垂直胶结充填体长轴的平面上，为平面应变状态。由于胶结充填体的标号较低，当矿柱拉开后其表面即可能出现裂隙或破坏，并且随着开采的进行而扩展。所以，胶结充填体的破坏由外层向中心部位发展。胶结充填体的一般工作性态为塑性变形区包裹弹性变形区的二元工作性态（图 3 – 13）。

当胶结充填体两侧矿柱刚刚拉开后，沿胶结体的宽度方向，表面应力最大，向深部逐渐降低（图 3 – 13 虚线所示）。由于胶结充填体的单轴抗压强度很低，表面层迅速破坏，应力峰值（σ_{max}）向胶结充填体中心部位转移，形成如图 3 – 13 实线所示的应力分布状态。显然，其峰值点以外的区域为非弹性变形区，其中心为弹性变形区。根据胶结充填体静力试验获得的变形破坏特征表明，胶结充填体从弹性状态转化为破坏的过程，其间要经过屈服和塑性变形两种性态的变化。因此，对于胶结充填体的平衡状态，其性态也必然呈现出：表层破坏区、塑性区、屈服区和弹性中心区。显然，胶结充填体失去弹性支撑能力的极限状态，即弹性中心区全部消失，在胶结充填体的全宽度上进入塑性变形状态。此时，胶结充填体转入"让压支座"的作用。

可见，胶结充填体的破坏过程，就是破坏区从胶结充填体表面向中心逐步转化的过程，最终结果是在胶结充填体的全宽度上处于塑性变形状态（图 3 – 14）。

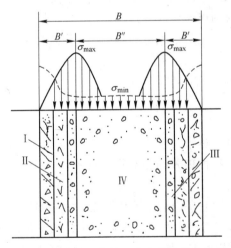

图 3 – 13　胶结充填体的应力分布状态特征
Ⅰ—表层破坏区；Ⅱ—塑性区；Ⅲ—屈服区；Ⅳ—弹性中心区

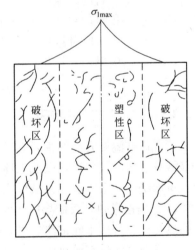

图 3 – 14　胶结体在全宽度上转入塑性变形的应力分布

3.2　井下热害防治

采掘工作面气温达到或超过 26℃ 或岩温达到或超过 30℃ 的矿井，称为高温矿井。高温是限制矿井经济开采深度的两个主要因素之一，其热害问题对深部开采的制约更为突出。

我国医学科研部门曾对在井下高温环境作业的矿工身体健康状况进行的调查结果表明，高温高湿作业环境，尤其是当风温高于28℃时，矿工某些疾病的发病率明显上升。据1978年我国卫生部门公布的"井下工人健康状况"资料，在高温环境作业的矿工几种常见疾病的比例：头晕100%，眼花58%，头痛和乏力各占45%。高温高湿的作业环境不但直接损害井下作业人员身体健康，还使矿工的劳动能力、机警能力降低，导致劳动生产率下降、事故发生率上升。前苏联顿涅茨克劳动卫生和职业病研究所的测试资料显示：在气温为25℃、风速为2m/s、相对湿度为90%的条件下，工人的劳动生产率为90%，30℃时降为72%，32℃时降至62%，即当矿内气温每越过标准气温（26℃）1℃时，劳动生产率下降6%~8%。据南非金矿统计资料：在矿内气温为27℃时，每年每1000人的工伤频数为0；29℃时，为150；31℃时，为300；33℃时，为450。据日本北海道7个矿井的调查资料，工作面事故发生率30℃以上比30℃以下高1.5~2.3倍。显而易见，高温矿井的井下降温对提高劳动生产效率、降低工伤事故频率具有重要的现实意义。

3.2.1 矿井空气的湿源

井下风流冷却人体的能力（空气冷却能力）取决于湿球温度，而湿球温度又决定于空气的湿度。因此，治理井下热害必须了解矿井空气中的湿源。

（1）随着地表条件、季节和地面气候条件而变化的进风风流的大气湿度。

（2）风道周边的蒸发量，取决于巷道周边与风流之间的温差、巷道周边的湿度和空气的湿度。

（3）采出矿石的温度和水分，暴露于风流中面积的大小、时间的长短和风流速度。

（4）矿井排水沟和排水小井与通风风流的连通特性。

（5）消尘洒水时过量地喷向矿石的水分，在沿进风道的运输过程中将会蒸发掉。

（6）燃料的燃烧和氧化过程等化学作用产生的水蒸气。

（7）人体的蒸发，尤其是在劳动力密集矿井的局部地区。

3.2.2 矿井热害的产生原因

造成矿井温度升高的主要热源有：地热、热水、矿岩氧化散热、空气绝热压缩散热、爆破散热、机电设备散热以及人体散热等，各种热源的相对重要性不仅取决于开采深度、而且也取决于开采方法和机械化程度，完全可以因矿井而异。

（1）岩层散热。采矿揭露的原岩放热是深井矿山的主要热源之一，高温岩壁与井下风流的热交换符合傅里叶定律。当采矿活动揭露岩石后，岩层向风流中释放热量的多少，取决于原岩温度、岩石的热特性、岩石暴露面积的大小和形状、岩石暴露时间的长短、岩石的湿度、风流速度等众多因素，矿井风流在进风段一般表现为吸热增湿过程，温度和湿度的增量与风路的长度近似成正比。岩温递增率（即地温梯度）T（℃/m）与岩石本身的热导率K（W/(m·℃)）成反比，即：

$$T \approx 0.05/K \tag{3-2}$$

（2）热水散热。在没有异常地热水时，井下涌水水温与正常地温无大的差别，由于水是一种良好的热的载体，当原岩温度较高时，流入矿井的裂隙水流在局部地段可能比岩石本身传热的作用要大得多。井下热水放热主要取决于水温、水量和排水方式。根据传热学的原理，一般根据某一段巷道井下涌水的水量和水温变化计算热水在该段巷道里所散发的热量，即：

$$Q_w = m_w c(t_{w_1} - t_{w_2}) \tag{3-3}$$

式中，Q_w 为涌水所散发的热量值，kW；m_w 为涌水量，kg/s；c 为水的比热，$c = 4.187$kJ/(kg·℃)；t_{w_1} 为涌水所计算巷道段起点水温，℃；t_{w_2} 为涌水所计算巷道段终点水温，℃。

（3）矿岩氧化散热。含碳物质或硫化矿物的矿岩在潮湿环境中氧化放热所产生的热量也是采掘工作面高温的一个原因，有时这种放热量可占工作面风流带出热量的 20% 以上，严重时在热量集中的地方能引起自燃和井下火灾。如向山硫铁矿分层崩落法采矿工作面的单位氧化放热量约为 66.88kJ/(m²·h)，个别高温工作面达 224.47kJ/(m²·h)。

（4）空气绝热压缩散热。当空气流入深井进风井筒或巷道时，即便不考虑岩层释放热量等的影响，由于大量的空气势能转变为热能，也会使空气的压力和温度增加。对于一个完全干燥的井筒，每 100m 深约增加 1℃（干球温度），在井筒有淋水和蒸发时，这个数值大大降低，大约按每 100m 深度提高 0.4℃ 的速率增长，而实际上与湿度的变化无关。绝热压缩的结果是在深度超过 3000m 时，新鲜入风流的湿球温度即可能高于 31℃，仅此项散热就需要采取人工制冷降温，这一点对于深井的通风设计和降温条件具有重大意义。

（5）机电设备散热。除了排水、提升等克服重力做功外，井下设备消耗的全部电能、燃料等最终都会转变为热能。因此，机电设备散热随着采矿机械化程度的提高，在高温矿井热源构成中也占有较大比重，尤其是在比较深的矿井中，由于井下动力的增加，可能使一个没有热害史的矿井升级为热害矿井。不论何种机电设备，其散给空气的热量一般可用下式计算：

$$Q_e = \sum_{i=1}^{n} 0.1N \tag{3-4}$$

式中，Q_e 为矿井机电设备散热量，kW；N 为机电设备的功率，kW；n 为矿井机电设备数量。

（6）人体散热。人体类似一台热机，人类以新陈代谢来维持人体的能量循环，且不断通过体表以对流、辐射、热传导和汗液蒸发的方式向外散热，并凭借自身的调节机能使产生的热量等于排散的热量，以保持能量的自然动平衡——热平衡，使体温保持相对稳定。人体大部分对流散热量通过皮肤散发给风流，如果风流不断流动，风流就不断与人体进行热交换，并向下风侧带走热量，可见人体对流散热的快慢与风速成正比关系。如果周围空气的温度高于人体表面温度，则人体可吸收对流热。井下工作人员的放热量主要取决于所从事工作的繁重程度和持续时间，一般人员人体的能量代谢产热量为：休息时 80～115W，轻度体力劳动时 200W，中等体力劳动时 275W，繁重体力劳动时 470W，这虽然不是一个重要的热源，但在劳动力密集的相对狭小的井下工作面，却可以成为重要热源。

（7）爆破散热等。炸药本身是一种能够发生快速化学反应，在瞬间生成大量高温高压气体产物的物质，单位质量炸药爆炸时放出的热量取决于炸药的组成、化学结构以及爆炸反应条件，可以用热化学的方法计算，也可以实测。另外，矿石采出后，地层发生沉降，岩体的势能通过岩石的断裂和破碎几乎全部变成热能，幸好岩石本身是一个有效的吸热体，虽然其断裂变形的能量巨大，但传导进风流中只有很少的热量。

3.2.3 井下热环境的危害

3.2.3.1 危害人体健康

在正常环境下，人体通过肌体调节维持各种正常的生理参数。但在恶劣的热环境下，人体会出现一系列生理功能反常，当负荷超过了人体的适应极限时，人的肌体就会受到热损伤，影响人的身体健康与安全（图 3 – 15）。

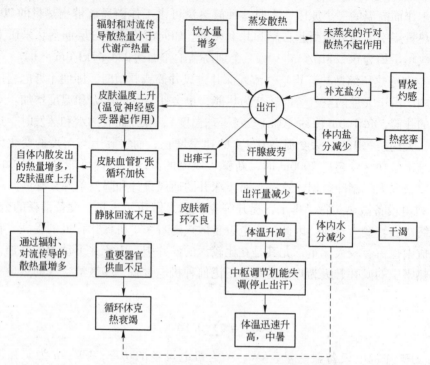

图 3 – 15   人体在热环境中的生理 – 病理变化

（1）对体温调节的影响。人体热量是靠吸收食物中的糖、脂肪、蛋白质和氧气在体内经过一系列的生物化学反应而产生的，且随着劳动强度的加重而成倍地增加，在产生热量增高的情况下，人体通过生理调节把多余热量散发到体外，以保持人体的热平衡。高温高湿的井下恶劣环境一方面恶化了人体的外部散热条件，另一方面使人体体内温度调节功能紊乱，造成体内积蓄热量增多，破坏了体温的恒定。人体的比热约为 $3.45kJ/(kg \cdot K)$，如果体重 60kg 的人蓄存了 210kJ 的热量，物理计算体温则升高 1℃。当气温超过 35℃，甚至是超过 38℃时，体温异常的人数明显增加。

（2）对人体水盐代谢和肾脏的影响。从出汗到汗液蒸发是人体在高温环境下散热的主要方式。据测定，井下工作点气温为 28℃时，工人每班时间的出汗量平均为 2.15kg，最高达 3.85kg。大量出汗使氧化钠、水溶性维生素及其他矿物盐类随之排出，人体的正常水盐代谢平衡被破坏，不能维持细胞的正常渗压，致使出现疲乏，头昏、恶心、热痉挛，以及由于皮肤大量排汗，使尿量减少，尿液浓缩（在热环境作业时，尿浓度会增加 4 ~ 5 倍），使肾脏负担加重，肾功能减退，容易发生肾病变。

（3）对神经系统及心脏肠胃的影响。恶劣的热环境会造成大脑皮质机能紊乱，使大脑皮质对视丘下部血管摆动中枢机能失调，使紧缩性神经冲动占优势，以致引起周围小动脉痉挛，心率加快，血压升高。据统计，采掘工作面气温为 28～31℃ 时，作业工人中患高血压者占 28.5%。同时，长期处在热环境中的人体，大脑皮层兴奋过程减弱，会出现动作呆板、反应迟钝及嗜睡的反应。为了适应热环境，人体血管会高度扩张，血液循环加快（气温大于 28℃ 时，气温升高 1℃，心率增加 10 次），加重心脏的负担，长期心肌过劳，就会发生心力衰竭。由于血管高度充血，人体消化器官的存血量便相应减少，使消化分泌功能减退，天长日久会引起消化不良，食欲减退及其他肠胃疾病。此外，高热湿环境还容易发生各种皮肤病，关节炎及温差变化所引起的感冒等疾病。

3.2.3.2　降低生产效率

井下热环境对矿山生产效率的影响有"有形"的和"无形"两种。"有形"的是指恶劣的热环境直接损害工人身心健康，特别是生产第一线（采矿、掘进工作面等）的工人，往往越是环境恶劣，工人就越容易出现各种疾病，降低出勤率，影响整个生产效率。"无形"的影响是指人体中枢神经受抑制，降低肌肉活动能力，且在闷热难受的热环境中作业，工人往往心情烦躁、注意力不集中，以及机电设备在高温高湿条件下散热困难，或绝缘受损，或设备温升过高而损坏，造成生产效率的降低，甚至容易出安全和设备事故。据日本全国调查，30～40℃ 气温的作业点，比气温低于 30℃ 的作业点事故发生率高 3.6 倍。

3.2.4　井下降温

我国矿山安全的有关规程规定：井下采掘工作面空气温度不得超过 28℃，机电设备硐室的空气温度不得超过 30℃；当空气温度超过时，必须缩短超温地点工作人员的工作时间，并给予高温保健待遇。采掘工作面的空气温度超过 30℃、机电设备硐室的空气温度超过 34℃ 时，必须停止作业。

国内外矿山的生产实践经验表明，高温矿井热害的防治措施主要有隔离热源、加强通风、冷水喷雾和人工制冷降温。只有当隔离热源、加强通风和冷水喷雾等降温措施都不足以消除高温矿井的井下热害时，才会采用人工制冷降温措施。一般情况下，加强通风最大有效经济深度为 1700～2300m。如南非西部深水平金矿，在 2000m（原岩温度 36℃）深度以内的工作面都采用加强通风的方法降温；深 2000～3000m（原岩温度 36～46.5℃）工作面用人工制冷和通风综合手段来降温；3000m 以下（原岩温度大于 46.5℃）的工作面用人工制冷手段降温。前联邦德国伊本伦矿的通风实践证明，通风降温一般在原岩温度为 45℃ 以下时比较有效。云南大红山铜矿的原岩温度 32～38℃，破碎站位置的原岩温度达 43℃，采用加强通风和冷水喷淋的降温方法，生产后工作面温度降到 27℃ 以下。

高温矿井的具体降温方式主要有：

（1）采用有利于降温的采矿方法。根据矿山开采技术条件，选用高效率的强采、强出、强充采矿工艺既可以减少矿石在采场内的停留时间，从而减少矿石氧化放热，又可以减少工作面数量和作业线长度，从而减少围岩和矿石的放热量。采后及时充填，既可以隔绝采空区的热源，又可以减少采空区漏风，提高风量的利用率，从而达到降温的目的。

（2）采用有利于降温的矿床回采顺序。采用后退式回采可以减少漏风，提高有效风量率，增大流经工作面的风量，及时带走井下热量。

（3）选择合理的通风系统和通风网路，及时有效地消除井下热害。首先应尽量缩短井下通风系统和采区通风系统中进风风流的路线长度,并使进风巷道位于热源温度较低的层位中,以减少风流被加热的机会;其次是优化开拓和采准系统,使每个采场都能形成贯穿风流通风;其三是采取有效措施提高通风效率,如设立多级机站,机电、破碎硐室尽可能建立独立的回风系统,减少风流干扰等;其四是加大风量,有效加大风量,保证足够的风量送达作业工作面是高温矿井降温的不二法门。

(4)合理选择井下设备。针对高温矿井选择井下作业设备时必须满足高效、环保的要求,避免使用低效率机械。在效率、费用允许的情况下,尽量用压气采掘机械代替电力机械,以利用压气排出的膨胀冷却效应降低风温。国内外的生产实践表明,柴油设备不但有废气排放问题,而且其放热量几乎是相同功率电动设备放热量的3倍。因此,矿山设计中应尽可能采用高效节能的电动设备,只有那些无法使用电动设备的辅助生产系统才采用柴油设备。

(5)隔离热源。隔离热源往往是最重要、最经济的热害防治措施,一般作为一种辅助手段与其他降温措施配合使用。对以热水为主要热源的高温矿井,应优先考虑用疏干的方法,超前疏放热水;排放热水的水沟应加隔热盖板,水泵房和水仓尽可能设在回风井附近或用隔热管道排到地表;局部有热水涌出的地段用注浆堵水的办法,减少热水涌出量。井巷布置应尽量避开局部异常高温区域,尽可能设置在导热系数低的岩层中,或对局部热害严重的高温岩层巷道采用炉渣、聚乙烯泡沫、硬质氨基甲酸泡沫、膨胀珍珠岩以及其他防水性能较好隔热材料喷涂巷道岩壁,以减少围岩放热。

(6)减少湿源。研究资料表明,高温矿井空气中的相对湿度降低1.7个百分点,等于风温降低0.7℃。因此,在巷道和采掘工作面中应加强对水的管理,避免增加巷道空气中的湿度。

(7)充分利用矿山废旧巷道降温。在有条件的矿山,夏季地表空气温度比较高时,充分利用矿山上部的废旧巷道,使空气通过这些巷道冷却后再进入井下。

(8)充分利用天然低温水降低进风温度。在进风井、进风平巷或高热工作面附近的进风口安设管道,用天然低温水进行喷雾,使冷水与空气直接接触产生热交换,降低入风气温。

(9)向井下供给低温水。可在矿山上部恒温带的废旧巷道中构筑挡水墙建立储水系统,将生产用水冷却后,再供给井下,这是一种直接消除各个用水点热源放出热量的最直接的降温方式。

(10)控制爆破热的影响。爆破热在爆破后不久即会被风流排走,为避免井下爆破所产生热量的影响,应对爆破作业时间进行控制,尽量避开主要作业工序与人员密集时段。

(11)制冷降温。当通风排热降温不能使井下气温降低到28℃以下时,采用制冷降温技术。制冷降温有固定式制冷站和移动式空调机两类。前者适用于全矿或生产中段风流的降温,后者主要用于少数高温工作面的风流降温。

(12)个体防护。在矿内某些气候条件恶劣的地点,由于技术和经济上的原因,采取风流冷却措施不能达标又无法采用制冷措施降温时,可用矿工冷却服对部分接触热害时间较长的作业工人进行个体防护。

3.2.5 通风排热

地下开采的矿井必须具备完善的通风系统、可靠的通风动力设施和风流控制设施，从而保证将特定数量的新鲜空气连续地供给井下各作业地点，并将采掘作业面等的污浊空气从矿井中排出，达到稀释并排出有毒、有害气体和粉尘，调节矿内气候条件，创造安全舒适工作环境的目的。对于开采深度不超过1000m的矿井，矿井通风以流体力学为基础，将风流视为不可压缩的流体，不考虑风流内能的变化，只考虑风流运动过程中机械能的变化。针对大1000m的深井以及热害、灾变时期的矿井风流运动状态的分析，则以热力学为基础，将风流视为可压缩的流体，将矿井通风过程视为某种热力变化过程，既考虑风流机械能的变化，又考虑风流内能的变化。

高温矿井热害防治技术自20世纪20年代即已兴起，但是，迅速发展并广泛应用是在70年代以后。我国在20世纪50年代初开始在抚顺等矿区开展地温观测研究工作，70年代初在开滦矿区、平顶山矿区开始研究地温对深部资源开发的影响。在采矿界的共同努力下，高温矿井热害防治理论及技术都取得了巨大成就，并在矿井开采过程中起着重要作用。

通风排热也是高温矿井改善井下气候条件的首选措施，一般当井下岩石温度不超过36℃时，采用优化矿井井巷布置、改善采矿方法和工作面通风方式、增加井巷通风量的方法通风排热降温均能收到良好效果。

3.2.5.1 优化井巷布置

从矿井降温角度考虑，井巷布置应遵循尽量缩短进风路线，尽量将进风巷道布置在低温岩层中，尽量避开局部热源等三项原则。

（1）矿井开拓部署。矿井通风系统有中央式、两翼对角式、分区式和混合式等几种基本形式。对于走向长度一定的矿井，几种基本形式的通风系统其进风路线长度基本一致，如果改变传统的矿井通风方案，采用两翼或分区风井进风，则可大大缩短进风路线长度。两翼式的进风路线长度比中央式可缩短50%，3个分区的进风路线长度比中央式可缩短67%。如前苏联科切加卡尔矿对 -960m 水平巷道的风温进行计算（巷道长度6km），在风速相同时，大巷的终端风温：两翼式比中央式低 2.1 ~ 6.3℃，分区式比中央式低 2.3 ~ 9.6℃。

（2）进风巷布置在低温岩层中。将进风巷道布置在低温岩层中，对矿井降温显然会有一定作用。新汶矿务局孙村煤矿的试验研究表明， -210m 水平（岩层温度21.5℃），夏季风流通过巷道1000m，降温1.92℃；而在 -600m 水平（岩层温度34.9℃），夏季风流通过巷道1000m，升温0.56℃。湘西金矿的研究表明，当38℃的地面空气经过恒温层附近的低温（17℃）废弃巷道后，风流温度降到17.3℃（实验巷道长度350m，风速为0.5/s）；而经过竖井流经同一标高的风流温度则为21.8℃，经过低温岩层巷道预冷的风流较正常的竖井进风流温度低4.5℃。对于多水平生产的矿井，利用上部低温岩层中的废弃巷道进风是一种可行的降温方案。不过，将进风巷道布置在低温岩层中的措施必须进行详细的技术经济比较，慎重考虑。因为巷道的降温幅度是有限的，但开掘巷道的投资可能是可观的，而且低温岩层中的巷道距深部水平用风地点多远才能起到降温作用还有待进一步研究。

（3）下行风降温。国内外大量的煤矿实践和试验研究表明，采煤工作面改为下行风，对解决局部温度偏高，是一项行之有效的措施可使工作面的风温降低 1~5℃，焦作矿业学院与平顶山六矿合作进行的"回采工作面下行通风降温效果及其机理的研究"得出："对于机电设备散热为主要因素的回采工作面，采用下行风是一种经济有效的降温措施"。

3.2.5.2 采矿方法和工作面通风方式

在开采条件相同的情况下，通风路线短的采矿方法有利于工作面降温；后退式采矿较前进式采矿漏风小、有效风量大，更有利于降温；充填法较崩落法更有利于风流降温，特别是充填温度较低的物料时。如德国认为全面充填法管理顶板是采煤方法中改善工作面热环境最有效的措施，风力充填的降温效果相当于一台 700kW 空冷器的效率，水力充填较风力充填降温效果更好。

回采工作面通风方式可以影响通风路线的长短及向采空区漏风量的大小，因而也将不同程度影响风流的温度。如工作面通风形成并联结构，进风口与出风口间的压差小，采空区漏风小；风流在工作面运行路线短巷道及工作面围岩传递给风流的热量相对就小。

3.2.5.3 增加井巷通风量

高温矿井通风风流由于沿途不断与井巷围岩进行热交换和湿交换，除进风井筒和大巷受地面空气温度变化影响外，采区巷道和采矿工作面风流温度一般情况下是逐渐升高的，巷道表面温度也是逐渐升高的。实测表明，矿井巷道岩体经采掘裸露数星期后，其表面温度和通过风流温度温差一般不超过1℃。国内学者通过对国内部分高温矿井工作面风流温度和原岩温度的分析得出：

$$t_g = 0.36t_y + 19.07 \tag{3-5}$$

式中，t_g 为采掘工作面风流温度，℃；t_y 为原岩温度，℃。

前苏联乌克兰科学院院士 A. H. 谢尔班、日本工学博士平松良雄和前联邦德国埃森矿山研究院的福斯教授提出的矿内风流温度预测模型，从理论上证明了增加风量具有降温作用，能够比较明显的体现增加巷道通风量对巷道风流终端温度的影响。福斯预测巷道风流温度数学模型为：

$$t_2 = t_y - (t_y - t_1)\exp\left(-\frac{\lambda k_{u\tau}}{Mc_p} \cdot \frac{U}{r_0} \cdot L\right) \tag{3-6}$$

式中，t_1 为预测巷道始端风流温度，℃；t_2 为预测巷道终端风流温度，℃；λ 为岩石的导热系数，kW/(m·℃)；M 为通过该巷道的质量风量，kg/s；$k_{u\tau}$ 为风流与围岩间的不稳定换热准数，无因次量；c_p 为空气定压比热容，kJ/(kg·℃)；U 为巷道周长，m；r_0 为巷道等值半径；L 为巷道长度，m。

大量现场实验说明，增加风量可使工作面风流温度降低 1~4℃。增加风量虽然简单易行，但其降温幅度是有限的，并且受进风温度和围岩温度等因素的影响。在炎热的夏季，大气温度超过井下围岩温度时，增加风量会产生相反作用；当围岩温度达到一定高度时，增加风量也将不起作用；另外井下风速太大会产生扬尘。国外有文献报道，增加通风量一般以保持风速在 1.4~1.6m/s 为佳，具体应该结合矿山地热条件、制冷成本、通风成本等综合考虑。

国内部分高温矿井生产水平的岩温与工作面气温的分析比较表明："原岩温度每增加

1℃，工作面气温约增加0.5℃”，"当生产水平岩温超过35℃时，应考虑采取其他降温措施"。南非金矿的试验表明，当原岩温度超过40℃时，必须减少风量，增加空气冷却度。前联邦德国曾得出："当岩层温度达40℃时，工作面有效温度上升到32℃（前联邦德国矿内热环境允许作业的温度上限），岩层温度每增加1℃，有效温度增加0.7℃；岩层温度超过40℃，就不能采用增加风量降温措施"。

综上所述，非人工制冷降温虽然在一定范围、一定程度上可以降低风流温度，但其降温幅度较小，不能满足温度越来越高的深井采掘工作面的降温需要，深井高温必须依靠人工制冷降温技术。

3.2.5.4　循环通风

随着矿井采深的增加，热负荷越来越大，单纯从地面增加风量，则会大大增加扇风机动力，地面供风量增加26%，扇风机动力就要增加100%。因此，利用受控循环通风以提高采区风量，是减少地面供风的一种可供选择的方法。

循环通风是将采区受控回风流经过净化冷却后再送回作业点的一种通风技术。如果开采过程中所产生的有毒有害气体都能得到有效的净化，则矿井生产中的通风可完全采用循环通风技术。但开采过程中所产生的一部分有毒有害气体无法有效净化。因而需要从地面引进新鲜空气以稀释这些有毒有害气体。另一方面，对于高温矿井，从地面引进的风量越大，井巷岩石对空气的散热量也越大，尽管从井下排出的总热量加大，但多排出的这部分热量不足以抵消空气从井巷多获得的热量。因此，从降低高温矿井的风温角度考虑，也应尽量减少从地面引进的风量。显然，利用循环通风技术减少矿井总进风量对改善高温矿井的热环境是有利的。英国受控循环通风的矿井有56个之多，南非金矿已在多个矿山试验采用了利用受控循环通风的方法结合制冷和粉尘过滤技术实现矿井通风降温。

3.2.6　空调制冷

当采用通风等常规降温措施不能有效地解决采掘工作面等局部地点的高温问题时，就必须采用机械制冷设备强制制冷，即矿井空调技术。矿井空调是矿井降温最有效的方法，其主要目的是用最小的技术努力和成本，最简单的管理组织工作把井下作业地点的气象指标控制在法规规定的数值范围内。

制冷技术应用于矿井降温工程始于20世纪20年代，但迅速发展并广泛应用是在70年代之后。从总体上看，人工制冷降温技术可以分为水冷却系统和冰冷却系统，其中冰冷却系统是将制冰机制出的冰块撒向工作面，通过冰水相变完成热量交换，或利用井下融冰后形成的冷冻水向工作面喷雾，达到降温目的。水冷却系统则是矿井空调技术的应用，是利用制冷剂的压缩制冷机进行矿内人工制冷的降温方法。目前机械制冷方法有3种：地面集中制冷机制冷、井下集中制冷机制冷、井下移动冷冻机制冷。

3.2.6.1　地面入风集中冷却

地面入风集中冷却方法于20世纪30年代开始在巴西的莫罗·唯罗矿及南非的鲁滨逊深井应用。该方法在井口入风段通过一个喷淋或蒸发器冷却装置后降低温度。因而只在地面空气（如炎热季节）成为矿井高温的主要原因时有效，当地面空气和井巷岩壁（或其他热源）共同构成主要热源时，该系统不具现实意义，不宜采用。

3.2.6.2　地面集中制冷

Rodboel 矿最早于 1924 年安装了第一台地面冷冻机，用地面集中制冷控制开拓深度不大的井下高温环境。地面集中制冷的特点是将地面制得的冷媒水送往井下，井下用空气冷却器冷却空气。这种方法的缺点是载冷剂循环管道承压大、冷量损失较大，而且一般需要巨额投资和消耗大量动力（约占深井开采总成本的 60%），且在井下工作面上空调效果不好，还需排出大量冷媒水，增加矿山排水负担，经济性较差，安全性较低。通常情况下，在制冷能力为 2.5~5MW 时才使用。

（1）地面水作冷冻水。在地面有足够的冷水源（水温约 10℃）时适宜采用，目前美国爱达荷州有几个矿使用这种系统。

（2）地面水直接蒸发冷却。在干燥、寒冷的气候下，将地面水冷却到地面空气的湿球温度（不预冷却空气）后送往井下作冷媒，在美国的玛格马铜矿及德国的某些煤矿有应用。

（3）制冷间接冷却。载冷剂（水）由制冷机蒸发器产生（通过冷却塔与地面空气热交换或空气温度很低时在水 – 空气热交换器中冷却），载冷剂只在地面与井下循环，而不与大气接触。如果载冷剂是盐水或加入防结冰药剂（如乙二醇），载冷剂可以冷却到 0℃以下。

（4）地面水直接蒸发冷却与间接冷却的组合。冬季时，来自井下的水在冷却塔冷却后直接送往井下空冷器；夏季时，冷却塔的水经过制冷机进一步冷却后送往井下空冷器，由于夏季地面空气的湿球温度有时高于井下水的温度，此时冷却塔只起调节流量的作用，而由制冷机正常工作提供冷媒。

3.2.6.3　井下集中制冷机制冷

前苏联 Morio Aelho 矿于 1929 年安装了世界第一个井下集中空调降温系统，但集中空调技术迅速发展并广泛应用，则始于 20 世纪 70 年代的德国。矿井集中空调人工制冷主要技术原理如图 3 – 16 所示。

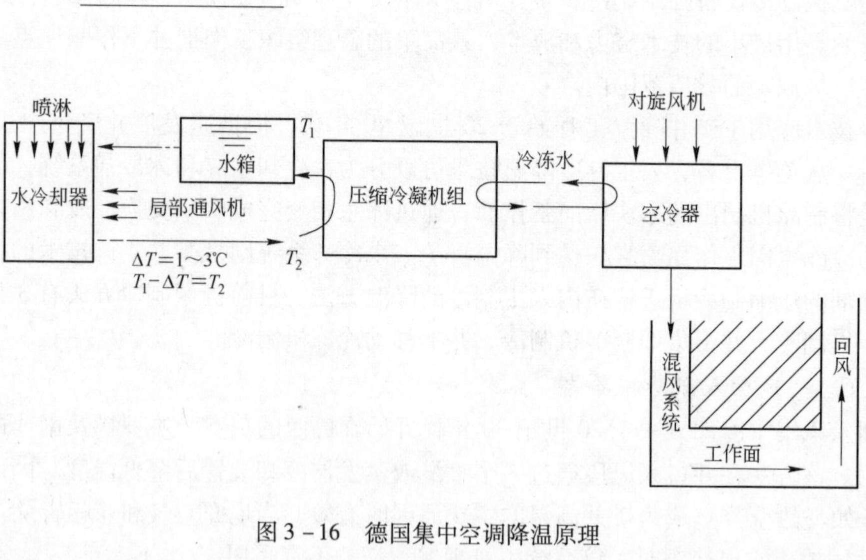

图 3 – 16　德国集中空调降温原理

集中空调井下降温方式，主要是将地面空调集中制冷模式及工作原理运用到矿井降温领域，进行井下制冷降温。机组冷却水回水通过喷淋设施进行风冷却，有时在冷却水系统增设局部通风机，利用风流与水的换热作用加强冷却效果，机组冷冻水经过空冷器与巷道进风风流完成换热作用，冷却后的风流由风机鼓风并经风筒输送到工作面，进行工作面降温。井下集中站总制冷能力一般小于2.3MW，主要有以下三种形式：

（1）风冷。冷凝系统中，风流直接通过蒸发器冷却，制冷机冷却水来自井下（图3-17）。风冷适用于井下水源充足且不宜超过40℃的矿山，由于蒸发器外易结垢、维护工作量大，因而系统宜尽量靠近采区。

（2）水冷。该系统由蒸发器制冷剂吸热蒸发，通过蒸发器的水放热冷却，然后把冷冻水输送到空冷器而达到冷却空气的目的（图3-18）。由于制冷机不必靠近采区，而可安设在环境条件较好的地方，所以避免了风冷的一些缺点。

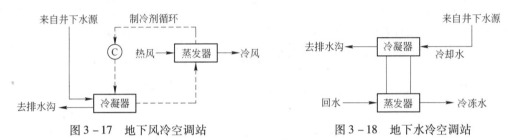

图3-17　地下风冷空调站　　　　图3-18　地下水冷空调站

（3）用井下冷却塔排热的井下集中空调站。南非金矿普遍采用井下冷却塔排热的井下集中空调站，该系统制冷站通常设在回风井底附近，系统采用的制冷机的冷凝温度必须在35℃以上，冷却水在冷凝器与冷却塔之间循环（图3-19）。系统的主要特点是冷却水经过处理后可以重复使用，受外界影响小，但回风已近饱和，不能吸收冷却水蒸发冷却所产生的水分，因此回风量比较大。

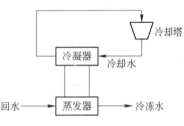

图3-19　用井下冷却塔排热的
井下集中空调站

3.2.6.4　地面与井下联合集中制冷

井上、井下联合空调系统是在井上、井下同时设置制冷工作站，在井上集中排放冷凝热。其优点是制冷量大、排热方便，适用于制冷容量5MW以上的大型矿井，但在深部矿井降温中制冷容量受制于空气和水流的回流排热能力。联合站中地面制冷站产生的冷冻水通过高低压换热器及井下制冷机冷凝器而返回地面（即高压侧），井下空冷器的回水经高低压换热器进入井下制冷机蒸发器，再到空冷器（即低压侧），所以系统操作复杂，维护工作量大，造价高、运行费用大。

近期发展的一种颇具竞争力的输冷方式是分离氨系统，将制冷循环中的冷凝过程与蒸发过程分别设在地面和井下，因而其制冷效率可能是最高的。

3.2.6.5　局部降温技术

（1）工作面加强通风。通风是局部降温最有效的手段之一，但风量加大到一定程度后其降温作用会消失，因此加强通风需确定合理风速。为避免这一问题，可以采用隔湿且密封严密的风筒输送冷风，冷风沿途只被加热升温，但不加湿；输送距离越长，出口风流相对湿度越小，并且可以调整输送距离控制出口相对湿度大小，实现送风筒不保温情况下冷量的长距离输送。由于1kg冷风流温度升高1℃损失1.01kJ冷量，而1kg冷风流吸收1g水蒸气损失2.5kJ冷量，显然，"减少进入冷风流中水蒸气的量更有利于保冷"。

（2）减少热源、湿源。通过提高设备效率，选择正确的安装位置、水沟加盖、在围岩壁上涂敷绝热材料等手段尽量减少热源，同时加强对水的管理，尽量减少空气中的湿度，对工作面的局部降温具有重要意义。

（3）矿用可移动供冷装置。矿用局部供冷装置（图3-20）采用储冰车内的冰为蓄冷介质，蓄冷量相对较大，供冷量范围23.7~142kW；供冷时间1.2~5.85h，通过更换储冰车可保证工作面连续供冷。该装置由潜水泵4吸入储水箱2内的软化水送入储冰箱1内的换热盘管3，通过盘管表面与冰进行换热，降低盘管内部水温。利用储冰箱内盘管的出水温度传感元件控制旁通阀8的开启，如果该温度低于空冷器10要求的供水温度，则打开温度控制电动阀8旁通一定量的高温水与之相混合到空冷器10要求的供水温度，低温水再在空冷器10内与工作区域的空气进行热交换，降低工作区域空气的温度，实现空调的目的。空冷器的出水经循环管回流到储水箱2内，实现一个制冷降温循环。具有结构紧凑、可直接停放在工作场所供冷、可随工作面移动等特点。

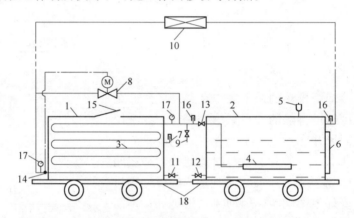

图3-20 矿用可移动供冷装置流程

1—储冰箱；2—储水箱；3—换热盘管；4—潜水泵；5—自动放气阀；6—储水箱液位观测管；
7—储冰箱温度指示及报警装置；8—温度控制电动阀；9—补水管；10—空冷器；
11，12—排水管；13—流量调节阀；14—供水温度传感器；15—储冰箱活动盖板；
16—温度计；17—压力表；18—可移动车底

3.2.6.6 冰冷却技术

1976年南非环境工程实验室提出了向井下输冰降温的方式，1986年南非Harmony金矿首次采用冰冷却系统进行井下降温，取得了一定的降温效果。南非金矿20世纪80年代初期的降温系统分析表明，井深3000m时，用冰块输冷较用水输冷有利。井越深，这种优点越突出。在向井下输同样的冷量时，冰的质量、耗量约为水的1/5。

所谓冰冷却降温系统，就是在井上利用制冰机制取的粒状冰或泥状冰（块状冰经过片冰机加工后的碎冰），通过风力或水力输送至井下的融冰池，然后利用工作面回水进行喷淋融冰，融冰后形成的冷水送至工作面，采取喷雾降温。冰冷却降温系统由制冰、输冰和融冰三个环节组成（图3-21）。

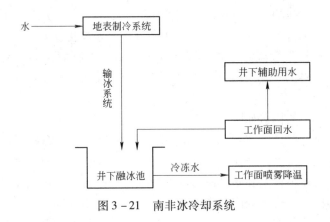

图 3 – 21 南非冰冷却系统

冰冷却技术在我国平顶山六矿、新汶孙村矿、沈阳三矿、新龙梁北矿的现场应用结果表明，冰冷却系统主要存在输冰管道容易形成堵塞、中断运行；喷淋降温，增加湿度，运行费用高等问题。

3.2.7 个体防护

研究表明，矿工穿着冷却服是保护个体免受恶劣气候环境危害的有效措施。当环境的温度较高时，冷却服可以防止高温与人体的对流和辐射传热，并由冷媒吸收人体在体力劳动中所产生的新陈代谢热能。个体防护的制冷成本仅为其他制冷成本的1/5左右，因而世界采矿业发达国家争相开展这方面的研究，并有多项专利技术产品。

供矿工穿着的冷却服，必须满足降温及便于劳动等方面的要求，涉及能源供应、工作方式、冷却能力，持续时间及穿着舒适等方面的问题。由于井下空间有限，矿工穿着带有压气管或冷水管的冷却服进行频繁的生产活动时很不方便。也就是说，冷却服要无需外界供给，自带能源或冷源。此外，冷却服工作时，不应产生有毒、有害以及易燃易爆物质。由于冷却服需贴身穿着，要防止皮肤受冻或局部过冷，因而在冷却服的内层应设置一个隔层。个体冷却降温常用冷却背心，它的质量较轻，四肢能自由活动，劳作和行动都较方便。在冷却背心中，装入干冰或冰水混合物。由于质量的限制，冰水背心的冷却作用仅能维持几小时，随后需要重新装填冰水。

冷却服的质量同其制冷能力和有效工作时间是相互制约的。要设计一套制冷能力为200～250W，持续时间为5～6h，有自动制冷系统的冷却服，其质量与尺寸都比较大，会影响活动的自由，因此，必须减少冷却服工作的持续时间。当一套冷却服失效时，可更换一套新的，从而保证工作所需的时间。

美国宇航局研制的阿波罗冷却背心是自动冷却服的一种。这种背心的冷却能力小，冷却效果经1～1.5h后，就由于冰块的逐渐熔化而急剧下降；另一个主要缺点是它的冷水循环泵容易出毛病，而且比较重（6.5kg）。此外，其电源（干电池）也不是安全火花型的，因而在瓦斯煤矿中不能使用。

南非和前联邦德国德来格尔公司生产的冰水冷却背心安全性能和冷却效果都较好，并很少妨碍运动。它没有冷媒循环系统和易发生故障的运动部件（如水泵），仅利用5kg冰的冷却能力，在220W冷却功率的条件下，其持续时间最少可达2.5h。

干冰冷却服由于干冰的自升华作用，在使用过程中冷却服质量逐渐减轻，具有很大的优点。南非加尔德－莱特公司生产的干冰冷却夹克将干冰装在 4 个袋子里，其升华的温度很低，干燥的气态 CO_2 直接流向身体表面冷却身体，冷却时间可达 6~8h。干冰的质量为 4kg（升华热为 537kJ/kg），其冷却功率为 80~106W。有试验表明，冰水背心的冷却效果优于干冰背心。

国产冰水降温背心的构造如图 3－22 所示，背心分内外两层。内层是一个由多个冰袋组成的储冷芯夹克。外层是由多层防水无渗 PVC 材料及高效保温材料组成的全密封隔热外罩。内夹克与外罩用拉链联结在一起，以方便拆卸。储冷芯可整件放入冷却容器中冷冻储冷。储冷芯外形虽短小，但其储冷所形成的微气候保护着使用者的主要生命器官，使之在高温环境下倍感舒服，人体的四肢及大脑、眼、鼻、耳则露在外面，不影响人的机动灵活性及井下正常工作。冰水冷却服有效工作时间与冰水质量的关系见表 3－8。

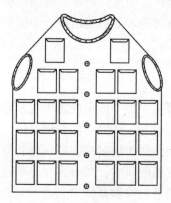

图 3－22　冰水降温背心

表 3－8　冷却服有效工作时间与冰水质量的关系

有效工作时间/h	所需冰块质量/kg	有效工作时间/h	所需冰块质量/kg
0.5	1.5	2.5	7.7
1	3.1	3	9.2
1.5	4.6	3.5	10.8
2	6.2	4	12.3

国内外经过 40 多年的研究，在冷却服降温效果、制冷时间等方面取得了可喜的成绩，但仍存在冷却服总体质量偏重、制冷温度不易控制、穿着舒适性偏差、制冷过程中经常出现过冷现象等问题，未来冷却服发展趋势主要体现在减轻负荷、温度范围易调节、穿着舒适、操作方便、功能多样化等方面，更注重人性化的设计，突出体现以人为本的理念。在制冷实现路径上体现出由单一制冷路径向彼此交叉综合运用的复合制冷方法发展。

3.2.8　深井热害控制及资源化利用

深井热害资源化利用通过一系列工艺技术实现热害资源化、变废为宝，在有效改善井下热环境的同时，提取井下热能为井上燃煤锅炉供热，最终解决深部矿区面临的热害和环境污染两个问题（图 3－23）。

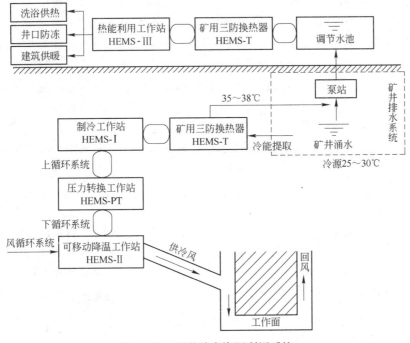

图 3 - 23　深井热害资源利用系统

3.3　地下水防治

　　矿区水害是难采金属矿床面临的主要问题之一。受地质条件和矿山开采历史等客观因素的影响，我国矿区无论受水害威胁的面积、类型，还是水害威胁的严重程度，都是世界罕见的。地表水、老空水、冲积层水、裂隙水、岩溶水等各种类型的水害均有存在。随着矿山采深的加大和大量小矿关闭后形成的积水，矿井开采的水文地质条件越来越复杂，也使得水害治理的难度越来越大。长期以来，因为矿区水害而造成的经济损失和人身伤亡较为惨重。据不完全统计，在过去的 20 多年里，包括煤矿在内有 250 多个矿井被水淹没。

　　防治地下水害首先需要深入掌握矿区水文地质条件，在此基础上，才能采取技术上可靠、经济上合理的防治水综合措施。地下水的防治遵循先简单、后复杂，先地面、后井下、层层设防的原则。对于各种可能涌入矿坑的地表水，采取地面防水措施；为了减少矿坑内的涌水量及防止突水淹井，采取井下防水及探水措施；对于大多数矿床，一般采用疏干为主的防治水方案，并尽量在浅部将地下水拦截；在水文地质条件适宜、经济技术条件合理时，优先采取帷幕注浆方案；在恢复被淹矿井、处理井下涌水点、封堵局部进水通道时，可以采用局部注浆堵水措施；为经济有效地排除地下水，设计适宜的排水系统；为防止发生环境地质问题，宜加强地质环境治理。

　　近年来，随着难采矿体的开采和开采深度的变化，水害产生的条件、水害威胁的程度以及水害形成的机理都在发生着较大的变化。为处理各种地下水灾害，满足矿山企业提高安全生产水平及降低防治水成本的要求，同时也为了加强地质环境保护、保护地下水资源，以长沙矿山研究院为代表的防治水研究机构，在长期开展矿山防治水技术研究及实践的基础上，开发出了诸如控制疏干技术、地面帷幕注浆堵水技术、井下顶板帷幕注浆技术、井巷工程注浆技术、地面塌陷防治技术等一系列的矿山水害防治新技术。

随着矿区水文地质研究程度进一步加深，对矿坑突水机制、矿坑水来源及其分配比例将趋向于采用定量分析，并发展应用新的探测手段；矿床疏干方面将朝着控制疏干、缩短疏干系统基建时间、施工高度机械化及运用计算机确定各种不同疏干装置数量和出水量的最佳配合等方向发展；矿山注浆方面将开发各种速凝早强浆、廉价充填浆、非石油来源的高分子浆液等新材料，研制专业化、机组化、系列化、自动化的注浆设备，发展综合注浆法，对注浆过程实施自动化监控，研制或开发各种更为先进的注浆检测仪表等。总之，矿山防治水将走综合防治的道路，在经济技术条件适宜时，尽可能采用帷幕注浆截流或控制疏干措施，减少矿坑涌水量，保护生态环境。

3.3.1 控制疏干

控制疏干技术是由长沙矿山研究院首先系统提出的，在国内金属矿山推广应用中有重大发展。其主要原理是控制矿坑内水位降落漏斗形状，在保证井巷开拓及采矿工程安全的前提下，尽量不排、少排或晚排地下水，达到预防突水淹井、减少排水费用、保护地下水资源及控制地面塌陷等目的。该技术主要通过超前探水、降压疏干、水位监测、注浆堵水及数值模拟技术等综合手段来实现，主要适用于矿床水文地质较复杂、含水层（带）结构在空间上存在一定差异性的条件。

控制疏干技术可以分为三类，依据矿区含水层在剖面上是否存在多元结构、各含水层（带）间在局部区域是否存在相对独立性、矿体与含水层之间是否存在相对隔水层或矿体厚大且不导水的情况，可分别采用单层（下层）疏干法、区段疏干法及降压疏干法。

3.3.1.1 单层（下层）疏干法

矿区含水层在剖面上存在多元结构，就可能出现"两层水"现象，该方法即是基于"两层水"理论而提出的。所谓"两层水"，就是在巨厚的含水体中，通过单层或下层放水（或抽水），使天然状态下具有同一个水位的同一个含水体中形成上下两个（或两个以上）水位，在放水的全过程中，这两个水位长期并存而不消失。它不同于传统的两个含水层，也不同于一个含水层中的垂直分带或"上强下弱"现象，而是一个新概念，实质上是含水层在人工活动下的一种动态反映，也可以称为"人工双层水位"。其形成机理是地下水在渗流过程中，由于条件的改变而使水流在某个范围内形成一种水流间断现象，在间断区域内，由于地下水流线产生间断而不连续，为了满足能量守恒定律，地下水流则以水头补偿的形式表现出来，这就形成了"两层水"。其基本模式如图 3 - 24 所示。

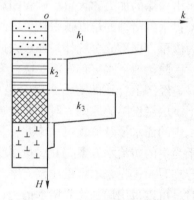

图 3 - 24 "两层水"基本模式

由于各种地质原因，含水层在剖面上往往是不连续的，而且这种不连续会呈现规律性变化，这个规律就是含水层的渗透性由强→弱→次强（或强）变化的三元结构，即 $K_1 > K_3 > K_2$。具备这种三元结构才有可能在下层单独疏干的条件下形成"两层水"现象。下层单独疏干条件下形成两层水位的示意如图 3 - 25 所示。

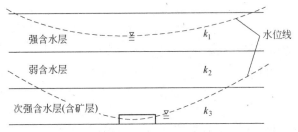

图 3 - 25　矿床多元结构及两层水位示意图

当然，矿床实际水文地质条件很难完全符合上述基本模式。一般可能存在局部"天窗"、导水断裂、裂隙及钻孔导通了上下含水层。这对形成"两层水"是不利的，如不采取任何工程措施，在下层局部疏干条件下，上层水位仅是滞后下降，最终可能难以形成"两层水"。这就要求采取一系列有效的工程措施（如封堵"天窗"、钻孔及构造裂隙，留防水矿柱等），强化中间层的隔水作用，从而人为造成"两层水"，达到最大限度降低涌水量、保护矿区水资源、防止地面塌陷、减轻地面沉降等目的。

单层（或下层）疏干法的主要内涵是：疏干、避水、堵水、带压开采。疏干是针对下层含水层而言，只有采用放水孔（或截水孔）对开拓范围以外的侧向补给及开拓范围内的垂向补给进行疏干或截流，才能保证采矿的安全进行。避水是利用弱透水层或防水矿柱，对上部强含水层及富水断裂带进行避让，从而降低矿坑涌水量、控制地面沉降范围。堵水是针对沟通上下含水层的"天窗"、构造裂隙、断裂及未封钻孔进行注浆堵水，人为造成"两层水"，达到保护矿区水资源、防止地面塌陷等目的。带压开采主要是对上层水而言，由于上层水不完全疏干，地下水位高挂在采矿工作面之上，对采矿来说，整个采矿过程都处于带水压作业的状态之下。但因为上、下两层水之间经过注浆改造的岩层坚硬完整、厚度大，又采用了尽量不破坏顶板的采矿方法，且井下有较大的排水能力作保证，因此带压开采仍然是安全的。

为保证单层（或下层）疏干法顺利实施，形成较理想的两层水位，一般来说应开展超前探水、水位监测、下层疏干试验、留设防水矿柱、注浆堵水、封堵钻孔、下层疏干（或截水）、采矿方法匹配及预留安全高度等方面的工作。如矿区水文地质资料较丰富且建立了完善的水位观测网，可建立矿区三维水文地质数学模型，以便科学地管理及预测水文地质动态，为防治水方案的选取提供依据。

（1）超前探水。为防范井下突水及查明主要导水构造的分布规律、含导水性、涌泥涌沙情况及与含水层的连通情况，应开展超前探水工作，根据探水原理不同，又分为物理探水（详见 2.3 节）及钻探探水两方面，实际施工过程中，往往需要将两者结合起来。钻探探水方面，一般分为深孔探水及浅孔探水。

（2）水位监测。在矿区降落漏斗范围内布置一定数量的地表水位观测孔和井下水压监测点，掌握地下水渗流场特征、水位扩散规律，为矿区水文地质模型的建立及数值模拟预测工作提供基础资料。

（3）下层（矿层）疏干试验。下层疏干试验就是对下层单独进行放水试验，同步对矿区水文地质开展观测工作；根据水文地质观测数据计算水文地质参数、预测矿坑涌水量、查明含水层带间水力联系，同时证明两层水的利用价值。也可验证人工"两层水"改造后的效果。

（4）留设防水矿柱。为防止上部地下水沿构造大量进入开拓系统，在上部强含水层或断裂含水带与下部采场之间应留设一定厚度的防水矿（岩）柱。防水矿（岩）柱厚度可用下面两个经验公式进行计算：

$$M = \frac{pL}{\delta} \qquad\qquad (3-7)$$

式中，M 为防水矿柱厚度，m；p 为水柱压力，MPa；L 为相对隔水层厚度，为经验数值，可取 5m/MPa；δ 为质量等值系数（无量纲），灰岩、磁铁矿、矽卡岩 $\delta = 1.3$，闪长岩 $\delta = 2$。

$$M = \frac{1.5\sqrt{Hh}}{f} \qquad\qquad (3-8)$$

式中，H 为水头高度，m；h 为预计空区充填后垂直空顶高，m；f 为硬度系数。

（5）注浆堵水。单层疏干法要求井下各种工程（巷道、井筒、放水孔、截水孔等）避开上部强含水层或导通上下含水层的断裂。如难以避开，则应采取注浆堵水的措施。

（6）钻孔封堵。由于历史原因存在未封钻孔，将对"两层水"的形成极其不利。因此应采取有效措施封堵未封钻孔。目前一般采用两种方法，一种是地面封堵，即根据原钻孔坐标，在地面或通过开挖找到钻孔，之后采用钻机透孔，再进行注浆封堵；一种是井下封堵，即在井下巷道或采场揭露钻孔后，及时进行封闭处理或注浆封堵。

（7）下层（矿层）疏干或截水。为保证采矿作业顺利进行，在矿山永久排水系统建成以后，可利用运输巷道（或回风巷道）作为疏干（或截水）巷道，并在适宜的位置开挖硐室布置扇形及丛状放水孔和截水孔。为防止采场顶板来水，可在上水平或矿体上盘施工一定数量的截水孔。下层疏干（或截水）工程示意图如图 3-26 所示。

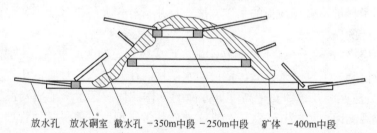

放水孔　放水硐室　截水孔　-350m中段　-250m中段　矿体　-400m中段

图 3-26　放水硐室、放水孔和截水孔剖面

（8）采矿方法匹配。采用下层局部疏干法，要求顶板不发生较大的位移或破坏，以免采矿活动沟通上部强含水层。因此，一般应采用胶结充填采矿法。

（9）预留安全高度。为形成较理想的"两层水"状态，应在采场之上预留一定的安全高度。安全高度为冒落带、裂隙带和保护层之和。保护层是指裂隙带之上一定厚度起保护作用的不透水岩层。裂隙带计算已有较成熟的公式可供使用，在此不再赘述。

（10）数值模拟。在矿区水文地质资料较丰富的情况下，应用数学模拟方法，特别是建立矿区三维地下水数值模型，预测不同条件下地下水流场的变化、矿坑涌水量及塌陷区域，可有效解决矿床疏干和地下水位扩展、塌陷区域控制的矛盾，从而达到控制疏干的目的。同时可为矿山防治水方案的选取提供依据，为合理规划矿区生产提供基础。

山东金岭铁矿在北金及召北两个矿床实施的"下层疏干、带压采矿、辅以堵截"综合防治水方法，属于采用单层（下层）疏干法比较成功的案例。该矿针对矿床的 3 个块段采用相应防治水方案。在东部块段，即矿体端部留设适当矿柱，截住上层灰岩水，不使其直接进入坑道。在中部块段，针对上层灰岩，利用两端的闪长岩体边界进行"水平帷幕"注浆，人为构造隔水层，将灰岩分成上、下两层，只对下层灰岩进行局部疏干，对上层灰岩水不疏干，而带水压采矿。在西部块段，根据灰岩透水性上强下弱的特点，利用"两层水"理论采用"下层局部疏干"的方法。山东金岭铁矿自 20 世纪 80 年代初实施该方法以来，至今采矿水平已到 -370m，而上层灰岩水位仍位于 -240m 以上，并实现了安全采矿。

金岭铁矿侯庄矿床于 20 世纪 80 年代利用"两层水"理论对矿床水文地质条件重新分析并进行了基建水文地质勘探，分别对矿床内 9 个双层观测孔和 6 个基建勘探孔的矿体顶板以上 80m 内石灰岩进行了分段压水试验，发现了矿体顶板以上石灰岩中存在平均厚度约 70m 的不透水（弱透水）段，为矿床开采采取"以探为主，局部疏干"的治水方法提供了可靠的依据。该矿床自 1992 年投产至今，开采水平已到 -280m，而上层石灰岩水位在 -120m。矿坑排水量保持在 $4000\text{m}^3/\text{d}$ 左右。

近几年开采的金岭铁矿北金召矿床和辛庄矿床同样采用类似的地下水综合治理方案，实现了安全生产、保护地下水资源的良好防治水效果。

3.3.1.2　区段疏干

矿床各含水层（带）之间的局部区域内可能具有一定的相对独立性。区段疏干法则是基于这种客观现象而提出的。所谓"相对独立性"，是指在同一水文地质单元中，各含水层、带之间总体上具有水力联系，天然状态下具有同一个地下水位，其联系通道可能在矿体外围，甚至是补给区，但在矿坑附近，它们之间联系并不紧密，在其中一个含水层（带）中放水（或抽水）时，相邻含水层（带）可能出现影响小或影响滞后的现象，且该现象可长期保持，从而表现出一定的相对独立性。这种现象的存在为采用区段疏干法提供了可能。

一般来说，含水层（带）之间，或者含水层（带）与矿体间存在四种联系类型：

（1）无联系，两者之间存在隔水岩层；

（2）弱联系，两者之间存在弱含水岩层或有裂隙相通；

（3）强联系但接触面有限，两者之间仅是通过断层一侧或局部相通；

（4）强联系且接触面较广，两者呈包容关系或全断面接触。

上述第（1）种类型很适合采用区段疏干法。第（2）种类型在采取一定的工程措施后，可人为强化两者之间的相对独立性，故也可采用区段疏干法。第（3）种类型的实施难度较大，要求采取一系列有效的工程措施，如注浆封堵导水断裂、构造裂隙，留防水矿柱等。通过这些措施在两者之间建造隔水体，从而人为地将含水层（带）与矿体间重构成具有相对独立性，促使区段疏干法的实施，最终达到最大限度降低涌水量、保护矿区水资源、防止地面塌陷、减轻地面沉降等目的。第（4）种类型则一般不宜采用区段疏干法。

区段疏干法的主要内涵是：采场疏干、避水、堵水、水压监测及控制。采场疏干是针对矿层及围岩而言，只有采用疏干巷道或放水孔对开拓范围以内的地下水补给进行疏干，才能保证采矿工程的安全顺利进行。避水是利用弱透水层或留设防水矿柱，对旁侧强含水层及富水断裂带进行避让，从而降低矿坑涌水量、控制地面塌陷及沉降范围。堵水是针对沟通相邻含水层（带）的构造裂隙、断裂等进行注浆堵水，人为建造隔水体，造成"相对独立性"，达到保护矿区水资源、防止地面塌陷等目的。水压监测及控制主要是针对旁侧强含水层及富水断裂带而言。由于旁侧含水层（带）没有进行主动疏干，其地下水位仍然较高，对疏干区段的采矿作业存在一定威胁。因此通过钻孔的可控制放水及水压监测，控制矿坑地下水位形态，维持地下位在安全水位以下，实现安全采矿。矿床区段疏干法原理如图 3-27 所示。

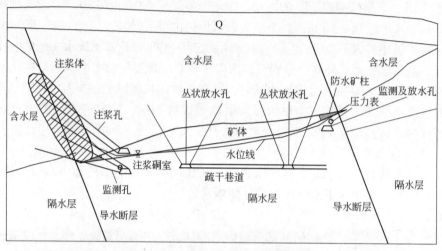

图 3-27 矿床区段疏干法工程布置

为保证顺利实施区段疏干，一般应开展超前探水、矿层疏干试验、留设防水矿柱、注浆堵水、地面井下联合水位（压）监测、矿层疏干、安全水位控制及三维数值模拟等方面的工作。其中超前探水、水位监测、留设防水矿柱、矿层疏干及三维数值模拟等参见上节。

（1）矿层疏干试验。利用现有疏干排水系统，施工一定数量的可控放水孔并装配压力表（对现有巷道内部分集中泄水点也可埋管引水进行控制），建立井下水压监测网，开展井下放水试验，以了解矿体顶板含水带分布规律及水力联系，为今后实施注浆堵水、可控放水等控制疏干手段提供依据。

（2）注浆堵水。对于涌泥涌沙含水带（长期排放易导致地面岩溶塌陷）及未与矿体相接的相对独立含水带采取井下局部注浆堵水措施，一方面降低矿坑涌水量，另一方面控制塌陷、沉降的发展。

（3）安全水位控制。所谓安全水位控制，即是控制采场周围地下水位的高度，使之低于可能造成突水的临界水位（安全水位）。安全水位可采用下列经验公式（由式（3-7）、式（3-8）变换而来）进行计算：

$$p = \frac{M\delta}{L} \tag{3-9}$$

$$H = \frac{\left(\dfrac{Mf}{1.5}\right)^2}{h} \tag{3-10}$$

通过探水、注浆堵水、水压监测、放水降压、数值模拟等综合手段控制地下水位降落漏斗形态，并随采场的变化而控制疏干漏斗中心的位置，在保证井巷开拓及采矿工程安全的前提下（具备一定富余的排水能力作为保障），尽量不排、少排、晚排地下水，实现预防突水淹井、减少排水费用、保护地下水资源及控制地面塌陷、沉降等目的。

安庆铜矿、三山岛金矿等矿山均比较成功应用了区段疏干法。其中安庆铜矿开采 1 号矿体时，建立了完善的地下水位观测网，通过井下放水试验，查明了矿床主要含水层、导水带的分布规律及其相互接触关系，决定采用区段疏干法。一方面对矿体顶板灰岩含水层进行疏干，保证采矿工程的安全；另一方面对与矿体局部接触、水量较大、易造成地表反复岩溶塌陷的集中裂隙导水带进行多中段的注浆封堵，实现预防突水淹井、大幅减少排水量、控制地面塌陷、沉降等目的。

3.3.1.3 降压疏干

在矿区矿体与含水层之间存在一定厚度的隔水层（相对隔水层）或矿体本身厚度较大且不导水的条件下，可采用降压疏干法。

对于存在隔水层（相对隔水层）的条件，根据隔水层的有效厚度，首先结合相应的采矿方法确定不造成顶板或底板突水的安全水位，之后钻孔控制放水，监测水位漏斗，再进行采矿作业。既减少排水量，又实现安全采矿。对于矿体厚大不导水的条件，则需留设一定厚度的防水矿柱阻隔含水层，同样确定不造成突水的安全水位并进行控制性放水，再进行采矿作业。对于相对隔水层隔水性能较差、防水矿柱厚度有限或存在裂隙的条件，则可通过工程措施强化或重构相对隔水层、防水矿柱，使之能在安全水位的压力下不被破坏。

降压疏干法的主要内涵有：避水、疏干、堵水、带压开采。避水是利用隔水层（相对隔水层）或防水矿柱，对上部（或下部）强含水层及富水断裂带进行避让，从而降低矿坑涌水量、控制地面塌陷及沉降范围。疏干是指在安全水位无法保证的情况下，对含水层采用控制性放水，使采场地下水位低于安全水位，保证安全开采。堵水是针对相对隔水层及防水矿柱中的构造裂隙、断裂进行注浆堵水，或对接触带含水层进行注浆以增加隔水层的厚度，从而抬高安全水位，达到保护矿区水资源、防止地面塌陷等目的。带压开采主要是针对含水层。由于含水层的水不完全疏干，地下水位高而且是在采矿工作面之上，对采矿来说，整个采矿过程都处于带水压作业的状态。但因为矿层与含水层之间存在隔水层或经过注浆改造的岩层坚硬完整、厚度大，又采用了尽量不破坏顶板的采矿方法，且井下有较大的排水能力，因此带压开采仍然是安全的。本方法原理如图 3-28 所示。

为保证降压疏干法顺利实施，一般来说，应开展超前探水、水位监测、留设防水矿柱、注浆堵水、未封钻孔封堵、采矿方法匹配、安全水位控制及数值模拟等方面的工作。

3.3.2 地面帷幕注浆截流技术

我国灰岩分布较广，岩溶特别发育，采用疏干降压技术成功地开发了一批大水矿床。然而疏排治水方法也带来了一系列问题。除破坏地下水资源、排水费用高之外，还引起地面塌陷、沉降等环境地质问题。于是以长沙矿山研究院为代表的防治水研究机构借鉴水电部门坝基灌浆防渗技术，开发出了矿区地面帷幕注浆技术。其主要原理是在矿区主要进水方向采用系列钻孔注浆的方法，用一定的压力将浆液材料压送到含水层的岩溶裂隙中，经固结后减少裂隙的体积和过水断面，以截断地下水进入矿坑的补给源。

矿区帷幕注浆防治水有如下优点：可在保障矿山采矿安全的同时大幅减少矿坑涌水

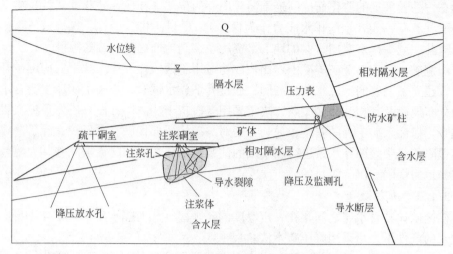

图 3 - 28 矿床降压疏干法的工程布置

量，降低采矿成本；能有效保护矿山地质环境，减少周边地面塌陷；保护矿区周边地下水资源。

理论上所有的矿区都可以采用帷幕注浆的防治水技术，但矿区地面注浆帷幕的一次性投资较大，盲目采用此类技术可能成本过高。国内已有的矿区帷幕大部分均利用了矿区存在的隔水边界，对主要过水通道进行封堵，从而达到事半功倍的效果。以往帷幕也存在工程投资高、堵水率有限、布孔针对性不强、截流能力衰减及注浆效果检测手段落后等弱点，限制了该技术的全面推广。为解决这些问题，近几年来，长沙矿山研究院在新桥硫铁矿、凡口铅锌矿、赵家湾铜矿等大型矿区帷幕注浆工程中，采用数值模拟技术指导帷幕设计及施工，采用物理探测技术指导布孔，大规模使用改性黏土浆、尾砂浆、改进黏土制浆工艺等，大幅度降低了矿区帷幕注浆工程投资成本，并显著提高了帷幕注浆堵水效果。

3.3.2.1 帷幕位置及帷幕参数设计

选择矿区帷幕位置首先要查清矿区水文地质条件，在水文地质资料不足的矿山应补做相应的水文地质工作。在查清水文地质条件的基础上，考虑矿体位置、采矿方法、施工条件、工程造价等综合因素后，可通过数值模拟技术优化确定矿区帷幕适宜位置。

矿区帷幕通常利用可靠隔水边界形成封闭式帷幕，无隔水边界存在时则需建立圆桶式的全封闭式帷幕，堵水效果才较为理想。只对其主要过水通道进行封堵的半封闭式或局部帷幕，通常会发生地下水绕流，堵水率较低，但仍可起到降低排水量及控制岩溶塌陷的目的。

矿区帷幕深度主要取决于矿区的水文地质条件。一般地，帷幕底部应进入隔水层 5 ~ 10m 较为可靠。由于矿区帷幕投资大，为节约工程投资，布孔形式通常采用单排孔，大孔距，这一点与水电大坝帷幕有显著的区别，以往国内帷幕主要采用 8 ~ 10m 的孔距等距布孔。最近几年通过试验研究和工程实践，提出了在物理勘探成果的指导下采用不等距且大孔距的布孔方法。这种方法根据幕址不同地带的水文地质特征，适当调整帷幕孔距，在主要过水通道加密布孔，而在岩溶裂隙不发育地段可适当增加孔距，甚至采用 15m 的大孔距，均取得了较好的效果。这种布孔方法对水文地质条件掌握程度要求较高，但更有针对性，可有效降低工程费用，提高帷幕堵水效果。

帷幕的厚度主要由注浆孔的孔距、注浆参数、受注地层的可注性及帷幕投资等综合因素决定。目前计算帷幕厚度的理论不成熟，根据国内多年类似帷幕工程实践及试验的成果，幕厚一般设计为10m。

因矿山的服务年限、安全性要求及资金投入等因素不同，矿区帷幕不同于水电大坝帷幕，对堵水率要求不是特别高（堵水率达到60%左右，即可取得显著截流效果，目前全封闭式帷幕堵水率一般能达到70%~80%，甚至更高），参照国内帷幕工程经验，帷幕渗透系数一般设计为0.05~0.1m/d。

3.3.2.2 注浆材料

国内采用帷幕的注浆材料主要为纯水泥浆、水泥尾砂浆、改性黏土浆、水泥粉煤灰浆、双液浆等。其中除纯水泥浆和双液浆外，其他材料均为最近几年试验开发并大量应用到矿区大型注浆帷幕上的廉价材料。这些新材料在满足矿山注浆堵水要求的前提下，大大降低了工程成本，也使得帷幕注浆技术作为防治水新技术得到了推广和普及。

（1）改性黏土浆。改性黏土浆由黏土、结构剂、促进剂与水组成。改性黏土浆的凝结固化是一个复杂的物理、化学过程，其发展过程大致可分为三个阶段。第一阶段低黏状态：浆液搅成后，首先发生的反应；而水泥水化反应很慢，此时浆液主要表现为黏土浆的特性，黏度低，流动、渗透性好。第二阶段塑化状态：随着水泥水化的展开，其产物与水玻璃反应，生成的胶体颗粒形成网状结构，黏度急剧上升，流动性下降，但具触变性，浆液开始具有塑性强度。第三阶段凝固状态：随着水泥水化反应的深化，以及其水化产物与黏土颗粒发生反应，各种水化产物生成的晶体增多，并与胶体相互穿插，形成结石体的骨架结构，最终形成具有弹性的固相。

在改性黏土浆结石中，小颗粒状水化产物充填于结石体骨架结构的空隙之中，故其结石体比水泥浆结石更加致密、均匀，这也是改性黏土浆比水泥浆抗渗透性更高的原因所在。

改性黏土浆液具有如下特点：

1）流变性能良好。初期黏度低，数小时后塑性黏度和屈服应力急剧增大，既保证了浆液的可泵性、可注性，又不致扩散过远。浆液初期黏度可变范围大，可根据工程需要加以调节、控制，以适应不同的注浆对象。

2）浆液结石体具有较高的极限抗剪强度即塑性强度（数百千帕至数兆帕），足以抵抗地下水的压力而不被挤出。

3）浆液结石体抗渗性能好，其渗透系数只是水泥浆结石的1/3~1/2，堵水效果优于水泥浆。

4）黏土中的微晶高岭土有不稳定且可移动的晶格，能在表面吸附大量水分，使自身体积膨胀，所以其抵抗地下水稀释、冲刷的能力强，在动水条件下注浆时优于水泥浆。

5）在含高硫酸盐或游离碳酸的水或软水中，水泥的作用将遭破坏，而黏土矿物具有良好的化学惰性，故改性黏土浆结石体具有抗侵蚀能力。

6）改性黏土浆析水少，结石率高，可减少重注次数，缩短注浆工期。

（2）粉煤灰固化浆。粉煤灰的玻璃体中含有较多的酸性氧化物（SiO_2、Al_2O_3），同火山灰相似，与石灰混合加水后能在空气和水中硬化，生成不溶于水且化学性质稳定的含水硅酸盐和含水铝酸盐，具有一定强度。由于玻璃体黏度大，在常温下转化为热力学稳定系统的过程缓慢，必须在激发条件下才能加速此过程。碱性激发剂能促进铝酸钙和硅酸钙的水化，激发剂中的少量石膏为硫酸盐激发剂，能与粉煤灰中的铝酸钙生成水化硫铝酸钙，迅速提高早期强度。

（3）水泥尾砂浆。水泥尾砂浆液主要由水泥、尾砂及水组成，水泥尾砂浆主要靠水泥的固结作用。

以上三种浆液中，改性黏土浆的主要性能指标为塑性强度（极限抗剪强度），注浆浆液在岩石裂缝中充填凝结后，起抵抗地下水压力而不被挤出的堵水作用的力学指标，并非结石体的抗压强度，而是抗剪切的塑性强度。因此，塑性强度是黏土类浆液性能中最具重要性的指标。此类浆液抗渗性能好，结石率高，抵抗地下水稀释和冲刷能力强，在动水条件下注浆效果好，但抗压强度较低，在大溶洞充填时，应提高水泥用量以提高结石体强度，或采用其他抗压强度较高的浆液。粉煤灰固化浆、尾砂浆的主要性能指标则为抗压强度。在几种廉价注浆材料中水泥尾砂浆的结石体强度是最高的，但水泥尾砂浆容易受尾砂成分和颗粒影响，容易离析，在充填细小裂隙时效果相对较差，而在大溶洞大裂隙注浆时更能发挥其强度高的特点。

3.3.2.3 注浆工艺

（1）注浆方式。多采用孔口封闭分段注浆、孔内循环注浆和止浆塞分段注浆等3种注浆施工方法。孔口封闭分段注浆可使注浆段得到反复多次地充填、堵塞，有利于压力的升高。对于一般裂隙和通道，可采用自溜与泵压相结合的注浆方式；对于宽大裂隙和动水注浆，则采用间歇注浆、双液注浆或在浆液中添加惰性材料等方式。孔口封闭孔内循环加压注浆，浆液首先被输送到孔底，注浆段也可得到反复多次地充填、堵塞。它的缺点是容易堵管。止浆塞分段压水、注浆的施工方法针对性强，能较准确的了解所注地层渗透性，通过下止浆塞压水试验能更加准确的检查该注浆段的岩溶裂隙充填情况及效果。它的最大缺陷是：如果上部已注浆段因钻进施工重新疏通了岩溶裂隙，上部地层不能得到反复多次补注，且可能造成止浆塞的埋堵。

（2）注浆段高。在溶洞发育区，注浆段长5~10m。在设计拟定的段高下限遇到大于1m的溶洞时，即停钻进行注浆。在裂隙、溶洞发育的坚硬基岩中，注浆段高一般为10~30m，若遇有大裂隙或溶洞时，注浆段可小些；岩溶裂隙不发育，注浆段可大于30m。岩溶裂隙不发育时，段高可加大到50~100m，甚至可以一钻到底。在接触破碎带、断裂构造带以及严重风化带不宜要求大段高。根据钻探工艺要求、可"短打勤注"。保证不塌孔、不埋钻。段内注浆没达到结束标准时，扫孔再注。

（3）注浆工艺流程。各方式的注浆工艺流程如图3-29~图3-31所示。

（4）注（压）水试验。除钻探揭露岩溶洞穴和宽大强透水岩层外，每段注浆前，均须进行注（压）水试验，了解该段的渗透系数，以确定该注浆段的初始浆液种类、配比，估算该段吸浆量。

（5）注浆压力。注浆压力一般根据受注点深度、水位埋深及地层允许压力进行综合确定。对于岩溶发育地段，由于溶洞多，规模大，过水通道多呈管道流的形式，不宜追求过高的注浆压力（尤其在初期），在注浆的后期，可适当提高注浆压力。

（6）浆液浓度的变换。基岩注浆一般采用先稀浆后浓浆，逐级加浓的原则进行浆液浓

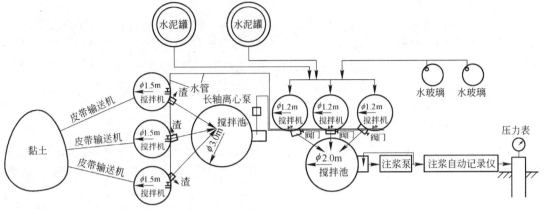

图 3-29 改性黏土浆注浆工艺流程

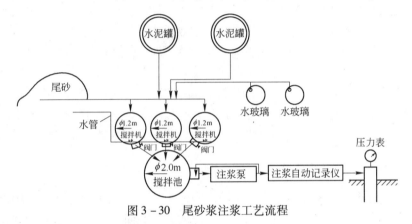

图 3-30 尾砂浆注浆工艺流程

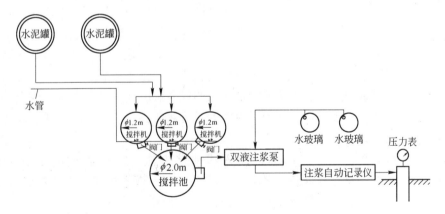

图 3-31 双液浆注浆工艺流程

度的变换。一般初始浓度的选择稍稀浆，在裂隙注浆连续 30~40min 不见升压就应及时调浓一级，在出现起压迹象的情况下适当延长持续注浆时间，不轻易人为控制升压，必要时适当放慢供浆速度维持自然升压过程。

遇到溶洞、大裂隙，孔口无返水的注浆段，经过灌注较浓浆液，同时采用间歇注浆，间歇时间为浆液初凝以后，终凝以前。多次间歇起压仍不明显时，可采用井口投放粗骨料或泵送粗骨料的方法。

（7）注浆结束标准。注浆过程正常进行的前提下，可依据以下3个条件结束注浆：1）注浆压力均匀持续上升达到设计终压，同时钻孔吸浆量小于 10 L/min 时，稳压 20 ~ 30min；2）段次（整孔）注浆完毕后，进行扫孔冲洗，再进行压水试验，试验结果达到原先设计的单位吸水率值；3）不论是段次注浆还是整孔注浆，在灌注后压水试验达到结束标准时，方可结束该段次（全孔）灌浆。

3.3.2.4　质量检测

（1）各序次注浆孔的注浆量对比。一般矿区大型帷幕注浆孔分三序施工，通过对比不同序次注浆孔的注浆量变化可检查帷幕注浆效果，特别是随着序次的增加注浆量依次递减的规律。

（2）检查孔施工情况分析。检查孔是检查工程质量的重要标准，检查孔一般施工在帷幕注浆孔两孔正中的位置，检查孔全孔均分段做压水试验，压水试验透水率低于设计标准视为合格段，合格率的高低可直接反映帷幕堵水效果和质量。

（3）矿坑涌水量变化分析。矿区帷幕最终目的即达到堵水效果，当帷幕整体建成后，矿坑涌水量是否减少和减少的幅度直接反映帷幕效果，是最为直观的一个质量检测指标。

（4）帷幕内外水文观测孔水位变化分析。如帷幕质量较好，堵水率高，矿区帷幕整体建成后，帷幕内外观测孔水位将出现明显变化，呈现帷幕外围水位上升，帷幕内围水位下降的规律，幕内外将形成水位差，水位差距越大说明帷幕堵水效果越明显。

3.3.3　井下矿体旁侧帷幕注浆技术

井下矿体旁侧帷幕注浆技术作为大水矿山防治水技术，在我国已开始应用，技术难度很高。该技术由长沙矿山研究院试验成功，是地面帷幕注浆技术向井下的延伸。其主要原理是：采用系列钻孔在矿体旁侧注入大量浆液形成人工隔水层，切断地下水对矿坑的补给通道。这一技术具有节约排水费用、保护地下水资源、保护地质环境等显著优点。

该技术的适用条件：矿体相对集中，顶（底）板为富水层、涌水量较大，采取疏干方法易引起地面塌陷、地下水资源枯竭等环境问题，或矿山排水费用过高。

莱芜业庄铁矿是采用井下矿体旁侧帷幕注浆的代表矿山，其堵水率高达98%，堵水效果十分好，现正在回采护顶矿柱，取得了很好的经济效益。

3.3.3.1　注浆方法

在矿山注浆实践中一般采用下行压入式注浆方法。钻孔涌水量较小时（小于10L/min），采用全孔不分段注浆；当钻孔涌水量较大时，就立即停钻进行注浆，封堵后，再钻到设计孔深进行注浆；一般情况下注浆段长度为20m。

井下旁侧帷幕注浆的帷幕靠近矿体，对帷幕强度要求较高，采用的注浆材料主要为纯水泥浆。

进行注浆之前，应进行压（注）水试验，测量钻孔的吸水率来了解注浆孔中各段注浆层的富水性和透水性，为确定注浆配比、计算浆液消耗量和材料用量及预测注浆时间等提供参数；另外通过压（注）水试验还可以检查孔口管的密封效果及把裂隙中的部分充填物推到注浆范围以外，起到保证浆液充填密实胶结强度提高的目的。

长沙矿山研究院针对业庄、莱新等矿区顶板灰岩岩溶裂隙发育不均，且要求注浆帷幕稳妥可靠的特点，在有条件的局部地段采用群孔关（放）水试验及群孔注浆技术，进一步摸清顶板岩溶裂隙发育规律，了解浆液在矿体顶板裂隙中的渗透范围以及可能存在的注浆盲区，从而合理地调整注浆参数，并指导检查孔的布置。

3.3.3.2 帷幕参数设计

矿体旁侧帷幕参数主要有：帷幕渗透系数、注浆孔孔距、帷幕厚度。

(1) 帷幕渗透系数。矿体旁侧注浆帷幕堵水率要求较高，对应的帷幕渗透系数也将是较低的。可按照地下水动力学方法，近似估算帷幕渗漏水量对应的帷幕渗透系数。根据帷幕堵水率要求，确定注浆改造后帷幕应达到的阻水能力，并建立残余涌水量与帷幕渗透系数的数学关系式。一般来说，帷幕渗透系数应设计为 0.01~0.03m/d 之间。

(2) 帷幕注浆孔孔距。要达到较低的帷幕渗透系数值，顶（底）板帷幕注浆应采用双排孔布置或缩小孔间距的加密注浆方式，并对帷幕渗漏水进行堵漏处理，以达到预期的堵水效果。帷幕注浆孔间距一般根据帷幕渗透系数设计值及注浆孔布置形式选取。

(3) 注浆帷幕厚度。井下矿体旁侧注浆防渗帷幕既是隔水体，同时又作为采场的顶板，因而兼有隔水和保持顶板稳定的双重作用。一方面注浆帷幕体要承受采矿时的爆破震动及平衡采空区顶板应力集中，另一方面要抵抗幕外静水压。因此注浆帷幕厚度是注浆工艺系统中的一个重要参数，帷幕厚度过小，则在采矿作业过程中可能有突水的隐患，厚度过大则施工成本变高，施工周期变长。长沙矿山研究院采用工程实践综合法和理论计算相结合，以岩体力学和流体力学为理论依据，通过计算确定了合理安全的帷幕厚度，并成功地在业庄铁矿、莱新铁矿等矿区实施，取得很好的效果。

3.3.3.3 注浆参数确定

(1) 浆液扩散"半径"。浆液在裂隙中的扩散实际上很不规则，一般随渗透系数、裂隙开度、注浆压力、浆液浓度和注入时间等因素变化而变化。目前，准确确定裂隙介质中浆液扩散半径尚未无实用的理论公式，多根据裂隙开度近似确定。

(2) 注浆压力。注浆压力是浆液克服流动阻力进行渗透扩散的动力，是决定注浆效果的主要因素。在整个注浆过程中，注浆压力随着注浆孔周围浆液的扩散、沉析、充填压裂等情况的变化而随时变化，一般分为初始压力、过程压力和终值压力三个阶段。设计注浆终压为 2.5~3.0 倍静水压力。在实际注浆工作中，应综合考虑，灵活运用。

(3) 浆液浓度。注浆浆液的浓度直接影响浆液的可注性和结石强度，由于注浆段中含有不同宽度的裂隙，因此每次注浆中都应采用几种浓度的浆液，原则是先稀后浓，用不同浓度的浆液分别去适应各种不同宽度的裂隙。

(4) 浆液注入量。为了达到设计的注浆效果，必须注入足够的浆液量，以保证浆液有一定的扩散范围，形成足够的注浆厚度。浆液注入量与注浆段厚度、岩石裂隙率、岩溶率、浆液凝胶时间等有关，一般根据前期试验工程经验进行大致估算。

(5) 注浆结束标准。注浆孔单液注浆时，在设计的终值压力下，注浆段吸浆量小于 20~35 L/min，持续 30min 后，即可结束注浆。

3.3.3.4 质量检测

(1) 数据分析。根据帷幕注浆施工过程中钻孔揭露顶板水文、工程地质特征以及钻孔浆液消耗量变化情况，尤其是掌握后序钻孔与前序钻孔的涌水量、单位吸水率、浆液注入量和注浆压力等参数是否按规律变化，从而在注浆施工过程中判断帷幕堵水的效果。

（2）检查孔检查。一是在注浆后期，采用检查孔取芯检测并进行压水试验对注浆区域的注浆质量进行检查，检查孔数量为注浆孔总数的10%。检查孔在钻进过程中应详细记录钻孔岩芯裂隙的产状、开度、数量及浆液充填情况，并对所得的资料进行系统编录，综合分析，以便了解浆液的扩散距离和评价注浆堵水效果；检查孔应尽量布置在岩溶裂隙发育地带或钻孔相对稀少的地带（盲区），成孔清洗后，进行压水试验并计算出该孔的吸水率，如吸水率小于设计值，则认为注浆质量合格（注浆封孔），否则对该检查孔进行补注，直至达到注浆结束标准方可。二是在护顶矿的采准阶段，利用短炮孔针对上盘岩层布置1~2个钻孔进行探查，如涌水量小于设计标准，则认为合格，否则进行直接堵漏注浆，直至达到要求。

（3）物探检测。在上下水平相邻的探测孔中采用物探 CT 测试，利用声波在不同介质中传播速度不同的特性，对注浆体进行测试，并与注浆前的 CT 测试结果进行比较，从而检查注浆堵水效果。

（4）水位观测。在帷幕注浆施工过程中，通过大量钻孔注浆，必然会封堵大量的导水裂隙通道，并减少矿坑涌水量，势必影响水位观测孔的水位变化，通过多个观测孔水位变化情况分析，可以了解浆液运移的规律，从而从整体上了解注浆帷幕堵水的效果。

（5）涌水量变化。当帷幕整体建成后，矿坑涌水量减少的幅度直接反映帷幕效果，是最为直观的一个质量检测指标。

3.3.4　井巷工程注浆技术

注浆技术应用于井巷工程中已有多年的历史，适用范围广，无论是竖井、平巷或斜井都可以采用该项技术。井巷工程注浆技术主要有预注浆、后注浆、淹井注浆治理等类型，近40年来，经我国广大矿山治水工作者的艰苦实践，该项技术已日趋成熟，其主要进展有：将黏土水泥浆、化学浆液为代表的注浆新材料应用于预注浆；开发了快速堵水及动水注浆等后注浆工艺；成功应用了地面抛渣注浆、地面局部帷幕注浆及定向孔注浆等淹井注浆治理技术。

3.3.4.1　预注浆

A　地面预注浆

地面预注浆一般用于竖井工程，当竖井需通过厚度较大的含水岩层或井下工作面不适宜进行工作面注浆时，可在井筒开凿前或开凿较浅的深度时，可采用地面预注浆法。该方法利用钻机在井筒周围钻进注浆孔，并注入浆液到地层裂隙中，在井筒周围形成不透水的注浆壁，以便井筒顺利开挖。地面预注浆的深度可达500m 左右，如利用定向孔技术则深度可更大。

（1）注浆段高。注浆段长度确定后，应根据岩层的裂隙性及含水情况划分注浆段，注浆段高的划分以保证注浆质量、降低材料消耗及加快施工进度为原则。以往注浆段高一般定为20~30m，但目前根据地层情况或采用预处理技术可将段高大幅度调整。揭露地层出现强透水的溶洞或较大的裂隙，则注浆段高可调整为5m 甚至更低；地层以裂隙导水为主，经过水玻璃或黏土浆的预处理，其段高放宽至100m 左右，从而加快施工进度。

（2）注浆参数。注浆参数包括注浆压力、浆液扩散半径、注浆量等。注浆压力一般为静水压力的2~2.5 倍。当地层以溶洞含水为主且透水性较强时，注浆压力可适当降低；

当地层为小裂隙或充填较密实的溶洞时，注浆压力应大幅提高，以形成劈裂注浆，加大浆液的扩散范围并对松软体进行加固。浆液扩散半径实际是一个极不规则的形状，在各个方向相差悬殊，应根据裂隙发育情况，估测适宜的扩散半径，为注浆孔位、注浆孔距及注浆孔数的设计提供参考。注浆量一般根据地层的裂隙率及浆液扩散半径等，按体积法公式进行计算。但如遇到地层裂隙含水极不均匀且存在较大裂隙连通小裂隙时，则应对大裂隙进行重点灌注，将超过设计注浆量，以便在注满大裂隙的同时，切断小裂隙的补给源，避免小裂隙单独灌注的难题。

（3）注浆孔钻进。由于钻孔深度、岩层倾角、软硬层变化和操作技术等方面的原因，钻进注浆孔时往往会发生偏斜。因此，注浆孔的钻进应注意采取防斜措施。钻孔深度较大（大于400m）或钻孔控制落点位置要求较精确时，则应采用能力较强的钻机和测斜设备，如在钻孔深度达到500m以上的治水工程中所采用的TSJ-2000A型钻机及相应的螺杆钻具，采用了JDT-5A型陀螺测斜仪对钻孔进行测斜，采用了JDT-6A型陀螺定向仪对钻孔造斜和纠偏定向，取得了较好的效果。

（4）注浆材料。传统注浆材料一般采用单液水泥浆或水泥水玻璃双液浆，近年来为提高裂隙含水地层的注浆质量或降低材料成本的要求，已开始采用水泥黏土浆或化学浆液。

黏土水泥浆一般由黏土、水泥、水玻璃和水组成。一般就近采用粒度小、含沙量少的黏土，塑性指数12以上；水泥为普通硅酸盐水泥；水玻璃模数3.0～3.2，浓度1.33～1.38g/cm³。浆液中各组分的体积比根据现场试验进行调整。黏土水泥浆用于基岩裂隙含水层注浆堵水，不仅水泥用量少、可靠性高，而且浆液稳定性好，不易被水稀释冲走，输送过程中不凝固，较快时间内就具有塑性强度；浆液具有较高的触变性，流阻小，容易灌入细小裂隙，爆破时吸收爆破地震波而不易开裂变形，具有很好的隔水性和耐久性。黏土可就地取材，材料来源广泛，价格低廉，与传统的单液水泥浆相比，其成本低，工期短，可注性好，易于操作。经我国许多个井筒地面预注浆工程实践证明，黏土水泥浆是一种较理想的注浆堵水材料。

黏土水泥浆的注浆工艺特点主要体现在造浆方面，它要求首先对黏土进行强制搅拌，制成浓度较高的黏土原浆，并放置于足够容量的贮浆池中，之后经过滤后与水泥、外加剂等混合，制成成品浆，即可按单液水泥浆的灌浆工艺注入孔内。

化学注浆比水泥注浆具有较好的可注性，浆液渗透扩散性好、摩擦力小，浆液胶凝体的可塑性及抗变形能力强，注浆过程浆液参数可控性好，而且能按工程需要调节浆液的凝胶时间。一些浆液可在瞬间凝结，因而常用于动水或细裂隙的含水层注浆工程中。化学浆液数量众多，一般可分为水玻璃类、木质素类、丙烯酰胺类、丙烯酸盐类、聚氨酯类、环氧树脂类、甲基丙烯酸酯类、脲醛树脂类等。从国内许多矿山使用经验来看，脲醛树脂类注浆效果较好且价格适中，目前被普遍采用。

脲醛树脂类浆液是以脲醛树脂或脲-甲醛为主剂，加入一定量的酸性固化剂所组成的浆液。脲醛树脂浆液有脲醛树脂浆液、脲-甲醛浆液、改性脲醛树脂浆液。其主要特点有：

1）黏度低，在10^{-3}Pa·s范围内。可实现单液或双液注浆；

2）凝胶时间在十几秒到几十分钟内可调；

3）抗压强度在4～8MPa之间；

4) 固砂体抗渗系数为 $10^{-4} \sim 10^{-5} \mathrm{cm/s}$;

5) 化学注浆工艺大致同水泥水玻璃双液浆灌注方式。

（5）单孔注浆结束标准。单孔注浆结束标准一般要求达到设计终压，注入率降到 $50 \sim 60 \mathrm{L/min}$（甚至更高），再稳定 $20 \sim 30 \mathrm{min}$ 即可结束。目前发展趋势是降低注入率（$10 \mathrm{L/min}$ 左右），这样可以注得更饱满，效果更佳。

（6）注浆效果的检查。注浆是隐蔽性的工程，为保证注浆质量、取得良好的堵水效果，应从开始施工，直至注浆结束，对全过程的每个环节，都要注意质量的检查和鉴定。检查方法一般分为以下几方面：

1) 检查孔的布置。由于注浆孔施工顺序不同，先施工的注浆孔的注浆效果，可以通过后施工的注浆孔取出的岩芯，检查岩石裂隙被浆液充填的情况，另外还可施工专门的检查孔。

2) 抽水检查方法。通常采用压风机抽水的方法检查注浆堵水效果。

3) 放水检查方法。当井筒下掘不深，且在维持井筒排水条件下，为了检查注浆效果，也可用放水方法代替抽水方法进行检查。

4) 岩芯裂隙注浆液充填观测统计法。按施工先后顺序依次绘制岩石裂隙浆液充填对比图，图中应包括地质柱状、深度、岩石名称、裂隙产状，并描述浆液充填情况及评价充填效果。

（7）井筒注浆结束标准。一般地，井筒注浆结束标准应达到以下几方面的要求：

1) 单孔注浆终压与终量达到设计要求。

2) 井筒浆液注入量应依据相应的水文地质条件，接近或超过每米含水层的设计注入量。

3) 岩芯裂隙被浆液充填饱满，具有一定强度，并达到有效扩散距离。

4) 注浆后的岩石渗透系数为 $10^{-3} \mathrm{m/d}$ 左右。

5) 各注浆孔的孔间距，应保证形成所要求的注浆帷幕的厚度。

6) 注浆后井筒掘进段的最大涌水量，一般应小于 $10 \mathrm{m^3/h}$。

B   工作面预注浆

当竖井通过的含水层厚度不大、埋藏较浅，或含水层之间相距较远、中间有良好隔水层时，井下水平和倾斜巷道须穿过富水的裂隙含水层、破碎带或冒落区时，均适于采用工作面预注浆。该方法可根据含水带发育情况进行分段处理、布孔灵活，有利于提高堵水效果。一般利用钻机（浅孔也可采用凿岩机）在井筒或巷道周围钻进注浆孔，依靠注浆泵在一定压力下将浆液注入地层裂隙中，在井筒周围形成不透水的注浆帷幕，以便井筒顺利开挖。工作面预注浆的深度一般在 $100 \mathrm{m}$ 以内。其注浆工艺大体同地面预注浆。

（1）布孔方式与注浆段高。由于工作面预注浆的注浆孔布置圈径比井筒的净径小，为了在井筒荒径轮廓线之外能够形成一定厚度的注浆壁，一般根据含水岩层的裂隙产状，采用不同的布孔方式。常见的布孔方式有直孔、径向斜孔、径切向斜孔等三种类型。一般根据裂隙产状、连通程度、孔壁稳定性及设备能力确定。注浆段高不宜要求太长，以便对含水层进行准确控制。直孔一般小于 $50 \sim 70 \mathrm{m}$，斜孔则要求小于 $30 \sim 50 \mathrm{m}$。

（2）止浆岩帽（岩柱）或止浆垫（墙）。工作面预注浆时，为保证浆液在压力下沿裂隙有效扩散，并防止从工作面跑浆，可采用工作面预留止浆岩帽（岩柱）的方法。预留止浆岩帽时要求准确掌握不透水岩层的埋藏深度、层厚及地质构造情况，并对预留岩帽进行钻孔和耐压试验，可在止浆岩帽上部浇注 0.5～1m 厚混凝土垫层或注浆加固岩帽。止浆岩帽的厚度应按相关公式进行计算并考虑一定的安全系数。

当不具备预留止浆岩帽条件时，则需砌筑人工止浆垫（墙）以代替止浆岩帽。止浆垫（墙）应采用强度高，封水止浆效果好并便于快速施工的材料，从技术和经济效果看，应尽量采用 250 号以上高标号快凝混凝土。止浆垫（墙）的结构形式有单级球面型、平底型及多级型等，均应根据不同地层、不同形式对其厚度进行分析计算。当工作面岩石较破碎、裂隙发育、有涌水，砌筑止浆垫需铺设碎石滤水层，以便在维持排水条件下，保证止浆垫的施工质量，滤水层厚度也通过计算确定。

当止浆垫与井壁砌筑在一起，靠井壁支撑时，用式（3-11）对井壁的强度进行验算。

$$[\sigma'] = \frac{p_0[(D+2E)^2 + 4h^2]}{4(D+E)} \leq [\sigma] \tag{3-11}$$

式中，$[\sigma']$ 为井壁材料的实际压应力，kg/cm^2；D 为井筒的净直径，m；E 为井壁设计厚度，m；p_0 为注浆终压（采用滤水层或加固段注浆时，用滤水层注浆的压力），kg/cm^2；h 为球面的矢高，m。

（3）注浆孔数与注浆孔距。一般地，注浆孔数多数为 8～12 个孔，但在陡倾角裂隙发育的地层中，除钻孔采用斜孔等措施外，还应加密注浆孔的布置，缩小孔距，以使浆液形成一定厚度的注浆帷幕。采用浅孔、小孔、多孔等方式并用，可提高效率，并取得较好注浆效果。

（4）注浆孔钻进。工作面预注浆宜采用效率高、体积小的轻便钻机钻进注浆孔。钻机的选型通常根据含水层厚度和注浆段高确定。一般采用多台钻机同时作业，以增加施工速度。为便于钻机的安设、定位和移动，保证注浆孔的钻进质量并创造良好的作业条件，通常在止浆垫以上 1.8～2.2m 的位置搭设钻机工作台。在高压、大水条件下，为防止钻孔时含水层突水造成淹井事故，在孔口管上必须安设高压阀门及防喷装置。

（5）扫孔与复注。在裂隙含水岩层中，采用分段前进式注浆时，为检查上一段的注浆效果，并为下一段注浆提供资料，需要沿着原来注浆孔位扫孔。每一注浆孔结束注浆后，扫孔进行压水试验，当透水率小于 3 lu 时可不注浆，大于此数应复注。复注时，比原来的浆液浓度略低，凝固时间略长，注浆压力略高、流量略小。

3.3.4.2 后注浆

井巷工程支护后遇井壁渗漏水、涌沙、壁后空洞等情况，或工作面揭露新的涌水点，或为提高围岩稳定性等，均可用后注浆法进行堵水或加固。

（1）注浆方案。一般根据地质条件、井壁结构及质量、漏水特征、注浆目的、注浆范围等因素确定后注浆方案。主要包含合理的注浆段高和注浆顺序、注浆材料、注浆工艺流程和注浆施工方式、注浆机具、技术措施和组织措施、工期等内容。

（2）施工方式。后注浆的施工方式，主要取决于井筒渗、漏水特征及注浆目的。常用施工方式有：顶水对点注浆、多孔导水再追踪水源注浆、裂隙表面挖补布孔加固、多孔导水少孔注浆、深浅孔结合注浆等。

（3）浆液类型选择。后注浆浆液类型，需根据注浆段特征和注浆目的选定。对于充填加固，可选用水泥水玻璃双液浆；以堵水为主要的，则根据裂隙宽度分别选用单液水泥浆、掺速凝剂的水泥浆、水泥水玻璃双液浆及化学浆；如需堵水加固并举，则先用水泥水玻璃双液浆充填加固，再用化学浆注小裂隙。

（4）注浆系统及工艺流程。注浆系统和工艺流程主要取决于所用的浆液材料和设备布置方式。采用水泥－水玻璃双液浆或化学浆液时，可选用一台专用注浆泵或两台性能相同的代用泵，按规定的配方，等体积或按一定的体积比把浆液压送到注浆点。

（5）注浆段划分和注浆顺序。后注浆的注浆段是指需要钻孔、注浆的漏水区间。合理的划分注浆段和确定注浆顺序，可以有效地隔绝水源、提高注浆封水效果和加快施工进度。在已划分注浆段范围内，合理布孔与确定注浆孔数，是达到有效封堵地下水的重要环节。

1）划分注浆段的原则：力求一次注浆达到封水效果，减少重复注浆次数；能为注浆施工创造良好作业条件；有效地控制漏水与注浆范围、防止扩大漏水区；充分利用浆液材料特点、简化施工工艺；在保证井壁结构稳定条件下，提高堵水与加固效果。

2）确定注浆施工顺序：根据后注浆目的、注浆带特征等，可分别采用下行式注浆，上行式注浆，集中点先注、分散点后注，先注下部、再注上部、最后注中部等后注浆施工顺序。

（6）注浆参数。井壁注浆压力按以下公式进行计算：

$$p_a = p_0 + (1 \sim 3) \tag{3-12}$$

$$p_b = p_0 + (3 \sim 5) \tag{3-13}$$

$$p_c = p_0 + (5 \sim 8) \tag{3-14}$$

式中，p_a、p_b、p_c 分别为注浆初始压力、正常压力、注浆终压，MPa；p_0 为注浆点静水压力，MPa；1 ~ 8 为富余压力值，如属于壁内注浆、堵水为主、料石井壁的情况，取低值，如属于充填加固的情况，则取高值。

井壁注浆压力还需用井壁强度进行校验，计算公式如下：

$$p = \frac{K(E^2 + 2R_0 E)}{2(R_0 + E)^2} > p_c \tag{3-15}$$

式中，p 为注浆部位井壁能承受的压力，MPa；K 为井壁材料的允许抗压强度，MPa；E 为井壁厚度，m；R_0 为井筒的净半径，m。

注浆量一般按以下公式进行计算：

$$Q = \alpha V n \tag{3-16}$$

式中，α 为浆液损失系数，一般取 1.1 ~ 1.5；V 为需要固结或充填的体积，m^3；n 为孔隙率，%。

（7）注浆施工。工作面后注浆堵水往往使用轻便钻孔设备，在涌、突水点附近打孔、埋管、引水、喷锚等，利用专业注浆泵，采用快凝浆液等材料，直接对准突水点或其附近的导水裂隙进行注浆，从而达到快速有效堵水的目的。

一般来说，工作面后注浆堵水分为 5 个步骤，其注浆施工工艺流程如图 3-32 所示。

1）刷挖和填补。井壁裂缝的出水量和最大注浆压力是确定挖补形状和选择填补材料的主要依据。对需要处理的节理、裂隙或断层破碎带，采用风镐沿裂隙自上而下刷挖。刷挖深度为 0.5 ~ 1.0m，宽度为见完整岩石，尽可能刷成倒喇叭状。刷挖结束后，用清水清洗岩面，暴露出水点。

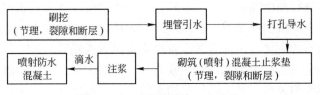

图 3-32　后注浆堵水工艺流程

2) 埋管引水。在挖补裂缝的同时，根据布孔注浆的需要，埋设一定数量的导水管（兼作注浆管）。将引水管安设在出水点处。周围用水玻璃胶泥等快凝材料固定，以引水管全部引出水为标准。根据出水情况每点埋 3~5 根管。根据出水量选择引水管孔径。

3) 打孔导水。在断裂裂隙两侧的完整岩石中，向裂隙和节理处施工钻孔。从钻孔中导水，也称"卸压"，然后埋设并固定注浆管。钻孔孔数以能导出水、岩石表面无大滴、淋水为标准。钻孔深度分浅孔和深孔两种（图 3-33、图 3-34）。

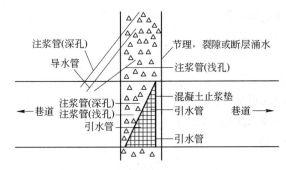

图 3-33　断层、裂隙段后注浆堵水示意图

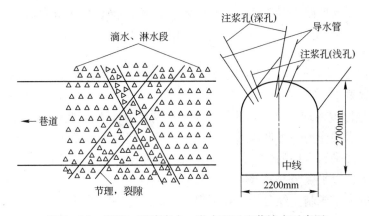

图 3-34　节理、裂隙滴水、淋水段后注浆堵水示意图

4) 砌筑（喷射）混凝土止浆垫。通过对节理、裂隙或断层破碎带进行上述的前期处理后，对于较破碎岩层，在刷挖处砌筑（巷道两帮）或喷射（巷道顶部）混凝土止浆垫，或在砌筑或喷射混凝土之前实行锚网加固。

5) 注浆。注浆前选择 1~2 个孔进行压水试验。通过压水试验检查裂隙的连通性、可注性及测定压水压力；检查止浆垫的封闭性；确定注浆材料。压水试验一般为 20~30min，当压水压力超过设计注浆终压时，停止压水，压水时如果发现存在涌水点，要用水玻璃胶泥或棉纱、木楔等进行预堵漏处理；注浆时，先形成岩帽，在岩石表层形成封闭层后，即可转入封闭注浆，主要采用单液普硅水泥浆进行大量高压灌注，直至达到设计终压；注浆时，需观察周边岩石的变化，出现异常应及时降低压力或停注。

目前国内许多金属矿山均采取过后注浆方案，如安庆铜矿、三山岛金矿、界牌岭多金属矿、望儿山金矿等均采取了井下后注浆堵水措施，有效地降低了矿坑涌水量，同时避免了涌水量的增加，消除了可能发生的突水灾害。

3.3.4.3　淹井注浆治理

淹井治理一般采用强排疏干法和注浆堵水法。注浆堵水法主要分为水下混凝土封底、水下抛渣注浆封底、地面局部帷幕注浆法及地面定向孔注浆法。水下混凝土封底法工艺相对较简单，地面局部帷幕注浆法基本与前述的地面预注浆技术类似，本节主要就水下抛渣注浆封底法及地面定向孔注浆法进行阐述。

A　水下抛渣注浆封底法

如井筒较深且井内设施复杂，突水点处在井筒底部或靠近马头门的平巷内，则应优先采用水下抛渣注浆封底法。长沙矿山研究院通过冬瓜山铜矿千米深井淹井的治理，在水下抛渣注浆方面取得了不少成功经验，下面择其要点进行介绍。

a　封水层结构设计

(1) 注浆管路。构筑封水层的第一步是在被淹井筒中下入注浆管直至井底（留 0.5m 间距），抛渣后再利用注浆管向渣石堆注浆。渣石层是均质砾石层，水泥浆在其中的有效扩散半径可按马格公式计算：

$$R = \sqrt[3]{\frac{3rKCp_{\mathrm{m}}t}{NC_1}} + r \tag{3-17}$$

式中，R 为浆液有效扩散半径，cm；r 为射浆管半径，cm；K 为渣石层渗透系数，cm/s；C 为水的黏度，mPa·s；p_{m} 为注浆压力，cmH_2O；t 为注浆时间，s；N 为渣石层孔隙率；C_1 为水泥浆黏度，mPa·s。

如果根据式（3-17）求出的浆液有效扩散半径大于井筒荒径，则布设 1 根注浆管即可满足封底注浆要求。

(2) 封水层厚度的理论分析与计算。封水层的受力作用机理主要有两点：一是封水层的材料特征，封水层作为一种低渗透性的人工介质，起隔水塞作用，使竖井底部的地下水不能向上突出；二是封水层的力学行为，利用一定厚度的封水层的自重及封水层与井壁接触面间的摩擦力，以平衡竖井底部向上突起的水压力。

由封水层的力学机制，经分析推导可得出封水层厚度 h 的计算公式：

$$h = B_1\ln\left\{1 + \left[\left(\frac{p}{\gamma B_2} + 1\right)\mathrm{e}^{\frac{-6}{B_2}} - 1\right]\frac{B_2}{B_1}\right\} \tag{3-18}$$

$$B = \frac{A}{\lambda\tan\phi U}$$

式中，A 为竖井井筒的面积，m^2；λ 为封水层与井壁接触面上的侧压系数；ϕ 为封水层与井壁接触面上的内摩擦角；U 为竖井井筒的周长，m；γ 为封水层之容重，kN/m^3；p 为地下水的水压力，MPa；B_1、B_2 分别为封水层上段（混凝土井壁段）和封水层下段（裸井壁段）的 B 值。

根据以上计算结果，再适当考虑一定的安全系数，即可确定封水层的厚度。

（3）封水层注浆量估算。根据井底残留爆渣及抛入的封水层碎石体积，实测碎石体孔隙率，再考虑浆液结石率，即可算出封水层本身所需浆液体积。另外也要考虑到注浆过程中浆液将向突水裂隙中流动，也要求在封水层注浆的同时，将引起淹井的导水裂隙封堵。因此，浆液用量必须要比计算的量超出一些。

b　封水层施工技术

（1）抛渣。井内无障碍物时，可采用直接从井口向井内倾倒碎石的方法，既简单易行，又节省时间。但如井下复杂（留有吊盘、抓岩机、金属模板等），不宜直接从井口抛渣，应专门研制管绳联控底卸式吊桶，当吊桶行至下层吊盘时，滑架停留在吊盘"裤叉"绳上不再下行，而吊桶继续下行，控制钢绳即拔出插销，自动卸料。既防止了钢丝绳的缠绕，又控制了吊桶在运行中的旋转。

（2）浆液流向控制。封水层注浆前，井内水位必须恢复至稳定水位，才能形成注浆的必要条件。若未恢复，注浆时，井底涌水会使浆液向封水层上部扩散，而封水层底部却没有水泥浆，导致封底失败。反之，若有意识地使井内水位高于地下水稳定水位，则可形成负压，有利于浆液向涌水裂隙流动、扩散、充填，达到封堵的目的。

（3）自溜注浆工艺。地面注浆时可利用浆液自重进行自溜注浆，其工艺流程如图3－35所示。

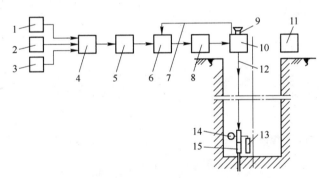

图3－35　某主井地面自溜注浆工艺流程

1—水；2—水泥；3—外加剂；4—搅拌站；5—过滤器；6—贮浆池；7—回浆管；8—输浆泵；
9—投料管；10—无级变量控压装置；11—压力指示表；12—注浆管；
13—泄浆装置；14—井底孔口压力表；15—孔口闸阀

c　注浆封底标准

一般注浆工程的结束标准是达到设计的注浆终压，注浆率小于设计的注浆终量，维持 $10 \sim 30 min$ 即可。封水层注浆的条件和对象比较特殊，这一标准已不适用。封底注浆必须是一次完成的工程，不允许中断或反复，什么情况下方可结束，必须掌握好火候，也是有规律可循的。

（1）总注浆量。注浆前必须根据封水层的构成情况准确计算所需要的注浆量。注浆过程中，实际注入量必须达到这一标准。

（2）取样检验。可自行加工钢制锥形取样器，在注浆的后期，用钢绳将取样器放到碎石层表面，隔一段时间提上井口查看，开始提出只是清水，后来取样器中可看到稀水泥浆，直到取出了浓水泥浆，说明浆液已经漫到封水层面，注浆可以结束。

（3）作图分析。在注浆过程中及其前后，定时监测注入的浆液量和井内水位变化情况，即时绘图进行分析，也可说明注浆是否已可结束。图 3-36 是某主井封水层注浆前后井内水位历时曲线，说明抛石注浆前井内水位已处于稳定，是一种动态平衡，此时的水位高于深部含水层的水位，而仍低于上部含水层的水位。抛碎石时井内增加了碎石体积，故井内水位略有升高。注浆过程中井内水位急剧升高。注浆结束后半个月中，井内水位仍在平稳上升，说明深部导水裂隙已经封闭，上部含水层的淋帮水已无处可泄，促使井内水位上升。图 3-37 是某主井封水层注浆过程中累计注浆量和井内水增量随时间的变化曲线。20：00 以前，注入浆量大于井内水增量，说明一部分浆液引起井内水位上升，一部分浆液正在充塞井底的主导水裂隙；此后两条线基本平行，说明引起突水淹井的导水主裂隙已经封堵，注入的浆液已全部用于充填封水层的碎石和爆渣的孔隙。

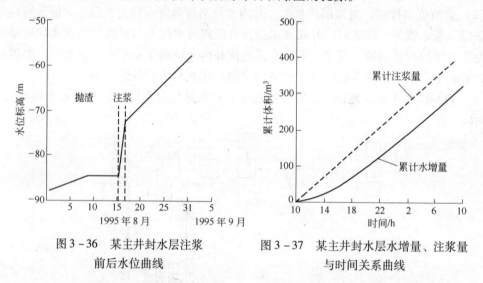

图 3-36　某主井封水层注浆　　　图 3-37　某主井封水层水增量、注浆量
　　　　前后水位曲线　　　　　　　　　　与时间关系曲线

上述三种检测封水层注浆能否结束的方法与标准，最好同时使用，以便互相验证、补充。冬瓜山主井封水层注浆时，三种检测方法均达到了预期目的，才结束注浆。

水下抛渣注浆封底技术，在国内矿山得到了广泛应用和发展，这种技术具有施工简单、效果可靠、工期短、费用低的特点，实用价值较高。

B　地面定向孔注浆法

如突水点处在矿坑深部的采场内或远离马头门的平巷内，则应优先采用地面定向孔注浆法。

（1）突水点位置的圈定。如不了解突水点的具体位置，则应根据地质报告提供的矿区的水文地质资料、开采过程中揭露的水文地质资料以及突水淹井过程初步确定突水点的位置，必要时采用前面章节所述的井下突水点位置探测技术（三维地震探测技术、超低频电磁探测技术）快速圈定突水点的位置。

（2）堵水方案及注浆钻孔设计。根据突水原因分析矿井状况，同时考虑到缩短施工工期、降低工程造价、提高堵水的安全性和可靠性等因素，进行堵水方案的研究与设计。确定堵水方案之后，即可开展注浆钻孔设计，其主要内容有：钻孔布置及数量、钻孔深度、钻孔轨迹设计、钻孔穿过的地层、钻进方式、钻孔结构、钻孔施工技术要求、钻孔定位、纠偏及透巷工艺等。

（3）定向钻探技术。钻探设备可选用 TSJ – 2000A 型钻机（也可选用功率较高的进口钻机），配以空气潜孔锤及配套设备。可采用 $\phi 89mm$ 和 $\phi 50mm$ 钻杆配 $\phi 121mm$ 钻铤和 $\phi 68mm$ 钻铤。造斜和纠偏设备可选用 5LZ120 × 7.0 和 5LZ146 × 7.0 型螺杆钻具、JDT – 5A 型陀螺测斜仪、JDT – 6A 型陀螺定向仪。

钻进施工：主要为造斜与纠偏、下管施工两部分内容。

（4）动水注浆堵水技术。如注浆堵水是在井口排水抢险下进行，则注浆堵水必然在动水情况下进行，动水注浆技术主要包括骨料的投放、注浆材料的选型和配比、注浆的工艺，技术专业性较强。

1）骨料的投放。其目的是封堵大的岩溶或空区过水通道，变地下水管道流为空隙流，骨料粒径的级配要根据钻孔孔径的大小、地下水的流速、突水点的形状等参数综合确定，通常以 $\phi 20 \sim 30mm$ 石子作为主骨料，为使骨料进入到岩溶或空区中不随地下水流失，可适当增加 $\phi 40 \sim 50mm$ 的石子骨料。为增加堵塞通道的效果，可添加少量的发泡材料，如海带或黄豆等。

2）注浆材料。注浆材料的选择应根据堵水的目的、水文地质条件、施工条件、注浆工艺和投资多少等因素决定。一般情况下，凡是水泥浆能解决问题的尽量不采用化学浆，化学浆主要用于弥补水泥浆的不足，解决一些水泥浆难以解决的问题。用于底板岩溶、断层破碎带和动水注浆堵水及处理井下突水事故时，目前多采用先灌注惰性材料（如沙、炉渣、砾石、锯末等）充填过水通道、缩小过水断面、增加浆液流动阻力、减少跑浆，然后灌注快凝水泥 – 水玻璃浆液，再用强度较高的化学浆进一步封堵。

3）注浆工艺。一般情况下，由于水量大，采用软、硬骨料相结合，单液、双液相结合，连续注浆和间歇注浆相结合的综合注浆方法。具体来说，在通过巷道灌注骨料建成具有足够长度和强度的阻水段基础上，进行严格的注浆封堵，最终将巷道堆积物、巷道顶底板及侧帮的岩层、巷道固结成一个坚固的整体。整个注浆过程大体可分为孔底（巷内）旋喷注浆、巷内充填注浆、升压注浆、检查加固注浆、高压加固注浆等几个阶段。

我国部分淹井矿井治理过程中，采取了上述技术，有效地降低了矿坑涌水量，减轻了淹井的损失，同时加快了恢复矿井的速度。

3.3.5　岩溶塌陷防治

地面岩溶塌陷是岩溶矿区疏干排水引发地面变形的主要形式，其危害较大，甚至直接影响到矿山的生存。其防治原理主要是消除产生岩溶塌陷的基本条件，即减少矿坑排水量、拦截主要导水通道或封闭隐伏岩溶洞口。近十年来，长沙矿山研究院对岩溶塌陷防治进行了有效的探索与实践，成功运用的主要措施有：塌陷的综合预防；塌洞口封闭；塌洞埋管回填注浆；塌陷区注浆；修筑高喷桩基础的人工河床；隐伏土洞预先治理等。

3.3.5.1　岩溶地面塌陷基本规律及成因

塌陷平面形态以圆形为主，其次为椭圆形；空间形态以圆锥形、锅底形为主，其次为圆柱形，塌陷规模大小悬殊，一般直径 1 ~ 10m，最大可达数十米，深度一般小于 5m，最大深度大于 30m。

（1）地面塌陷分布规律。塌陷分布范围与地下水降落漏斗范围一致；断层附近、背斜轴部塌陷发育；$(Ca, Mg)SO_4$ 型水或 $(Ca, Mg)SO_4 \cdot (Ca, Mg)(HCO_3)_2$ 型水分布地段塌陷发育；地下水径流方向上塌陷密集；塌陷多发生于覆盖层厚度 20m 以下且结构较松散地段。

（2）地面塌陷活动规律。塌陷产生频率与地下水位下降速度成正比；地下水位在基岩面上波动时，易产生塌陷；当地下水位处于基岩面至基岩面以下 20m 范围内时，塌陷最易发生；井下涌水点含沙量增大，则地表易塌陷；塌陷产生与季节有关；塌陷与昼夜温差有关，温度降低幅度大，则容易产生塌陷。

（3）地面塌陷成因。塌陷产生的基本条件是存在开口型岩溶通道的隐伏岩溶含水层，上覆结构疏松，厚度较薄的第四系土层，当水位降至基岩面以下或地表水渗透改变岩土应力平衡时，土层由下往上逐渐崩落，形成隐伏土洞，之后继续崩落，最后导致地表塌陷。关于塌陷成因，目前国内尚存在不同观点，一般认为存在六个方面的主要原因。

1）垂向潜蚀。地表水沿土层孔隙、裂缝向下渗透过程中对土体进行潜蚀、冲刷、搬运等作用，一般发生于土层结构松散的河漫滩、水沟、水田等地势低洼地带。其塌陷形态以圆锥形、锅底状为主。

2）真空吸蚀。隐伏岩溶含水层的开口型岩溶通道上覆隔水性能良好的黏性土，当地下水位急剧降至基岩面以下时，所产生的作用于土体的下向负压作用。以这种作用为主的塌陷一般发生于土层结构致密的河床阶地、山脚等地势稍高地带，其塌陷形态以圆柱状为主。

3）横向潜蚀。地下水位下降时，在动水压力作用下（动水压力与水力坡度成正比关系），地下水对溶洞充填物或溶沟沉淀物的冲刷、搬运、掏空作用。一般发生于浅部岩溶发育且充填物较多的地段。

4）浮托力变化。地下水位下降之前，土层下为承压岩溶水，当地下水位逐渐下降至基岩面以下时，开口型岩溶通道上的土层底板即失去了原有支撑，浮托力逐渐下降直至消失，当土层底板内聚力不足以抵抗应力失衡时，土层底部即会发生挠曲、开裂、崩落等变形、位移，随即产生隐伏土洞，逐渐发展最终在地表产生塌陷。该类作用常与垂向潜蚀或真空吸蚀共同作用产生塌陷，其塌陷的产生与地下水位由承压转无压有明显的时空关系，一般发生于地下水位大幅下降时或疏干排水初期地下水降至土层底板以下时。

5）浸润潜蚀。土体内因含伊利石、蒙脱石、高岭石等矿物，它们具有如下特性：脱水状态下干燥的土体遇水后则迅速崩解，其崩解程度与土的饱和度密切相关，饱和度越低时崩解作用越激烈。因此，地下水位在基岩面波动时，久旱逢雨或秋收后翌年农田灌水时，塌陷频率较高。

6）昼夜温度变化。土体同样具有热胀冷缩的特性，当土体温度降幅较大时，由于土体的收缩，土层结构遭到破坏，内聚力下降，从而更易发生崩解、崩落，导致塌陷产生。

实际上，矿区地面塌陷的形成是多种因素综合作用的结果，即使是同一处塌陷，在从隐伏土洞到地面塌陷的发展过程中，也可能存在着多种类型的作用。

3.3.5.2　岩溶地面塌陷预防

采用疏干方法治理地下水害的岩溶矿山，在治水过程中做好地面塌陷的预防工作尤为重要，一般可采取如下预防措施：

（1）地面塌陷的预测。由于矿床疏干所引发的塌陷只产生于地下水位降落漏斗范围内的隐伏可溶岩分布地段，所以可将其圈定为塌陷区。对于浅部岩溶发育、溶洞充填率高、盖层厚度薄、松散、透水性好的河床等地势低洼地段，可预测为塌陷活跃区。

对于塌陷产生的大致时段及地段，也应开展必要的预测工作。当井下突水后地下水位急剧降至基岩面以下或水位恢复至土层底板时，均是塌陷产生的高峰期；当涌水点含沙量突然增大时，邻近塌陷区即刻或不久会产生塌陷；当地面产生开裂，特别是环形裂缝出现时，该地段可能不久产生塌陷；当地表设施出现裂缝或移位，并有急剧发展趋势时，该设施附近将有塌陷产生；当塌陷区内水田脱水开裂，恢复灌水时或大气降水后，也是塌陷产生的常见时段及地段。

（2）动态调整地表水径流方向。地表水渗透及溃入是河床地段产生塌陷的主要因素，因此，在非灌溉期，将地表水引出塌陷高发区，并对原河床进行加固防渗是预防塌陷产生的重要措施。在灌溉期，让地表水重新流入水沟中，满足农田的灌溉需要，如此往复，从而达到既减少地表水大量下渗造成频繁塌陷，又满足农田灌溉需要的双重目的。

（3）防止河水及地表坡流漫至地势低洼的塌陷区。为防止河水漫灌至地势低洼的塌陷区，可筑坝加高加固河堤，将雨季河水全部引入下游河段。

（4）河床防渗。如矿区地表水与第四系、大理岩存在密切的水力联系，为防止河水沿第四系松散层渗流至岩溶含水层中，应对河道进行块石护坡、混凝土或黏土铺底的加固防渗。

（5）控制地下水位下降速度。当地下水位骤降时，产生塌陷的强度及频率都大，因此，可通过放水孔的关放（安装闸阀），或抽水泵的启动与关停，动态地调节排水量，从而达到控制地下水位下降速度的目的。

（6）减少泥沙排放量。当井下排水泥沙量增大时，地表将产生塌陷，因此控制疏干井或放水孔泥沙的排放，将能大幅降低地表塌陷产生的规模及频率。

（7）灌注地面裂缝。当地表出现裂缝，特别是环形裂缝时，预示着塌陷将发生，为此可及时配制黏土水泥浆或尾砂水泥浆，对着地裂缝进行自溜灌浆，将塌陷消除在陷落之前。

3.3.5.3　地面岩溶塌陷治理

一般来说，对于地面塌陷的治理，应采取预防为主、治理为辅、防治结合的办法，从国内外塌陷治理技术经验来看，防治塌陷的主要措施有：河流改道、修堤拦洪、修沟引流、塌洞回填（注浆）、河床防渗、河床注浆加固、帷幕注浆截流、人工河床等。

（1）塌陷回填。对于暴露岩溶洞口或清除少量土体即暴露洞口的塌陷，其治理方案相对较简单，采用大块石、废铁皮、钢筋混凝土封闭洞口，再上覆土体即可。对于塌洞底松散层厚度小于4m的塌陷，一般仍可采取简单的回填措施，具体方案有两种：一是用编织袋装黏土或粉质黏土对塌洞进行回填，上面2m则用黏土覆盖并夯实，防止积水入渗造成垂向潜蚀；二是用块径大于20cm的块石回填塌洞，上部2m仍用黏土覆盖压实，防止积水入渗。该项措施能在一定程度上控制塌陷的复发规模及频率，但不能达到根治的目的。

（2）塌陷回填注浆。为防止塌陷反复活跃，可将回填塌洞与简易注浆充填结合起来，达到防止地表水入渗，加固洞口上土体或直接封堵洞口的目的。可以采用埋管回填注浆法，如图3-38所示。

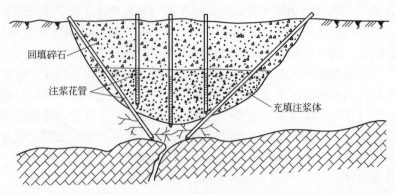

图3-38   塌洞埋管回填注浆方案

该方案可节约钻孔费用、工艺简单、工期较短，适合于需要快进快出迅速处理的地段。具体实施时，即使塌洞底部土体注浆加固效果欠佳，土层被逐渐潜蚀掏空，碎石注浆体也将是整体下移，且降幅有限，这样地表只会产生沉降，不会形成危害性大的塌陷，而且整体沉降后，由于碎石注浆体直接坐落于洞口之上，塌陷也将难以复发。另外塌洞底部漏浆时，也可多灌入浆液，不仅封堵溶洞口，而且一并封堵周围的过水通道，这样将防止周边裂隙继续潜蚀产生新的塌陷。

（3）塌陷区钻孔注浆。该方法要求先用黏性土对塌洞进行回填，再采用钻探及注浆措施直接封堵溶洞口、过水通道，达到根治塌陷的目的。

该方案的着眼点是力求用尽量少的钻探注浆工程封堵溶洞口（如处理地段位于塌陷高发区，则应多灌入浆液，一并封堵与溶洞口相通的过水通道），从而达到根治的目的。

该方案的施工顺序是：拉十字线确定塌洞最低位置（一般对应于溶洞口）及塌洞长轴方向──→回填黏性土并压实──→施工溶洞口上钻孔（中心孔）──→钻至溶洞或基岩面──→灌注合适浆液──→钻注周边孔（补强、检查）。

该方案的注浆工艺有两种：一是钻杆注浆，二是孔口压盖注浆。相对而言前者更适合中心孔，而后者更适用于周边孔。

塌陷注浆的着眼点应是封堵溶洞口，消除塌陷产生的基本条件，而溶洞注浆其材料消耗是相当大的，因此采用大量低廉的充填浆液或控制浆液扩散的速凝浆液是适宜选择。

（4）河床注浆加固。经过矿山疏干排水，在地下水的潜蚀作用下，破坏了第四系地层结构的稳定性，易造成河床地带出现大面积塌陷和河水倒灌。为防止雨季地表水沿河床入渗或沿塌洞灌入井下，重点注浆加固塌陷河床是很有意义的。根据塌陷情况、钻探揭露情况及物探的岩溶异常范围综合确定河床、河堤塌陷区注浆加固平面范围，垂向上加固目标层为浅部的大理岩含水层。

注浆方法采用钻孔静压注浆法，呈梅花形布置钻孔，根据注浆有效扩散半径确定注浆孔距及排距。为防止浆液的无效扩散，注浆孔分三序施工，先施工一序注浆孔，然后施工二序注浆孔，最后施工三序注浆孔，保证浆液的有效充填质量。第三序孔施工完后，还应施工检查孔，其数量按注浆孔总数的10%控制。注浆材料宜优先选用粉煤灰固化浆，如粉煤灰取用困难，也可选用尾砂水泥浆、改性黏土浆。

采用下行式注浆法，浅表第四系松散层下套管用水泥止水，采用压入式注浆，必要时可采用自溜注浆。采用分段注浆，段高 5 ~ 10m，注浆前进行压水试验，以确定合适的初始配比及材料。注浆初期压力、注浆终压宜根据地层埋深从浅往深逐步增加，初期压力应控制在 0.2MPa 以下，注浆终压应控制在 1.5MPa 以下。如遇地面冒浆等异常情况，应及时采取处理措施。根据后期注浆孔、检查孔揭露情况及浆液注入量、水位等资料，进行必要的补注，以确保注浆防渗效果。

（5）人工河床。根据以往经验，如人工河床仅铺设在河床表面，尽管采用了钢筋混凝土结构，仍难以避免塌陷或开裂的发生。为确保河床不再发生塌陷，可考虑对河床基底采用桩基础形式，即利用工程钻机，在河床钻孔穿过素填土、含碎石粉质黏土、碎石土进入下伏灰岩的界面，然后下放特制的注浆管，搅拌好的水泥浆通过高压泵形成 20MPa 以上的高压浆射流，射流从注浆管下端的特制喷嘴中喷出，切割搅拌土体，随着注浆管的缓慢旋转和提升，在加固段形成水泥与土体的混合物，凝固后成为高压旋喷桩。人工河床的荷载通过高压旋喷桩传递到下部灰岩持力层，如图 3 - 39 所示。

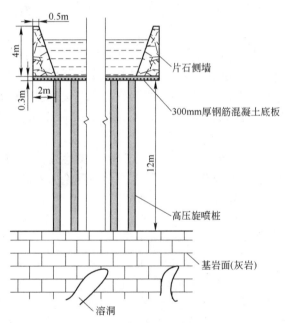

图 3 - 39　高压旋喷桩支撑人工河床剖面

安庆铜矿采用了该方案治理河床塌陷，有效地避免了河床的反复多次塌陷，大幅减少了矿坑涌水量，保证了矿山的安全生产。

3.4　岩层支护与加固

3.4.1　概述

岩层支护与加固属于矿岩松软破碎类型和高应力类型难采矿床开采不可缺少的重要工程技术。

矿岩松软破碎矿床类型的矿石或围岩不稳固，或矿岩均不稳固，其力学强度低，若还受地下水和风化作用的影响，将使强度进一步下降，围岩的自承能力进一步降低，再受到采矿扰动引起的动态应力集中的作用，井巷和采场围岩往往产生较大的变形，极易于坍塌冒落，而且具有黏塑性变形特征。为了维持井巷与采场围岩的稳定性，防止围岩发生垮落或过大变形，工程开挖后一般都需要进行支护，使岩层支护与加固成为实现岩层控制的重要手段。

当矿床的区域构造应力大或矿床赋存于深部，其原岩应力大。在此环境条件下，一方面开采的难度增加；另一方面岩石的力学性质也将发生变化，有可能诱发一系列的工程地质灾害，其典型影响有巷道变形增大、采场矿压显现强烈、岩爆频度增大、围岩分区破裂化等。为确保在高应力条件下安全开采矿床和有效地防治灾害性事故的发生，有必要对井巷和采场围岩进行支护与加固。

3.4.1.1 支护理论的发展

关于地下工程的围岩支护与加固理论，经历了一个逐渐发展的过程，主要体现在如何确定作用在支护结构上的荷载而发展了地下工程支护结构理论。早在 20 世纪初，发展了以海姆、朗肯和金尼克理论为代表的古典压力理论，该理论认为作用在支护结构上的压力是其上覆岩层的重量。

但随着开挖深度的增加，人们发现古典压力理论在许多方面都与实际不符合。于是松散体理论于 20 世纪 20~60 年代应运而生，其代表有太沙基理论和普氏理论。这一理论是把岩体视作松散体，认为作用在支护结构上的荷载是围岩塌落拱内的松动岩体重量，围岩坍落拱的高度与地下工程跨度和围岩性质有关，其最大贡献是提出巷道围岩具有自承能力。

20 世纪 50 年代以来，人们开始用弹塑性力学来解决巷道支护问题，其中最著名的是 Fenner 公式和 Kastner 公式。到了 60 年代，随着弹塑性理论的发展，形成了变形地压支护理论，也产生了新奥法（NATM）。随后逐渐形成了以岩体力学原理为基础、以锚喷支护为代表的，考虑支护与围岩共同作用的支护理论和方法，充分发挥围岩的自承自稳能力，从而使地下工程的设计与施工发生了质的飞跃。

20 世纪 60 年代，新奥法（NATM）被介绍到我国，并在 70 年代末到 80 年代初得到迅速发展。NATM 是奥地利学者 Rabcewicz 在总结前人经验后提出的一套隧道设计与施工原则，米勒在 80 年代将其总结为 22 条。迄今为止，新奥法仍是国际上在地下工程设计与施工中占主导地位的理论与方法。新奥法摒弃了隧道力学中以普氏理论为代表的松动地压理论，将岩体视为承载体，这种认识上的重大转变给支护带来了重大变革，所提倡的主动支护和柔性支护方法对加固围岩很有效；其 22 条原则可用于设计、施工、监测反馈等各阶段，形成了比较完整的理论与技术体系。新奥法的不足主要表现在最终围岩允许变形量、一次支护时间、二次支护强度及刚度等难以准确确定。

3.4.1.2 深部工程支护

深部硬岩的岩爆破坏表现出的动力学特点，新奥法也不能完全适应深部硬岩巷道支护的要求。目前，国际上对于深部硬岩巷道支护理论的研究，特别是有岩爆倾向的巷道支护理论的研究还远远落后于支护技术的研究。一些对于深部硬岩巷道支护的研究主要来自南非和加拿大。Salamon 在总结南非的成就时于 1984 年指出，在地下开采中防御岩爆是基于下列 3 个概念的联合应用：对开挖空间表面进行有效的支护（支撑）；合理的设计布置；岩层沉降值的控制。Ortleppc 于 1992 年提出了 5 种岩爆震源机理：应变式岩爆、弯曲变形、矿柱或工作面挤压破坏、剪切破坏和断层滑移，以及 4 种相关的岩爆破坏机理，前两种震源机理的岩石自我爆裂、地震波作用导致岩石的喷射、惯性和震动触发的位移、重力造成的冒落。以 P. K. Kaiser 和 D. R. McCreatb 为首的加拿大的 Laurentian 大学的岩石力学研究中心，对有岩爆倾向的巷道支护进行了为期 5 年的支护设计研究，在此基础上总结归纳了有岩爆倾向巷道支护设计的方法，并编制了加拿大岩爆支护手册，其研究最为完整和系统。在美国，有关岩爆支护方面的经验主要来自于爱达荷（Idaho）州 Coeur d'Alene 地区的矿山，岩爆支护一般为常规支护形式的改造，如通过加密锚杆之间的间距、增强锚杆的强度和变形能力、改善金属网之间的搭接方式及其变形能力等。如 Lucky Friday 矿在有岩爆倾向巷道中主要的支护形式为间距 0.9m、长 2.4m 的树脂高强变形锚杆（Dwyidag 锚杆）和链接式金属网，并配置中等间距的管缝式锚杆，这种联合支护形式可以抵御中等强度的岩爆。

3.4.1.3 支护方法

早期在传统的松动地压支护理论的指导下，所采用的支护方式都是被动式支架支护。直到 19 世纪 50 年代，巷道的支护形式还主要是木支架，1862 年德国首次用钢支架代替了木支架。1912 年德国又开始采用锚杆支护井下巷道。锚杆支护方式的出现，实现了巷道支护技术的一次重大变革。现在锚喷支护已经成为围岩巷道支护的主要支护形式，根据喷射混凝土种类的不同，又可以分为素喷混凝土、钢筋混凝土、钢纤维混凝土等。

锚喷支护比传统支护优越，概括起来主要有及时性、粘贴性、柔性、深入性、灵活性和密封性等，表现在：（1）喷射混凝土对岩石表面起到胶结封闭作用，使软弱围岩避免风化削弱，也使被节理裂隙切割的岩块不易松动脱落，发挥岩块间镶嵌咬合作用；（2）锚杆不仅能够提供围岩的支护力，而且还能够在围岩内形成压缩带，提高围岩的整体性，同时还能起到销钉作用，提高围岩的抗剪破坏能力；（3）钢筋网增大了喷锚支护层的柔性、抗拉、抗剪能力和整体性，使之适应围岩的复杂应力变化，而且能够阻止锚杆间岩体的松动，避免锚空现象。

锚杆对围岩所起的力学效应主要有以下作用：（1）悬吊作用，将不稳定岩层悬吊在坚固岩层上，阻止围岩移动滑落；（2）减跨作用，在隧道顶板岩层中打入锚杆，相当于在顶板上增加了支点，使隧道跨度减小，从而使顶板岩体应力减小；（3）组合作用，在岩层中打入锚杆，将若干薄弱岩层锚固在一起，类似将叠合的板梁变成组合梁，提高岩层的承载力；（4）挤压加固作用（整体加固作用），预应力锚杆群锚入围岩后，其两端附近岩体形成圆锥形压缩区，按照一定间距排列的锚杆在预应力作用下构成一个均匀的压缩带，即承载环，压缩带中的岩体处于三向应力状态，显著提高围岩强度。

从岩体力学角度看，当前在国内外用于巷道、采场围岩支护加固的方法，按其作用机制可归结为两类：一种是岩体加固，一种是岩体支护。岩体加固（或为内强支护）是将加固材料插入岩体内部，从岩体内部改善岩体的总体性质，提高围岩自身承载能力的支护形式，用于内部岩层加固的方法有锚固（如锚索、锚杆、喷锚网联合支护等）和注浆（如喷射混凝土支护、水泥注浆和化学注浆等）两种类型。岩体支护（或为外补支护）则是将支护材料布置于开挖面附近，是对开挖体表面施加压力，包括所采用的技术和设置，如充填、木支架支护、金属支架支护、混凝土预制构件装配支架支护、混凝土砌块或料石砌块支护和整体浇注混凝土支护、金属或混凝土支架、喷射混凝土等。

　　围岩支护设计的基本方法为：从工程地质与现场实际调查入手，研究围岩的物理力学性质，进行围岩分级，根据对围岩井巷破坏形态分析与采场地压活动规律的研究，按照井巷、采场的使用要求、服务时间、开挖尺寸、所处空间位置等的不同，遵循安全可靠、经济实用的原则进行选择设计。我国于 2001 年发布了《锚杆喷射混凝土支护技术规范（GB 50086—2001）》，美国、加拿大与南非等国都发布了针对井巷与采场支护的技术指南。

　　Grimstad 和 Barton（1993）等人精心绘制了一系列基于 Q 值的确定隧道支护分区的曲线，如图 3-40 所示，从中可以估算出所需要的支护形式。

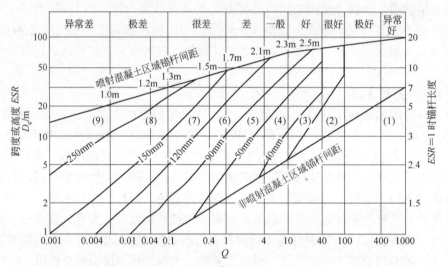

图 3-40　不支护的地下开挖体当量尺寸 D_e 与质量指标 Q 之间的关系

支护方法分区：（1）不支护；（2）点锚杆；（3）系统锚杆；
（4）系统锚杆加 40～100mm 的无钢筋喷射混凝土；
（5）50～90mm 厚钢纤维喷射混凝土与锚杆；
（6）90～120mm 厚钢纤维喷射混凝土与锚杆；
（7）120～150mm 厚钢纤维喷射混凝土与锚杆；
（8）>150mm 厚钢纤维喷射混凝土和加筋混凝土与锚杆；
（9）浇混凝土衬砌

　　在 20 世纪 50 年代锚喷支护兴起的同时，就出现了现场监测，逐渐发展成为一种新兴的地下工程设计法——监控设计法（也称信息化设计法）。它依据现场量测获得的信息，反馈设计，指导施工。由于监控设计法能较好地适应复杂多变的围岩特性和反映地下工程的受力特点，因而它与理论计算法结合，进一步发展成为监控反馈设计法（即反分析法）。这种方法能较好地解决岩体力学参数和地应力不易确定的问题，可对锚喷支护设计理论与方法进行完善。

　　随着电子计算机的发展而建立起来的有限元、边界元等数值解法，从 20 世纪 60 年代中期开始就已应用于支护结构的计算，至今已成为喷锚支护计算的主要手段。目前已有模拟分析软件，能模拟围岩在固体、液体和热多场耦合与喷、锚等受力情况下的力学行为，为对井巷围岩的支护优化设计提供了强有力的手段。

　　随着我国难采矿床开采数量的增多，各种地质灾害与地质环境问题频发，为提高矿山开采的安全保障及资源的回收率，根据岩层支护对难采矿床开采的作用与特殊的要求，从控制岩层移动及支护体具有吸收岩体释放能量的角度，发展了吸能支护、联合支护、长锚索预加固等岩层支护与加固技术。下面重点阐述国内在近期发展应用的这些支护与加固技术。

3.4.2　吸能支护

高地应力条件下有岩爆倾向的岩层，要求支护单元具有良好韧性，在承载过程中具有良好的吸收能量的性能，使支护体能够迅速吸收岩体释放的巨大能量，以控制岩爆的发生。为此，发展了吸能支护方法。根据支护体类型的不同，主要有钢纤维混凝土支护、柔性支柱、让压锚杆支护、充填体吸能效应等几种吸能支护的形式。

3.4.2.1　钢纤维混凝土支护

A　应用条件

高应力环境下的岩层往往表现为软岩特性，软岩特性的围岩变形位移大，释放的变形能较多，普通喷锚网支护不能很好地发挥作用。根据观测发现，普通的混凝土喷层经常出现断裂、剥落甚至垮落的现象，这是由于普通的混凝土喷层具有弹脆性的特点，不能很好适应软岩特性的大变形要求。因此，在软岩条件下，尤其是深部软岩条件，为改变喷射混凝土的力学性能，提高喷射混凝土在抗大变形方面的韧性及吸收变形能的能力，采用喷射钢纤维混凝土支护技术，可以适用大变形岩层以及有岩爆倾向性岩层的支护。

B　基本性能

钢纤维混凝土是在普通混凝土中掺入适量的钢纤维而形成一种可浇筑、可喷射成型的复合材料。与素喷混凝土相比，喷射钢纤维混凝土的最大特点是具有较高的韧性。钢纤维混凝土中乱向分布的短纤维主要作用是阻碍混凝土内部微裂缝的扩展和阻滞宏观裂缝的发生和发展。在受荷（拉、弯）初期，水泥基料与纤维共同承受外力，当混凝土开裂后，横跨裂缝的纤维成为外力的主要承受者。当用钢纤维混凝土衬砌的某些截面开裂时，其强度并没有完全丧失，只是有所下降，它能继续吸收变形能。有关钢纤维混凝土的试验与理论研究表明，钢纤维的掺入对混凝土的增强作用可由线弹性断裂力学和复合力学两种理论来解释。混凝土中掺入钢纤维目的是延长材料塑性变形，即钢纤维把韧性给予其他脆性材料的整个过程。钢纤维能阻滞基体混凝土裂缝发展，从而使抗拉、抗弯、抗剪强度等性能显著提高，其抗冲击、抗疲劳、破裂后韧性和耐久性也有较大改善。通过在喷射混凝土中加入钢纤维可有效改变混凝土的整体力学性质，可以提高抗拉强度 50% ~ 80%，允许变形能力提高 40% ~ 60%。

喷射钢纤维混凝土由于工艺简单，可湿喷也可干喷，其效果与挂网喷射混凝土相当甚至更好，因而受到国内外工程界的重视和运用。20 世纪 70 年代末至 80 年代初，瑞典曾对钢纤维混凝的加固作用进行了大规模的试验研究，并比较了钢纤维混凝土和钢筋网混凝土的加固效果。90 年代初，加拿大广泛开展了喷射钢纤维混凝土工艺的应用研究，并将干拌法钢纤维喷混凝土工艺成功应用于岩石加固措施中。近 20 年来，钢纤维混凝土在矿山井巷、土木、水利、建筑、矿山等行业中得到了推广使用。

长沙矿山研究院通过室内试验，根据素混凝土与钢纤维混凝土的单轴抗压试验，研究素混凝土与钢纤维混凝土的单轴抗压强度、最大位移以及可吸收变形能的能力。试验得出的两种混凝土的全应力应变曲线与载荷位移曲线如图 3-41 和图 3-42 所示。

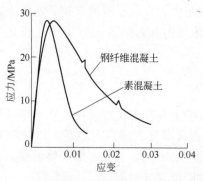

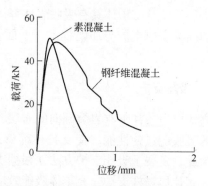

图 3-41　两种混凝土载荷全应力应变曲线　　　图 3-42　两种混凝土载荷位移曲线

通过分析比较钢纤维混凝土与素混凝土受压作用的全应力应变曲线，可得出如下认识：

（1）素混凝土与钢纤维混凝土受压峰值强度接近相等，这说明钢纤维对增加混凝土的抗压强度作用不明显。

（2）钢纤维混凝土与素混凝土在弹性阶段变形基本一致，进入塑性阶段到达峰值点时，钢纤维混凝土的位移量大，变形能力强。

（3）过峰值点后，钢纤维混凝土的应变随应力变化快，表现出极好的韧性和延展性，到达收敛阶段时，钢纤维混凝土的应变要比素混凝土的高出两倍多。

（4）从材料开始受压到收敛阶段全进程，钢纤维混凝土可吸收的变形能是素混凝土的 2～2.6 倍，其韧性明显优于素混凝土。

C　特征性能

按钢纤维材质，有普通碳钢钢纤维和不锈钢钢纤维，其中以普通碳钢钢纤维用量居多；按外形有长直形、压痕形、波浪形、弯钩形、大头形、扭曲形；按截面形状分有圆形、矩形、月牙形及不规则形；按生产工艺分有切断型、剪切型、铣削型及熔抽型；按施工用途有浇筑用钢纤维和喷射用钢纤维。

为满足钢纤维的增强效果与施工性能，通常采用的钢纤维长度为 15～60mm，直径或等效直径为 0.3～1.2mm，长径比为 30～100，纤维的体积掺量为 0.5%～2%。

钢纤维的主要性能包括抗拉强度与黏结强度。试验表明，由于普通钢纤维混凝土主要是因钢纤维拔出而破坏，并不是因钢纤维拉断而破坏，因此钢纤维的抗拉强度一般能满足使用要求，而其与混凝土基体界面的黏结强度是影响钢纤维混凝土性能的主要因素。黏结强度除与基体的性能有关外，就钢纤维本身而言，与钢纤维的外形和截面形状有关。

D　设计与施工规程

我国已颁发了《钢纤维混凝土试验方法（CECS13：89）》和《钢纤维混凝土结构设计与施工规程（CECS38：92）》，但该规程只对钢纤维混凝土结构不同于混凝土结构设计与施工的专门要求做出了规定。在进行钢纤维混凝土结构设计和施工时，尚应与《水工钢筋混凝土结构设计规范（SL/T 191—1996）》、《水工混凝土施工规范（DL/T 5144—2001）》、《锚杆喷射混凝土支护技术规范（GB 50086—2001）》等配合使用。

3.4.2.2　柔性支柱

A　应用条件

柔性支柱或可缩性液压支柱，具有恒阻、防腐、支护阻力强大，支柱轻便、易于采场搬运与架设，且能远距离拆卸，不怕爆破飞石冲击等特点。一般可适合于作为临时支护。

(1) 缓倾斜薄矿脉矿床深井开采时，当采场顶板暴露面积过大出现整体缓慢下沉时，是用于控制顶板下沉的主要支护设备。

(2) 快速吸收岩爆释放能量，具有抗岩爆冲击能力。

深井开采环境中，地压大，常有岩爆发生。这种冲击地压，可使采场顶板迅速下沉。如果没有可靠的支护措施，有时甚至会造成顶板爆裂破坏，飞散的岩石会给现场的人员和设备造成不同程度的伤害。自 20 世纪 50 年代以来，南非金矿深部开采时，将液压支柱成排设置在距掌子面 1m 处，用以控制顶板下沉和垮落。经过不断革新，研制出了一种支柱和液压控制系统，其可缩速率能够达到 3mm/s，这时支柱与顶板同时下沉，并在 400～500kN 的屈服力下产生 200mm 变形，这种支护系统设计吸收的能量为 60kJ/m^2。其中一种快速让压水压支柱系统是南非采矿与管道公司（SMP）在深井开采顶板临时支护设备研究方面的最新科技成果，是世界发达工业国家缓倾斜薄矿脉矿床深井开采的主要支护设备，该系统每套装置 32kg，在南非矿山的使用还不尽如人意。

我国曾在湘西金矿使用了具有主动支护能力的可压缩金属支柱作为临时支护，以改善采场顶板岩层的受力状况。单个支柱的最大工作阻力可达 200kN，使用压缩空气（0.35MPa 以上）作为动力，不另接动力电缆。由于在支护阻力达到 200kN 后支柱具有让压性能，支柱的最大初撑力小于 200kN，最大让压速度可达 3mm/s。

B　结构特征

快速让压水压支柱的外形结构如图 3-43 所示，包括支柱体和加长件两部分。支撑时，可根据采空区的高度调节加长件，以满足支撑高度的需要。支柱体的滑动支撑高度为 500mm，一般加长件的长度为 450mm。为抵抗回采时的爆破冲击破坏，支柱的滑动缸套外面包有一层壁厚 16mm 的重型聚乙烯保护筒。

支柱体主要由杆体和缸套组成，杆体顶部的活塞与缸套紧密配合，形成液压加载系统。关键部分是安装在支柱缸套上的单向阀和置于杆体活塞中心部位的快速让压阀。工作时，高压泵输入的高压水由单向阀注入活塞与缸套形成的封闭充水腔内，在高压水的作用下，支柱缸套缓缓上升，直到支撑到采场顶板岩石上。这时，高压泵继续工作，支柱紧紧地支撑在顶板岩石上，直到高压泵自动停止工作为止。支柱的最大初撑力可达到 200kN。

在支柱的制造材料方面，为防止水中化学物质的腐蚀作用，在支柱的滑动缸套内、外均镀有 1.0mm 厚 316 不锈钢，支柱内部活塞是镀镉的碳钢，加长件是镀镉的锻钢，支柱体的总质量 37kg。

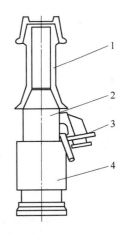

图 3-43　快速让压水压支柱

1—加长件；2—支柱体；
3—单向阀；4—保护套

C　高压泵

高压泵的内部结构主要由 3 个活塞加压系统组成。大活塞与位于两侧的小活塞固定在同一轴上，中部的大活塞由压缩空气推动，外接压缩空气由双向阀进入汽缸内推动活塞做往复运动，同时带动两边的小活塞做往复运动，交替将外来的低压水加压后输出。大活塞直径 150mm，小活塞直径 16mm。输入压缩空气与输出高压水的增压比为 1:87。在一定的外接风压下，输出压强可由调节阀下调，一般支柱工作水压为 28MPa。高压泵输出的最高水压为 45MPa。为了防止井下腐蚀，高压泵采用不锈钢制造，总质量 26kg，最大外形尺寸 450mm×300mm×200mm。工作时，由注液枪控制高压水向支柱内的注入量，以保持支柱有足够的初撑力。

D　让压性能

a　慢速让压性能

支柱的初撑力取决于注入高压水的压强，按支柱的额定工作水压（28MPa）计算，支柱的初撑力为 162kN。支柱架设完成后，如果顶板岩石处于稳定状态，则支柱始终给顶板以初撑力大小的支承力。由于采动的影响，采场顶板围岩一般都有一定下沉，支柱受到压缩，则给顶板岩层的支撑力也会增加。当支柱给顶板岩层的支撑力达到 200kN 后，若顶板岩层继续下沉，则支柱的支撑力不再增加，而是保持 200kN 的支撑力与顶板岩层一同下沉。此时，支柱处于慢速让压状态，充水腔内溢出的高压水，由置于活塞中部的快速让压阀排出。其让压性能曲线如图 3-44 所示，图 3-44 中的 U_0 为采空区形成后支柱架设前的顶板岩层位移，P_s 为支柱的初撑力。由支柱的慢速让压性能可知，最大初撑力小于 200kN。支柱的最大慢速让压速度可达 3mm/s。在实际操作中，支柱的初撑力大小对采场顶板岩层的稳定性影响很大。如果支柱提供的初撑力大，则顶板岩层受到较大的支撑力作用，进一步下沉的量很小，处于稳定状态，顶板安全易于控制。

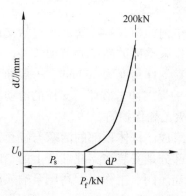

图 3-44　水压支柱的让压特性曲线

b　快速让压性能

深井开采环境中，地压很大，常有岩爆发生。这种冲击地压，可使采场顶板迅速下沉。如果没有可靠的支护措施，有时甚至会造成顶板爆裂破坏。快速让压水压支柱具有抗岩爆冲击能力，当岩爆发生时，支柱能以最快的速度（3mm/s）快速让压。这时，支柱与顶板同时下沉，并给顶板以 400kN 的支撑力。

3.4.2.3　让压锚杆支护

南非金矿通常在有岩爆条件下掘进巷道，这需要使用加固系统（锚杆、锚索、金属网、护顶支柱背板）来控制因岩体屈服产生的大规模移动。为此，专门设计了一种可缩锚杆，称为锥形锚杆（图3-45）。该锚杆长2.2m，直径16mm，是由抗拉强度较高的圆滑钢筋制成，锚杆的一端回弯成锥形环，环的最大宽度25mm。锚杆外裹一层蜡膜，使之与周围胶结材料隔离。锥形锚杆在轴向力达到80~100kN时开始屈服，锚杆屈服时可从胶结材料中拉出500mm。这种锥形锚杆因价格高而未能被广泛使用。在深部矿井控制巷道岩爆灾害方面，用长4.5~7m的钢制锥形锚索加固岩体可起到良好效果。

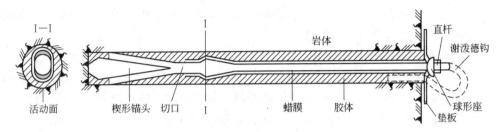

图3-45 锥形锚杆可压缩结构设计

在深井软岩巷道掘进中，由于井下工作面所处位置的地应力高、软岩强度低、岩层变形大，地下工程开掘初期，是顶板压力释放最剧烈和变形量最大的时期。在这种条件下采用无让压机构的超高强锚杆支护，锚杆载荷会急剧增大，很短时间内达到锚杆的极限载荷，会出现锚杆杆体破断的现象，严重影响矿井的安全生产。因此，为适应深井开采的地质采矿条件，解决超高强锚杆发生破断的问题，通常采用让压锚杆支护技术来实现矿井的安全掘进。锚杆的让压就是要使锚杆避过巷道顶板压力和变形的剧烈释放期，避免锚杆安装的早期过载或早期破坏，其基本支护理念是：在一定的支护强度条件下，安装支护系统时必须对锚杆施加足够的预应力，同时锚杆本身必须有变形让压性能，以释放地压载荷，达到既保证岩层支护效果，又保证锚杆不破断。

3.4.2.4 充填体吸能效应

早在1864年，充填就已用于控制开采区域的地表移动。随着对充填采矿进行系统全面的研究，发展了如全尾砂胶结充填、废石胶结充填等许多充填方式，同时对充填体的作用机理也进行了更多的研究，可概括为以下几个方面：

（1）减少上下盘岩层移动和防止地表下沉。采场矿石被挖走后，在地应力作用下，围岩由于应力转移和应力重新分布而产生变形和移动，引起地表下沉。充填体充入采空区后，延缓和阻止了围岩的进一步变形，减缓了围岩能量的释放速度，岩体的结构系统得到了改善，围岩破坏的趋势得到了控制。矿山充填的实践表明，采空区充填是控制采场地压的有效手段，同时也是防止地表下沉的最有效措施。

（2）应力吸收和应力转移。充填体充入采空区后，改变围岩的受力状况，围岩变形压缩充填体，充填体对围岩产生反作用力。充填体与围岩形成力学上相互作用的动态平衡体系，部分地应力被吸收并转移到充填体内。充填体刚度越高，弹性模量越大，应力转移效果越好。

（3）接触支撑作用。充填体充入采场后，采场上下盘围岩与充填体接触，充填体约束上下盘围岩的变形和移动。在充填接顶后，随着采场顶板岩层的下沉而压缩充填体，充填体支撑顶板的作用逐步体现。顶板跨度越大，下沉量越大，充填体的支撑作用越显著。充填体的接触支撑作用与其刚度有关。

（4）减缓应力集中。采场角点或形状不规则处存在应力集中，充填体充入采场后，改善了围岩的受力状态，从而减缓了围岩内出现的应力集中。充填体刚度越高，强度越高，对减缓围岩应力集中的效果越明显。

（5）预防和控制岩爆。采空区能量释放与采场变形的位移量和地应力成正比。充填体充入采场后，限制了开挖采空区临空面向内的体积闭合，改善了围岩的受力状况，减少了围岩达到新的平衡状态的能量释放率。特别是在深部开采中运用充填，控制深部矿岩体的收敛和改善开采的安全条件，效果非常明显。

（6）充填体对爆破的降震作用。充填体的容重比岩石低，其内部含有大量孔隙，波在充填体介质中的传播速度（纵波或横波）比岩体小。爆炸应力波（或地震波）从矿体传播到充填体界面时，根据异面介质波的传播原理，大部分应力波被反射回矿体，透射入充填体内的应力波较少，而且衰减很快，故有文献称充填体是一种"吸能"介质。

3.4.3 联合支护

在围岩节理、裂隙发育以及地压较大的情况下，为使锚喷网的支护强度和刚柔特性可以在相当大的范围内调节，以适应不同围岩支护要求，需要采用两种以上的支护形式，即联合支护方式。在金属矿山中，常用的联合支护形式有：锚杆与金属网、喷射混凝土与锚杆、长锚索与锚杆等。

由于锚喷网是锚杆、网筋、喷层、围岩四位一体的整体承载结构，是内加固最强的支护形式之一。由于网筋的作用，使锚杆与锚杆、喷层与锚杆形成相互制约的整体，使支护层的抗拉、抗剪和抗变形能力大大增加，提高了支护的整体强度和刚度。锚喷网支护在国内外多个行业得到了大量的应用。

目前国内外锚杆支护设计方法主要分为3大类：工程类比法、理论计算法和数值模拟法。喷锚网参数的设计过程主要是根据巷道垮冒的程度、巷道的功能和所处的地质与应力环境，采用工程地质评价、岩石分类及其变形力学机制分析、支护强度设计、信息化反馈分析等方法，确定其参数。

3.4.3.1 软岩耦合支护

锚网索耦合支护是针对软岩由于塑性大变形而产生的变形不协调部位，通过锚网－围岩以及锚索－关键部位支护的耦合，使其变形协调，从而限制围岩产生有害的变形损伤，实现支护一体化、荷载均匀化，达到巷道稳定的目的。软岩巷道实现耦合支护的基本特征在于巷道围岩与支护体在强度、刚度及结构上的耦合（图3－46）。

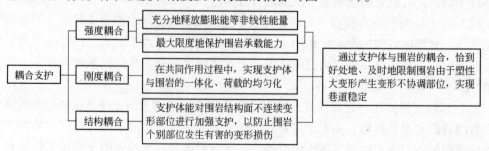

图3－46　深部软岩的耦合支护

3.4.3.2　巷道联合支护实例

金川二矿区是我国大型地下有色金属矿山，该矿具有地应力高、围岩碎胀蠕变的特点，巷道支护一直是金川二矿区面临的一个严峻问题。借助锚杆支护动态信息设计法，改变过去金川二矿区巷道"先让后抗，先柔后刚"的支护原则，采用预应力高强锚杆支护技术，提高巷道一次支护强度，有效地遏制围岩松散变形，并在有制约的条件下，容许围岩有一定的缓慢变形，使围岩应力得到一定释放。采用预应力锚索和锚注联合支护方式，使浆液注入岩体裂隙，配合喷锚支护，可以形成多层组合拱结构，扩大了支护结构的有效承载范围，提高了支护体结构的刚度和强度。在局部围岩不稳固地段，再辅之网钢构架支护、U 形钢拱架支护和自钻式锚杆封底等形式，进一步提高巷道的整体性和承载能力，避免巷道的变形破坏。

对于金川二矿区的返修巷道，经过多次支护实践与现场勘查，提出了喷锚网 + 单筋混凝土 + 锚注或钢拱架或中长锚索的联合支护方式，采用精轧螺纹钢、滚丝锚杆、高强度树脂锚杆，以提高支护强度，并引进了中长锚索支护工艺。

3.4.4　长锚索加固

利用长锚索注浆加固技术对失稳岩体进行加固或者抑制大面积开挖后的岩体变形，对支撑岩体进行预加固已在国内外广泛的应用。尤其是随着深孔凿岩和注浆加固技术的不断发展，长锚索注浆加固技术得到很大的发展。长锚索支护主要应用于空场采矿法、充填采矿法和部分崩落采矿法的矿山进行采场加固；预应力长锚索加固已广泛应用于露天边坡加固。长锚索注浆加固支护采场顶板围岩，施工简单、安全可靠。该支护加固技术在我国很多的矿山中得到大量的应用，如凤凰山铜矿、湘西金矿、焦家金矿、白银深部铜矿、小铁山矿、会东铅锌矿等。

3.4.4.1　锚固方式

长锚索加固具有锚固面积大、范围广、锚固可靠等优点。锚杆加固的挤压加固、悬吊、组合梁三种作用机理同样适合于长锚索注浆加固技术，尤其对于层状结构岩体，这种作用表现得更为突出。长锚索护顶加固一般具有限制顶板岩层变形与位移、调整顶板应力场、悬吊危岩等作用。利用长锚索注浆加固，可以明显提高岩体的完整性，从而提高岩体的抗应变能力，保护岩体稳定，并且锚索注浆过程中对破碎岩体加以胶结也能提高岩体自身的强度。

一般地，在岩体容易发生变形的部位或应力集中区域布置锚索进行锚固，同时锚固方向要尽可能垂直岩层面。采用空场采矿法开采的矿山中，在空场形成后，上盘顶部岩体的交错部位的主应力最大，而中部的拉应力最大。因此，锚索的锚固位置应选择在采场上盘的上半部分岩体中，为使锚索有效加固岩体，锚固方向要尽可能垂直岩层面。

对于围岩极不稳固的矿块，可以采用长锚索预加固技术。在矿块回采之前，先用长锚索预加固矿体上盘围岩或采场顶板，然后再回采矿石。由于长锚索是在原岩应力状态下发挥锚固作用，这就使得在矿块回采过程中，长锚索一直起着限制岩体位移、调整岩层内部应力场，以及使顶板围岩及时形成完整稳固岩体的作用，有效提高了采场顶板围岩的稳固性。

3.4.4.2 锚固参数的确定

A 常规确定方法

（1）每根锚索的最大承载能力 $Q(kN)$：

$$Q = F/K \tag{3-19}$$

式中，F 为锚索的破断力，kN；K 为安全系数。

（2）锚索有效长度。在长锚索设计中必须遵守以下两个原则：一是锚索的有效长度应大于岩体可能的最大松动范围，取决于顶板岩性、岩体结构和工程尺寸；二是锚索所受的载荷与砂浆黏结力相等。可根据声波检测结果、加固区顶板冒落的经验数据与数值模拟计算的结果，综合选取锚索的有效长度。一般，在有效长度的基础上，外加上一定长度的外露长度。锚固段的长度可由下式确定：

$$L = Q/(\pi d\tau) \tag{3-20}$$

式中，L 为锚杆长度，m；d 为锚索直径，m；τ 为砂浆的黏结强度，Pa。

B 锚索网度

将锚索视为组合梁的支点，可导出锚索排距 $a(m)$ 为：

$$a \leqslant \sqrt{4K_1\sigma_t h_1^2/(3\gamma h_{max})} \tag{3-21}$$

式中，K_1 为顶板岩体的完整性系数；σ_t 为顶板岩石的抗拉强度，MPa；h_1 为顶板最下层岩层厚度，m；γ 为顶板岩石的平均容重，N/m^2；h_{max} 为顶板松动高度，m。

根据锚索的悬吊作用，可由式（3-22）确定锚索间距 $b(m)$：

$$b \leqslant Q/(a\gamma h_2) \tag{3-22}$$

式中，Q 为单根锚索的锚固力，N；h_2 为承载梁上部松动岩层厚度，m。

C 砂浆配比

砂浆配比要根据计算和室内试验来确定，我国部分矿山长锚索支护使用的砂浆配比见表 3-9。

表 3-9 我国部分矿山长锚索的砂浆配比及砂浆与钢丝绳的黏结强度

矿山名称	水灰比	灰砂比	28d 的黏结强度/MPa
锡铁山铅锌矿	0.42	1:(1.15~1.2)	5.22
凤凰山铜矿	0.40	1:1	5.88
湘西金矿	0.38~0.40	1:(1~1.2)	5.10
深部铜矿	0.5	1:2.0	

3.4.4.3 基于稳定图方法的长锚索参数设计

国内长锚索设计除了采用经验类比法外，常根据悬吊理论设计长锚索的安设网度。这种设计方法有两个方面的不足，一是只考虑单根锚索的悬吊作用，没有考虑群锚索的联合作用；二是按被支护岩层厚全面积发生脱落计算载荷，因而计算出的是最大载荷值，这样导致设计偏于保守，支护工程量偏大。另外，对于锚索支护的必要性缺乏研究，一般是在现场发生冒落或其他支护方式失效后才认识到锚索支护的必要性。因此，传统设计方法非常不利于采场预加固，加大了锚索加固的盲目性。

稳定图方法是在国外 66 座矿山应用实例的基础上统计分析后提出来的。该方法认为：锚索加固系统中，可由安装密度、锚索长度及其相对应用方向这三个参数来定位锚索，它们的确定不仅与岩体质量有关，而且和空间形态、岩体内应力条件密不可分。它的核心在于通过岩体工程地质调查来掌握岩体的基本特性，这关系到设计的精确程度。应用该方法时，首先对采场稳定性进行分析，研究锚索支护的必要性；其次，在此基础上确定其支护参数，即安装密度、锚索长度及其相对应用方向。

A　Mathews 稳定图方法

Mathews 稳定图方法是 Mathews 等人于 1980 年首先提出的，适用于开采深度在 1000m 以下的情况，他们研究得出了在岩体质量、开采深度、采场尺寸和稳定性间的一种经验关系。此后，Stewart 和 Forsyth 与 Potvin 等人从不同的采矿深度收集了大量新的数据以验证该方法的有效性，并对其进行了修正。

Mathews 稳定图方法的设计过程以两个因子——稳定数 N 和形状因子（或水力半径）S 的计算为基础，然后将这两个因子绘制在划分为预测稳定区、潜在不稳定区和崩落区的图上。稳定数代表岩体在给定应力条件下维持稳定的能力，形状因子或水力半径 S 则反映了采空区尺寸和形状。

待分析的采场帮壁或采空面的形状因子 S 按下式计算：

$$S = 待分析帮壁或采空面的横截面积 \div 待分析帮壁的周长$$

描述采场条件的稳定数 N，定义为：

$$N = Q'ABC \tag{3-23}$$

式中，Q' 为修正的 Q 系统分级值，其中地应力影响因素 SRF 设为 1.0，地下水的影响因素 $J_w = 1$；A 为岩石强度因子，为待评价采空面边界上岩石单轴抗压强度 σ_c 与诱生的压应力 σ_i 之比；B 为节理方向调整参数，取决于关键不连续节理面方向与待分析面方位间的差值；C 为重力调整因子，与重力作用下的待分析采空面的破坏模式如冒顶、片帮、帮壁下滑等有关。

Potvin 等人在 Mathews 的研究基础上，提出了改进的稳定性图，如图 3-47 所示，可据此评价采场的稳定性，及在非常有必要的情况下，才采取锚索预加固措施情况。锚索加固后，采场稳定性指数应按锚固系数进行调整，如图 3-48 所示。可见，经加固后，采场稳定性大大得到提高。

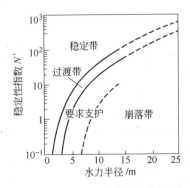

图 3-47　Potvin 改进的稳定性图

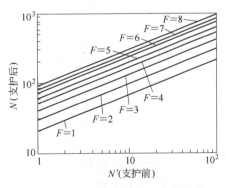

图 3-48　支护前后稳定性指数关系

B   锚固参数

（1）锚索密度。锚索密度与节理频率有关，用岩块相对尺寸表示，即岩块尺寸（RQD/J_n）与水力半径（S）之比，如图 3-49 所示，据此图可确定锚索密度。

（2）锚索长度。锚索长度应足以抵达未扰动岩层，未扰动岩层厚度与采场的尺寸和形状有关，即与采场壁面水力半径有关，如图 3-50 所示。

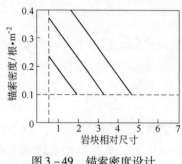

图 3-49   锚索密度设计

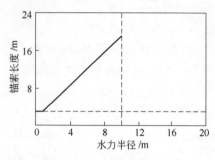

图 3-50   锚索长度设计

C   锚索方向

合理的锚索方向与采场帮壁破坏形式有关，而采场帮壁破坏形式可用赤平投影技术来确定。若是重力冒落形式，锚索承受的应力主要是张力，锚索应垂直安装；若是滑动破坏，锚索应尽可能与剪切面垂直。

D   应用实例

小铁山矿在采场成功地应用了长锚索支护，试验采场位于该矿 1620~1644m 水平 650~700 行间，采场长 50m，高 24m，最大宽度 13m。采场顶板暴露面积 160m²，两帮壁暴露面积 1260m²。

根据采场工程地质调查，计算出采场各个部位的稳定性指数及水力半径，见表 3-10。由图 3-47 可知，采场上、下盘的上半部均处于过渡带，需要支护；其余部位均处于稳定区，不需要支护。

表 3-10   采场稳定性指数及水力半径

帮壁位置	岩性	抗压强度/MPa	帮壁方位角/(°)	临界节理方位角/(°)	稳定性指数	水力半径/m
上盘上半部	M_1	128.2	210/70	195/30	4.95	5.4
上盘下半部	M_2	128.2	40/70	310/40	12.8	5.2
下盘上半部	$M\pi_1$	43.4	140/60	140/60	4.34	5.4
下盘下半部	M_1	128.2	195/30	195/30	7.30	5.3
顶板	M_1	128.2	195/30	195/30	1.10	1.4

支护地段水力半径为 5.4m，岩块相对尺寸为 0.8~0.9m，由图 3-49 和图 3-50 可知，锚索密度为 0.1~0.2 根/m²，锚索长度为 10m。根据采场岩壁倾角和锚索安装角度，按照经典力学平衡原理，得出采场上下盘锚索所需最大锚固力为 15t。选用的锚索，其锚

固力必须大于15t。由图3－48可见，采场锚固地段的稳定性由原来的4.34～4.95提高到25～29，再根据图3－47可知，加固后采场处于稳定状态。

参 考 文 献

[1] 桑玉发．论金属矿山重大地压问题及科学成就［C］//中国岩石力学与工程学会第五届学术会议论文集，1998.

[2] 李庶林，桑玉发．应力控制技术及其应用［J］．岩石力学与工程学报，1997，18（1）：90～96.

[3] 桑玉发，等．凡口铅锌矿充填体状态及稳定性研究报告［R］．长沙：长沙矿山研究院，1996.

[4] 刘同有，等．充填采矿技术与应用［M］．北京：冶金工业出版社，2001.

[5] FARSANGI P，HAYWARD A，HASSANI F. Consolidated rockfill optimization at Kidd Creek Mines［J］. CIM Bulletin，1996，1001：129～134.

[6] 桑玉发，等．胶结体混凝土大型试体现场三轴压缩试验研究报告［R］．长沙：长沙矿山研究院，1979.

[7] 桑玉发，等．胶结体混凝土三轴压缩条件下声传播特性的试验研究［C］//中国声学会声波检测会议论文集，1980.

[8] BLIGHT G，CLARKE I. Design and properties of still fill for lateral support［J］. Mining With Backfill. Luea：Proc. of Intrna，1983.

[9] 曹庆林，桑玉发，等．采场冒顶灾害的声发射预报技术［J］．中国有色金属学报，1996（2）.

[10] 桑玉发，等．采场顶板稳定性监测及声发射定位技术的研究［R］．长沙：长沙矿山研究院，1990.

[11] 李化敏，李华奇，周宛．煤矿深井的基本概念与判别准则［J］．煤矿设计，1999（10）：5～6.

[12] 严荣林，侯贤文，等．矿井空调技术［M］．北京：煤炭工业出版社，1994.

[13] 岑衍强，侯棋棕．矿内热环境工程［M］．武汉：武汉工业大学出版社，1989：50～101.

[14] 胡汉华．金属矿山热害控制技术研究［D］．长沙：中南大学，2007.

[15] 丁向阳．国外矿井降温方法及存在问题［J］．东北煤炭技术，1989（1）：6～8.

[16] 余恒昌，等．矿山地热与热害治理［M］．北京：煤炭工业出版社，1991.

[17] 杨洪新．低温岩层预冷入风流技术研究与应用［J］．金属矿山，2001（1）：52～53.

[18] ［德］GHAYEN A D. 深部煤矿热害环境的治理对策［R］．陈遂斋，译．平煤译萃，1994（1）：37～46.

[19] 吴先瑞，彭毓全．德国矿井降温技术考察［J］．江苏煤炭，1992（4）：8～11.

[20] 梅甫定．高温矿井是否进行增风降温的判别［J］．煤矿设计，1992（4）：9～12.

[21] ［德］约阿希姆·福斯．矿井气候［M］．刘从孝，译．北京：煤炭工业出版社，1989.

[22] 朱肇琼．国内外高温矿井降温简述［J］．有色金属设计，1992（2）：20～23.

[23] 王启晋．南非金矿的降温技术［J］．有色金属，1977（6）：35～38.

[24] 张占荣．国外矿井深部开采的有关问题及其解决的技术途径（二）［J］．矿业译丛，1988.

[25] 邓孝．矿山地热研究的回顾与展望［J］．地球科学进展，1992，7（5）：20～24.

[26] 王景刚，乔华，冯如彬．深井降温冰冷却系统的应用［J］．暖通空调，2000，30（4）：76～77.

[27] 何满潮，王建，乾增珍．地层储能空调系统及其应用［J］．矿业研究与开发，2006，26（6）：71～73.

[28] 王军．矿山地下水害防治技术新进展［J］．采矿技术，2002，2（3）：55～58.

[29] 崔海平，等．金岭铁矿矿山防治水实践［J］．山东冶金，2002，24（6）：5～6.

[30] 王晓涛．奥灰突水机理及安全技术措施初探［J］．山东煤炭科技，1999（3）：60～62.

[31] 王军. 岩溶矿床帷幕注浆截流新技术 [J]. 矿业研究与开发, 2006, 26 (增): 151~153.

[32] 王星华. 黏土固化浆液在地下工程中的应用 [M]. 北京: 中国铁道出版社, 1998.

[33] 黄炳仁. 大水矿床注浆防水帷幕厚度的确定 [J]. 中国矿业, 2004, 13 (3): 60~62.

[34] 敬守廷, 等. 黏土水泥浆注浆实践与体会 [J]. 中国煤炭, 1998, 24 (11): 32~34.

[35] 刘正宇, 等. 顶水注浆堵水技术在治理矿山井下出水的应用 [J]. 采矿技术, 2007, 7 (2): 38~40.

[36] 王军. 矿山防治水技术现状及发展趋势 [J]. 采矿技术, 2001, 1 (2): 20~22.

[37] 王军. 安庆铜矿水土流失特点及防治对策 [J]. 水土保持研究, 2001, 8 (1): 75~78.

[38] 布朗 E T. 地下开挖的岩层控制——成就与挑战 [J]. 国外金属矿山, 1999 (3): 17~25.

[39] 姚振巩, 王洪江, 王劼. 注浆加固技术新进展 [J]. 中国矿山工程, 2006 (4): 31~36.

[40] 雷文杰, 李庶林, 周爱民, 等. 关于素混凝土与钢纤维混凝土受压韧性的试验研究 [J]. 矿业研究与开发, 2003, 23 (1): 52~54.

[41] HUDSON J A, Harrison J P. 工程岩石力学上卷: 原理导论 [M]. 北京: 科学出版社, 2009.

[42] 余健, 吴爱祥, 等. 快速让压水压支柱系统支护性能研究 [J]. 黄金, 1998, 19 (7): 17~21.

[43] 杨耀亮, 邓代强, 惠林, 等. 深部高大采场全尾砂胶结充填理论分析 [J]. 矿业研究与开发, 2007, 27 (4): 3~4, 20.

[44] 丁德馨, 包东曙. 湘西金矿极不稳固顶板的稳定性控制研究 [J]. 衡阳工学院学报, 1994 (1): 50~57.

[45] HOEK E, KAISER P K, BAWDEN W F. Support of underground excavations in hard rock [M]. England: Taylor & Francis, 1993.

[46] 姚振巩, 王洪江. 采场锚索预加固设计方法 [J]. 中国有色金属学报, 1998 (Sup. 2): 793~796.

[47] 孙如华, 郑志军. 我国深厚冲积层冻结法施工研究现状及其发展 [J]. 能源技术与管理, 2008 (1): 80~82.

[48] 包东曙, 杨立根, 曾小石. 长锚索预控顶充填采矿法试验研究 [J]. 长沙矿山研究院季刊, 1985 (1): 8~19.

[49] 何满潮, 等. 软岩工程力学 [M]. 北京: 科学出版社, 2002.

[50] 孙庆国, 王亚杰, 等. 千米埋深小煤柱顺槽让压锚杆支护技术研究 [J]. 岩土锚固工程, 2007 (3): 12~14.

[51] 陈怀利, 等. 二矿区受采动影响巷道的变形特征及支护探讨 [J]. 采矿技术, 2007 (4): 19~20, 24.

[52] 王永才, 康红普. 金川二矿区深部高应力碎胀蠕变岩体巷道变形特征与支护技术研究 [J]. 金川科技, 2007 (4): 1~5.

[53] 匡忠祥, 宋卫东. 地下金属矿山灾害防治技术 [M]. 北京: 冶金工业出版社, 2008.

[54] 芦世俊. 长锚索注浆加固技术的研究与应用 [J]. 中国矿山工程, 2004 (4): 34~36.

[55] 叶粤文. 长锚索护顶的设计与计算 [J]. 长沙矿山研究院季刊, 1984 (4): 43~50.

4 地压监测与预警

难采矿床往往存在矿岩破碎不稳固或高地应力等因素，地下开采过程中的地压活动容易导致冒顶、片帮、坍塌、岩爆等工程地质灾害。为了确保难采矿床开采的安全，地压监测与预警已成为必需的基础工作。近年来广泛应用的先进适用监测预警技术有微震监测、岩移与应力监测、地压灾害预警、岩爆评价与防治等。

4.1 微震监测

微震，亦称微地震，是地震学上的一个概念，在地震学上是指小于里氏3级的微小地震。矿山微震是指采矿活动诱发的一种小型地震现象。由于采矿开挖的影响，打破了地下岩体原有的平衡，导致开采影响范围内的围岩体、地质不连续面的动力学破坏或失稳，并以地震波的形式向四周扩散形成微地震。

20世纪初的南非最早在矿山工程中应用微地震监测技术。60年代，大规模的矿山微震研究在南非各主要金矿山展开，并于70~80年代在各采金矿山先后建立了矿山微震监测台站。之后，在波兰、美国、前苏联、加拿大等采矿大国都先后开展了矿山微地震研究，且随着电子技术和信号处理技术的发展，多通道的微地震监测技术开始得到应用。

在20世纪90年代以前，矿山微震监测设备大都是模拟信号型。90年代以后，全数字型微震监测技术和设备开始在国外得到应用。由于全数字型微震监测技术的出现，使得大规模的信号存储、计算机自动监测、数据的远传输送、监测定位的实时分析和信号分析处理的可视化成为可能。微震监测系统的全数字化技术，大大促进了矿山微震监测技术的发展。

我国于20世纪80年代中期开始微震方面的研究工作。1986年，由煤炭部和国家地震局等相关单位牵头在北京的门头沟煤矿开始了微震监测方面的研究，利用由波兰引进的一套模拟信号8通道微震监测系统（SYLOK），对采煤区的微地震进行监测研究，这也是我国首次开展矿山（地下）多通道微震监测技术研究。2003年，长沙矿山研究院在广东的凡口铅锌矿成功地建立了我国第一套全数字式64通道微震监测系统，实现了对采区范围地压活动的远程全天候连续监测。

4.1.1 微震监测基本原理

微震原理应用于地质与石油勘探、矿山地压监测等工程中以来，关于微震的能级还没有统一的标准。大致地，可从能量级将微震界定于天然大地震与声发射之间的一个概念，是指地壳岩体破裂（滑移）时产生的能级小于天然大地震（里氏3级以下）、大于声发射的弹性波的传播。多年来，工程中区别地震、微震、声发射等概念的方法多用频率段来表示（图4-1）。由于矿山岩体破裂产生的频率范围的广泛性，以及微震监测设备的宽频带特性使得监测设备具有监测较大范围的微震信号，目前国内外基本上把几赫兹至上万赫兹的信号泛称为微震信号，也可能是微震这个概念更加常见和矿山习惯上常用一些的原因。图4-1可以比较清楚地看出地震、微震、声发射之间的关系，同时可以了解针对不同研究对象，应用不同频率的情况。

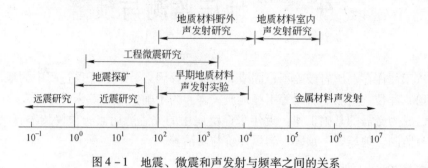

图4-1　地震、微震和声发射与频率之间的关系

4.1.1.1　微震监测技术原理

用仪器探测、记录、分析微震信号和利用微震信号推断微震源，进而对岩体（地层）、地下结构或构筑物进行检测和评价的技术，称为微震监测技术。

微震监测的基本原理可以解释为：储存在岩体中的弹性应变能导致地下岩体破裂或断层滑移而产生弹性应力波，并从震源（破裂点或滑移面）在岩体介质中扩散和传播，在震源区域之外的岩层中产生弹性机械振动；根据这种振动的不同频率，采用相应传感器和数据采集系统接收这种振动中的部分微震信号，应用数学和物理方法来分析信号的特征，进而对破裂源的物理力学特性进行分析。

微震监测的技术系统如图4-2所示。岩体因为受力产生破裂释放的弹性波在岩体介质中传播一定的距离之后，经接收传感器感应并由微震数据采集仪采集信号后，经计算机进行分析和处理。可见，微震监测系统主要由接收传感器、数据采集系统和数据处理系统三部分组成。这种只需要接收传感器的监测系统，在工程中也称为被动监测系统。

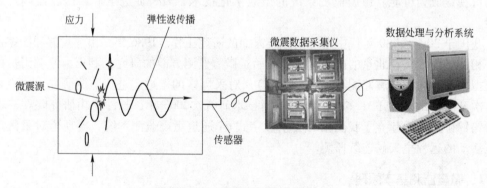

图4-2　微震监测技术系统

微震监测系统只采用接收传感器接收岩体自身破裂产生的微震信号。接收微震信号的传感器包括速度型传感器和加速度型传感器。根据不同的监测目标和矿山岩层条件等因素选用传感器类型。传感器与数据采集仪之间为模拟信号传输，数据采集仪与终端数据处理系统之间为数字信号或光信号传输。

岩体介质是一个非均质、各向异性的介质，并且岩体内还含有节理裂隙、断层等不连续面，微震波在岩体介质中传播时会产生衰减现象。不同波长的波其传播范围（距离）各不相同，一般来说频率较低、波长较大的波其传播范围（距离）大，传感器在较远的距离都能监测得到该波的信号；相反频率较高、波长较短的波其传播范围（距离）小，如果传感器远离震源点，就有可能监测不到这种较高频率的信号。由此可见，微震信号的频率与传播范围之间关系，对于微震监测系统台站的优化布置和传感器位置的优化布置监测系统有非常重要的作用。哈迪（Hardy）给出了一个简捷的微震波在岩体介质中传播范围（距离）与频率之间的关系（图4-3）。在图4-3中，范围（距离）–频率曲线是一根简化了的直线，而实际的曲线要复杂得多，它取决于监测系统的特性以及相关地质材料的性质。从图4-3还可以看出，10Hz的微震波大致的传播距离达到1000m以上，100kHz的微震波的传播距离只有5~6m。图4-3给出的这种频率与传播范围的关系，比较简捷，在实际应用中可作为一种量化概念参考使用。

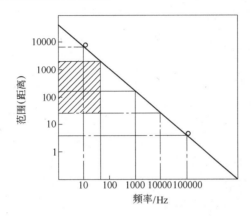

图4-3　应力波传播范围与频率值关系

4.1.1.2　微震监测的特点

微震监测涉及地震学、地球物理学、力学、数学、地质学和工程学科（如采矿、信号处理、计算机）等相关学科的内容，是多学科理论和技术渗透、融合的一种高科技监测手段，有其独特的优点，在工程中可以发挥其他常规监测技术难以起到的作用。概括起来，其主要特点包括：

（1）全天候实时监测。多通道微震监测系统一般都是把传感器以阵列的形式固定安装在监测区内，它可实现对矿山微震事件的24h全天候实时监测，这是该技术的一个重要特点，克服了常规压力（应力）、位移（应变）等的非连续监测的不足，大大改善了地压的监测效果。

（2）全范围立体监测。采用多通道微震监测系统对地下工程稳定性和安全性进行监测，突破了传统监测方法力（应力）、位移（应变）中的"点"或"线"的意义上的监测模式，它是对于开挖影响范围内的岩体破坏（裂）过程的空间概念上的时间过程的监测。该种方法的监测范围大，易于实现对于常规监测方法中人不可达到的岩体内部地压状态的监测。

（3）空间定位。多通道微震监测系统一般携带多个传感器，可以根据工程的实际需要在空间范围上布置足够多的传感器，实现对微震事件源的相对高精度的定位，进而实现对危险区域的评价。微震技术的这种空间定位功能是它的又一与实时监测同样重要的特点，这一特点大大提高了微震监测技术的工程实用价值。目前，工程中应用的先进的全数字型多通道微震监测系统都配置了实时监测定位分析软件，实现了对微震事件源发震时间和空间位置的实时、可视化三维显示。

（4）全数字化数据采集、存储和处理。全数字型微震监测仪器的出现，实现了与计算机之间的数据实时传输，克服了模拟信号监测设备在实时监测和数据存储方面的不足，使得对监测信号的实时监测、存储更加方便。全数字化技术克服了模拟信号系统的缺点，使得计算机监控成为可能，对数据的采集、处理和存储更加方便。由于多通道监测系统采集数据量大，处理时需要计算机进行实时处理，并将数据进行保存，而大容量的硬盘存储设备、光盘等介质对记录数据的存储、长期保存和读取提供了保证。微震监测系统的高速采样以及 P 波和 S 波的全波形显示，使得对微震信号的频谱分析和处理更加方便。

（5）三维可视化显示监测结果。全数字型多通道微震监测系统与终端监控计算机实现了数据的实时传输，可以通过编制对实时监测数据进行空间定位分析的三维软件。借助于可视化编程技术，建立三维可视化监测模型，实现对实时监测结果的三维可视化显示。这种可视化技术及时、形象地展现实时监测分析的结果，使用方便，大大提高了微震监测技术在工程应用中的作用。

（6）信息的远传输送和远程监控。数字技术的出现和光纤通信技术的发展，使得数据的快速远传输送成为可能。数字光纤技术不仅使信号传送衰减小，而且电信号对光信号没有干扰，可确保在地下复杂环境中把监测信号高质量远传输送。另外，可利用 Internet 技术和 GPS 技术，把微震监测数据实时传送到全球，实现数据的远程共享。

（7）多用户计算机可视化监控与分析。监测过程和结果的三维显示以及在监测信号远传输送的前提下，利用网络技术（局域网）实现多用户可视化监控，即可以把监测终端设置在各级安全监管部门的办公室和远程专家办公室，可为多专家实时分析与安全评价创造条件。

（8）安全、环保监测。相比常规监测技术的监测人员需要进到危险区域进行实地监测，微震监测技术可以避免监测人员直接接触危险监测区，极大地改善了监测人员的监测环境，同时也使得监测的劳动强度大大降低。同时，微震技术还是一种对人体无害的技术，是一种被专家称之为新世纪的"绿色环保"技术。

4.1.1.3　微震监测的作用

矿山工程中，基于不同的矿山开采范围和开采深度、不同的开采方式和开采规模，微震监测的目的和目标也不尽相同。因此，微震监测在矿山开采安全监测中的应用十分广泛，在矿山工程中的作用是多方面的。根据前述的微震技术的特点，可以把微震技术在矿山工程的主要作用概括为如下若干个方面：（1）开采诱发的矿山区域微震评价。（2）岩爆危险性评估和监测预警。（3）监测应力重分布和应力集中。（4）监测矿柱破坏和采场大冒落。（5）监测露天边坡稳定性。（6）监测采场上覆岩层崩落和移动范围。（7）监测爆破振动（环境影响）。（8）监测地下支护结构稳定性。（9）监测控矿断层的活性。（10）监测矿山岩体注浆加固效果。

另外，由于多通道微震技术对微震事件有很好的空间定位功能，这一特性可以用在矿山发生地压灾害事故后，对井下受困人员实现定位和指导实施安全救助。微震技术还有其辅助性监测作用，如矿权范围监测、井下偷矿防范监测。在我国，同一矿段上同时存在两家或多家矿山企业同时开采的现状，开采越界和矿权之争的现象时有发生。微震技术的空间定位技术可以有效地监测同矿段上各个矿山开采的地点和范围，协助解决矿山之间的争端。同样，对于矿山井下偷矿行为，微震技术的全天候实时监测和定位功能，能很好地从时间和地点两个方面实施有效监测，达到保护矿产资源的目的。

4.1.2 矿山微震信号辨识方法

微震监测的目的是监测岩石在应力作用下产生破裂时的弹性波信号，并应用这些信号对岩石或不连续面的稳定性进行评价，对可能产生的岩体的各种破坏灾害等地压现象进行预警。微震监测系统监测一定频率范围的弹性波信号，包括有用信号和噪声。由于地下监测环境较复杂，各种震源产生大量的信号混杂在一起，如地震波、爆轰波、人为敲击、开采设备等产生的波等，都是监测的对象。因此，掌握监测区内的震源类型，合理分析各种震源信号的特点、区分各种震源、剔除人为噪声、提取有效信息，就成为微震监测技术应用研究的第一步，也是微震监测应用技术研究的基础。

4.1.2.1 地下作业环境中的震源

矿山地下开采作业环境较为复杂，产生震源的因素较多，有直接人为活动产生的震源，如人工敲击、凿岩、出矿、通风、爆破等，也有采矿活动诱发的岩体破坏、断层错动等产生的震源。就凡口铅锌矿深部采区而言，概括起来，井下环境的主要震源包括几类：

（1）岩石破裂时发出的弹性波。岩石或不连续面在拉、压和压剪力的作用下，产生弹性波或称应力波，引起岩层的震动。这种波是监测分析的主要目标，也是主要的有用信号。

（2）爆轰波。地下采矿作业，要进行大量的爆破，因爆破产生弹性波亦称爆轰波。矿山爆破作业频繁，点多面广。在进行微震监测时，根据监测的目的不同，这种震源有时是噪声，有时是监测的对象，如在监测岩石破坏时，它就是噪声；而在监测爆破产生的地震以及评价因爆破产生的余震时，它则成为我们要监测的对象。

（3）人为活动。地下采区也是采矿人员的工作和活动区。人的基本活动，如行走、讲话、不经意的敲击矿岩体、人工撬顶、设备设施安装等，都会产生震源信号。

（4）采矿作业设备。各种凿岩设备在正常作业时，会产生大量的震源；各种铲运和装载设备在正常作业时，会产生大量的震源；各种产生声源的采区通风设备，在正常作业时，会产生大量的震源；各种井下抽排水设备在运行时，会产生震源。

（5）溜井放矿。采区内的溜井工作时，矿石之间的运动、摩擦和振动会形成震源。

（6）电源信号。井下分布有大量的电源信号，如动力电源、照明电源、通信设施等，这些电源信号在系统屏蔽失效时，也会进入监测系统的监测范围，成为一种典型的干扰噪声。

4.1.2.2 微震信号的辨识方法

微震监测主要是监测采区岩体（石）在开挖时围岩体内应力集中导致岩体（石）破裂而产生的震动信号，利用这些监测到的前兆信号来评价岩体的稳定性。因此，必须掌握微震监测到的信号的辨识，针对监测的目标，剔除噪声，提取有用信号，为进一步的岩体稳定性和地压灾害评价提供基础数据。

微震信号的辨识，可以根据监测操作人员的经验、设备的性能和分析软件的功能来分析。首先充分利用操作人员的经验，根据信号发生时间、地点、波形特征等来辨识一些能够容易区别的信号，以快速、有效地辨识部分信号；其二，根据设备的性能，如设备有声监听、波形显示等直观的分辨性能，进一步辨识部分信号；其三，在前述两种方法难以辨识的情况下，利用信号处理软件的功能，通过理论分析，对信号的频谱分析进行辨识；其四，应用前述3种方法进行组合分析以辨识信号。理论分析所需的时间较长，方法比较复杂，一般地尽可能发挥前两种方法或前两种方法综合分析的便捷、快速辨识的优势。

A　经验方法

经验方法是监测人员根据自己在长期监测分析中积累的经验辨识微震监测信号。这些经验既包括对微震信号自身的认识，也包括对特定矿山开采环境、震源环境的认识。经验方法实际上是一种综合方法，是在监测的同时及时对监测事件进行分析，是一种非常有效方法。经验分析方法包括：根据微震监测所获得的微震发震时间和空间位置，结合采矿生产作业位置进行辨识；通过对微声的放大辨识一些机械噪声，如凿岩机、铲运机、井下汽车、鼓风机等生产设备作业时都具有连续性、稳定性和频率不变的特点。

B　理论分析法

理论分析是借助于对岩石破裂性质、震源机理、不同震源的波动特性，对微震信号的波形等进行波形或频谱分析，确定震源的类型。一般而言，理论分析在时间上都滞后于实际监测，它是在经验法难以区分时采用的方法。

（1）波形辨识法。不同的发震机制对应的震源所产生的地震波，一般具有不同的波动特性，监测所获得的波形也不同。在波动理论中，涉及体波、面波等许多性质的波。本监测系统仅监测岩体介质中的体波。体波由 P 波（纵波）和 S 波（横波）组成，纵波又称为压缩波，横波称为剪切波。纵波振幅小、周期短、传播快，约以 1.7 倍于横波的速度首先到达接收传感器，故也称初始波；横波振幅大、周期长、传播慢，晚于 P 波到达接收传感器，故也称次达波。

（2）频率分析。不同的人工震源都有其自身的固有频率，如凿岩机、铲运机产生的震源等。根据波形图，可直接分析震源的频率值的大小，通过频率分析，可以帮助识别微震类型。

（3）能量（震级）分析。衡量微震事件大小的重要指标是微震的能量值。通过能量分析，掌握各种震源的能量值的特点，如对应一定量炸药的微震能量、凿岩事件的微震能量等都可以总结分析出来，这对于区分微震类型非常有利。

（4）波谱分析。波谱分析是信号处理中的重要手段，波谱分析包括频谱、振幅谱、功率谱和相位谱等。通过富氏变换和逆变换，对各种微震波形进行波谱分析，可以从理论上掌握各种震源的特点，从而达到区分各种震源的目的。

C　综合分析方法

在实际应用中，单纯采用上述的某一种方法不易对信号进行区分，采用综合分析方法，有助于我们对信号进行有效的辨识。综合分析方法就是采用经验与理论相结合的方法，两者之间相互弥补，达到区分信号的目的。

4.1.2.3　信号提取

信号提取就是针对监测信号进行辨识后，筛选出那些能评判监测目标的有用微震信号。一般地，通过一段时间的监测，需要结合矿山的生产实践、矿岩的物理力学特性，总结一些最能反映岩石破坏特性的微震信号，如什么频率范围的微震信号最能刻画岩石的破坏。这方面的经验或规律，有助于通过调整频率范围、触发电平门槛值等实现对噪声信号的剔除和对有用信号的提取。

（1）选择频率范围。根据矿山井下作业环境、矿体和围岩破裂的震源特征，探索和掌握一定的规律，选择恰当的监测频率范围，以达到对一些频率范围的无用信号的剔除。

（2）选择恰当的触发电平门槛值。选择不同的触发电平门槛值，实现对某些噪声信号的有效的剔除。在掌握了各种震源的正常振幅大小、能量等特点后，通过系统中的信号分析软件选择不同的触发电平门槛值，过滤一些无用的干扰信号或噪声信号。

（3）系统自动辨识。先进的全数字型微震监测系统在信号处理方面都具有了一定的信号识别与辨识功能，能自动辨识诸如爆破、岩爆等的事件，达到了较高的智能辨识功能。实际应用中，可能根据矿山的工程背景噪声情况，选择一些类型的信号进行自动辨识。发挥系统对信号进行自动辨识的功能，可大大提高对信号处理的效率。

（4）人工波形分析。在上述几种方法的基础上，通过专门的信号分析软件，辅以必要的人工信号分析与处理，对有用信号进行甄别后直接提取。人工波形分析的工作较大，比较繁琐，但它是最有效、最可靠的信号处理方式。

4.1.2.4　矿山作业震源实测分析

对各种矿山作业震源进行测试，监测可能监测到的微震信号，包括岩石破裂产生的微震、爆破、凿岩、通风、铲运机等设备产生震源的信号，记录并保存所有这些信号的波形图。观察各种类型的震源波形的特征，分析波形的有关参数（频率、振幅、能量等），必要时进行频谱分析，根据各种震源的特点，进行波形辨识。根据波形辨识，提取岩石破裂产生的有用震源信号，为进一步的研究提供基础数据。

（1）爆破震源。爆破所产生的爆轰波属典型的压缩波。一般地，当爆轰波在均匀介质中传播时，其初动波只是压缩波，而没有剪切波。但需要指出的是，只有压缩波的震源不一定都是爆轰波。爆破震源波形迅速衰减，这一特点是其与凿岩、局扇和其他机械设备连续作业产生的波形的区别。但是，对于微差大爆破的波形，其波形的持续时间随爆破规模和段数而变化。典型的非微差爆破和微差大爆破的波形如图4-4所示。

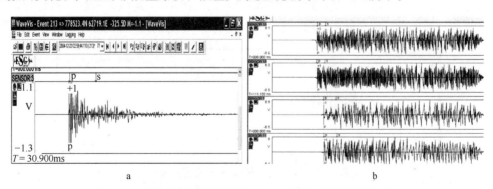

图4-4　典型非微差爆破波形（a）和微差大爆破波形（b）

（2）凿岩作业震源。在正常作业情况下，凿岩具有连续性，冲击频率比较固定，冲击频度也比较固定。因此，波形图具有连续不断、不衰减的特征。同时，凿岩具有地点已知、作业时间段已知等特点，这些都为辨识凿岩震源提供了依据。冲击式凿岩还有一个明显的冲击频度特征，正常工作的冲击频度在 30～40Hz 之间，其冲击频度一般是比较固定的。图 4-5 为"气腿子"冲击 - 刮削式凿岩机凿岩时产生的噪声波形。

图 4-5   凿岩机凿岩波形

（3）铲运机作业震源。铲运机作业具有连续性的特点，铲运机自身的噪声有比较固定的频率范围。因此，可以通过测定不同型号的铲运机在作业时的波形，分析铲运机的波形参数，达到辨识铲运机震源的目的。

（4）电信号。矿山井下配置有大量的照明、动力等电缆，如果微震系统井下的模拟信号部分屏蔽不好时，这些照明和动力电缆等电压源对微震系统的模拟信号部分就会产生干扰。对于照明和动力电源，其频率为 50Hz，且波形连续，振幅稳定。典型的电信号干扰波形表现出波形连续、振幅和频率稳定、无衰减现象的特点，如图 4-6 所示。

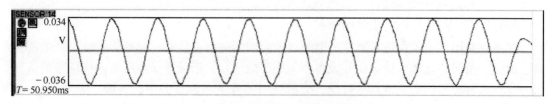

图 4-6   井下动力、照明等电信号波形

（5）岩石破裂产生的震源。岩石破裂产生的震源随破裂的形式不同而有所不同。一般地，对于压剪型破坏，都会产生 P 波和 S 波；对于张拉型破坏，一般只会产生 P 波。不过，S 波不能在空气和水等介质中传播。因此，即使是一个含有 P 波和 S 波的震源，在其传播过程中遇到水或空气等介质时，S 波的传播也会受到阻断；或在通过不连续地质界面时，S 波产生不同程度的衰减而变得不易辨识。此时可能出现一些传感器接收的波形包含 P 波和 S 波，而另一些传感器的波形则只能辨识出 P 波。图 4-7 是微震系统监测到的典型的包含 P 波和 S 波的剪切破裂的微震波，为大爆破后 197s 发生在大爆破采场的余震震源波形。

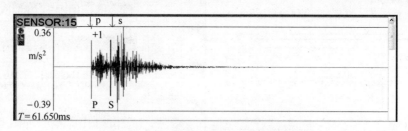

图 4-7   典型的岩体破坏（微震）波形

（6）人工敲击。人工敲击对岩体产生压剪型破坏的震源一般会产生 P 波和 S 波，其波形与微震的波形极为相似，如图 4-8 所示。因此，需要仔细分辨这种干扰信号。一般来说，人工捶击产生震源的能量不大，只在捶击点附近的传感器可以接收得到捶击的信号。

其震级在 -4 级以下，且震动衰减相对较快，震动持续时间一般在几十毫秒。可以根据作业地点、震源点、发震时间和能量大小等经验方法来判断，也可以根据谱分析识别。

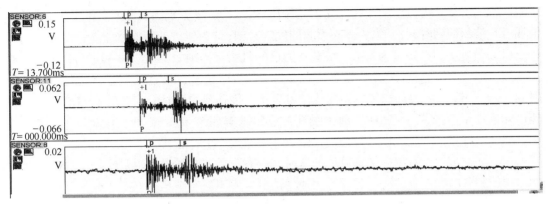

图 4 - 8　人工捶击波形

（7）局扇噪声。在采区内，局扇是常用的通风设备，是噪声源。局扇产生的噪声，会对其附近的传感器产生影响。由于局扇有分段连续性的工作特点，通过专门测定和监听后，可掌握其噪声特点进行识别区分。典型的局扇通风噪声波形连续，比较杂乱。

（8）系统噪声。在正常工作时，由监测系统自身产生的噪声，称为系统噪声。一般地，对于一个电子监测系统，其系统产生的噪声应该是比较确定的，即系统有比较稳定的信噪比。系统噪声的波形图连续，幅值范围比较稳定（图 4 - 9）。

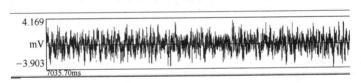

图 4 - 9　系统背景噪声

以上是对波形的直观分析方法。当采用这些方法不能对信号进行分辨时，采用监测系统提供的软件进行进一步的波谱分析是必要的。近年来，全数字型微震监测系统大多配置了较为先进的信号分析处理软件，这类软件提供了对信号的频率、振幅、相位等多种参数进行谱分析的方法。

4.1.3　震源定位方法

微震监测技术的一个重要特点就是能对岩体破裂源实现空间定位，进而确定可能潜在的不稳定区域，对于矿山地压监测、灾害评估和预警等具有重要的作用。另外，震源定位功能扩大了微震监测技术的辅助作用，如人员救助、矿权范围监测、井下偷矿防范监测等。震源定位方法在国内外都有大量研究，目前已有十余种之多，包括几何方法、数学物理方法等，其中时差定位理论分析方法为常用的方法。

4.1.3.1　时差定位方法

在井下待监测区域内布置传感器，以形成合理的监测空间传感器阵列，通过每个传感器的空间坐标与微震波的到时，建立走时方程，求解方程组获得震源位置。距离、速度与走时方程可表示为：

$$\sqrt{(x_i - x)^2 + (y_i - y)^2 + (z_i - z)^2} = (t_i - t)v \qquad (4-1a)$$

式中，x_i、y_i、z_i 分别为第 i 个传感器的三维坐标；x、y、z 分别为震源的三维坐标；t_i 为 P 波或者 S 波的初到时刻；t 为岩体破裂源的发震时刻；v 为岩体的平均波速。

（1）波速 v 为已知且为常数。波速 v 为已知且为常数时，方程（4-1a）中有 4 个未知参数，即 x，y，z，t。那么，震源定位分析不仅要求解震源的空间位置，还要求解发震时间。(x_i, y_i, z_i) 为已知传感器安装位置坐标，传感器的到时 t_i 为系统监测给出。在波速已知条件下，按式（4-1a）给出线性方程组求解四个未知量 (x, y, z, t)。这也说明，理论上针对一个微震事件源的定位最少需要布置 4 个传感器。

在实际监测中，所测得的微震波的走时 t_i 存在误差，这种误差由系统处理过程、介质的非均质和各向异性等造成。那么，监测的走时 t_i 并不同时满足所有的方程，仅依靠 4 个方程不能求得其共同解。因此，至少需要布置 5 个传感器建立 5 个方程，在满足一定目标误差的前提下来求解 4 个未知参量。

对于能提供 P 波和 S 波监测的微震系统，如果采用每个传感器的 P-S 波走时差，再利用式（4-1a）对震源进行求解，可避免求解发震时间 t。于是，只需要 4 个方程可以求解震源的位置坐标 (x, y, z)，即：

$$\sqrt{(x_i - x)^2 + (y_i - y)^2 + (z_i - z)^2} = \Delta t_i^{S-P} \Big/ \left(\frac{1}{v_i^S} - \frac{1}{v_i^P} \right) \qquad (4-1b)$$

式中，Δt_i^{S-P} 为 P 波与 S 波的走时差，由系统监测直接给出；v_i^P 和 v_i^S 分别是 P 波和 S 波的波速。

需要指出的是，采用 P 波和 S 波走时差求解震源位置时，数学方法上较简单，但存在因介质非均质和各向异性导致的波速误差大的风险误差。方程（4-1a）和（4-1b）究竟哪个误差更小，则要根据具体的工程背景、传感器的布置方式来决定。

（2）波速 v 未知但为常数。实际工程中，在波速为常数但是其量值未知的情况下，那么方程（4-1a）中就存在 x、y、z、t、v 5 个参数。此时，要求解这 5 个未知量就必须至少 6 个传感器提供 6 个走时，建立 6 个方程才能求出 5 个未知量。

目前在工程中使用的多通道微震监测系统，一般都会携带超过 6 个以上的传感器，形成空间传感器分布阵列，为定位分析提供 5 个或者 6 个以上的走时值。在有 i（≥ 5）个传感器并根据式（4-1a）建立 i 个方程后，可以采用常用的最小平方直接求解法、最小平方迭代求解法等方法，求解满足一定误差的未知参数值。

4.1.3.2 高桥法及其改进法

高桥法是根据多个传感器数据到时时差，选取一个合适的迭代初值，通过求导获得修正量不断迭代修正，使得其残值函数趋于最小化，取得最优定位解。

对于多通道微震监测系统，在建立起了如同式（4-1a）的方程组之后，就是如何求解该方程组的问题，在误差最小的情况下获得方程组的近似解。高桥（Geiger）方法是一种经典时差定位理论分析方法，也是目前实际工程定位中应用最广泛的一种方法。

A   线性方法

线性定位方法实际上是针对微震参数数据未知量建立相应数量的线性方程组的数学求

解。因此线性定位方法求解快速、便捷，无需进行反复的迭代计算。通常线性定位方法建立在单一速度模型基础上，利用斜直线来表示未知的震源 $h(x_0, y_0, z_0)$ 到传感器 (x_i, y_i, z_i) $(i = 1, 2, \cdots, n)$ 之间的距离来计算地震走时 $T(h)$，则有：

$$T(h) = \frac{[(x_i - x_0)^2 + (y_i - y_0)^2 + (z_i - z_0)^2]^{1/2}}{v} \tag{4-2}$$

式中，v 为整个区域的恒定波速。

式 (4-2) 经过线性化相减消去 x^2、y^2、z^2 之后，震源参数 $\theta = \{t_0, x_0, y_0, z_0\}$ 是以下一组 $n-1$ 个线性方程的最小二乘解，即：

$$A\theta = r \tag{4-3}$$

其中

$$\{A\}_{ij} = \begin{cases} 2(t_{i+1} - t_i)v^2 & (j = 1) \\ 2(x_{i+1} - x_i) & (j = 2) \\ 2(y_{i+1} - y_i) & (j = 3) \\ 2(z_{i+1} - z_i) & (j = 4) \end{cases} \tag{4-4}$$

$$r = (x_{i+1}^2 - x_i^2) + (y_{i+1}^2 - y_i^2) + (z_{i+1}^2 - z_i^2) + (t_{i+1}^2 - t_i^2)v^2 \tag{4-5}$$

式中，i 为传感器编号。

在波速为常数且为已知的情况下，方程 (4-3) 至少需要 5 个传感器参与定位（$n = 5$）才能求解出震源位置参数 $\theta = \{t_0, x_0, y_0, z_0\}$ 的值。线性定位方法在获得数据准确性较高的情况下是一种可靠的定位方法，但在实际工程应用中，由于数据存在误差，造成求解精度不高，无法达到工程需求。

B 改进方法

Geiger 定位方法中关键的一步是初值的选择，如果初值不合理，可能将导致迭代过程的发散，甚至无法求得全局最小值以致影响震源定位。只有当选择的初值足够接近真实解时，才能保证迭代收敛，并通过迭代能够找到时间残值的全局最小值。改进的 Geiger 定位方法就是首先应用线性定位方法进行初步定位，再以线性定位解作为 Geiger 定位方法的迭代初值进行求解定位。

4.1.4 微震震源机制

微震监测技术是通过仪器监测微震源辐射的应力波来研究震源的力学机理，也就是通过现象探索岩体破裂本质的技术。微震震源机制是指微震发生的物理力学过程，是对客观事物（微震事件）发生过程的揭示和认识，也是从事矿山微震监测、灾害预警和灾害防治的基础和前提，是从事矿震研究的理论基础。通过监测到的微震波形信号（现象），开展震源机制（本质）的研究，深入分析发震的内外在诱因、岩体的破（断）裂机理，对于矿山防震减灾具有重要的作用。矿山微震震源机制是理论研究的一个热点和难点。国外在矿山微震的震源机制方面有过长期的研究，并取得了一系列成果，而国内专门从事矿山震源机制方面的研究不多，远远落后于国外的先进研究。

已有的矿山微震研究表明，震源机制的内在因素与天然地震有相似之处，但在外在诱因上存在较大差别。天然地震一般难以抗拒，人类尚无能力驾驭这种灾害，研究天然地震的发震机制的目的是为了认识地震的实质和预报地震的发生。由于矿山微震是人为采矿活动诱发的，因此矿山微震则可以通过调整采矿工艺、停止采矿等手段来减少、降低灾害的破坏性，或消除灾害的发生，也就是说矿山微震可通过工程手段进行控制。

通过实验手段研究岩石的破裂机制是研究矿山微震机制的主要和基本的手段，是理解和认识矿震机制最便捷、最有效的方法。已有的岩石力学室内试验和理论研究，揭示了岩石在外力作用下的动态破裂原理，可以较好地解释震源机制的依据。

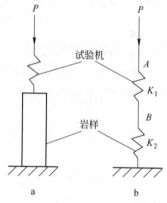

图 4 - 10　试验机－岩样加载系统

4.1.4.1　完整岩石的破坏失稳机理

完整岩石的破坏机理，有助于对微震机理的认识和理解。认识岩石的破坏失稳机理的最有效的手段是通过室内实验研究。常规的岩石力学试验加载系统如图 4 - 10a 所示。在实验过程中，岩样和试验机均受到力的作用，因而都产生变形。假设加载过程是准静的，则组成加载机和岩样的加载系统就可以被两个弹簧所组成的串联系统所代替（图 4 - 10b）。设定试验机的刚度为 K_1，荷载为 P，在 A 点的位移（变形）就是试验机与岩样的总位移（u_0），岩样的刚度为 K_2，在 B 点的位移（变形）就是岩样自身的位移（u），试验机的位移（变形）量为（$u_0 - u$），则压机施加力 P 可用下式表示：

$$P = K_1(u_0 - u) \tag{4-6}$$

这也是弹性范围内试验机的加载曲线方程。同时设定岩样的力－位移关系为：

$$P' = f(u) \tag{4-7}$$

则由于压力机－岩样处于平衡状态，且有 $P = P'$，即得到：

$$K_1(u_0 - u) = f(u) \tag{4-8}$$

式（4-8）是试验机岩样系统的特性曲线，如图 4 - 11 所示。对于处于平衡状态的系统，施加一个扰动力 ΔP，则岩样产生一个相应的位移增量 Δu，在图 4 - 11 中处于 B 点。很明显，只要 B 点未达及 C 点，则系统就是处于稳定的平衡状态。如果 A 点远离 C 点，施加足够大的扰动力 ΔP 产生的应力超过了岩样的峰值强度点 C，则岩样就会破坏。如果系统的平衡状态在 C 的左侧的一个非常小的邻域 ε 内（$\varepsilon > 0$），那么只要一个非常小的扰动力 ΔP，使得当 $\varepsilon \rightarrow 0$ 时，$\Delta P \rightarrow 0$，这时所产生的应力也达到 C 点而使岩样产生破坏，这样的点就是所谓的临界点。

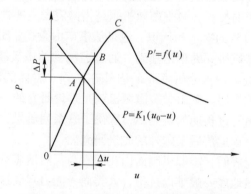

图 4 - 11　试验机－岩样系统特征曲线

由于岩石材料在超过其峰值强度之后具有应变软化效应，因此岩石不稳定破坏的发生与岩石峰值后的力学行为密切相关。在试验机–岩样系统中，外力所做的功为：

$$W = \int_0^u P \mathrm{d}u \tag{4-9}$$

将式（4-8）代入式（4-9）得到：

$$W = \int_0^u K_1(u_0 - u)\mathrm{d}u = K_1 u_0 u - \frac{K_1}{2}u^2 \tag{4-10}$$

岩样的应变能为：

$$U = \int_0^u f(u)\mathrm{d}u \tag{4-11}$$

则系统的总势能 Π 为：

$$\Pi = W - U = K_1 u_0 u - \frac{K_1}{2}u^2 - \int_0^u f(u)\mathrm{d}u \tag{4-12}$$

平衡条件就是：

$$\frac{\mathrm{d}\Pi}{\mathrm{d}u} = 0 \tag{4-13}$$

这时的结果就是式（4-8）。失稳条件为：

$$\frac{\mathrm{d}^2\Pi}{\mathrm{d}u^2} \leqslant 0 \tag{4-14}$$

即有：

$$f'(u) \leqslant -K_1 \tag{4-15}$$

由于岩样在峰值前的斜率是正的，试验机的刚度也定义为正的，那么式（4-15）说明，岩样的刚度必须小于零，即这时处在峰值后的软化阶段；同时还必须使 $|f'(u)|$ 大于试验机的刚度时，岩样才会失稳。为简化起见，假设岩样的力–位移关系为线性的，即：

$$P' = f(u) = K_2 u \tag{4-16}$$

把式（4-16）代入式（4-15）即可得到：

$$K_1 + K_2 \leqslant 0 \tag{4-17}$$

即说明 $-|K_2| \geqslant K_1$ 时才会失稳。如图 4-12 所示，此时岩石就会产生强烈的破坏，即是所谓的"动力失稳"或称为矿震或岩爆现象。

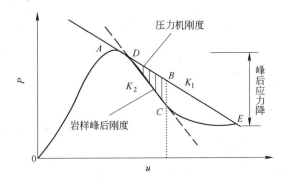

图 4-12　压力机–岩样峰后刚度关系

需要指出的是，这里的理论分析仅仅是从力学角度对岩石试样在受压过程中的动力破坏机理的解释。由于微震震源机制的复杂性，各种震源的力学破坏机理各不相同，上述的理论解释不能涵盖各种不同微震源的破裂机理，但总体上可以帮助人们理解岩石的动力破坏机制。比如从这个"试验机－岩样"模型中，可以这样来理解工程中岩体动态破坏：把破坏区域内的岩体视为"试验机－岩样"模型中的岩样，而把破坏区域之外围的岩体视为"试验机"，将这两部分岩体所对应的刚度分别理解为"岩样刚度"和"压机刚度"，其动态破坏原理就与上述的"试验机－岩样"模型的破坏原理有相同的理论解释。如果是断层的剪切滑移破坏，则只要把断层作为"岩样"看待，同样可以根据上述"试验机－岩样"模型得到很好的解释。

4.1.4.2　典型的矿山微震破坏模式

到目前为止，有许多专家进行过矿山微震震源机制的研究，如 Gibowicz、McGarr、Spottiswoode 和 Hasegawa 等人。矿山微震震源机制的研究，最早始于对天然地震机理的研究，一些对天然地震研究的成果被直接应用到了矿山微震机制的研究之中。与天然地震震源机制研究相比，矿山微震震源机制的研究有其优越性，这就是矿山的一些岩体破裂产生的微震现象是可以直接进行观察的，这有助于更好地研究矿山震源机制。对于矿山开采来说，岩体动态破坏形式较多，Hasegawa 等人总结了能够诱发矿山微震活动性的 6 种可能的破坏形式，图 4－13a、图 4－13b、图 4－13c 三种模式可用非双力偶奇异性进行描述，即分别对应点荷载奇点、极奇点和拉伸破裂。另外的图 4－13d、图 4－13e、图 4－13f 三种断层破坏模式，即正断层、俯冲断层和近水平浅俯冲断层，具有共同的剪切滑移型破坏的震源机制，它们可以用双力偶震源机制来表达。

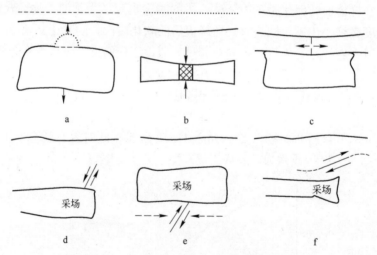

图 4－13　岩体破坏诱发的微震活动模式

a—采空区冒落；b—矿柱冲击；c—张性断裂；d—正断层；e—俯冲断层；f—近水平浅俯冲断层

在解释震源机制方面，Gilbert 首先引入矩张量的概念，即定义矩张量为等效体力的一阶矩。由微震震源激发的简谐振动型的振幅是地震矩张量 6 个独立分量的线性函数。特别是震源位置已知时，地震矩张量可以将震源线性参数化。

可以定义一个格林函数 G，表示作用在点源上单位力在该点所产生的位移，可以通过地震矩张量表示震源在给定点的位移量大小，表达式如下：

$$u = GM \tag{4-18}$$

式中，u 为给定点位移矢量；G 为格林函数；M 为地震矩张量。

　　两个大小相等的力矢量f，作用点相距为d，作用在相反的方向上，叫做力偶。力矢量的作用点的距离可以是沿着与力垂直的方向，在这种情况下，转矩不为零。但当存在一个补偿力偶来平衡这些力时，它能使净转矩为零，这样形成的力偶叫双力偶。

　　地震矩张量在直角坐标系中可由9个不同力偶组成，如图4-14所示。各个矩张量分量分别为双力偶力矢量f与d的乘积，对于一个点源，当d趋向零时，其f与d的乘积趋于一个常数，这9个不同分量可以定义为矩张量M：

$$M = \begin{bmatrix} M_{xx} & M_{xy} & M_{xz} \\ M_{yx} & M_{yy} & M_{yz} \\ M_{zx} & M_{zy} & M_{zz} \end{bmatrix} \tag{4-19}$$

　　角动量守恒的条件要求M是对称的（即$M_{ij} = M_{ji}$），因此，M只有6个独立的分量（图4-14）。地震矩张量第一个下标代表力偶的方向，第二个下标代表着这对力偶间力臂的方向。例如地震矩张量分量M_{xy}表示在x轴方向上的力偶乘以在y轴方向上的力偶间距。

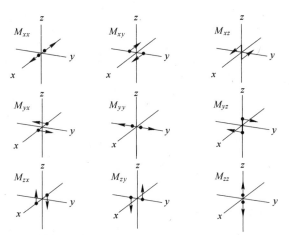

图4-14　各种不同力偶在空间组成的矩张量分量

　　通过上述的矩张量分量，可以将所有震源矩张量分解成9个分量构成。根据这9个分量特征不同，代表震源机制解也是完全不同的，这里仅给出矿山微震监测中最典型的爆破和剪切破坏模式的震源机制，如图4-15所示。

　　纯爆破震源模型如图4-15a所示，震源向周围形成挤压，初动波形被传感器监测到的地震波信号起跳点均向上，表示均为压缩波，而无剪切波存在。因此，在纯爆破震源模型震源机制解中，9个矩张量分量中6个表示剪切矩张量的分量均为0，最终可以简化为由对角线3个轴向矩张量分量表示，见图4-15a中的矩阵表示。

　　理想纯剪切震源模型如图4-15b所示，剪切面沿在x和y轴方向，xy平面内存在2对双力偶。监测P波初动玫瑰图（xy平面）如图所示，形成一、三象限向内压缩，二、四象限向外压型玫瑰图。根据剪切面特征，震源矩张量的9个分量中仅存在有xy平面内2个剪切矩张量分量，其他7个分量均为0，因此，该种理想剪切模型震源机制解中，可简化如图4-15b中的矩阵表示。

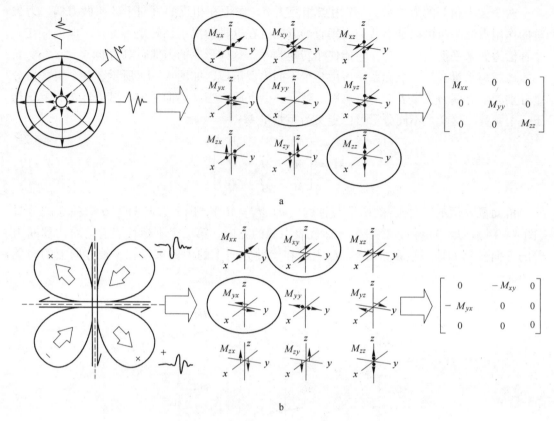

图 4－15   两种典型的矿山微震震源模型

a—爆破模型震源模型；b—理想剪切模型震源模型

4.1.5   微震参数量化分析方法

矿山微震监测的目的是通过对监测目标范围长时间的连续监测和分析，掌握监测目标范围内的应力场的动态变化，分析监测范围内的异常群体的时空综合特征及其演化过程，进一步研究对矿山灾害的机理与预警方法。微震量化分析就是依据监测到的微震事件的相关参数，从理论上研究微震发震机理、震灾预警机制。与常规的压力（应力）、位移（应变）监测所不同的是微震监测所得到的量是物理量，不是直接力学量，不能对岩体工程的稳定性、灾害的预警进行直接的评价和分析。因此，必须在微震监测的基础上建立微震监测的物理量与力学量之间的量化关系，实现对岩体动态破坏的有效预警。由此可见，微震监测技术中微震参数的量化分析方法，就成为微震监测应用技术研究的最基本和最重要内容之一。

4.1.5.1   地震波

地震波参数是微震事件最基本的参数。描述地震波的类型包括体波、面波等。体波包括纵波和横波，它们都在介质内部传播，其传播是三维的。面波则是体波传播到介质表面或分界面附近时所产生的界面波，其传播是二维的。微震监测系统只涉及体波参数。

A   波速

纵波是压缩波，质点振动方向与波的传播方向一致，并往返振动，是包括体积变化的疏密波或压缩波，其特点是振幅小、周期短、传播快。纵波既可以在固体中传播，也可以在液体和空气中传播，横波波速 v_P（m/s）为：

$$v_P^2 = \frac{K + (4/3)\mu}{\rho} \tag{4-20}$$

式中，K 为体积模量，MPa；μ 为剪切模量，MPa；ρ 为介质密度，kN/m³。

横波的质点震动方向与波的传播方向垂直，它是使质点相互关系发生畸变而无体积变化的剪切波。横波只能穿过固体介质，不能在液体和空气中传播。横波 v_S（m/s）的计算公式为：

$$v_S^2 = \frac{\mu}{\rho} \tag{4-21}$$

由以上分析可知，岩层中任意一点的波的传播速度与该点的介质性质（弹性和密度）有关，波在刚性物质中的传播速度比在塑性介质中的传播速度快。因此，当介质性质变化时，波速将随之改变，但不管如何改变，任一点上的 v_P 总是大于 v_S。横波不能穿过液体和空气也是一个重要的特性，当一个含有纵波和横波的震动在穿过液体或空气后，横波被"过滤"掉，而只剩下纵波。

在式（4-20）和式（4-21）中，K 和 μ 可按下式计算：

$$K = \frac{E}{3(1 - 2\nu)} \tag{4-22}$$

$$\mu = \frac{E}{2(1 + \nu)} \tag{4-23}$$

式中，E 为介质的弹性模量，MPa；ν 为介质的泊松比。

凡口铅锌矿前期研究已获得了各种岩石的密度、弹性模量和泊松比等参数指标，根据这些指标，即可由式（4-20）~式（4-23）而求得岩石中的声传播速度，也可由式（4-20）~式（4-23）导出波速的一般表达式。

$$v_P = \sqrt{\frac{E(1 - \nu)}{\rho(1 - 2\nu)(1 + \nu)}} \tag{4-24}$$

$$v_S = \sqrt{\frac{E}{2\rho(1 + \nu)}} \tag{4-25}$$

B　振幅和角频率与相位

对于一个简谐振动波形，如图4-16所示，在某一时刻其对应的振动方程用余弦函数表示为：

$$y = A\cos(\omega t + \varphi_0) \tag{4-26}$$

式中，A 为振幅，mm 或 mV；ω 为角频率，rad/s；φ_0 是初始相位角，rad。

C　频率与波长

频率是震源产生的弹性波传播过程的震动频率 f（Hz），是周期 T（s）的倒数，其表达式为：

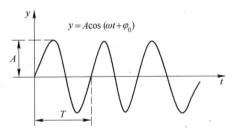

图4-16　典型的简谐振动波形

$$f = \frac{1}{T} \tag{4-27}$$

D 波长、速度、频率、角频率之间的关系

根据上述概念，波长、速度、频率、角频率之间存在一定的关系，可以得到下列关系式：$\omega = 2\pi f$，$\lambda = vT$，$v = \lambda f$。

4.1.5.2 微震量化分析的主要参数

A 地震矩

地震矩是基于剪切位错震源模型参数定义地震强度的一种量度，其物理概念和意义明确，是直接力学量的表达，有明确的震源物理概念，是一个绝对力学标度。其表达式为：

$$M_0 = \mu \bar{u} A \tag{4-28}$$

式中，μ 为震源的剪切模量，MPa；$\bar{u}$ 为横跨断层的平均位错，m；A 为断层面积，m^2。

但是，微震监测的不是直接的物理量，因而式（4-28）中给出的量不能直接由微震监测系统测出，一些学者就建立微震监测物理量和地震矩的关系方面开展了较多的研究，如 Hanks 等人采用下式计算地震矩：

$$M_0 = \frac{4\pi\rho_0 v_0^3 R\Omega_{0c}}{F_c R_c S_c} \tag{4-29a}$$

式中，ρ_0 为震源介质密度，kN/m^3；v_0 为震源处 P 波与 S 波波速，m/s；R 为震源至接受传感器之间的距离，m；Ω_{0c} 为纵波或横波的低频远场位移谱幅值，无量纲，其值可通过波的频谱分析求得，如图 4-17 所示；F_c 为波的辐射系数，无量纲；R_c 为 P 波或 S 波自由面放大系数，无量纲；S_c 为场地修正系数，无量纲。

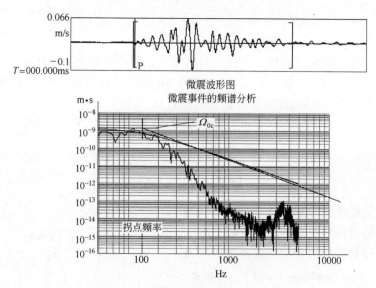

图 4-17 低频远场位移谱幅值分析

在不考虑 R_c、S_c 的影响时，即 $R_c = S_c = 1$ 时，式（4-29a）可简化为：

$$M_0 = \frac{4\pi\rho_0 v_0^3 R\Omega_{0c}}{F_c} \tag{4-29b}$$

B 震级

地震震级是表示地震本身大小的尺度，其数值是根据地震仪记录的地震波图来确定的。地震震级的原始定义为里克特（C. F. Richter）提出，是采用伍德-安德森扭力式标

准地震仪在距震中100km处记录的、以微米（10^{-6}m）为单位的最大水平地动位移（单振幅），用下式表示：

$$M = \lg A_{max} - \lg A_0 \qquad (4-30)$$

式中，A_{max}为待定地震的两个水平分量中的最大振幅的算术平均值；A_0为标准地震在同一震中距上两个水平分向最大振幅的算术平均值。里克特定义在距离震中100km处之观测点标准地震仪记录到的最大水平位移为$1\mu m$的地震作为0级地震。由此可以看出：震级可以是正数、负数和零。目前矿山微震系统监测范围可以达到-3级以下的微小震事件。

根据前述地震矩概念，还常用地震矩震级来表示震级大小。其计算公式为：

$$M = \frac{2}{3}\lg M_0 - 6.0 \qquad (4-31)$$

由于地震矩表达式（4-28）是直接的力学量表达式，有明确的物理意义，因此在现代地震学的学术研究中大多采用地震矩震级来表达地震震级的大小。近年来，矿山微震研究中也越来越多地采用这个量来表达微震震级的大小。

C　地震波能量

地震波能量是指一个地震辐射出来的总弹性能值，是地震前后总弹性能的一部分。由于在实际应用中地震波能量能更好地描述地震对工程结构（建筑物等）的破坏潜在影响，因此它是最常用的一个描述地震的参数。在地震监测分析中，常规的方法是从测定地震矩、拐角频率、谱衰减等来计算辐射能量，但现在更多的是采用辐射能通量的方法来计算地震能量，矿山微地震也采用这种方法。微震震源以P波和S波的形式辐射出的能量E_c可用下式表示：

$$E_c = 4\pi\rho_0 v_0 F_c^2\left(\frac{R}{F_c R_c}\right)^2 J_c \qquad (4-32)$$

式中，J_c为P波或S波的能量通量，J/(m$^2 \cdot$s)。

D　峰值质点速度

峰值粒子速度是评价由爆破、岩爆等诱致的地下工作面和结构破坏的主要依据。根据国外大量矿山微震研究，峰值粒子速度与震源的能量、震源的距离等参数有关。

$$\lg(R\hat{v}) = aM + b \qquad (4-33)$$

式中，R为震源距离，m；$\hat{v}$为峰值粒子速度，m/s；M为震源大小（震级或能量）；b为常参数。

峰值质点速度还可以通过爆破测震方法来确定，其分析计算公式如下：

$$\hat{v} = K\left(\frac{R}{W^{1/3}}\right)^n \qquad (4-34)$$

式中，K为常数；W为炸药质量，kg；n为衰减因子。

E　品质因子

品质因子Q是反映弹性波在岩体介质中传播时的耗散性能的一个无量纲参数，是度量岩石介质的黏性性质所导致的弹性波的衰减的一个参数，是地震学研究的一个重要参数指标。Q值的定义为存储在震荡系统中的应变能与一个周期内耗散的能量之比，用公式表示为：

$$Q = \frac{2\pi\overline{W}}{\Delta W} = \frac{\pi f}{\alpha v} \qquad (4-35)$$

式中，Q 为无量纲；$\overline{W}$ 为峰值应变能，ΔW 为每周期内的能量损耗，J；α 为振幅衰减系数，无量纲；v 为波速，m/s。

由此可见，Q 值的大小表明了介质传播弹性波的性能。Q 值越大，则能量损耗小、波的衰减小；反之，Q 值越小，则能量损耗大、波的衰减快。国外矿山微震监测研究表明，在地下矿山微震监测中对于岩体而言品质因子 Q 值的范围可在 200~1000 内变化。

F 应力降

应力降是指剪切面或断层面上在震前的初始应力和震后的应力之差，反映震源处应力的释放程度。

$$\Delta \sigma = \sigma_0 - \sigma_1 \tag{4-36}$$

式中，σ_0 为震前应力或初始应力，MPa；σ_1 为震后应力或最终应力，MPa。

平均应力为：

$$\overline{\sigma} = \frac{\sigma_0 + \sigma_1}{2} \tag{4-37}$$

平均应力与地震能量之间的关系为：

$$E_{\mathrm{s}} = \eta \overline{\sigma} \frac{M_0}{\mu} \tag{4-38}$$

式中，E_{s} 为地震波能量或地震波辐射能量，J；η 为微震效率系数，无量纲。

在微震监测系统中，不可能直接按照式（4-36）监测应力降的值。微震监测系统中采用的静态和动态应力降的计算方法分别为：

$$\Delta \sigma = \frac{7M_0}{16r_0^3} \tag{4-39}$$

$$\Delta \sigma_{\mathrm{d}} = 2.50\rho R a_{\max} \tag{4-40}$$

式中，r_0 为震源半径，m；R 为距震源的距离，m；$a_{\max}$ 为峰值质点加速度，m/s²。

G 视应力

视应力是反映出微震监测所在区域内应力场的大小的一种表象应力值，可作为该区域绝对应力水平的一个间接估计。视应力是地震波辐射能量和地震矩的比值，可表达为：

$$\sigma_{\mathrm{app}} = \eta \overline{\sigma} = \mu \frac{E_{\mathrm{s}}}{M_0} \tag{4-41}$$

4.1.6 应用实例

长沙矿山研究院自 21 世纪初在凡口铅锌矿建立我国第一套全数字微震监测系统，相继在湖南柿竹园多金属矿、江西香炉山钨矿、云南大红山铁矿和河南洛钼集团三道庄露天矿等多个矿山应用了多通道微震监测技术。监测对象包括应力集中、矿柱破坏、采场大冒落、特大采空区稳定性、露天边坡稳定性、采场上覆岩层移动和地表塌陷范围、大爆破对矿柱稳定性影响等，取得了较好的应用效果。其中在柿竹园多金属矿针对特大采空区条件下大规模崩落采矿工程的全数字型多通道微震监测技术具有典型代表性。

4.1.6.1 柿竹园多金属矿微震监测系统

为了有效回采矿柱资源及受空区影响的矿体资源，柿竹园多金属矿采用崩落法回采矿柱及上覆矿体。矿山应用了多通道微震监测技术，全天候实时监测开采过程中的地压显现特征、崩落的范围及其发展趋势、采空区上部顶板冒落以及待采矿柱稳定性等，以预防灾害性事故发生，确保矿山安全生产。

　　采用的微震监测系统由地表监测站、井下微震监测系统、井下传感器三大部分组成（图4－18）。监控计算机建在地表；6套微震监测数据采集仪（Paladin单元）分别安设在井下514m水平、558m水平和630m水平，携带36个单轴加速度传感器，分别布设在514m、558m和630m三个中段内，每个中段布置12个传感器。在每个传感器与Paladin系统之间为模拟信号传送，采用的是单对屏蔽电缆线相连；Paladin与地表监测站之间以及Paladin之间的数据传送则为光信号传送，采用铠装4芯单模光缆连接。

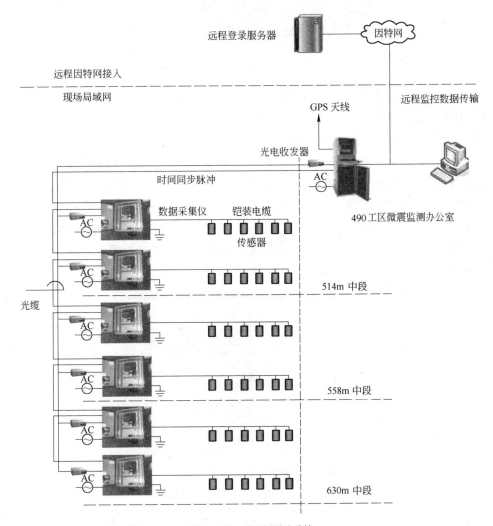

图4－18　微震监测系统

　　由于传感器布置的合理性直接影响到监测的效果，针对各个水平的传感器布置，在进行初步设计后，再次进行理论分析调整传感器的位置，以达到主要监测范围在传感器阵列的包络范围之内（图4－19）；监测范围内的定位误差最小；在确保达到目标定位误差的前提下使得监测范围最大。

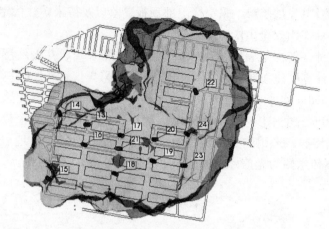

图 4 - 19 558m 水平传感器的空间布置位置和 10m 误差包络面

4.1.6.2 大爆破诱导悬顶崩落监测

A 大爆破监测背景

柿竹园多金属矿采用井下协同大爆破回采矿柱。由于上覆岩层厚大、岩体坚固、节理裂隙不发育，在回采过程中采场上部岩层的自然崩落难度大，逐渐形成了悬顶覆盖岩层。矿山在 2012 年 6 月实施的 419t 炸药量的大爆破，将诱导崩落这一悬顶覆盖岩层。

微震监测系统监测到的大爆破微震波形如图 4 - 20 所示。连续采集脉冲信号图显示监测到强烈的微震信号，接着后续出现大量诱发岩体破裂定位事件，前后持续时间大约 5min，之后微震定位事件逐步趋小。上部厚大垂悬覆盖岩层于大爆破后 3min54s 产生了突发性大范围垮塌。

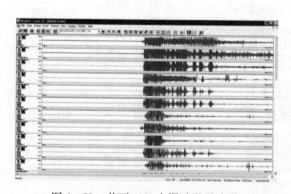

图 4 - 20 井下 419t 大爆破微震波形

B 诱导崩落悬顶岩层监测分析

大爆破后，井下停止任何生产作业和人为活动，没有任何的干扰事件，所有微震事件都为岩体破裂导致。因此，可以通过微震监测定位分析，清晰直观的反映大爆破后岩体破裂产生余震的时空变化规律。微震监测系统在大爆破后给出定位事件总数为 85 个，不包含爆破事件。图 4 - 21 为上部悬顶岩层垮塌监测波形。悬顶岩层垮塌崩落的持续时间大约为 5s，监测波形显示有明显的 P 波和 S 波，为典型的剪切滑移破坏形式。

根据微震事件矩阵震级及相互间的距离关系统计分析，进行了大爆破后余震震级及距

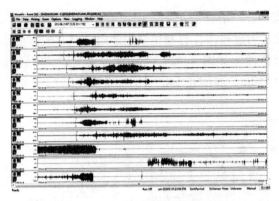

图 4 - 21　悬顶垮塌波形信号

离分布统计分布分析。所有 85 个定位事件统计如图 4 - 22 所示。从图 4 - 22 中可以看出除了上部悬顶岩层垮塌事件矩阵震级超过 0 级以外，其他所有事件矩阵震级全部分布在 - 2.5 级至 0 级范围内，也与正常井下破裂事件能级范围相符，这表明大爆破后井下没有产生比上部悬顶更大能级的垮塌事件。

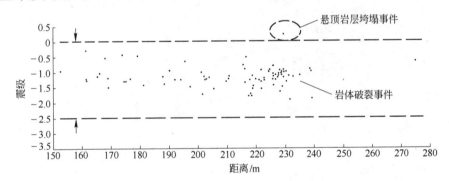

图 4 - 22　余震定位事件震级 - 距离分布

对微震系统监测到的 85 个微震事件进行了震级与发震时间之关系分析（图 4 - 23）。从时间域上看，定位事件主要集中在大爆破后约 10min 以内，后续 1.5h 只有零星的 3 个事件。因此，可以认为大爆破后应力重分布引起井下较大的破裂与坍塌主要集中在爆破后 0.5h 以内。

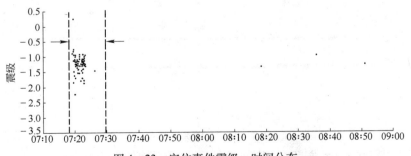

图 4 - 23　定位事件震级 - 时间分布

大爆破后余震定位事件在空间分布上主要集中在两个区域（图 4 - 24）。Ⅰ区事件比较零散，没有明显的聚集效应，事件数量也比较少，事件能级普遍偏大，说明大爆破后该区域产生大能量的岩体开裂、滑移或坍塌，但没有形成明显的整体破裂面，如图4-24a所示。Ⅱ区定位事件数量明显较多且有明显聚集倾向，具有较多的小能级事件，在空间上形成一个明显的断层滑移面，如图4-24b所示。这表明上部悬顶沿一明显滑移面垮塌，该滑移面斜跨长度约为150m，高度在640~780m范围内。

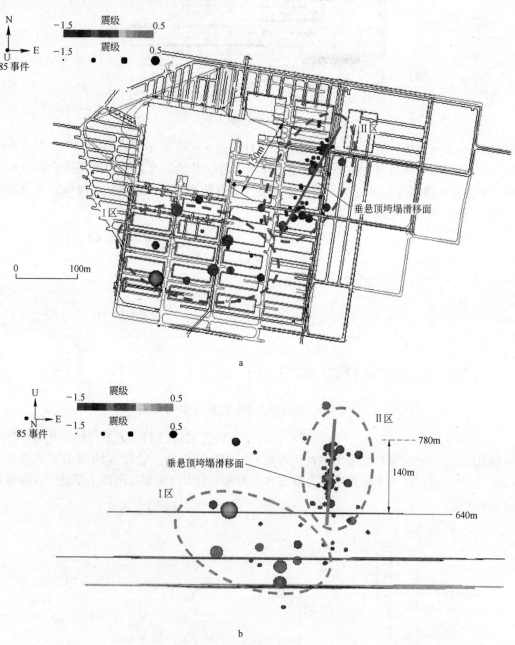

图4-24　余震事件分布

a—余震定位事件平面分布；b—余震定位事件侧面分布

C　微震定位监测误差分析

通过对85个余震事件震源的空间定位误差进行的分析表明（图4-25），大多数事件的定位误差都在 25m 以内；全部微震事件源定位误差平均值为 22.31m，标准方差为 19.38m，其峰值模态误差仅为 7.5m。统计分析表明，微震系统对微震事件源的空间定位具有较小的误差，有较高的定位精度。

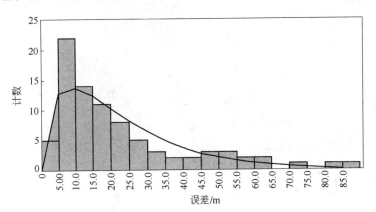

图 4 - 25   定位事件误差统计

每个震源事件在空间上是一个点震源，具有唯一的空间坐标，但实际上岩体破坏微震事件源不是一个点，而是具有一定的破裂半径的空间区域。根据事件源挪动误差空间图，外围的包络面表现出来的是一椭球形状，具有明显的方向性，当聚集事件椭球体倾向统一形成一个面时，可以清晰描述出该聚集事件群可能存在的破裂或滑移断层面的位置及产状。为此，对余震事件的震源进行了空间误差分析（图 4 - 26）。从图 4 - 26a 中可以看出，大爆破事件的椭球体半径较大，其椭球体主要走向为东西向，与大爆破实际爆破区域相符。从图 4 - 26 中各个微震事件源椭球体来看，聚集事件椭球体具有近似一致的方向性，并形成一个倾斜的聚集平面，为一明显的滑移面。说明该事件群椭球体已经在某一面连成宏观破裂面，进而形成上部垂悬顶垮塌滑移面。

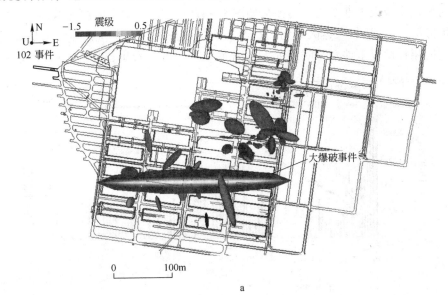

a

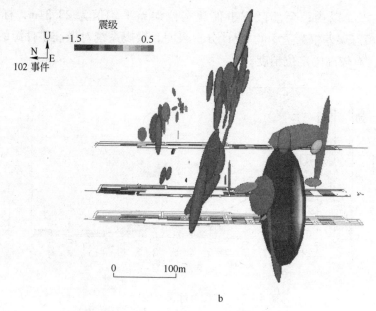

图 4 - 26　定位事件误差空间椭球体分布

a—定位事件误差空间椭球体的平面分布；b—定位事件误差空间椭球体的立面分布

4.1.6.3　放矿对矿柱稳定性影响

　　柿竹园多金属矿于 2011 年 3 月 25 日在 2 盘区 610m 水平到 630m 水平的 K2 - 5 进行了装药量约为 40t 的大爆破。大爆破后，由于受周围崩落矿石的一定的包裹支撑作用，已破裂岩体暂时处于一个相对的平衡状态，开裂缝扩展趋于平缓。但随着破裂矿柱附近 K2 - 4、K3 - 4 与 K3 - 5 矿房持续出矿，使得崩落矿石对破裂矿柱的包裹支撑作用力减小，破裂矿柱开始向东与向下滑移，开裂缝重新扩展活动。为了掌握放矿过程对地压的影响，利用多通道微震系统对监测范围内的矿柱破裂状况进行了 3.5 个月的实时、连续监测，累积出矿量与矿柱中微震事件率变化的关系如图 4 - 27 所示，其中，虚线是 K2 - 4、K3 - 4 与 K3 - 5 矿房从 "3·25" 大爆破后到 "7·9" 大爆破前累积出矿量；柱状图是破裂矿柱附近传感器的累计微震事件率时间序列。由图 4 - 27 中可以看出，从 "3·25" 大爆破到 5

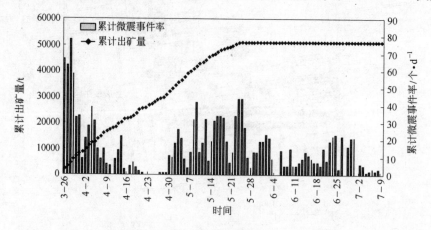

图 4 - 27　放矿与矿柱中微震事件之间的关系

月 24 日，该区域保持着近似匀速的出矿速度，出矿对破裂矿柱稳定性的影响在 5 月初开始显现出来。由于破裂矿柱中微震事件的持续活动，周边矿柱中产生了明显的开裂、片帮等严重的地压现象，为了确保矿柱稳定性和矿柱中后续的凿岩安全，5 月 24 日之后矿山便停止了该区域的出矿。停止出矿之后，微震事件随之便逐渐减小并最终处于一种较低的活动水平，矿柱中的开裂与片帮地压现象也得到了有效的控制。

4.2 沉降、岩移与应力监测

4.2.1 地表沉降监测

矿山岩移监测包括地表岩移监测和井下岩移监测。一般结合理论分析法、物理模拟与数值模拟法，对岩层移动监测结果进行综合分析，从而实现对矿山工程及环境的监测预警。

地下开采会造成岩体应力重新分布，从而使扰动岩体甚至地表产生移动变形和非连续破坏，研究矿体开采引起的岩层移动规律，减少和控制开采损害是矿岩松软破碎、地表环境复杂等难采矿床开采的重要工作。一般地，需要通过定期观测和应急观测，结合历年来岩层移动观测的成果资料，反算地表最大下沉系数、水平移动系数等实际参数，预计地表下沉、倾斜、曲率、水平移动和水平变形值，以进行地表下沉和水平移动、地表塌陷、开裂等破坏性地压活动的预报，以改进和完善地压控制方案和地表建筑物的保护措施。

岩移监测方法主要有地表沉降水准测量（采用水准仪、经纬仪等）、水平移动测量（采用激光测距仪、全站仪等），以及地表陷落区综合观测（包括采用摄影测量、全站仪扫描和 GPS 定点和观测等）。

岩层移动研究方法主要有实测研究法、理论分析法、物理模拟与数值模拟法以及可视化预警技术等。

4.2.1.1 岩层移动发展过程

A 岩层变形形式

一般地，岩层变形、移动的主要形式有：

（1）弯曲：当矿体采空后，上部各分层岩石即因自重作用开始沿矿层法线方向向采空区依次弯曲，从而引起伸张变形。

（2）冒落：指岩石从整体岩层中分离并成块掉下，使岩石不再保持层状，这是移动过程中最剧烈的移动形式。

（3）剪切：由于各层岩石产生独立的弯曲，因此在层面之间产生相互的剪切移动，这在倾斜及急倾斜岩层表现更明显。

（4）塑性流动：表现为岩石向采空区压出，底板隆起等，以及在支承压力区内岩层的厚度会变薄，塑性流动时一般连续性并不破坏，这一移动形式是引起采空区界线以外的岩层和地表移动的主要原因。

根据国内外矿山岩移特点，矿山地表沉降监测，主要针对岩层弯曲、变形、破坏和崩塌，特别是定量地预测矿山开采引起的上覆岩层冒落高度、各岩层破坏动态，以及地表移动变形与塌陷范围。

B　岩层移动特征

岩层移动特征是地表与岩层移动过程的主要表现形式。一般根据矿床的岩层赋存条件描述岩层的移动特征。

a　水平或缓倾斜矿层上覆岩层移动特征

随着采空区的形成和扩大，直接顶板即和上部岩体分离（层离现象），并沿层面法线方向弯曲，上部各岩石分层也依次层离和向下弯曲。如果采空区面积和采深相比显得很小，且上部岩层中有很厚的坚硬岩石，则岩层的层离过程不能达到地表。此时上部岩层即成悬顶状态。当采空区很大时，岩层的移动很快达到地表。

直接顶板弯曲后，出现裂缝并断裂成碎块，产生冒落。第 1 层冒落后，第 2、第 3 层也依次产生冒落，一直发展到上部岩层在弯曲后能得到碎胀了的冒落岩石的有效支承为止。按照这一观点，可认为冒落带高度可近似地用经验公式表示：

$$H_{冒} = \frac{m}{(k-1)\cos\alpha} \tag{4-42}$$

式中，m 为矿体采出厚度，m；k 为岩石碎胀系数；α 为矿体倾角，(°)。

岩层移动结束后，整个上覆岩层中按其破坏情况分成三个带：冒落带、裂缝带、弯曲带。冒落带由直接顶板破碎成块形成。裂缝带的岩层压在冒落带上，并产生较大的弯曲和变形，因而出现裂缝乃至断裂，中央部分甚至破裂成块而相互间可自由移动，但仍保持其层状结构，层面仍和原来岩层面平行。离采空区的距离越大，岩石内的破坏程度越弱，裂缝逐渐消失到达弯曲带，此带内岩层呈平缓弯曲，没有破裂。上述分带在实际情况中并无很明显的界限，而且不一定三带同时存在。

b　倾斜矿体上覆岩层移动特征

倾斜矿体和水平矿层的主要区别在于各层岩石产生层离并向下弯曲时，自重力可分解为沿矿层法线和沿层面的两个分力。法线方向的分力则引起岩层法线方向的弯曲，这和水平矿层相似；沿层面的分力则引起岩层面的剪切移动，即有一个沿层面向下的移动分量存在。岩层内整体移动范围向下扩展，内部存在充分移动区。

c　急倾斜矿层围岩移动特征

急倾斜矿层围岩移动特征的主要特点是采空区内冒落岩石向下自由坠落，区下部容易被冒落岩石充满，上部形成空区。这就加剧了上部岩层的移动，有时产生沿矿层面向下的冒落并直达地表。岩层冒透地表后，向采空区形成层离并弯曲时，岩层的一端处于无支承状态，因此呈悬臂梁式的弯曲，于是在地表形成台阶裂缝。

C　金属矿床岩层移动发展过程

金属矿床的矿体形态变化很大。按矿体形状统计，层状矿体占 27%，透镜和透镜状矿体占 24%，脉状矿体占 31%，其他为柱状及复杂形状矿体。按矿体倾角统计，急倾斜矿体约占 75%。按围岩结构统计，层状岩石占 62%，非层状岩石占 38%。按围岩的硬度统计，$f<5$ 的软岩占 14%，$f=5\sim10$ 的中硬岩石占 57%，这两类多为层状岩石；$f>10$ 的硬岩石约 30%，多为非层状岩石。

金属矿床岩层移动的发展与煤矿有很多不同之处。产生差异的原因主要是地质条件和采矿工艺两方面各有不同之处。地质条件方面，金属矿床的矿石和围岩较硬，不易冒落和破坏，矿体延深大、形态变化复杂，并且构造断层多，裂隙发育。在采矿工艺方面，主要是采矿方法和顶板管理方法不同。金属矿山的采场水平面积相对较小，连续采空区的水平面积不很大；煤矿因煤层水平面积大，则采空区水平面积很大，在开采过程中除通过人工支护顶板在采场保持不大的工作空间外，其余部分的顶板要求及时垮落，因而促使上覆岩层及地表迅速而有规律地移动。

正因上述差别，金属矿床岩层移动的规律更为复杂。随着我国金属矿山开采范围不断扩大，在一些矿山相继发生大面积的岩层和地表移动现象，以致引起井巷和地面建筑物的破坏，造成矿石大量损失等严重的后果。

对于金属矿山岩层移动的发展过程，可以归纳为以下4种典型情况。

（1）缓倾斜层状矿体。以锡矿山为例，矿床为缓倾斜，呈似层状，厚度从薄到中厚，矿体走向长1500m，倾斜长2000m，埋藏深度30～250m。上覆岩层主要是灰岩和页岩。过去多用房柱法开采，矿房倾斜长度为40～60m，矿房宽度10～15m，矿柱直径3～5m。

由于采空区内留有大量矿柱，初期无明显的大规模岩移现象。随着采空区面积的积累，再加上矿柱长期承受载荷，矿柱岩体的流变效应和应力集中效应，导致个别矿柱首先破坏。一旦有矿柱发生破坏，则该矿柱所担负的载荷就转移到相邻矿柱上，因而容易导致相邻矿柱破坏。如此连锁反应形成上覆岩层大面积移动，甚至地表整体移动。1965年5月锡矿山东部大面积的岩层和地表移动，具有突发性质，伴随有剧烈的响声，冒落面积达3.4万平方米，地表同时出现裂缝、下沉，形成大面积的移动盆地。相隔7个月后，中部采空区又发生大面积冒落和岩层移动，使东部和中部的采空区和移动盆地连成一片，然后又进入缓慢移动过程。之后又相继发生过两次剧烈的冒落和移动，使移动区和移动盆地周期性地发展和扩大。直至采用水砂充填采空区，有效地控制了岩层移动，没有再发生大规模的剧烈移动。

（2）急倾斜厚矿体。以弓长岭铁矿通洞区矿床为例，该矿床成因属沉积变质类型，围岩为绿泥石片岩（$f=3\sim4$）、角闪岩（$f=8\sim9$）、石英片岩（$f=11\sim12$），矿石为磷铁矿（$f=6\sim9$）、磷铁贫矿（$f=11\sim12$）。矿体呈层状，厚度5～49m、倾角70°～80°。在标高20m以上的中段均采用不留间柱的水平分层充填法（即按矿体厚度沿其走向全面拉开，不留间柱和底柱，只留6m顶柱的水平分层充填法），在-20m及以下则按一定间隔留有间柱。由于充填不完全，早期老采空区达22万立方米，因而导致顶柱、间柱垮落，上下盘岩体向空场移动。1964年到1978年末，最大下沉达13.8m。

地表的裂缝大部分与断层面和节理面重合。可以认为赋存于岩体中的结构面对岩石移动有控制作用，所以查清结构面与空区的关系对推断岩石移动的发展范围有重要作用。前苏联岩层移动学者阿维尔申曾指出："裂隙是决定岩石移动过程最重要的因素之一"。在火成和变质的金属矿体围岩中，裂隙一般比沉积的煤系岩层要发育，因此裂隙构造对金属矿山岩移的影响程度很大。

（3）急倾斜薄矿脉群。这类矿体在我国以湘赣钨矿为代表，如盘古山钨矿为裂隙充填石英脉薄矿群，倾角65°以上，最大走向长1350m，空区走向连续长约200m，采深300～400m，采幅0.8～2.0m，脉间距3～10m以上，这也就是空区间夹壁的厚度。围岩为变质砂岩，$f=10\sim12$，用留矿法开采，矿房长50m，顶柱高2～3m，底柱高2.5m，没有矿房间矿柱，部分顶与底柱已回收。

由于矿脉多，因此采后的空场经常是数十条平行出现，其间有岩体构成的夹壁。夹壁只有顶底柱作为其支撑点。由于夹壁比较薄，因此在下列3种作用力的影响下容易产生破坏：1）夹壁自重和上覆岩帽重量沿倾斜方向的分力超过夹壁岩体的极限抗压强度；2）重力在夹壁法向方向的分力使夹壁发生弯曲变形引起破坏，这时最大弯矩出现在沿夹壁倾向中央偏下的部位；3）沿倾向的重力分力和法向重力分力作用下造成弹性失稳而破坏。矿山采深达150~200m，即开采3个中段后，夹壁开始破坏，其突破点大致在采深厚6/7的部位。

当夹壁倾覆后，上下盘围岩失去支撑，向采空区移动，从而引起大规模的岩层和地表移动。盘古山钨矿第二次剧烈地压活动在3~4h内，上万米巷道下沉，4个生产中段一半以上采场倒塌，地表塌陷面积达100000m²，形成塌陷漏斗。

（4）围岩为非成层岩石。非成层岩石一般硬度大，但裂隙发育，因此裂隙对移动过程的影响更大。一般地，当采空区超过极限跨度后，顶板岩面由自重沿构造弱面断裂而冒落。采空区上方形成拱形，其尺寸决定于裂隙的方位和岩体抗拉抗剪强度。当空区较大或深度较小时，就会冒落到地表形成陷坑。

4.2.1.2　地表岩层绝对位移监测

绝对位移监测是最基本的常规监测方法，用以监测移动岩体测点的三维坐标，从而得出测点的三维变形移量、位移方位与位移速率。

A　矿山测量法

矿山测量法主要有两方向或三方向前方交会法、双边距离交会法（监测二维水平位移）；视准线法、小角法和测距法（监测单方向水平位移）；几何水准测量和精密三角高程测量法（观测垂直方向位移）。

一般采用高精度测角、测距的光学仪器和光电测量仪器。常用的有 WILDT3 经纬仪（测角中误差 ±1″）、N3 水准仪（精度 ±0.2mm）、Mekometer ME3000 光电测距仪（精度 ±0.3mm + 1 ppm，测程 3km）、NE5000 光电测距仪（精度 ±0.2mm + 0.2μm，测程 5km）、全站仪（测角精度 2″，测距精度 ±2mm + 2μm）等。

B　GPS 测量法

GPS 是利用卫星系统发送的导航定位信号进行空间交会测量，确定待测点的三维坐标的一种测量方法，这种测量方法的优点是：

（1）观测点之间无需通视，选点方便。

（2）可全天候观测。

（3）观测点的三维坐标可以同时测定，对于运动中的观测点，还能精确测出其速度。

（4）在测程大于 10km 时，其相对精度可达 1~5μm，甚至能达 10km 最大误差小于 10mm 的精度，优于精密光电测距仪。

（5）GPS 接收机具有质量轻、体积小、耗电少、智能化的快速静态定位特点。

（6）适用于各种崩滑体三维位移监测。

C　近景摄影测量法

近景摄影测量可将明显地型、地物特征作为观测目标，作为全过程测量，并反映移动区全貌，把近景摄影仪安置在两个不同位置的固定测点上，同时对崩塌体观测点摄影构成立体相片，利用立体坐标仪量测相片上各测点的三维坐标进行测量。

摄影测量是一种遥感方法，作业人员可远离被观测对象进行观测，特别适合于对塌陷坑的观测；此外，在有一定的观测条件和照明情况下，可实现对井下空区形状的测量。主要特点及适用范围：

(1) 周期性重复摄影，外业工作简便，可同时测定多个测点的空间坐标；

(2) 获得的相片是崩滑体变形的实况记录，可以随时进行比较分析；

(3) 近景（100m 内）摄影法绝对精度不及传统测量法；

(4) 设站受地形条件限制，工作量大；

(5) 适合于对临空陡崖进行监测。

4.2.1.3 地表沉降观测网

A 地表移动观测网的布置

地表移动观测的目的主要是为了获得各种移动角、移动范围等资料。

控制点应布设在移动范围之外，而观测点则应布设在移动范围之内。

观测站由观测线组成，观测线沿矿体走向和倾斜方向各设置一条，且设置在未来移动盆地的主断面上。若回采工作面的走向长度大于 $1.4H + 50m$（H 为平均开采深度，m），亦可设置两条倾斜观测线，两者至少相距 50m，并且应距开切眼或停采线的距离不应小于 $0.7H$。各观测线的长度应根据该矿区近似移动角值调整值按《冶金矿山测量规范》选取。

观测点间距随开采深度不同而不同，一般情况下可根据表 4 – 1 选取。

表 4 – 1　地表移动观测点间距

开采深度/m	观测点间距/m	开采深度/m	观测点间距/m
<50	≤5	200 ~ 300	15 ~ 20
50 ~ 100	5 ~ 10	>300	20 ~ 25
100 ~ 200	10 ~ 15		

观测长度之外（即移动区外）每端各设两个控制点，控制点距最近观测点的距离不小于 50m，控制点间距不少于 45m。如受条件限制，允许只在观测线一端布置控制点，但不得少于 3 个。

控制点和观测点的设置应符合下列要求：控制点和观测点的埋设必须用经纬仪按设计标定，并尽可能使观测点中心位于控制点连线的方向上；点的埋设深度，在非冻土地区，应不小于 0.6m，在冻土地区，测点底部一般应在冻结线 0.5m 以下；点位标志可采用混凝土预制桩或在现场浇注混凝土桩；埋设的测点应便于观测和保存，如预计地表下沉后测点可能被水淹没，则测点的结构应便于加高。

随着监测仪器的精度和自动化程度的不断提高，监测网的布置可根据现场套间和实际需要适当调整。如采取全站仪等设备实行高精度的测量或自动扫描地形时，可在一定区域加密或有针对性地对具体目标物进行监测，例如布置成网状。

B 露天 – 地下开采岩移观测网

对于露天矿转地下开采或露天与地下联合开采的条件下，需要对边坡及地表岩移进行监测。针对露天与地下重叠开采的复杂条件，边坡位移的监测方法可采用位移计、水准测量和地表移动观测。

首先布置与矿山地表相适应的控制点和观测站，一般垂直于边坡走向方向，沿预计最大移动方向布置观测线，控制点设于稳定区，观测线上控制点不少于两个，其间距大于20m。观测点的间距一般可按表4-2中的参数选取。

表4-2   边坡移动观测点间距

预计移动范围的高度/m	观测点的间距/m	预计移动范围的高度/m	观测点的间距/m
<100	5~10	>200	20~30
100~200	10~20		

在边坡观测初期根据定期的监测数据统计预测移动区间和开始时间，一般当监测点的水平或垂直位移大于14~20mm时，即可认为开始移动。应进行全面监测。在移动期进行定期的全面测量和裂隙测量和预警；滑坡后随继续进行原保留测点的测量外，还应补充重点部位的碎部测量。

4.2.1.4   观测与观测成果

当观测点埋设10~15d之后，即可进行观测。观测包括控制点与矿区控制网的连测及观测点的观测。在观测站地表被采动之前，要进行连测，即将观测站某一控制点与矿区控制网连测后，求出点的平面坐标和高程，然后据此来测定其他控制点的位置。

在连测之后地表开始移动之前，应对观测点进行两次全面观测，以确定观测点在地表移动前的位置。全面观测包括测量观测点的高程、测量两相邻观测点之间的水平距离、测量各观测点偏离观测线方向的支距。

在地下回采开始之后，为了解地表是否开始移动，对回采工作面上方的几个观测点，仅进行水准测量，这种测量称为警戒测量。当地表下沉达50~100mm时，应进行采动后的第一次全面观测。并调查测定地表出现裂缝及塌陷的情况。

移动基本停止（一般6个月的下沉值小于30mm）时，进行最后一次全面观测。

在控制点和观测点的观测全部完成后，全面整理和分析观测成果。根据观测数据可绘制下沉曲线、倾斜曲线、曲率曲线、水平移动曲线和水平变形曲线等，确定移动角，沉降范围和发展趋势等。

4.2.1.5   应用实例

北洺河铁矿属于典型的"三下"开采，监测导水裂缝带的高度变得极为重要。该矿在钻孔中布置测点并进行沉降观测，采用多点位移计测量法来确定垮落带的高度以及离层出现的位置，若两相邻测点间的下沉差很大，而其中1个测点忽然下沉，且下沉速度较大，则可断定该测点位于垮落带内，垮落带的上界位于两测点之间。如果两测点间的下沉差大于20cm，则可断定两测点之间存在离层。每个锚固式多点位移计就是1个测点，它主要由钢爪和内管组成，钢爪的作用是将位移计锚固在钻孔壁上。量测钢尺由不锈钢带或带刻度的钢尺组成，一端固定在位移计上，另一端伸出孔口，用于量测。根据量测工作要求，1个测孔内可安装数个位移计，分别测出不同深度钻孔的位移值。

武钢金山店铁矿、锡矿山南矿及北矿、北洺河铁矿、张岭铁矿、红透山铜矿、中条山铜矿岭峪矿、铜陵狮子山铜矿、盘右古山钨矿、湘西金矿、易民铜矿、铜坑矿、凡口铅锌矿、金川等矿山较早开展地表岩层移动观测工作。目前地表岩移观测正逐渐向智能化仪器自动监测和在线监测发展，许多矿山采用数字化新型观测手段，在实际应用中取得了好的效果。

4.2.2　井下岩移监测

4.2.2.1　技术手段

为了全面了解岩层移动规律，除地表观测外，还需进行岩层内部观测，就是在矿井下移动范围内的各种巷道、采场及由地表或巷道向岩层所打的钻孔内设立移动观测站，进行定期观测，以揭示岩层内部移动发展过程及移动特征。配合地表移动观测，就可了解到从采空区到地表间整个岩层的移动情况。针对井下岩层移动和岩层内部变形的观测，主要采用的监测设备和方法包括：位移计、收敛计、水准仪、经纬仪、全站仪、激光测距仪、钻孔观测、层析、浅震法、声法及电磁方法等。

A　相对位移监测

相对位移监测是量测移动体点与点之间相对位移变化（张开、闭合、下沉、抬升或错动等）的一种常用变形监测方法，主要用于裂缝、崩滑带和采空区顶底板等部位的监测，是岩体移动监测的主要内容。这类观测方法在锡矿山南矿、广西华锡铜坑矿等矿山应用取得好的效果。

（1）简易监测法。主要有四种方法：在裂缝或滑面两侧（上侧或下侧）设标记或埋桩，定期用钢尺等直接量测裂缝张开、闭合、位错或下沉等变形；在裂缝上或滑带上设置骑缝式标志，如贴水泥砂浆片、玻璃片等，直接量测；在平斜硐及采空区顶板设置重锤，量测硐顶的相对位移和沉降；将直径为 1mm 的钢丝，一端与带钢筋的铁块连接，铁块固定在孔底，钢丝引出孔口，穿过平放在孔口固定器的铁杆，量测出标记到铁杆的钢丝长度作为初值，据此便可测定孔内岩体移动情况。

（2）电测法。电阻式位移计是按照导线电阻与其长度正比例的关系设计而成的，一般这种位移计的外壳直径 32mm，全长 300mm，量测精度 0.2mm。其主要元件为滑动电阻线圈，并通过螺钉将其固定在外壳内。这种仪器结构可靠，测量方便，密封和防潮性能良好，适用于井下恶劣条件。钻孔后将带有位移计的笼式水泥砂浆固定器安装到孔底，板式水泥砂浆固定器安装在孔口。量测岩体位移时，位移计两端的引出钢丝已固定在孔底孔口这两点上，当被测岩体两点之间的岩层相对位移，触针就会沿着线圈滑动，此时可用惠斯登电桥测出其电阻值的变化，从室内率定好的电阻 - 位移曲线上便可查出位移值大小。观测时间一般每月一次，如果发现位移量变化较大，观测周期应该缩短；反之，可以适当延长。

B　岩层内部观测

岩层内部观测的基本方法包括岩层错动观测、钻孔位移观测、应变观测等，如钻孔窥视仪、钻孔电视等。钻孔窥视仪，专门用于钻孔中观测岩性，岩层裂隙发育，顶底板离层、变形和错位情况，以确定岩层破坏范围，对导水裂缝带高度观测等。

（1）电阻脱层仪测量。水准测量的下沉值与电阻脱层仪测量的脱层值接近。因而可以采用电阻脱层仪测量代替水准测量，采用钻孔伸长计对于测量由采矿所引起的顶板岩层移动相对较为简易和安全。

这种测量方法的基本原理是将钢丝的一端固定在孔内预定深度与电阻脱层仪连接，另一端固定在孔口，通过顶板岩层分离（膨胀）给钢丝施加拉力，带动电阻脱层仪的触针移动，引起电阻值的变化。若钻孔中安设多根钢丝，则孔内固定器钻有一个圆孔使上部仪器的触针带动钢丝能顺利地通过。当测定了电阻值，即可以换算出位移值。采用这种方法可以计算出钻孔内不同深度的移动。

电阻脱层仪主要由线圈外壳和密封部分所组成。仪器的外壳是一根无缝钢管，直径为32mm，长度为320mm；连接的另一端与钢丝连接，目的使安装后钢丝保持拉紧状态。环氧树脂构成的密封可以防止水分渗入。岩层分离时，孔内固定器和孔口固定器之间的距离将会加大，使钢丝带动触针下移，引起电阻值的改变，然后根据惠斯登电桥测到的电阻的变化值，对照室内率定的电阻－位移曲线，即可求得顶板岩层相对位置移动值。

（2）钻孔偏移计测量。国外矿山应用一种光学钻孔偏移计和光学量测技术。这种技术的要点是在一个钻孔内安装一系列光学十字线，再用一台经纬仪对这些十字线进行测量。测量时，调节十字线的焦距，当十字线焦距对准后，就在钻孔底固定标尺上读数值。对每一个十字线和标尺进行连续的测量，直到取得整套的读数。这种光学偏移计适用于破碎带中测量和顶板和两帮位移测量。

（3）伸缩计。国内矿山应用铝合金或木质的伸缩计（滑尺等），用来预报顶板冒落。这种仪器可用来测顶底板相互接近量，两帮移近量以及其他点与点之间的距离变化。这种伸缩计有很多的形式。管状伸缩计通常由两根或多根能自由伸缩的不锈钢或殷钢管组成，连接一直接读数的百分表或自动记录器。这种测量仪器能移动，安装方便，测量精度高。在测点上装有一小的塑料和玻璃球，伸缩计的末端通常是对着球的中心。观测结果广泛用来预报顶板冒落，可对保证井下作业安全起到一定的作用。

（4）钢丝伸长计测量。这是一种简单形式的位移变化量测量方法。这种测量手段的基本原理是将钢丝的一端固定在两钻孔中预定的深度，而另一端在孔口与伸长计连接，通过伸长计给钢丝施加拉力而测定孔口与钢丝标志之间的轴向相对位移。若安装多根钢丝，相邻的固定器钻有一个圆孔使较长的钢丝能顺利地通过。用这种方法可以计算钻孔内不同深度的移动。一类是由于应力变化所引起的岩体小变形；另一类是岩层沿裂隙、断层和节理破坏的大变形。对应力变化所引起的变形测量的深度不应超过34m，而对岩石破坏所引起的移动最多测到136m深的钻孔。

（5）视电阻率法。视电阻率法的基本原理是在地面或地下岩石表面利用两个供电极A、B向地下介质供电，用另两极接收进行测量。在电流大小一定时，地面或岩石表面的电场与岩石介质的导电性能（即电阻率）有关。假如岩石介质为均匀各向同性时，其电流将均匀分布；假如当岩石介质为一高电阻率区时，其电流将受到高阻区的"排斥"而分布发生畸变；假如岩石介质为一低电阻率区时，电流将受低阻区的"吸引"而发生畸变。因此在电流大小一定时，电流线分布的这种畸变，将造成地面或岩石表面电场分布规律的差异。对于一个固定测站来说，电流一定时，地面或岩石表面电场分布规律是不变的，但是在矿山开采区域范围内，顶板岩层出现冒落之前，往往伴随着较大的变形，这种变形将引起电阻率随时间的变化。因此，岩石电阻率与其变形有密切关系。电阻率是在电流场作用范围内各种岩石电阻率的综合反映，它不仅与介质的电性有关，而且与电极之间的距离和介质中某些不均匀体的分布状态和相对位置有关。

有许多呈层状结构的岩层，当电流沿着岩层不同方向流过时，岩石的导电性就显示出方向性来。顺着层理方向的电阻率称为纵向电阻率，垂直层理方向的电阻率称为横向电阻率，并且横向电阻率始终大于纵向电阻率。岩石电阻率完全受其结构的影响。在顶板岩层产生弯曲乃至冒落的过程中，必然会导致其结构发生变化，因而引起岩石电阻率的改变。实验表明，压缩会使岩石颗粒靠得更紧，整个受力岩石变得致密，电阻率就降低，拉伸使岩石颗粒松弛，颗粒之间离得更远，电阻率就增大。根据锡矿山南矿河床试验，在其七中段四采顶板上沿倾斜方向布置了长短不同的 5 条测线，以考查采场顶板表层和深层电阻率的变化，摸索岩石形变与电阻率的具体关系，积累经验，达到预报顶板冒落的目的。

电源：采用电子管直流稳压电源，输出电压 220~350V。

量测仪表：用 0.5 级直流毫安表、伏特表和 DDC－2A 型电子自动补偿仪测量电位差。

锡矿山南矿七中段 38 采应用实例：在沿采场倾斜方向布设 10 个水准测点和在采场中央部位钻凿两个测孔。为了验证各种观测仪器的准确度和可靠性，在顶板岩层中同时采用水准测量、视电阻率和电阻脱层仪 3 种方法来测定顶板岩层移动变形动态。视电阻率的观测资料整理后绘出视电阻率－时间关系曲线、时间－下沉（位移）关系曲线，分析顶板下沉值和脱层值的总趋势。大量观测资料同样表明，采场中央部位是顶板冒落的突破口，其原因就是顶板岩层受拉伸破坏的结果。视电阻率法是一种有前途的观测方法，它可以用来确定采场顶板岩层松动范围和受力变形状态，由于现场实测资料甚少，今后仍需继续试验研究。

（6）光学钻孔窥视仪测量。这种测量方法是在钻孔内使用光学望远镜装置观察浅孔孔壁。红透山铜矿和锡矿山曾试用过类似于这种结构的仪器，其目的是查明钻孔内岩层的层理、节理和裂隙的分布及其宽度，确定采场顶板岩层的分离状态；测定矿柱中的裂隙分布及其破坏过程，测定巷道周围破碎带的高度及其形状。这样，可以改善顶板管理，分析矿柱破坏原因，为采矿设计提供资料。

（7）电子钻孔窥视仪观测。矿用电子钻孔窥视仪等用以观察锚杆孔或其他工程钻孔的内部情况。经数字化技术处理，可在显示屏幕上显示钻孔内壁构造。如，采用井孔彩色可视数字监测记录仪等，通过探头拍摄钻孔孔壁，拍摄记录后通过处理重新形成孔壁柱面图像。数字钻孔摄像技术是利用探头内部的 CCD 摄像头，通过某种反射装置透过探头观测窗和孔壁环状间隙的空气或者井液（如清水或轻度的浑水）连续拍摄探头侧方被光源照亮的一小段孔壁，并通过综合电缆传输到地面，然后叠加深度记录并存储，拍摄的孔壁图像经室内或现场数字化成图，形成完整的测井结果图像，综合分析获得的测井结果，可用来观察岩体的不连续面等。

（8）钻孔光电电视观测。钻孔光电电视有摄像机、控制器、监视器和电缆四大部分组成。这种仪器的原理是与普通电视相同，当摄像机（亦称探头）的电子管（亦称摄像管或抬象管）扫过被照射的孔壁以后，产生输出电流，通过电缆传送至地面监视器。这种仪器主要用来观察深孔孔壁。

（9）巷道顶底板水准观测法。采用水准观测法测量巷道顶板与底板的垂直向移动。此外，用多点位移计测岩体内部位移、用钻孔测斜仪测定岩体内部剪切错动、裂缝监测等。条件具备时使用声波法（多通道声波监测仪、层析成像等）、电极法和电磁方法（地质雷达等）。近年来，在地表使用地震法（浅震仪等）或井巷中应用声波探测仪器，如 KDZ1114－3 等便携式矿井地质探测仪，可应用于地下矿山等岩层结构及变化情况的探测，适合矿井地质异常构造的探测，现场适用性强，探测准确度高，如前方构造实时剖面探测、巷道围岩松动圈探测、作业面内断层及隐伏构造探测、巷道独头超前探测、老空区探测等。

C　围岩变形和位移量测

巷道围岩表面发生位移的原因有多种：围岩压力集中使表面附近岩体发生弹塑性变形、围岩发生蠕变、围岩遇水膨胀等。即使巷道进行了及时的支护，在一定时期内表面发生位移也是不可避免的。测量巷道围岩表面位移使用的仪器用得最广的是收敛计，包括有钢尺重锤型、弹簧张力型和钢丝扭矩平衡型。

4.2.2.2　应用实例

锡矿山南矿根据地表移动资料，并用概率积分法对地表岩层移动最终值进行预计，结果表明地表被充分采动，主要下沉盆地的直径约为80m。划出南炼厂保安矿柱开采引起的地表移动盆地；在移动盆地的主断面位置上，按照规程设站原则，布设3条观测线。考虑到地表建（构）筑物的布局、重要建（构）筑物的位置及南炼厂厂区位于1965年两次大面积地压活动圈定的大范围移动盆地等因素，地表岩移观测线设计沿走向长取220m，沿倾向长取150m。主要下沉盆地内观测点之间的距离取10m，主要下沉盆地以外的观测点之间的距离取15m。沿公路观测线的测点距离为20～30m。在精炼车间炉房（沿矿体倾向）、斜坡道（沿矿体走向）、公路旁原来3条观测线上，适当增加测点作为补充。增加井下及岩层内部岩移观测线（点）及观测手段，包括：

（1）增加深孔位移观测。为弄清楚开采引起地表下面至上分层矿体顶板之间岩层内部移动情况和变形趋势，预测地表变形状况（移动盆地范围和变形值），分析变形与围岩应力的关系。设计参数：用地质钻打深孔，孔径150mm、130mm、110mm、75mm。布设地点：沿矿体走向（沿山坡）在采场顶板上方距地表不同的深度（30m、50m、80m）位置从地表垂直向下打深孔，钻孔个数和具体位置待地表踏勘后确定。

（2）增加钻孔位移计观测手段对采场顶板进行脱层观测。在回采过程中，随着矿石的采出，采场围岩的应力产生了重新分布，围岩在塑性区内受到了不同程度的破坏。采用钻孔位移计可以观测采场顶板不同高度的脱层情况，还可以了解采场充填的接顶状况、冒顶情况及冒落高度等。布置参数为：钻孔孔径60～80mm，孔深5～8m，每个钻孔内安装3个位移计，安装深度分别距采场顶板高度1m、3m、5m或4m、6m、8m。钻孔位于采场长轴中心线上，即每个采场长度方向中心部位一个，其他相距15～20m。

（3）结合光弹应力计观测手段，测量围岩的应力，综合分析观测结果，实行复杂难采矿体的安全开采和地表保护。在285、295及310平巷各布设一条观测线，两观测点间的距离为20m，每条观测线共布置12个测点。在342主充填道、342C1、342D2充填道各布设一条观测线，两观测点间的距离也取20m，各条观测线分别布置4、7、5个测点。342充填道中需要支护的地段，要预留观测点施工位置。根据地压显现情况，可在作业（采、出、充）采场相邻采场的天井或切巷与上部回风巷道中布设光弹观测孔进行监测。通过多种手段观测和综合分析，为矿山安全开采提供了科学依据，取得了良好的实效。

4.2.3　岩体应力监测

岩体应力监测主要是为了掌握矿山压力的变化规律，分析采动的影响。根据岩体应力状态不同，可分为重力型与构造应力型，构造应力型常见于金属矿山。构造应力型矿山的岩层移动与矿山压力十分复杂。从围岩破坏变形过程来看，其内部结构物在自重应力场和构造应力场作用下，经历了一系列的物理力学运动，其中，有结构面不可复原的塑性滑移，有岩石材料弯曲、断裂的滞后变形，以及小结构体失稳后的非定向转动等。在这一系列物理力学运动过程中，地应力场作为岩层移动的驱动力，对围岩稳定性具有极其重要的影响。

在硬岩矿山，普遍监测围岩的应力和位移，同时实施岩体声发射/微震等多种监测手段，相互印证。目前，矿山压力常用的监测手段包括液压枕观测法，光弹应力计法，钢式弦压力盒、钢式弦钻孔应力计法，压磁式应力计法，空芯包体应力计等。

（1）液压枕观测法。液压枕由两块同样成型形状的薄钢板焊接而成。将油注满后，关闭截止阀而成一密闭容器。在外载荷作用下，枕的容积缩小，迫使枕内承压油施力于油压表之簧管变形带动指针转动，指示出枕内承压油的压力值。根据液压枕的传力系数和承压面积，即可计算出液压枕实际承受的外载荷。

（2）光弹应力计法。根据一定压力条件下折射的应力条纹测定围岩应力。较为普遍的是使用光弹性应力计量测坑道围岩应力变化。光应力计是一个圆环形的玻璃片，使用时用水泥沙浆将其周边与钻孔壁胶结。当水泥砂浆干燥固结后，即可传递围岩所产生的应力变化。理论分析表明，当水泥砂浆胶结层厚度小于 5mm 时，胶结层不影响光应力计的灵敏度。安装时先在孔底填充水泥砂浆，借助安装杆将组装好的光应力计送入钻孔，施加一定的压力使木槌插入水泥砂浆，并将水泥砂浆挤出充填于应力计与孔壁之间的空隙内，最后用安装杆包上草纸将计体表面的水泥砂浆擦干净，安装工作即告结束。光应力计埋设后，经过一定时间，水泥砂浆固结，这时围岩应力变化即可传到光应力计。用反射式光弹仪可观察到光应力计中的应力条纹图，将其与室内标定的标准条纹图进行比较，即可确定应力计中的条纹级数，作为计算围岩应力的依据。这种方法的缺点是只适用于在受压状态下观测应力的变化，而不能适用于受拉状态，因为反射式光弹仪以白光为光源，当条纹级数较高时，光的干涉很复杂，不易辨认。因此，其使用范围受到一定的限制。

（3）钢式弦压力盒、钢式弦钻孔应力计法。这类钢弦应力计仪器是测量仪器内受力的钢弦的频率变化。其原理就是基于拉紧的钢弦，随着它的内应力或长度的改变，而相应地改变其自振频率的特性，使钢弦的机械振动转变为电的振荡信号。采用钢式弦钻孔应力计钻孔深度达 2.5m，钻孔直径一般为 $\phi60mm$ 或 $\phi40mm$（取决于仪器型号），钻孔在稳固处开口，处理表层松石，清理孔内残渣。一般采用便携式存储器现场监测，另外可以配套相应的监测系统通过专线网络或局域网，进行现场监测仪器与监测控制室的远程连接，从而实现在线监测。

（4）压磁式应力计法。按照压电陶瓷的受压特性，将压力传感器接收的信号转换为电信号，以测定围岩应力。常用的压磁式应力计有 YG – 81 型压磁地应力计和 YG – 73 型压磁地应力计，两者的区别在于预加应力系统不同，前者预加应力系统操作较方便，但构造复杂；后者构造简单，但操作不如前者方便。在实验室条件下，压磁式应力计测量系统最大主应力相对测量误差一般小于 5%，方向误差小于 3%，测量精度一般超过其他类似的方法，完全满足地应力测量工作的需要。

（5）空芯包体应力计法。空芯包体应力计主要用于测量岩石的三向应力，应力计由一系列的应变计组成，应变计封装在弹性模量已知的空心管壁上。用环氧树脂把应力计固定在钻孔中，然后监测在钻孔套芯应力解除过程中的应变响应，或者把应力计永久地留放在原地，用于监测相对应力随时间的变化。澳大利亚 ES&S 公司生产的 CSIRO 空心包体应力计应力测量范围可以高达 100MPa，标准误差为 $\pm 10 \times 10^{-6}$。

应用实例：铜坑矿 91 号矿体在充填法开采条件下，应用光弹应力计监测得出应力分布及规律。随着开采范围和深度的增加，深部围岩应力增大，对下部开采的 92 号矿体的应力监测采用 ZLGH 型振弦式钻孔测力计、DQ-n 多点采集器，组成网络在线监测系统，实时监测各测点的应力变化情况。

4.3　地压灾害预警

地压灾害预警基于对地压显现的监测，通过预警模型和评判准则进行预警。金属矿山的地压灾害预警，早期以常规的应力、位移监测为主，手段单一，系统性不强，对地压灾害灾情的判断主要依靠工程技术人员的经验。国内采用这些技术曾在锡矿山等矿山解决了矿山生产过程中的一些实际问题。之后，国内外大量开展了岩体声发射监测预警技术研究，并突破以往传统的线性理论方法，将非线性科学理论方法引入矿山地压灾害预警中，通过多参数分析模型相互结合，促进了地压灾害预警技术的发展和推广应用。

4.3.1　预警方法

矿山地压灾害预警原理及方法为：在工程地质调查评价、地压监测和防治对策研究的基础上，运用临界值法和非线性科学理论法两种分析方法对矿岩体稳定性及产生破坏的可能性进行预警。

临界值法包括经验公式法、回归分析方法、极限分析法等方法，非线性科学理论分析方法有灰色理论、突变理论（尖点突变理论）、Verhulst 理论方法、Verhulst 反函数方法、非线性动力学理论等。由于矿岩体及其影响岩体稳定性因素具有高度非线性、模糊性和不确定性特征，决定了矿山地压灾害预警系统是一个高度复杂的非线性系统，致使地压灾害预警方法已从临界值法发展到非线性科学理论分析方法。非线性科学理论方法为解决矿山岩体工程的复杂性和非线性难题提供了新的思路和方法，是地压灾害预警研究的前沿分析方法。

4.3.2　预警模型

矿山地压灾害预警建立在灾变规律的研究基础之上。从灾害的力学本质出发，建立正确反映灾变规律的非线性数理模型，根据灾变规律进行地压灾害预警，指导减灾与控灾措施的实施，是进行矿山地压灾害预警的基本思想。

对于金属矿山而言，采空区顶板及留存矿柱的稳定性是矿山安全开采的关键。因而重点是针对顶板、矿柱、矿（岩）体冒落失稳等地压灾害进行预警，这类地压灾害的常用预警模型主要有突变理论模型（尖点突变模型）、灰色理论模型、Verhulst 模型、Verhulst 反函数模型。

4.3.2.1　突变理论预测模型

20 世纪 70 年代初期，法国数学家 Thom 创立的突变理论是研究不连续现象的一个新兴数学分支。这一理论能够对一个光滑系统中可能出现的突然变化做出适当的数学描述。目前，突变理论在力学、地学、物理学、生物学等领域发展很快，取得了许多应用成果。

任何单一变量的连续函数，总可以用 Taylor 公式展开。岩石变形过程中的位移变化、声发射事件数变化和应力变化都具有明显的时效性，参数变量 (X, Y, Z) 可以看作是时间 T 的函数，即 $X = f(t)$，因此，可以用 Taylor 公式展开表示为：

$$X = f(t) = a_0 + a_1 t + a_2 t^2 + \cdots + a_n t^n \tag{4-43}$$

式中，a_0，a_1，$\cdots$，a_n 为待定系数，可以通过回归分析求得。

在实际工程研究中，截取前 4 项就可以满足精度要求，因此式（4-43）可以近似写成：

$$X = f(t) = a_0 + a_1 t + a_2 t^2 + a_3 t^3 + a_4 t^4 \tag{4-44}$$

对式（4-44）作变量代换，并根据突变理论原理，得平衡曲面方程：

$$Z^3 + aZ + b = 0 \tag{4-45}$$

式（4-45）给出了状态变量 Z 和控制变量 a、b 的关系，可以表示为一个曲面图，曲面图的折叠或者尖拐点集称为奇点集，它在 $a-b$ 平面的投影称为分叉集，分叉集方程为：

$$4a^3 + 27b^2 = 0 \tag{4-46}$$

令

$$D = 4a^3 + 27b^2 \tag{4-47}$$

分叉集为一半立方抛物线，在 $(0, 0)$ 处有一尖点。在分叉集上的 (a, b) 点（$D=0$）对应系统的不稳定状态（临界状态），系统可能从一个平衡状态突变到另一个平衡状态。同时，分叉集又将控制变量平面分为两个区：在较大的区域内，$D>0$，系统处于稳定状态；在较小的区域内，$D<0$，系统有 3 个平衡状态，其中 2 个处于稳定状态，1 个不稳定。意味着，在 $D<0$ 时，岩体可能失稳。判断不稳定点的标准是：

$$\frac{\mathrm{d}X}{\mathrm{d}Z} = 3Z^2 + a < 0 \tag{4-48}$$

由以上分析可以得出，岩体系统发生突变有以下两种情况：

（1）$D=0$；

（2）$D<0$，且 $3Z^2 + a < 0$。

分叉集右支（$b>0$）所指的突变，是指系统的数学结构（平衡态的个数和稳定性）有突变，而状态变量 Z 值没有跳跃。对矿山岩体失稳地压灾害预报而言，有意义的是跨越分叉集左支（$b<0$）的情况，这时对应的点是不稳定状态，Z 值发生跳跃。

在式（4-46）成立的条件下，当 $a=0$ 时，式（4-45）有 3 重零根，$Z_1 = Z_2 = Z_3 = 0$；当 $a<0$ 时，式（4-45）有 3 重实根，分别为：

$$Z_1 = 2\left(-\frac{a}{3}\right)^{\frac{1}{2}}; \quad Z_2 = Z_3 = -\left(-\frac{a}{3}\right)^{\frac{1}{2}} \tag{4-49}$$

跨越分叉集时的状态变量 Z 发生突变：

$$\Delta Z = Z_1 - Z_2 = 3\left(-\frac{a}{3}\right)^{\frac{1}{2}} \tag{4-50}$$

根据前面所叙述的代换，相应的岩体失稳前后时间差为：

$$\Delta t = \Delta Z \sqrt[4]{\frac{1}{4b_4}} = \sqrt{3}(-a)^{\frac{1}{2}}(4b_4)^{-\frac{1}{4}} \tag{4-51}$$

由式（4-51）可以计算岩体临界状态（$D=0$）与破坏的时差 Δt，Δt 与临界状态的历时之和就是岩体失稳时间。

当 $D<0$，且 $3Z^2+a<0$ 时，系统处于分叉集内，用上述方法计算破坏时间一般大于实际破坏时间。进一步研究得出：假设 $b_4<0$，则岩体的状态正好与上述讨论的结果相反。

4.3.2.2　灰色理论预测模型

灰色预测方法基于单因素 GM（1，1）模型作预测。它包括数列预测、灾变预测、季节灾变预测、拓扑预测等。灰色预测把预测数据序列看作随时间变化的灰色量或灰色过程，在建模前，先对原始数据进行整理和处理，通过累加生成或相关生成逐步使灰色量白化，使之呈现一定的规律性，从而建立相当于微分方程解的动态模型，并做出预警预报。

灰色系统理论建模不直接采用原始数据，而是先对原始数据进行一定的生成变换，然后再用生成数据建立模型。累加生成是一种生成变换，通过累加能进一步降低波动数据的随机性，增强其所蕴含的确定性信息。通常采用一次累加的数据生成方法。

GM（1，1）模型在预测结果得到后，要检验模型的精度，如果误差很大，可对误差序列再建立残差 GM（1，1）模型进行修正。

4.3.2.3　Verhulst 预测模型和 Verhulst 反函数模型

Verhulst 模型是德国生物学家费尔哈斯 1837 年提出的一种生物增长模型。对岩石的破坏过程而言，它也是一个变形、发展、成熟和破坏的过程，因此，可以应用 Verhulst 模型对岩体失稳进行时间预报。

基于 Verhulst 模型思想建立的 Verhulst 反函数模型，可以提高模型预警预报的精度，能减少随机波动的影响。

4.3.3　预警准则

预警是指预先警告。地压灾害预警是指在矿山某一开采时间段内，对矿山地压安全状态的未来演化趋势进行预期性评价，以提前发现特定开采条件下可能出现的灾害问题及成因，为提前进行决策、实施防范措施提供依据。

预警和预测有联系，也有显著区别。预警与预测从根本上说是一致的，都是根据历史数据和现状判断未来。预警和预测的主要区别：一是在含义上，预测是人们对客观事物未来发展趋势的预料、估计、分析、判断和推测；预警是指对事物的未来状态进行测度，预报不正常状态的时空范围和危害程度，为决策者提供警情警源、分析警兆并发出预报警报；二是在指标上，预测要求的指标比较全；而预警指标不一定全，重点是观察一些敏感性、先导性指标；三是在任务上，预测的关键是测算预测值；预警的关键是分析警情，尤其是对突发性事件的分析和判断。总之，预警不是一般情况的预测，而是特殊情况的预测；不是一般的预报，而是带有参与性的预报，不是从正面分析，而是从反面解剖，因此预警是更高层次的预测。

地压灾害预警准则一直是灾害预警的重要指标，也是难点。一般采用单一因素的临界值方法对地压灾害提出预警，或是采用判别式等模糊确定方法进行预警。但是没有特定的统一判断准则，需要密切结合矿岩体的力学参数、所选择的监测手段及获取的监测数据源，结合矿山工程地质、水文地质状况和开采状况，有针对性地提出地压灾害预警准则。

表4-3~表4-8为国内部分矿山根据声发射监测数据，可供地压灾害预警的声发射预警参考。

表4-3 白银小铁山矿采场顶板失稳地压灾害预警声发射准则

安全等级	事件率 C/次·min^{-1}		能率 E/100MV^2·min^{-1}	
	泥灰岩（浸染矿）	块 矿	泥灰岩（浸染矿）	块 矿
Ⅰ	<1.0	<1.5	<1000	<1600
Ⅱ	1.0~2.0	1.5~2.5	1000~2300	1600~3000
Ⅲ	>2.0	>2.5	>2300	>3000

表4-4 武山铜矿南矿带地压灾害预警声发射准则

级别	软弱破碎岩体			较完整中硬岩体			矿岩体状态
	N	η	e	N	η	e	
Ⅰ	0	<3	<50	<2	<5	<80	平稳期，没有大的活动，可以认为是稳定的，可两天监测一次
Ⅱ	1~2	3~8	50~150	2~3	5~14	80~250	活动期，受力较大，开始产生微破裂，若持续较长，会出现大的破坏，可以认为处于破坏阶段，每天监测一次
Ⅲ	>2	>8	>150	>3	>14	>250	危险期，破裂加速，有可能产生片帮冒顶现象，处于不稳定状态。人员、设备应避开，加强监测，每班一次

注：N—大事件数；η—总事件数；e—能量。

表4-5 金川二矿区岩体、充填体失稳灾害预警声发射准则

监测介质	参 数	安 全 状 态		
		Ⅰ	Ⅱ	Ⅲ
较完整中硬矿岩体	ΣN（次/5min）	<4	4~12	≥12
	Σn（次/5min）	<12	12~50	≥50
	Σe（e/5min）	<250	250~1200	≥1200
细砂充填体	ΣN（次/5min）	<2	2~5	≥5
	Σn（次/5min）	<4	5~15	≥15
	Σe（e/5min）	<100	100~600	≥600
软弱破碎岩体	ΣN（次/5min）	<2	2~6	≥6
	Σn（次/5min）	<5	5~20	≥20
	Σe（e/5min）	<100	100~700	≥700
矿岩体（充填体）安全状态		安全期，没有大的破坏活动，属稳定状态	活动期，开始产生破裂，若持续时间长，会出现大的破坏，属变形破坏的发展阶段	冒落危险期，破裂加速，岩音较大，有可能产生片帮冒顶现象

表4-6　某金矿采场顶板冒落地压灾害预警声发射准则

顶板类型	大事件	总事件	能率	岩性特征	说　明
I				大理岩及新鲜斑岩体，裂缝较少，岩体强度高	监测周期可以较长
II	≥4	≥11	≥750	大块状矽卡岩（或矽卡岩含矿）体，风化蚀变严重，强度中等，滴水严重	岩体整体性较好，声波在传播中衰减较少
III	≥4	≥16	≥350	小块状矽卡岩（或矽卡岩含矿）体，风化蚀变严重，强度中等，滴水严重	声波在传播中衰减较多
IV	≥1~2	≥9	≥150	小块状花岗闪长斑岩（或斑岩含矿）体，风化蚀变严重，强度中等，滴水严重	声波在传播中衰减较多
V	事件、能率数字很小或无，每分钟微岩音均较多，一般是在10多次，有连音出现，高达3次/min			强风化大理岩、花岗闪长斑岩体，岩体强度低，呈碎块状或松散状，受地下水的作用发生软化	声波在传播中衰减很多

表4-7　丰山铜矿采场冒落地压灾害预警的声发射特性准则

岩石属性	大事件/次·min⁻¹	总事件/次·min⁻¹	能率（e/min）
块状矽卡岩	≥5	≥25	≥300
松散、破碎矽卡岩	≥3~4	≥10~20	≥150
花岗、闪长斑岩	≥1~2	≥100	≥200

表4-8　部分有色金属矿山的地压灾害预警声发射准则

序　号	矿山名称	岩体声发射频率 N 的预报指标/次·min⁻¹		
		相对稳定	临近破坏	急剧破坏
1	锡矿山锑矿	$N < 10$	$10 \leqslant N \leqslant 19$	$N \geqslant 20$
2	铜官山铜矿	$N < 10$	$10 \leqslant N \leqslant 30$	$N > 30$
3	巴里锡矿		$N \leqslant 17$	$N > 20$
4	岿美山钨矿		$N \leqslant 15$	$N > 20$

　　从矿山地压灾害预警声发射预警准则来看，各个矿山在不同的稳定或破坏阶段，其地压灾害预警的指标参数都有所不同，没有一个固定的模式或值，这是因为各个矿山的围岩、开采条件、地质条件及受力状态等都有所不同，所最终表现的地压灾害预警之声发射预警准则也不同。

4.3.4　预警信息化

　　信息可视化是一门将信息和数据转换为可以直观、形象理解的图形或图像表达方式的技术，可以为用户提供更为快捷、有效的服务。在以科学探索为目的的研究中，程序化、可视化技术为解释现象、揭示机理、发现规律、预测结果提供了独到的方法，是人们理解复杂现象的重要工具和方法。

4.3.4.1 预警数据库

地压灾害预警模型分析是以监测数据源为基础，为统一管理矿山地压监测的数据，需要建立大中型网络数据库，如 SQL 数据库等。为达到对矿山地压灾害预警目的，将所建立的数据库所存储的监测数据作为预警模型分析的数据源，即将现场监测的应力、声发射、位移参数等数据通过可视化人机界面直接输入数据库保存，形成动态的实时监测数据库，以该数据库的数据为计算原始序列值，采用预警模型通过反演和插值等计算分析，实现数据库与预警模型的无缝衔接，确定矿柱、围岩中监测参数的变化与发展趋势，即对矿山进行地压灾害预警。本书所列举的地压灾害预警模型程序中，建立的数据库是 SQL2000 中型网络数据库，采用 Visual Basic 程序语言进行模型程序的编制，实现地压灾害预警模型程序的可视化。

4.3.4.2 预警主程序结构

矿山地压灾害预警主程序系统结构主要是通过 Visual Basic 程序建立后台矿山地压监测数据库（SQL2000），即时将数据录入（导入）监测数据库中，可以按照不同要求对数据库中的数据进行查询并保存结果，绘制并保存实时动态曲线，对数据进行灰色、突变、Verhulst、Verhulst 反函数预测模型分析，计算预测结果并绘制数据曲线，将结果保存输出，对未来可能发生的地压灾害进行准确的预警，地压监测预警主程序结构如图 4 - 28 所示。

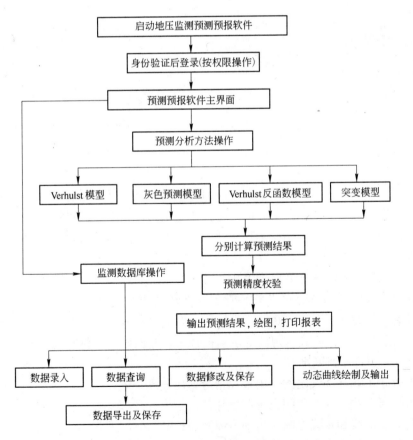

图 4 - 28   矿山地压灾害预警主程序结构流程

4.3.4.3 Visual Basic 程序实现

长沙矿山研究院根据矿山地压灾害预警主程序结构，运用 Visual Basic 程序语言编制矿山地压灾害预警软件，可实现对地压灾害进行预警。软件主要分为数据录入、数据查询，预警模型分析，系统管理，系统查询和帮助等功能模块，基本功能包括：输入和输出、查询、模型预测计算、报表输出和打印、绘制动态变化曲线、曲线输出功能、系统管理等（图 4 - 29）。

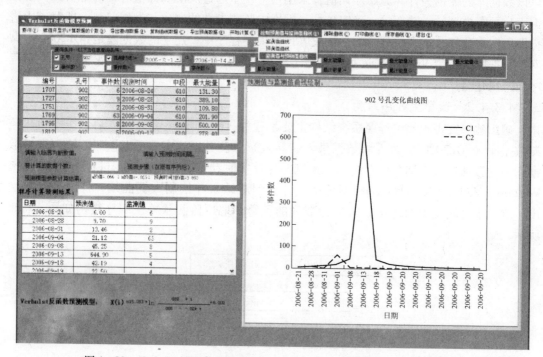

图 4 - 29   Verhulst 反函数预警模型监测值曲线与预测值曲线的可视化结果

4.3.5 应用实例

在柿竹园多金属矿根据现场声发射、应力和位移监测数据，结合采场周边围岩体的地压显现情况，确定地压灾害预警临界值，将其作为预警模型的判断准则之一。采用地压灾害预警模型，结合柿竹园多金属矿地压灾害预警准则，成功进行 30 余次地压预警，避免了地压危害。

4.3.5.1 声发射事件率单因素准则

在柿竹园多金属矿崩落开采期间，常见的地压灾害显现特征有矿柱片帮、剥离、开裂、顶板冒落和垮塌等。图 4 - 30 所示为柿竹园多金属矿地压显现特征与其对应部位的声发射事件率的总结，由此明确直观地标示出柿竹园多金属矿矿岩体片帮、严重片帮以及失稳的岩体声发射事件率判断准则：

（1）若处于 1 线和 2 线之间，出现片帮等地压显现现象；

（2）若处于 2 线和 3 线之间出现严重片帮；

（3）若处于 3 线和 4 线之间，出现岩体开裂；

（4）若处于 4 线之上，岩体失稳。

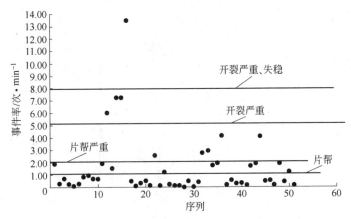

图 4-30 柿竹园多金属矿岩体失稳地压灾害声发射事件率准则

图 4-31 所示为柿竹园多金属矿岩体失稳破坏声发射事件率预警值区间，参照这个预警区间，结合监测数据资料，可以准确对矿岩体的变化状况进行预警。

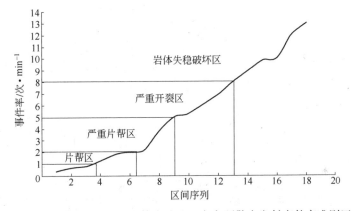

图 4-31 柿竹园多金属矿岩体失稳地压灾害预警声发射事件率准则区间

结合各声发射监测点的实时声发射监测数据和地压显现情况综合考虑，确定岩体失稳地压灾害预警声发射准则为 5~8 次/min，低于这个事件率，岩体相对稳定，不会有大范围的垮塌和大的地压灾害，而当岩体声发射事件率高于这个区间数值时，岩体将失稳。

4.3.5.2 应力值-声发射事件数双因素判别模式

对同一监测区域，结合柿竹园多金属矿所采用的监测方法之应力监测和声发射监测结果，综合矿区实际的地压显现现象和监测数据分析结果，对于柿竹园多金属矿，矿岩体的稳定性有如下几种声发射-应力判别模式：

（1）升压-声发射事件率降低，不稳定型（图 4-32、图 4-33）；

（2）升压-声发射事件率增加，不稳定型（图 4-32）；

（3）降压-声发射事件率增加，不稳定型（图 4-34）；

（4）降压-声发射事件率降低，稳定型（图 4-32）；

（5）降压-声发射事件率降低，不稳定型。

实际地压监测过程中，可结合地压灾害预警单因素声发射事件率准则、双因素应力值-声发射事件数判别准则，较为准确地判断崩落开采过程中矿柱及围岩体的稳定性。

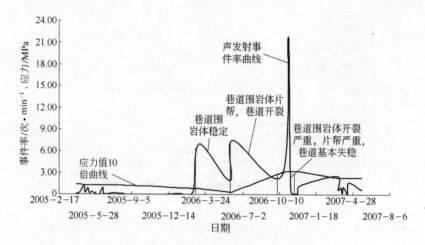

图 4-32   536 中段失稳破坏过程之应力-声发射事件率变化

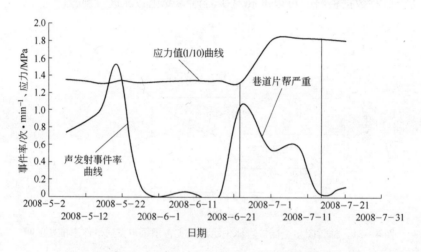

图 4-33   558 中段失稳破坏过程之应力-声发射事件率变化

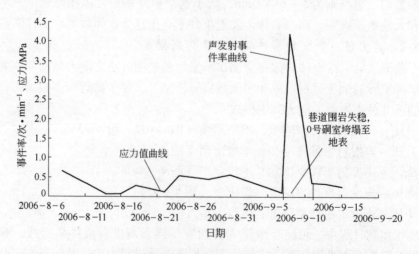

图 4-34   610 中段失稳破坏过程之应力-声发射事件率变化

4.3.5.3　预警实例分析

针对 610m 水平 P1 巷道北部天窗 0 号井附近的声发射孔 S902、S942 和应力点 Y401、Y405 在 2006 年的监测数据,采用 Verhulst 反函数模型进行预测分析。

(1) S902 声发射孔监测数据预测分析。S902 监测曲线与预测曲线如图 4-35 所示。经过等间隔时间处理,单次数据为 10min,数据序列周期为 1d,Verhulst 反函数预测模型:

$X(i) = 15.263\ln\dfrac{0.089t}{0.066 + 0.02t} + 6.000$,预测到原始序列后第 5 步,预测时间序列为

$T = 3.850$,取 $T = 4$。

S902 声发射数据预测表明,2006 年 9 月 4~13 日数据产生突变,预测值从 45.25 个/10min,上升至 644.90 个/10min,随后急剧下降至 6.94 个/10min,监测值从 9 月 4 日 63 个/15min 降至 8 日 8 个/22min。预测表明,此处周边围岩体在 2006 年 9 月 4~13 日期间有失稳危险。

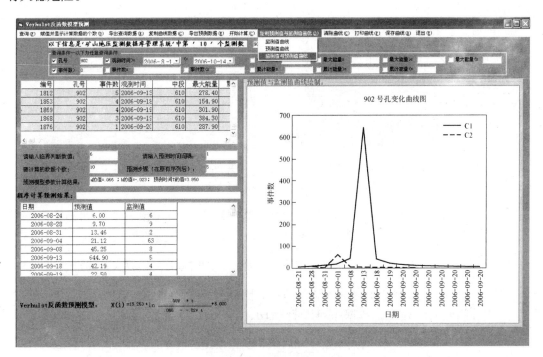

图 4-35　610m 水平 P1 巷道天窗 0 号井附近 S902 声发射数据
Verhulst 反函数模型预测值与监测值曲线

(2) S942 声发射孔监测数据预测分析。S942 监测曲线与预测曲线如图 4-36 所示。经过等间隔时间处理,单次数据为 10min,数据序列周期为 1d,Verhulst 反函数模型:

$X(i) = 7.172\ln\dfrac{0.127t}{0.139 + 0.012t} + 2.000$,预测到原始序列后第 5 步,预测时间序列为

$T = 10.256$,取 $T = 11$。

S942 声发射数据监测表明,2006 年 9 月 4~13 日数据稳步上升,预测值从 2.5 个/10min,上升至 3.08 个/10min,随后一直上升,增加幅度不大,但是趋势增加明显,需要加强监测和数据分析,而监测值从 9 月 4 日 57 个/15min 降至 11 日 1 个/20min,说明此时

围岩体能量基本释放，岩体处于破坏期，周边围岩体在 2006 年 9 月 4～13 日期间有失稳危险。

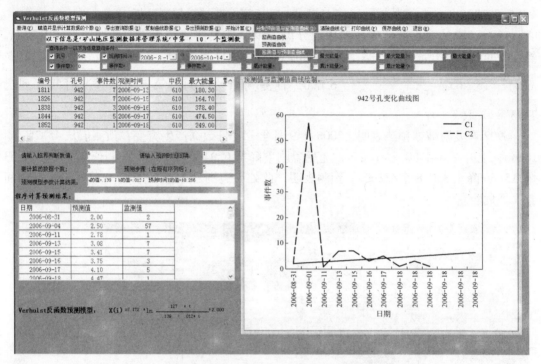

图 4-36　610m 水平 P1 巷道天窗 0 号井附近 S942 声发射数据
Verhulst 反函数模型预测值与监测值曲线

（3）Y405 应力监测数据预测分析。Y405 监测数据曲线与预测曲线如图 4-37 所示。经过等间隔时间处理，数据序列周期为 1d，Verhulst 反函数模型：$X(i) = 0.957x$ $\ln \dfrac{0.762t}{1.045 - 0.284t} + 0.190$，预测到原始序列后第 5 步，预测时间序列为 $T = 2.685$，取 $T = 3$。

（4）Y401 应力监测数据预测分析。Y401 监测数据曲线与预测曲线如图 4-38 所示。经过等间隔时间处理，数据序列周期为 1d，Verhulst 反函数模型：$X(i) = 29.892x$ $\ln \dfrac{0.025t}{0.033 - 0.009t} + 6.050$，预测到原始序列后第 5 步，预测时间序列为 $T = 2.821$，取 $T = 3$。

从 Y405 和 Y401 应力监测数据的预警模型分析结果看出，应力预测值有突变现象，且急剧增加后又大斜率直线下降，且预测时间 $T = 3$，较短，由此，根据预测结果判断，此周边围岩体在 2006 年 9 月 4～13 日会有失稳危险。

从上述 Verhulst 反函数模型预测中得出：声发射增加趋势一致，处于上升状态，且有急剧增加趋势，均超过 20 次/min，应力增加急剧，出现突变状态，说明，此时周边的围岩体处于破坏边缘，由此可以判断柿竹园多金属矿 610m 水平 P1 巷道北部天窗 0 号井附近即将垮塌。时间是第 41 个周期，即 2006 年 9 月 5 日。因此，于 2006 年 9 月 4 日日报表中对此处指出在最近几天内此处危险，随时有垮塌的可能，并采取了封闭、不准人进入施工等措施。

2006 年 9 月 6 日，地压监测技术人员在 610m 水平进行进一步监测，在临近 8 号井附

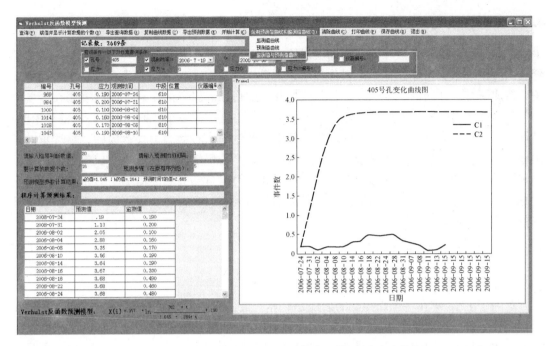

图 4 – 37　610m 水平 P1 巷道 8 号井附近 Y405 孔应力数据
Verhulst 反函数模型预测值与监测值曲线

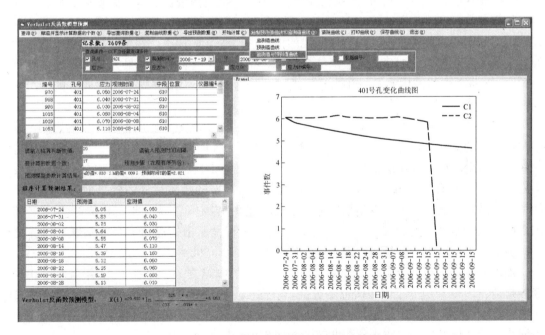

图 4 – 38　610m 水平 C1 巷道 Y401 孔应力数据
Verhulst 反函数模型预测值与监测值曲线

近，短时间内声发射事件数急剧增加（80 次/6min），由此预警即将垮塌。实际情况是在发出预警后 1h 内就开始垮塌，并且冒落到地表。

4.4　岩爆评价与防治

岩爆是由开挖诱发被开挖空间周围岩体突然破坏、并伴随着受压岩石的应变能爆炸性释放的一种现象。岩爆往往是以岩片弹出、大量岩石崩塌或矿震的形式表现出来的动力现象，造成开挖工作面的严重破坏、设备毁坏和人员伤亡。岩爆的概念在我国多用在金属矿山、隧道和水电硐室硬岩中，而在煤矿则多称为冲击地压。岩爆是在高应力岩层开挖时，破坏了岩体周围力学平衡，导致围岩应力集中而产生的岩石动力失稳造成的，是严重的矿山地压灾害。由于岩爆机理复杂，影响因素很多，至今仍然没有形成一套成熟的监测、预报理论和有效的防治措施。随着工业技术发展和人类对自然资源的需求增大，矿山开采规模越来越大、开采深度不断加深，不可避免都会遇到岩爆灾害的防治问题，给矿山安全开采带来技术难度。

4.4.1　金属矿山岩爆概况

4.4.1.1　国外金属矿山岩爆

英国于 1738 年在一个煤锡矿的岩爆是世界上最早有记录的矿山岩爆。直到 19 世纪 80 年代在较多国家的矿山发生岩爆，人们才开始明显地关注岩爆现象。

南非是目前世界上采矿深度最大、岩爆灾害最严重的国家。近百年来，岩爆一直是约翰内斯堡地区 Witwatersrand 矿区的深井金矿开采非常严重的问题。1975 年南非在 31 个金矿共发生 680 起岩爆，导致 73 人死亡和 4800 多个工班的损失。在南非金矿开采中，岩爆造成的伤亡占所有伤亡事故的 20%，并且随深度的增加这个比例还在增加。在 3000m 深井矿山下的所有伤亡事故中，因岩爆造成的伤亡占比在 50% 以上。目前，南非地下金矿山的开采深度一般均大于 1500m，最深已超过 4000m，预计南非金矿的最大开采深度将达到 5100m。南非金矿开采几乎无一例外地受到岩爆的危害，其中最强烈的一次岩爆的震级达到 5.1 级。

1904 年美国密歇根州的铜矿山发生了岩爆现象，是美国金属矿山首次发生的岩爆。爱达荷州北部的深井金属矿山是岩爆多发矿区，Lucky Friday 矿、Galena 矿、Sunshine 矿等一些著名的金属矿深井矿山都分布在这里，20 世纪 30 年代，该区域内的矿山首次报道发生岩爆，并于 1941 年直接导致人员死亡事故。这个区域的金矿后来还较早地建立了专门的多通道微震监测系统和声发射监测系统，专门监测和预警岩爆灾害。早在 30 年代，美国矿山局就开始了矿山岩爆的研究。之后，美国一直是矿山岩爆研究最为活跃的国家之一，美国矿山局也曾一度是研究采矿诱发岩爆的主要研究机构。

加拿大也是世界上金属矿山岩爆发生较为频繁的国家之一。早在 1928 年就有矿山岩爆的报道，1939 年成立了岩爆研究委员会。萨德伯里盆地四周汇聚了该国多个金属矿深井矿山，是世界上金属矿山岩爆的高发区，如 Creighton 矿、Strathcona 镍矿等这些矿山都有不同程度的岩爆发生，魁北克省西北部的金属矿山也发生过岩爆。

自 1959 年到 1978 年，苏联的塔什塔戈尔铁矿记录岩爆 530 次，严重时爆能达 100 ~ 1000MJ，在长 40m 的巷道内，由于岩爆引起的轨道翘起的幅度达到 0.7 ~ 0.8m。在1983 ~ 1992 年十年间，苏联的北乌拉尔铝土矿全矿区各地下矿出现了 155 次破坏生产巷道的动态地压，其中 3 次释放的能量相当于震级大约为 5 级的地震。尼古拉耶夫斯克矿床、热兹卡兹甘矿床、维什涅沃戈尔矿等开挖较深的矿山都出现了不同程度的岩爆。

澳大利亚最早报道有岩爆现象是 1917 年在金矿发生，到 1960 年代中期 Broken Hill 和 Mt Charlotte 金矿出现了典型的岩爆现象，西奥地区是高构造应力区，尽管该地区的大多数金属矿山的采矿深度不大，但岩爆问题突出。

波兰下西里西亚鲁宾铜矿区是该国金属矿山岩爆的代表性地区。该地区的开采历史不长，但岩爆严重。另外，在奥地利的东阿尔坝铅锌矿、瑞典中部的 Grängensberg 铁矿等都发生过岩爆。

在印度，最有代表性的岩爆矿山为 Karnataka 省的 Kolar 金矿，曾一度为世界上开采深度最大的矿山，目前的开采深度已超过 3200m。该矿早在 1900 年就出现了严重的岩爆问题，当时，不时因强烈岩爆产生的矿震达到几乎可以破坏地表建筑物，其释放的能量高达 1000GJ。在其开采历史上多次发生强烈的岩爆，严重危害了矿山的生产和人身安全，如 1962 年由于岩爆产生的破坏区高度达 500m，走向长度 300m，岩爆引起里氏 5.0 级地震，巷道坍塌，人员伤亡，地面距震中 2~3km 房屋完全破坏。

在智利典型的岩爆矿山为 El Teniente 铜矿。该矿是世界上最大的地下铜矿，拥有证实的储量约 20 亿吨。但 20 世纪 80 年代以来，岩爆致使这座世界上最大的地下矿山放慢了开采速度。矿山采用矿块崩落法采矿，第六采区自 1989~1992 年期间先后 4 次因强烈岩爆造成破坏而停产，其中最强烈的一次发生在 1992 年 3 月，岩爆造成上百米巷道垮落，停产时间长达 22 个月。

日本的金属矿山也发生过岩爆，爱媛别子铜矿的埋藏延深达 2150m，在 1900m 处发生岩爆；栃木足尾铜矿最大埋深约为 1000m，在 800~950m 处为岩爆多发区；兵库生野多金属矿铜矿床也在埋深 860m 处发生了岩爆。

4.4.1.2 国内金属矿山岩爆

我国最早记录到的岩爆现象是 1933 年发生在辽宁抚顺胜利煤矿。

红透山铜矿开采深度超过了 1300m，从采深 400m 开始出现岩爆现象，开采深度达到 700m 以后岩爆逐渐频繁，几乎每年都有岩爆发生。1995~2004 年矿山岩爆的监测记录显示，这 10 年中红透山铜矿共发生岩爆 49 次。2000 年以前每年 1~3 次岩爆，2001 年到 2002 年每年发生 12 到 15 次岩爆。开采深度 1077m 的中段是红透山铜矿岩爆发生的主要地段，有记录的岩爆约有 90% 发生在这一中段。岩爆的表现形式主要为岩块弹射、坑道片帮、顶板冒落等。1999 年的一次中等程度的岩爆致使斜坡道帮壁崩出、破坏深度可达数十厘米，巷道顶板产生明显下沉。

玲珑金矿属于高地应力区，岩体主要为硬脆性花岗岩。目前矿山开采深度已经超过 1000m，在埋深较大的巷道中，发现有不同程度的岩爆现象，部分巷道施工过程中，围岩内部发出清脆的爆裂撕裂声，爆裂岩块多呈薄片、透镜、棱板状或板状等，均具有新鲜的弧形、楔形断口和贝壳状断口，并有弹射现象。

报道发生岩爆的矿山还有冬瓜山铜矿、大厂 105 号矿体、罗河铁矿、三山岛金矿、釜鑫金矿、铜绿山铜铁矿等。

我国开展岩爆研究工作比矿业发达国家晚很长时间，且早期的研究主要集中在煤矿。在岩爆倾向性评价方面形成了一些煤炭行业标准，而在金属矿山的岩爆研究方面，只是到 20 世纪末才开始有关岩爆倾向性的理论研究工作。金属矿山的岩爆防治技术更是缺少深入的研究，解决实际问题的案例还少见。

4.4.2 岩爆发生机制

4.4.2.1 岩爆分类方法

对岩爆进行分类以便于根据不同类型的岩爆的特点，对其实施不同的防治的措施，选择不同的支护方式等。到目前为止，对岩爆的分类没有统一的标准。有用岩爆释放出的能量大小的分类，有用岩爆造成的工程破坏形式的分类，有根据岩爆的诱因的分类。这些都是人们根据各自从事的工程需要从不同的角度和观点提出来的。这里仅对几种常见的分类方法作一概括。

A 震源机制分类

将岩爆分为表面（浅层）岩爆和深层岩爆。表面岩爆就是发生在开挖空间周围围岩浅层的岩石失稳破坏，这时的震源与岩石的破坏地点重合；深层岩爆则是远离开挖区，受开挖的影响在岩体的深部产生的岩体破裂或断层的滑移。深层岩爆最直接的表现形式就是矿震，它可以使开挖区周围的高应力作用下的围岩体诱发表面岩爆，这时的表面岩爆的震源与岩爆位置是不重叠的。表面岩爆往往产生矿震，岩爆时的岩石破坏是诱因，矿震是岩石破坏诱致的结果；而深层岩爆诱发的表面岩爆，矿震是诱因，表面岩爆是矿震诱致的必然结果。深层岩爆造成的矿震不一定都能诱发表面岩爆，它一方面要取决于矿震的大小，另一方面还要取决于开挖面围岩的应力状态。

一般来说，矿震是由开采引起的一种矿区内的微地震现象。发生矿震时，则不一定都产生开采工作面或已采工作面上的岩爆。而岩爆的发生则必然引起相应的不同强度的矿震，所以说，岩爆只是矿震的一个"子集"。

B 能量大小分类

南非的 Ortlepp 根据对南非金矿现场岩爆观察以及对岩爆发生机理的研究，粗略地按岩爆能量的级别大小顺序，把岩爆分为应变岩爆、腋折型岩爆、矿柱或工作面压碎型岩爆、剪切破坏型岩爆、断层滑移型岩爆五大类。他给出了这五种类型的主要特征和能级大小的对应关系，见表 4-9。

表 4-9 岩爆能量大小与岩爆分类关系

岩 爆 分 类	假定的震源机理	地震初动	里氏震级 ML
应变岩爆	表面片落并伴随岩块的强烈弹射	很难发现可能产生岩爆	-0.2 ~ 0
腋 折	与空间自由面平行的原生岩层向外鼓爆	爆 裂	0 ~ 1.5
矿柱或工作面压碎	完整岩体内剪切破裂的强烈扩展	爆 裂	1.0 ~ 1.5
剪切破坏	完整岩体内剪切破裂的强烈扩展	对偶（双力偶）剪切	2.0 ~ 3.5
断层滑移	原有断层的强烈重新运动	对偶（双力偶）剪切	2.5 ~ 5.0

C 岩爆诱因分类

根据岩爆的诱因不同，Kaiser 等人把岩爆分为自激型岩爆和远距离诱发式岩爆。自激型岩爆是当开挖空间的边界岩体的应力超过岩体强度时产生的岩爆，由岩石的力学性质可知，由于岩石在由多轴受力状态突然变为单轴或双轴受力时其峰值强度会降低，岩体开挖导致岩体反复加卸载也导致岩体强度的降低，岩石的应变软化和岩石的应力松弛等性能均导致岩体强度的降低，从而有可能导致岩体的突然破坏。另外，自激型岩爆还可以是因为结构失稳所引起，此时决定破坏方式的位置与微震事件的震源位置是相同的。

远距离诱发岩爆是开挖面围岩正处于较高的应力状态，在远处微震事件的应力波的激发下，使围岩体所受的应力瞬间超过岩体的强度而产生的不稳定（动态）破坏；或远处微震事件的应力波使开挖面处围岩体上处于极限平衡状态或亚稳定状态的结构体获得动能而产生不稳定破坏。这种类型的岩爆破坏位置不与微震事件的震源位置重叠，远距离震源往往是开采诱发的断层滑移。

D　破坏程度分类

按岩爆破坏程度来对岩爆进行分类是最为常见的一种方法。Kaiser 等人在研究巷道岩爆时，对巷道岩爆按岩爆破坏程度进行了定量的分类。认为巷道围岩因岩爆而破坏（崩出）的厚度小于 0.25m 时的岩爆为弱岩爆，破坏（崩出）厚度为 0.25 ~ 0.75m 时的岩爆为中等岩爆，破坏（崩出）厚度为 0.75 ~ 1.5m 时的岩爆为强烈岩爆，如图 4 - 39 所示。

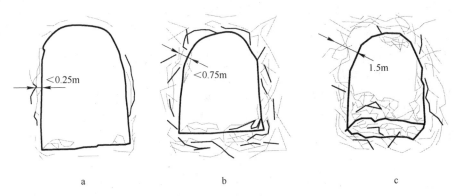

图 4 - 39　巷道岩爆分类
a—弱岩爆；b—中等岩爆；c—强烈岩爆

4.4.2.2　岩爆机理

岩爆机理是指岩爆发生的物理力学过程，是属于对客观事物（岩爆）发生过程的揭示和认识，揭示和认识岩爆机理是从事岩爆的监测预报、岩爆条件下的支护和岩爆防治措施的基础和前提，是岩爆研究的理论基础。岩爆机理的研究旨在揭示岩爆发生的内在规律、岩爆发生的原因、条件和作用，岩爆机理的研究属岩爆研究的基础理论研究范围，它涉及概念、试验研究和理论分析等多方面。由于岩爆问题的复杂性，就世界范围来说，岩爆机理理论方面的研究进展一直比较缓慢。虽然在岩爆的监测预报和防治措施中，始终贯穿着对其发生理论的研究，但时至今日也不能说是已经完全掌握了岩爆的发生规律和发生机理。总体上而言，岩爆机理的研究主要体现在以下几个方面：

（1）强度理论。强度理论是最早提出用以解释岩爆机理的理论。强度理论认为，当采场应力集中达到岩石强度极限时，岩体产生突然破坏，发生岩爆。这种理论只是根据单轴试验现象得出依据，不能准确解释岩块的弹射动力学机理。事实上，地下围岩是处于一个复杂的应力体系，其破坏方式也是十分复杂的，不可能只受单一因素影响。

（2）刚度理论。刚度理论的产生源于刚性压力机的产生，20世纪70年代布莱克将此理论完善，认为矿体的刚度大于围岩的刚度是产生岩爆（冲击地压）的必要条件，但是由于这种理论主要用于解释煤矿冲击地压和矿柱岩爆问题，所以使用并不广泛。而且对于如何确定矿山结构刚度是否达到峰值强度后的刚度比较困难，无法通过试验确定。我国阜新矿院认为岩爆取决于岩石加载过程的刚度与应力达到峰值以后卸载过程的刚度比值，并提出以刚度为参数的冲击性指标 F_{CF}。

$$F_{CF} = \frac{K_M}{K_S} \qquad (4-52)$$

式中，K_M 为应力应变全过程曲线上加载过程的刚度；K_S 为应力应变全过程曲线上达到峰值后的刚度。

（3）冲击倾向性理论。冲击倾向性理论由波兰和前苏联学者提出。根据试验室实测岩体的物理力学性质指标为依据，对岩爆的发生进行预测，认为介质实际的冲击倾向度大于所规定的极限值，即产生冲击地压。冲击倾向度可由许多参数量度，主要有弹性应变能指数、动态破坏时间、冲击能指数等。

（4）能量理论。能量理论是20世纪60年代由库克（Cook）等人在总结南非15年岩爆研究与防治经验的基础上首先提出的，认为当矿体-围岩系统在力学平衡状态破坏时所释放的能量大于消耗量时，即产生冲击地压。该理论从能量守恒定律出发，摆脱了传统理论的束缚，解答了冲击地压的能源问题，但是未考虑时间和空间的因素，所以还不够完善。冲击发生的能量源分析至关重要，Petukhov认为冲击能量由破坏的岩石积蓄的能量和邻近于煤矿或岩石层边缘部分的弹性应变能所组成，即从外部流入的能量赋予岩爆动力，并把岩爆动力指数定义为：

$$K_u = \frac{W_{BH}}{W_P} \qquad (4-53)$$

式中，W_{BH} 为克服受压、剪、拉力或其综合作用于岩石上的阻力之后，从外部介质流入的能量；W_P 为材料破坏时所需的能量。

（5）微重力理论。微重力理论基础是依据脆性岩石的扩容现象来研究岩体发生岩爆的机理，即岩石在应力的作用下，力学参数会发生明显的变化，当其应变超过其临界值时，岩石的体积会突然增大，此时岩石的微重力异常变化是由正到负，岩爆发生前，处于临爆状态的岩石出现负重力异常极值。

（6）失稳理论。失稳理论是将围岩看成一个力学系统，将岩爆当作围岩组成的力学系统的动力失稳过程，即岩爆的发生是围岩组成的变形系统由不稳定平衡状态变成新的稳定状态的过程。结构变形系统的稳定性取决于变形系统势能即自由能驻值的性质。假定系统势能为 F，系统势能的一次变分为 δF，二次变分为 $\delta^2 F$，则当时 $\delta F = 0$ 时，系统势能有驻值。

$\delta^2 F > 0$，系统势能最小，稳定；$\delta^2 F = 0$，系统随遇平衡；$\delta^2 F < 0$，系统势能极大值，不稳定。

故可将 $\delta F = 0$，$\delta^2 F < 0$ 作为岩爆发生的失稳准则。

（7）断裂、损伤、分数维理论。随着断裂力学和损伤力学的发展，运用断裂力学和损伤力学分析岩石的强度可以比较实际地评价岩体的开裂和失稳。将断裂、损伤理论用于岩爆虽然发展时间不长，但已经取得了一定的成果。分数维理论与损伤理论的观点一致，它们都将岩石的破裂过程看成裂缝尖端微裂纹损伤发展的过程，由于微裂纹的分布特征是分数维，故可将微裂纹损伤演化过程理解成分数维的变化过程，通过声发射探测相应于损伤微地震源的分布进行分数维分析，当分数维随时间显著减少时，即可能发生岩爆。

损伤理论是通过建立岩石材料的损伤本构模型，把岩石的破坏过程看成岩石的损伤积累过程。损伤积累到一定程度，就出现了宏观裂纹，如此时损伤继续积累，就可能产生应变软化现象从而导致岩石储存应变能的能力降低，出现弹性应变能的释放，如多余能量向外部传递，就会引起岩爆。

4.4.2.3　岩爆的影响因素

岩爆是在一定的工程地质条件和工程生产技术条件下发生的。岩爆的影响因素就是包括工程地质条件和工程技术条件两个方面，这两个方面不是相互独立的，而是相互影响，共同作用。这里进一步分析岩爆的影响因素，对研究支护及岩层控制技术等具有重要意义。工程地质条件方面包括岩性、地应力大小和方向、矿床赋存厚度和倾角、埋深、地下水、地质构造面、岩层组合形式等；工程生产技术条件包括采矿方法、开采顺序、地压管理方式、采进度、开采面的形状和尺寸、工程生产爆破。

（1）工程地质因素。工程地质因素是客观因素，是矿山开采过程中必须遵循的不可更改的因素，认识这些因素，有利于我们在工程生产的设计、施工及岩爆的防治工程中采取合理的、符合客观规律的方法，以减轻或消除岩爆的危害。

（2）岩石的力学性质。岩石的物理力学性质是影响岩爆是否会发生的内因。岩石的弹性、强度、脆性以及在不同荷载作用下的性质差异，都是影响岩爆是否发生的重要因素。

（3）地应力大小。地下工程的环境就是地应力场作用下的岩土体，地应力的大小直接影响到地下开挖空间周围岩体中应力重分布和应力集中程度，所有的岩爆研究均表明，地应力的大小是影响岩爆是否发生的主要因素之一。地应力的自应力和构造应力，一般来说自重应力场的大小随深度的增加而增大，而构造应力场则主要取决于构造形迹，无论哪种类型的应力场，高地应力区都是易于发生岩爆的区域。

（4）矿床的埋藏深度。世界各国的生产实践表明，随着矿井开采深度的增加，发生岩爆的频度也增加，且强度越大。开采深度增加地应力也相应地增大，岩体中的应力集中程度高，积蓄的弹性变形能也就越大，因而增大了发生岩爆的可能性。前苏联的学者对于考虑自然应力状态下的岩爆发生的临界深度从能量角度进行了分析，并推导得出了下列临界深度（H）的表达式：

$$H > 1.73 \frac{\sigma_c}{\gamma} \sqrt{\frac{k_0(1-\mu)^2}{(1-2\mu)(1+\mu)^2}} \tag{4-54}$$

式中，σ_c 为岩石单轴抗压强度；γ 为岩石的容重；k_0 为考虑岩石双向受力状态的系数，$k_0 > 1$；μ 为岩石的泊松比。

此式说明一定的开采深度是发生岩爆的一个基本条件。

我国煤炭矿山发生冲击地压几个主要矿井的实例均说明了冲击地压的发生频度随开采深度的增加而增大，图4-40分别是龙凤矿和胜利矿的岩爆次数与采深的关系；波兰、前苏联和南非等国的统计研究均表明，冲击地压的发生次数随开采深度的增大，呈明显的上升趋势，图4-41是波兰煤矿岩爆次数与采深的关系。

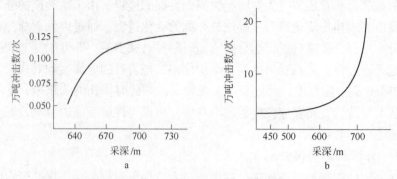

图 4-40   龙凤矿（a）和胜利矿（b）岩爆次数与采深的关系

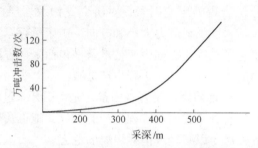

图 4-41   波兰煤矿岩爆次数与采深的关系

（5）地质构造。地质构造对岩爆的影响包括各种地质构造形迹如向斜、背斜等褶曲，断层和不同的岩层组合条件等方面。阿维尔申曾指出地质构造与冲击地压有关，冲击地压常发生在褶皱轴处，在背斜轴部冲击地压发生就很多，这时的岩爆是由于这些地质构造破坏过载应力作用的结果。由于构造形迹是因构造运动造成的结果，不同的构造形迹反映了不同的应力状态，褶皱处附近往往是几种应力场叠加而形成的复杂应力场。据有关煤矿的统计数据表明，岩爆大多数发生在煤田构造应力较大的次一级向背斜构造带上，约占68%，而在次一级向背斜构造带中其转折部位因应力集中危险性更大。断层、矿岩层的倾角变化、矿岩层的厚度变化、不同的岩层组合形式等均影响到岩爆的发生。国内外的煤矿和金属矿山冲击地压的统计资料表明在接近断层、倾角和矿岩体厚度发生明显变化处均是冲击地压易发区域。

南非学者在研究缓倾斜薄层状金矿脉长壁式开采中，给出了断层、侵入岩脉软弱夹层存在时对应力状态及易发生岩爆的位置（图 4-42）。图 4-42 中的侵入岩脉和软弱岩层的存在既说明了岩性对岩爆的影响，也说明了不同的岩层组合形式对岩爆的影响。

（6）地下水对岩爆的影响。水对岩石的物理力学性质有明显的影响，这已被许多室内岩石物理力学试验研究所证实，岩体中由于含有大量的结构面和孔隙等，因而水对岩体力学性质的影响则比对岩石性质的影响更加明显。地下水的存在，可以减少岩体的弹性模量、峰值抗压强度、内摩擦角和内聚力等值，增大岩体的泊松比。由于弹性模量的减小和峰值强度的降低，会大大减少岩体储存弹性应变能的能力。所以说，水可以降低岩爆发生的可能性，许多生产实践均证明了这一点。通过对易岩爆岩体进行注水弱化来达到消除岩爆或减轻岩爆灾害的目的，就是利用水对岩石性质的影响的原理。

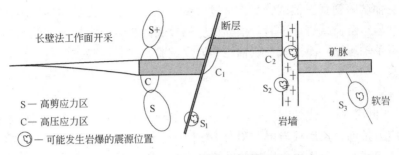

图 4-42　断层、侵入岩脉对岩爆发生的影响

（7）工程生产技术因素。工程技术因素是指由于工程开挖所引起的一些因素，没有工程开挖，上述的各种因素不可能导致岩爆，因而工程技术因素是导致岩爆的直接诱因。工程开挖过程实质上是一个区域性卸载过程，它导致开挖空间周围一定深度岩体中应力的重分布，改变表面围岩体的受力状态。工程因素的影响主要表现在引起围岩体高应力集中、弹性应变能大量聚集、造成极不均匀的应力分布、引起应变能急剧不稳定释放、工程动荷作用或反复加卸载作用诱发处于高应力状态的岩体的不稳定破坏等方面。

（8）采矿方法的影响。不同的采矿方法决定了其地压管理方式的不同，所产生的矿山压力大小和分布规律也不相同。合理的开采方法是控制岩爆发生的最主要的工程措施和手段。我国的煤炭开采中水力采煤因遗留大量煤垛、推进速度快等都易于引起冲击地压的发生；而长壁式开采方法则可以克服水力开采的缺点，有利于控制或减缓冲击地压的发生。但我国金属矿山还缺乏这方面卓有成效的研究成果。

（9）采场及井巷工程的布置方式以及断面形状。地下结构的布置方式，应使其处于有利的受力状态，减少应力集中程度。一般来说，结构的长轴方向应当尽可能地与最大地应力分量的方向一致或成较小的交角，地下结构的断面形状应当使其受力均匀，减少尖角及局部过高的应力集中。

（10）开采速度。矿山开采速度或掘进速度直接影响到围岩中的能量释放率。因此，开采速度是影响岩爆发生的因素之一。国外在这方面有一些有参考价值的研究成果，但目前这方面的研究没有统一的认识，一般认为过快的采掘速度易于导致岩爆的发生。

（11）工程爆破的影响。爆破会在围岩体中产生瞬间应力波，这种应力波传递到临界状态的临空面或结构面时会产生反射拉伸应力波，易使岩体受拉而发生脆性破坏；或应力波作为一种动荷，直接作用于处于高应力平衡状态的岩体上，使这些岩体的平衡破坏被打破而超过强度极限，诱致岩爆的发生，已有的统计资料表明，岩爆发生最频繁的时间是生产爆破之后的 2h 之内，在这 2h 之内岩爆的发生次数要比其他时间段上 2h 发生的岩爆次数高出几倍到几十倍。印度的 Kolar 金矿区对岩爆的统计研究了岩爆次数相对于时间的分布情况，得出爆破时冲击频率最高。

工程爆破与矿山微震之间也存在着一定的关系。Heunis 研究了南非金矿测得的爆破后微震事件与时间的关系，结果表明，在爆破后的 2h 之内，微震事件发生频繁，之后则迅速减少，这一点与岩爆的情况是相类似的。

4.4.2.4　岩爆的力学试验

关于岩爆的力学试验，国内外都进行了大量的研究工作。从单轴压缩试验、双轴加载试验、常规三轴试验到真三轴试验都曾有过尝试，并且基于人为扰动的作用，国内外学者进行了许多动静组合荷载岩爆试验。根据试验的控制方法可分为加载试验与卸载试验。加载试验主要有单轴压缩岩爆试验、双轴压缩岩爆试验，卸载试验主要有三轴岩爆试验、真三轴岩爆试验。

A　单轴压缩岩爆试验

最早于20世纪60年代就有国外学者进行了单轴压缩试验，认为该试验条件可以模拟某种岩爆的应力条件，如矿柱岩爆；70年代到80年代之间，代佩图霍夫等学者也进行了岩爆的相关试验研究，分析了单轴加载系统刚度与岩石试验样品的力－变形曲线的关系以及和现场岩柱与围岩的对应关系。Singh通过单轴压缩试验，提出了用冲击倾向指数预测岩爆的可能性，指出冲击倾向指数与岩石的脆性、压缩和点荷载强度、刚度模量和压缩波速度有很大的关系。Singh根据单轴试验结果，指出利用下降模量指数和冲击倾向指数用来分析岩爆更好。

马春德用一维动静组合荷载对红砂岩进行了岩石力学特性的试验，指出在静载增加时，岩石由脆性向塑性转化。从理论分析与试验结果来看，不同应力状态的岩体，处于不同的稳定状态，低稳定状态的岩体在小扰动下就可以发生岩爆，而较高稳定状态的岩体必须在叠加大的动荷载下才可能发生岩爆。

冯涛、王文星等研究了单轴压缩试验峰后保持变形不变的应力－时间变化曲线，根据岩石的峰后应力松弛曲线类型判定岩爆的类型。

B　双轴压缩岩爆试验

1984~1992年期间，国外学者利用双轴试验在假设应力强度因子为常数的条件下，分析了翼形裂纹扩展与应力的关系。利用双轴试验研究了在有预裂纹的情况下灾难性裂纹扩展条件与加载速率和局部的内应力场有关。

C　三轴岩爆试验

考虑到地下工程岩体开挖相当于一个卸载过程。因此，许多学者采用常规三轴卸载试验研究岩爆破坏机理。

早期国外学者在三轴岩爆方面的试验主要有：利用三轴试验对不同的岩盐进行了不同围压下的试验研究，根据试验结果给出了不同盐矿开采的岩爆倾向；通过单轴和三轴压缩试验分析了轴向破坏和剪切破坏机制，并分析了裂纹的非稳定扩展和岩石的脆－延转化特征。

国内的王贤能利用常规三轴试验机研究了灰岩及混合花岗岩在卸载条件下的变形与破坏行为，得出在低围压下以张性及张剪复合型破坏为主，在高围压下以剪切破坏为主，认为硐室围岩侧压被卸除后应力将重分布，当调整后的应力状态达到岩体的极限状态时，便发生岩爆。

尤明庆在《岩石试样的强度及变形破坏过程》一书中，汇总了大量的岩石室内试验成果，结合自己的研究课题，描述了岩样三轴应力状态下的卸围压过程，并与常规加载试验进行了对比，指出岩石在卸围压过程中，其强度未降低，但脆性增加。

徐林生进行了卸载状态下岩爆岩石力学试验。采用的是常规三轴卸围压试验，应用美国MTS815 Teststar程控伺服岩石力学试验系统，采用位移控制。给出了围压为零及一定压力下增加围压岩样破坏的特征，得出在低围压下卸围压对应弱岩爆现象，在高围压下卸围压对应强岩爆特征。但位移控制对岩爆试验的适用性有待研究。

葛修润在《岩土损伤宏细观试验研究》中总结了岩石卸围压试验结果。试验过程为将试件加载到临近破坏前的某一应力状态，再以 0.004MPa/s 的速度卸围压，直到破坏，用 CT 扫描破坏阶段，主要结论为：裂纹扩展具有迟滞性；卸荷破坏具有突发性；损伤演化具有不均匀性；损伤演化具有主破裂面方向。

D　真三轴岩爆试验

侯发亮利用真三轴试验机进行了岩石真三轴试验，在模型材料中开挖孔洞模拟巷道破坏，并且进行了单向卸载试验，记录了岩石的应力与声发射特征。该试验是非常少见的岩石真三轴卸载试验的研究，并且是针对具体工程进行，结合了地应力资料，根据岩石材料内钻孔后在应力作用下的试验，获得了发生岩爆的临界应力，具有一定的指导意义。

丁向东等对南盘江天生桥水电站埋深 400~800m 的引水隧洞中的 I 及 III 类岩石，以不同应变速率进行了岩爆岩石力学模拟试验，得出了岩石脆性指数，岩石应力下降指数及有效动能指数。I 类岩石大部分发生了岩爆。该试验证明了比较完整的岩石容易发生岩爆。

4.4.2.5　岩爆倾向性评价方法

岩爆与岩石的物理力学性质、地应力及岩石所受的应力水平相关，岩爆倾向性就是根据岩石的力学性质、地应力的大小等来评价发生岩爆的可能性，人们已经认识到从纯技术上来评价岩爆倾向性的必要性。在矿山开采的前期阶段，对岩爆的倾向性进行评价是必要的，以便对采矿方法、开采布置和支护要求做出正确的决策。矿山前期的设计阶段，对矿体和围岩方面的主要资料只能从勘探岩芯中获得，这些资料可以用来做评价岩爆倾向性的手段，对矿山开采布置做出前期决策，尽可能地消除岩爆发生的可能性或掌握可能发生岩爆的信息，以便在后来的生产中采取相应的技术对策。如果不做岩爆倾向性研究，就可能在初步设计阶段忽略针对岩爆防治方面的技术问题，导致开采的不合理设计和施工。一旦在生产中出现岩爆灾害，要对一个矿山的设计作全面的修改，则需花费巨大的投资，造成严重的资源浪费，甚至难以更改设计，造成严重的后果甚至矿山闭坑。

岩爆倾向性的评价方法很多，不下十几种，不同的学者从不同的角度，考虑不同的岩爆影响因素或根据不同的岩爆机理，提出的评价方法均从不同的侧面表征了岩爆发生的倾向性。这些方法归纳为宏观方法和细观方法或归纳为静力学方法和动力学方法。

（1）应力法。应力法为挪威的 Barton 等人提出的 Q 系统分类中的 α（或 β）判别法，它是最简单的广为应用的方法之一，其表达式为：

$$\begin{cases} \alpha = R_c/\sigma_1 \\ \beta = R_t/\sigma_1 \end{cases} \tag{4-55}$$

式中，R_c、R_t 分别为岩石单轴抗压强度、抗拉强度；σ_1 为地应力的最大主应力分量。

挪威的岩爆经验给出的判别指标为：

$$\begin{cases} 10 < \alpha \quad (\beta > 0.66) & 无岩爆 \\ 5 < \alpha \leq 10(0.33 < \beta \leq 0.66) & 轻微岩爆 \\ 2.5 < \alpha \leq 5(0.16 < \beta \leq 0.33) & 中等岩爆 \\ \alpha \leq 2.5(\beta \leq 0.16) & 强烈岩爆 \end{cases} \tag{4-56}$$

由于这一方法把岩石强度指标与地应力的大小相联系，它能在一定程度上反映发生岩爆的可能性，但它因为没有能反映开挖引起的应力集中现象，因此，不少学者又对其进行了必要的修正。如前苏联的 И. А. 多尔恰尼诺夫等人给出下列的岩爆发生条件：

$$\sigma_\theta / R_c \geq 0.3 \sim 0.8 \qquad (4-57)$$

式中，σ_θ 为开挖体围岩表面切向应力，它反映了开挖导致的应力集中。

陶震宇教授结合我国水电工程建设的实践，对 α 的判据做了必要的修正。姚宝魁等人在考虑应力集中现象后，对发生岩爆的临界条件做了修正，但公式仍沿用原岩应力分量：

$$\sigma_1 / R_c \geq 0.15 \sim 0.20 \qquad (4-58)$$

（2）岩石脆性系数法。对于岩石的脆性，不同的学者根据岩石力学参数的不同指标，给出了一些不同的表达式。应用岩石的单轴抗压强度与单轴抗拉强度之比来表示岩石的脆性度是最常用的一种方法。用 R 表示脆性度的话，则有：

$$R = \sigma_c / \sigma_t \qquad (4-59)$$

其判别指标为：

$$\begin{cases} R \leq 10 & \text{无岩爆} \\ 10 < R \leq 18 & \text{中等岩爆} \\ 18 < R & \text{强烈岩爆} \end{cases} \qquad (4-60)$$

还可以根据岩石峰值前的变形指标来表示岩石的脆性度，若用 K_u 表示岩石的脆性，则有：

$$K_u = U / U_1 \qquad (4-61)$$

式中，U 为岩石峰值强度前的总变形；U_1 为峰值前的永久变形或称为塑性变形。

K_u 越大，说明岩石的脆性越大，发生岩爆的可能性亦越大。其临界判别指标为：

$$\begin{cases} K_u \leq 2.0 & \text{无岩爆发生} \\ 2.0 < K_u \leq 6.0 & \text{弱岩爆发生} \\ 6.0 < K_u \leq 9.0 & \text{中等岩爆发生} \\ 9.0 < K_u & \text{强烈岩爆发生} \end{cases} \qquad (4-62)$$

早在 1967 年，Ramsay 就指出岩石的脆性随其单轴抗压强度和抗拉强度之差的增加而增大，基于这种假定，Huck 和 Dis 把岩石的脆性定义为：

$$B = (\sigma_c - \sigma_t) / (\sigma_c + \sigma_t) \qquad (4-63)$$

后来 Singh 借鉴此式并采用下列两个指标 B_1 和 B_2 来表示岩石的脆性：

$$B_1 = (\sigma_c - \sigma_t) / (\sigma_c + \sigma_t) \qquad (4-64a)$$

$$B_2 = \sin\varphi \qquad (4-64b)$$

（3）应变能储存指数法。波兰的 Kidybinski 于 1981 年引用了 Stecowka 和 Domzal 等人的弹性应变能储存指数的概念，来判定岩石发生岩爆的可能性。用 W_{et} 表示应变能储存指数，则其无量纲计算表达式为：

$$W_{et} = \Phi_{sp} / \Phi_{st} \qquad (4-65)$$

式中，Φ_{sp} 为滞留的弹性应变能；Φ_{st} 为耗损的应变能。

W_{et} 的物理意义是岩石在峰值强度前岩样中弹性应变能储存能量与塑性变形的耗散的能量之比，如图 4-43 所示。Φ_{sp} 和 Φ_{st} 的求算方法为：

$$\Phi_t = \Phi_{st} + \Phi_{sp}$$

$$\Phi_t = \int_0^{\varepsilon_t} f(\varepsilon) \, d\varepsilon$$

$$\Phi_{sp} = \int_{\varepsilon_p}^{\varepsilon_t} f_1(\varepsilon) d\varepsilon$$

$$\Phi_{st} = \Phi_t - \Phi_{sp} = \int_0^{\varepsilon_t} f(\varepsilon) d\varepsilon - \int_{\varepsilon_p}^{\varepsilon_t} f_1(\varepsilon) d\varepsilon$$

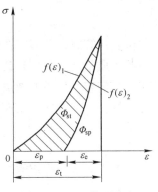

图 4 – 43　W_{et} 物理意义

从理论上讲，在试验中应从岩石的峰值强度点开始卸载，来求算 W_{et}。但由于试验时难以控制到峰值点，所以一般均只加载至岩石峰值强度的 80% ~ 90% 时就开始卸载。

Kidybinski 根据对波兰煤岩的试验结果，给出了 W_{et} 的岩性临界判别指标为：

$$\begin{cases} W_{et} < 2 & 无岩爆 \\ 2 \leqslant W_{et} \leqslant 5.0 & 弱岩爆 \\ 5.0 < W_{et} & 强烈岩爆 \end{cases} \quad (4-66)$$

该方法应用较广泛，是各国经常采用的一种方法。我国的煤炭系统制定了《煤层冲击倾向性分类及指数的测定方法（MT/T 174—2000）》作为中华人民共和国煤炭行业标准，在这个报批稿中就采用了应变能储存指数法这一指标。

在应用这一指标时，一个值得注意的问题是其判别指标式（4 – 66）是针对煤岩而言的，它不一定适合金属矿硬岩的判别指标。由此，Singh 根据加拿大 Sudbury 矿区金属矿硬岩岩样的试验结果及与现场岩爆的对照，建议硬岩岩爆的临界判别指标为：

$$\begin{cases} W_{et} < 10 & 弱岩爆 \\ 10 \leqslant W_{et} \leqslant 15 & 中等岩爆 \\ 15 < W_{et} & 强烈岩爆 \end{cases} \quad (4-67)$$

（4）岩爆能量比法。Motyczka 定义岩爆能量比指标（η）为岩样在单轴抗压试验破坏时，破碎岩片抛出的动能 Φ_k 与试块储存的最大弹性应变能 Φ_0 之比，即：

$$\eta = (\Phi_k / \Phi_0) \times 100\% \quad (4-68)$$

$$\Phi_k = \sum_{i=1}^{n} \frac{1}{2} m_i v_{0i}^2$$

式中，n 为抛出岩块的个数；m_i、v_{0i} 分别为第 i 块岩块的质量和弹射的速度。

在忽略空气阻力和碎片与地面接触产生回弹时，
在水平方向：

$$S_i = v_{0i} t \Rightarrow v_{0i} = S_i / t$$

在垂直方向：

$$h = \frac{1}{2} g t^2 \Rightarrow t = \sqrt{\frac{2h}{g}}$$

解得：

$$v_{0i} = S_i \sqrt{\frac{g}{2h}} \quad (4-69)$$

式中，S_i 为第 i 块岩片的弹射水平距离；g 为重力加速度；h 为岩片的落差。

为便于计算 Φ_k 和 Φ_0，Drzewiecki 建议在进行单轴压缩试验时，用岩石试件抛出的碎块的质量乘以碎片抛出的距离来表示 Φ_k，即：

$$\varPhi_k = \sum_{i=1}^{n} S_i m_i \tag{4-70}$$

试验计算时，还可以在试验机周围一定的半径差作同心圆，然后将落在不同圆环中的岩石碎片质量之和分别与其对应的平均半径相乘，然后求和得到 $\varPhi_k$。这时同样忽略了岩片飞行中的空气阻力所做负功的影响。

试块储存的弹性应变能 $\varPhi_0$ 可以由试验时测得的最大应力值 σ_μ 和最大弹性应变 ε_μ 按下式求出：

$$\varPhi_0 = 0.5\sigma_\mu\varepsilon_\mu \tag{4-71}$$

波兰煤炭矿山确定的岩爆临界判别指标为：

$$\begin{cases} \eta \leqslant 3.5\% & \text{无岩爆} \\ 3.5\% < \eta \leqslant 4.2\% & \text{弱岩爆} \\ 4.2\% < \eta \leqslant 4.7\% & \text{中等岩爆} \\ \eta > 4.7\% & \text{强烈岩爆} \end{cases} \tag{4-72}$$

（5）动态破坏时间法。波兰学者 Kidybinski 为了解岩样的峰值后的应力变化及破坏时间，在普通压力机上对峰值后的应力随时间的变化情况进行测试。采用一个测应变的钢压力盒和一台高速记录仪，测试装置如图 4-44 所示。利用这个装置可以测出岩样在峰值后的破坏时间 DT 值（图 4-45），并且可以进一步求出峰后应力随时间的变化率，即：

$$V_{r.f} = \Delta\sigma/\Delta t \tag{4-73}$$

式中，$\Delta\sigma$ 为增量应力；Δt 为时间间隔。

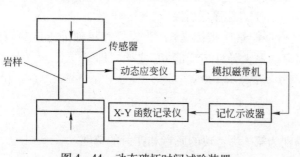

图 4-44 动态破坏时间试验装置

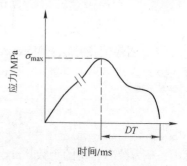

图 4-45 动态测试原理

中国煤炭科学研究总院自 1985 年以来经过对煤岩的广泛试验研究，进一步证明了用 DT 指标来评价岩爆倾向性的可行性，并给出了下列建议性的岩爆临界评价指标：

$$\begin{cases} DT \leqslant 50\text{ms} & \text{强烈岩爆} \\ 50\text{ms} < DT \leqslant 500\text{ms} & \text{中等岩爆} \\ 500\text{ms} < DT & \text{无岩爆} \end{cases} \tag{4-74}$$

刘铁敏在对我国红透山铜矿岩爆倾向性研究时，针对金属矿硬岩与煤岩的差别以及红透山铜矿的岩爆实例，对式（4-74）做了修正，并给出：

$$\begin{cases} DT \leqslant 100\text{ms} & \text{强烈岩爆} \\ 100\text{ms} < DT \leqslant 2000\text{ms} & \text{中等岩爆} \\ 2000\text{ms} < DT & \text{无岩爆} \end{cases} \tag{4-75}$$

该方法现已被煤炭系统作为中华人民共和国煤炭行业标准《煤层冲击倾向性分类及指

数的测定方法（MT/T 174—2000）》所采纳。

（6）应力下降指数法。刚性压力机问世以后，可以通过它获得岩石的全应力-应变曲线，得到岩石峰值后的残余强度值。把岩石的峰值强度与残余强度之差再与岩爆临界应力降之比值，称为应力下降指数，用 K_σ 表示为：

$$K_\sigma = (\sigma_c - \sigma_s)/\sigma_{drc} \tag{4-76}$$

式中，σ_s 为岩石的残余强度；σ_{drc} 为岩爆临界应力降。

其临界判别指标为：

$$\begin{cases} K_\sigma \leqslant 0.6 & \text{无岩爆} \\ 0.6 < K_\sigma \leqslant 1.85 & \text{弱岩爆} \\ 1.85 < K_\sigma \leqslant 3.0 & \text{中等岩爆} \\ 3.0 < K_\sigma & \text{强烈岩爆} \end{cases} \tag{4-77}$$

（7）冲击能量指标法。该指标是根据岩石的全应力-应变曲线，用峰值前的应力-应变曲线和 ε 轴围成的面积（F_1）与峰值后的应力-应变曲线所围成的面积（F_2）之比来表示，即：

$$W_{cf} = F_1/F_2 \tag{4-78}$$

W_{cf} 越大，岩爆的可能性也越大，其判别指标为：

$$\begin{cases} W_{cf} \leqslant 2.0 & \text{无岩爆} \\ 2.0 < W_{cf} \leqslant 3.0 & \text{中等岩爆} \\ 3.0 < W_{cf} & \text{强烈岩爆} \end{cases} \tag{4-79}$$

（8）电阻率法。该方法由原西德率先采用，它是通过测定现场岩石电阻率的变化情况来判断有关岩爆发生的可能性，用 K_e 来表示发生岩爆的危险性，即：

$$K_e = \frac{\rho_1}{\rho_2} \cdot \frac{2m}{2h_1 + h_2} \tag{4-80}$$

式中，ρ_1、ρ_2 分别为原岩应力区和应力升高区岩石电阻率；m 为巷道高度；h_1、h_2 分别为巷道周边应力降低区和升高区距巷道帮的距离。

根据乌拉尔地区煤矿所得结果，有：

$$\begin{cases} K_e < 50 & \text{微岩爆} \\ 50 \leqslant K_e \leqslant 400 & \text{弱岩爆} \\ 400 < K_e & \text{中等岩爆} \end{cases} \tag{4-81}$$

（9）强度准则判别法。该方法可以认为是应力法的推广，其判别式为：

$$\sum_{i=1}^{5} \sigma_i/S \geqslant 1 \tag{4-82}$$

式中，σ_1 为自重应力；σ_2 为构造应力；σ_3 为开采引起的附加应力；σ_4 为其他条件引起的应力；σ_5 为矿体与围岩交界处的应力；S 为矿体与围岩系统强度。

（10）冲击倾向准则。冲击倾向准则用下式表示：

$$K/K^* \geqslant 1 \tag{4-83}$$

式中，K 为矿体的冲击倾向度指数；K^* 为试验确定的冲击倾向临界值。

当满足式（4-84）时，即会发生岩爆。

1）能量准则。最为常用的岩爆发生的能量判据为：

$$\frac{\alpha\left(\dfrac{\mathrm{d}W_E}{\mathrm{d}t}\right) + \beta\left(\dfrac{\mathrm{d}W_s}{\mathrm{d}t}\right)}{\dfrac{\mathrm{d}W_D}{\mathrm{d}t}} \geqslant 1 \tag{4-84}$$

当式（4-84）满足时即为发生岩爆的条件，需要说明的是式（4-82）、式（4-83）和式（4-84）的概念都很明确，但它们的指标一般都难以定量化表示，因而更多地用作概念的表述，实际中则很少采用它们来评价岩爆的倾向性。

2）多指标综合判别方法。上述的各种方法均为单一指标的评价方法。单一指标均是从不同的角度，考虑不同的因素对岩爆倾向性做出的评价，各有其自身的优缺点。由于在各单一指标中所考虑的因素不同，目前对岩爆的认识还不够，各种因素的影响程度也不能被量化表示；同时，各单一指标也会因试验误差、现场量测误差等造成某些结果的不准确性，必然各方法的评价结果就很难一致，甚至出现矛盾或相反的结论。而多指标判别方法，则可以弥补各单一指标在评价岩爆倾向性时的不足，使结果的可靠性大为增加。谭以安采用模糊数学方法，把上述的几种单一指标进行模糊综合评判，以达到消除各单一指标评价结果的不一致性；冯夏庭等则采用神经网络自适应模式识别方法，把前述的几种单一指标的评价结果，利用人工神经网络自学习和推理的方法来完成多指标识别过程。

（11）矿岩微观组构法。近年来，国内外学者已开始从微观结构上分析煤、岩石的岩爆倾向性并取得一定的进展。国内的煤炭科学研究院北京开采所的辛玉美、牛锡倬等对京西门头沟煤矿的煤岩显微组分、结构及显微硬度等进行了研究，并将研究结果与已发生岩爆的煤岩作对比，从而对煤岩的冲击倾向性做出预测。

（12）非线性动力学方法。随着非线性力学的迅速发展，有关突变理论、分形理论、分叉和混沌理论等也相继应用到岩爆研究中来。谢和平教授在分形理论应用于岩爆研究方向，均取得令人瞩目的成果。同时，谢和平教授在岩爆的微震监测空间定位的基础上，用分形理论对震源空间位置的分形维进行了研究，指出岩爆是一个分形集聚过程，并结合损伤力学和分形理论，揭示了岩爆发生的分形物理机理，得到岩爆的发生是一个降维有序的过程，其能量耗散 E 值负指数地相关于分维值 D，即：

$$D = C_1 \exp(-C_2 E) \tag{4-85}$$

式中，C_1 为地区常数；C_2 为测度常数。

分形维范围 $0.0 \sim 3.0$，用分形维的减少来说明微震和岩爆发生的来临。

（13）数值模拟方法。计算机模拟岩爆的倾向性具有其他方法不可比拟的优点，它不仅可以从量上来分析计算岩爆的倾向性，而且可以用计算机来再现岩爆过程，特别是考虑岩石峰值后的软化和蠕变、动力非稳定性等用常用解析方法难以解决或无法解决的问题。可以预见，计算机数值模拟技术对于岩爆的倾向性预测将发挥越来越重要的作用。

4.4.3 岩爆监测预报方法

由于影响岩爆发生的因素众多，岩爆产生的条件也极为复杂，因此，长期以来形成了许多种不同的现场岩爆监测方法和手段，但迄今为止，岩爆的监测方法还在发展之中，没有一种方法能够较完善地解决岩爆的监测问题。因此，对于一个矿山来说，多种方法的综合应用仍然是较为普遍的做法。这样就可以弥补各种方法自身存在的不足，提高监测以及对监测结果进行预报的准确性和可靠性。

（1）声发射与微震监测。采用声发射与微震方法预测岩爆是一种应用较多的方法。在20世纪早期就开始采用地震方法监测矿山岩爆产生的微地震现象，30年代采用声发射技术监测岩爆等。该方法是根据声波或地震波原理，来探测岩爆发生前的岩体破裂前兆特性，进而对未来要发生的岩爆进行评估和预警。

该方法最早始于20世纪20年代南非的Witwatersrand的深部金矿山，采用的是地震仪监测。到60年代，大规模的微震监测研究在南非的深井金矿展开。南非深井开采中对岩爆的地震监测在深井矿山岩爆监测、灾害预警技术发展中起到了重要的作用。美国、加拿大、前苏联、波兰和澳大利亚等国的金属矿山都是较多地应用声发射或地震方法对岩爆进行监测的国家。

在国内，针对深部地压和岩爆监测也开展了声发射和地震学的监测方法，如门头沟煤矿、凡口铅锌矿、冬瓜山铜矿、大红山铁矿和红透山铜矿早期都曾经采用过声发射技术进行岩爆监测预警，后来还先后建立起了多通道微震监测系统以替代声发射监测。

（2）电磁辐射法。煤岩电磁辐射是煤岩体受载变形破坏过程中向外辐射电磁能量的一种现象，电磁辐射源于煤岩体的非均质性及煤岩体变形破裂的非均匀过程，与煤岩体的变形破裂过程密切相关。电磁辐射信息综合反映了岩爆等煤岩灾害动力现象的主要影响因素，电磁辐射强度主要反映了煤岩体的受载程度及变形破裂强度，脉冲数主要反映了煤岩体变形及微破裂的频次。

电磁辐射强度与载荷有很好的一致性。随着载荷的增加，电磁辐射强度增加，载荷强度越大，电磁辐射强度也越大。发生岩爆以前，电磁辐射强度一般较小，而在冲击破坏时，电磁辐射强度突然增加。

岩爆的发生从时间上可分为准备、发动、发展及结束四个阶段。预测岩爆就是要在其准备及发动阶段，根据前兆信息判断岩爆的危险程度。根据现场统计试验得出，电磁辐射和煤岩体的应力状态相关，应力越大时电磁辐射信号就越强，电磁辐射脉冲就越大，发生岩爆的危险性也越大。根据试验数据及实际观测数据分析，可以得出观测区域电磁辐射的定量指标。

（3）微重力法。微重力法是依据前述的微重力法原理，根据岩爆发生前处于临界岩爆状态的岩石出现负重力异常极值，作为用微重力测量岩爆发生的判别准则，对岩爆进行现场监测和预测。当重力异常长时间处于正异常的水平，则岩爆发生的概率比较低。

（4）施工地质超前宏观观测法。工程实践表明，高地应力区深埋长大隧洞施工过程中围绕岩爆问题开展全面、系统的施工地质调研工作，查明岩爆发生的基本规律，从而利用与岩爆有关的某些特殊地质现象，如钻孔岩芯饼裂现象、应力－应变全过程曲线异常等。以此来正确预测岩爆，这对保证安全施工、优化工程进度等均具有重要意义。例如，日本某公路隧道施工过程中超前钻孔发现的岩芯饼裂区就与岩爆区完全一致，这为正确预报岩爆、保证该隧道安全施工提供了重要依据。

（5）钻屑量法。钻屑量法是通过向岩体钻小直径钻孔，根据钻孔过程中单位孔深排粉量的变化规律和打钻过程中各种动力现象，了解岩体应力集中状态，达到预报岩爆的目的。在岩爆危险地段打钻时，钻孔排粉量剧增，最多可达正常值10倍以上，一般认为排粉量为正常值的 2 倍以上时，即有发生岩爆的危险。该方法 20 世纪 60 年代在欧洲开始使用。

（6）光弹法。当某些塑性材料和光弹玻璃受到应力的作用，在偏振光下观察时可以看到干涉条纹，其与作用在岩体上的应力强度和方向有关，基于此可对即将来临的岩爆做出预测。

（7）水分法。水分法是通过钻孔取样测定岩体中的含水量来评价岩爆发生可能性的方法。此法主要用于煤矿，监测煤层中含水量的变化，可以预报岩爆。在煤矿中，当煤层含水量大于 3% 时，认为无岩爆危险。

（8）流变法。根据岩体的应力松弛速度和破坏程度来预测岩爆，应力松弛速度取决于岩石的力学性质、地质条件、应力集中和埋深等因素。当应力松弛速度低且破坏程度高时，岩体有岩爆的可能。

（9）其他常用的工程现场预测方法还有回弹法、电阻法、观察法等。

4.4.4　岩爆防治技术

产生岩爆的原因是多方面的，它是受各种因素的制约而形成的组合条件所决定的。对于岩爆应采用预防与治理相结合的方法，以防为主，防治结合。归纳国内外在岩爆防治措施方面所取得的经验和成就，总结出图 4-46 所示的岩爆防治措施。

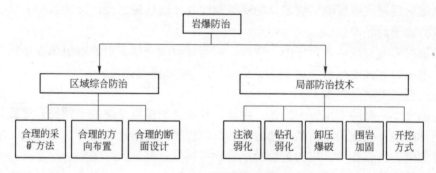

图 4-46　岩爆防治措施

4.4.4.1　区域综合防治

综合防治方法应当是长期的、全局性的，包括合理选择采矿方法、合理布置开采方式和开采顺序、合理布置巷道轴线方向及选择合理的巷道断面形状。根据工程特点，在设计阶段尽可能使采场或巷道轴线与最大主应力方向平行或只有较小的夹角，巷道之间的交叉处的交角不宜太小，以防止造成过大的应力集中而导致岩爆的发生；巷道断面的轮廓应尽可能设计成光滑连接，以减少巷道周边的应力集中程度等。

4.4.4.2　局部防治技术

局部防治技术包括：

（1）注液弱化。该方法的实质是围岩弱化法，它是通过向围岩内打注液钻孔，注入水或化学试剂（如 0.1% 的氯化铝活化剂）。注水是根据岩石的水理性质，可使岩石的强度及相应的力学指标降低的特性。化学试剂的使用是基于它的化学成分可以改变围岩中裂纹或破裂面表面自由能，从而达到改变岩石材料力学指标的目的。但已有的研究表明，注液弱化的效果因岩性及岩体结构的不同而差异甚大。加拿大的 Singh 给出了用 0.1% 的氯化铝活化剂软化岩石的试验结果，见表 4-10。岩样为取自加拿大 Sudbury 盆地岩爆矿山的岩石。从表 4-10 中看出，经化学处理后的岩样在抗压强度、刚度系数、单位体积应变能、岩爆能量释放率以及纵波速度等方面的值的改善（下降）范围达 10%～20%。对于现场条件下的岩体来说，由于各种结构面存在，可以肯定注液弱化效果要比室内试验所得结果更加明显。

表 4-10　未处理和经氯化铝溶液处理后的岩样物理力学性质对照

岩石类型	处理情况	抗压强度/MPa	刚度系数/GPa	单位体积应变能 /MJ·m^{-3}	岩爆能量 释放率指标	纵波速度 /km·s^{-1}
花岗闪长岩	未处理	216.4	67.9	0.3448	3.92	5.33
	已处理	185.5	60.0	0.2867	3.19	4.85
辉绿岩	未处理	212.6	85.5	0.2643	3.04	4.97
	已处理	193.2	72.3	0.2583	2.85	4.52
石英 闪长岩	未处理	233.0	—	—	—	—
	已处理	206.0	—	—	—	—

我国的云岗煤矿针对矿山的冲击地压问题，对煤层顶板的砾岩和砂岩岩样进行了浸水弱化试验研究，其浸水前后的全应力-应变曲线如图 4-47 所示，浸水前后岩样的峰值强度变化很大，砾岩的峰值强度下降 41%，砂岩的峰值强度下降 30%，砾岩峰值前的弹性模量下降约 35%，可见水对岩石的弱化效果是很明显的。

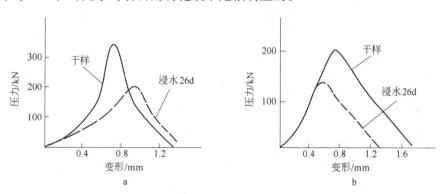

图 4-47　水对岩石的弱化作用
a—砾岩岩样；b—砂岩岩样

（2）钻孔弱化。该方法也是围岩弱化法，它是通过向围岩钻大孔达到弱化围岩，实现应力向深部转移的目的。该方法应用较普遍，技术上也易于实现。但该方法的实施必须用其他方法了解巷道周边围岩的压力带范围和程度，以确定孔深和孔距，只允许在低应力区开始打钻并向高应力区钻进。否则将会适得其反，诱发岩爆。

（3）切缝弱化法。该方法也是弱化围岩，但它具有明显的方向性，切缝一般与引起应力集中的主要方向相垂直。切缝弱化法可用钻排孔或专用的切缝机具实现。只要在技术上合理地选择切缝宽度，往往可以取得较好的弱化效果。

（4）松动爆破卸压法。该方法也是围岩弱化法，它有两种基本形式，即超前应力解除法和侧帮应力解除法。超前应力解除法是在巷道工作面前方的围岩中打超前爆破孔和爆破补偿孔，用炸药爆破方法在围岩中形成一人工破碎带，以使高应力向深部岩层转移。侧帮应力解除法则是在工作面之后的巷道侧帮围岩内钻凿卸压爆破孔，用炸药爆破方法人工形成一破碎带，以使高应力向深部岩层中转移。

1）超前应力解除。对于硬岩，为了易于形成破碎带，钻一些容积补偿孔（图4-48），其宽度 δ 由炸药量控制：

$$\begin{cases} \delta = 2R \\ R = K_n \sqrt[3]{Q} \end{cases} \tag{4-86}$$

式中，R 为破碎半径；K_n 为系数，0.57~1.4（坚硬岩石 K_n 取小值0.57）；Q 为标准炸药量。

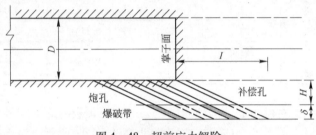

图4-48　超前应力解除

2）边帮应力解除。爆破卸压法为常用的进行边帮应力解除的有效方法（图4-49）。

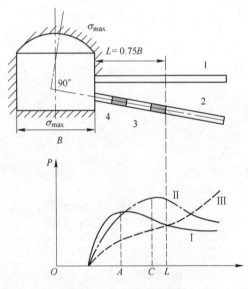

图4-49　片帮应力解除

1，2—药壶和测量孔；3，4—第一、二梯阶炸药包；

Ⅰ，Ⅱ，Ⅲ—相当于第一梯阶炸药包前后和第二梯阶炸药包前后支承压力部的分布特点

需要指出的是，上述四种方法均是通过减少工作面（或围岩）的应力集中区域内的岩体强度来重新分配荷载分布，且工作面上的应力集中程度和分布特点是决定采用何种处理

方法的依据。一般来说对于没有产生应力集中或集中程度不高时，这四种方法都会获得较好的效果；但对于处于高度应力集中的围岩来说，要进行卸压处理，必须通过试验研究以了解应力集中程度和应力分布特征，谨慎从事，否则适得其反。

（5）加固围岩。加固围岩体是最常规的处理方法。它从原理上与前四种方法截然相反，以提高围岩的强度为出发点，即围岩体得到加固的实质是提高了其承载的峰值强度。在实际工程中，采用加固围岩的方法是最直接、最有效的方法，这种方法对于预防小型岩爆具有显著的作用。主动加固围岩体，如锚杆支护、喷锚网支护等，是有效的方法；而被动支护如各种钢支架支护、浇筑混凝土支护等，也同样是有效的方法。

国外在针对岩爆支护结构形式、支护结构的抗冲击性能方面做了很多研究，如加拿大地质力学中心的 P. K. Kaiser 等人针对加拿大金属矿山岩爆支护技术开展了较为详细的研究。在该研究中，研究者们提出了岩爆（高应力）支护是加固岩体的思想，并指出岩爆支护系统（结构）应该具有加固围岩、承托和悬吊破裂岩体的两个基本功能。图 4-50 给出了这种支护原理，加固岩体的目的是形成一个能承受由开挖导致的高应力荷载的岩石拱；承托作用是把已被岩爆造成破裂的岩石限制在原位上，对围岩提供一个侧限压力。但在国内的金属矿山岩爆方面，迄今为止还没有专门针对岩爆支护结构的抗冲击性能方面的研究。

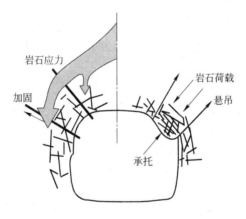

图 4-50　岩爆支护原理

（6）开挖方式。通过改变巷道掘进中的开挖方式，控制开挖几何形状和掘进程序，采用合理的开挖进尺以允许应变能的逐步释放。这里的目的是以防止高应力集中，允许应变逐步释放，减少爆破震动对岩爆的诱发作用等。在采矿中，回采的开挖方式同样是可以通过调整和优化开挖方式来达到控制、减轻或消除岩爆危害。

在我国金属矿岩爆的防治方面，主要是在设计中考虑了区域性防范措施，如冬瓜山铜矿的初步设计就考虑了深井开采中的岩爆防范问题。但对于局部性的防治措施方面还没有引起足够的重视，到目前为止，还没有这方面的成果介绍，是需要加强研究的方向之一。

（7）矿柱的留设和人工充填。留设永久性矿柱显然是可行的预防岩爆的方法。Budawan 提出，不完全回采是最行之有效的与岩爆灾害作斗争的方法，这就说明了留设矿柱可以防止岩爆的发生或减轻岩爆的危害。但这里指的留矿柱必须是留设足够大的、可以防止岩爆发生的矿柱。无疑，这就需要以浪费大量资源为代价，因此在绝大多数情况下留设足够大的矿柱是不可取的。而对于正常的设计来说，总是取得最大的回采率以追求最大的经济效益，因此矿柱的留设尺寸往往不能满足防止岩爆发生的需要。在高应力条件下，小矿柱的留设则是发生岩爆的重要诱因，采用连续采矿和不留矿柱是有利于防治岩爆的。

已有大量的研究证实，矿山充填可以有效地控制采场上下盘围岩，充填体具有吸收能量的作用，从而达到控制或减轻岩爆的目的。在不同的充填料对岩爆控制效果方面，国外的一些学者进行了广泛的研究，取得了许多成果，如加拿大的 Quesnel 等人对废石胶结充填对岩爆的控制效果进行了研究，结果发现废石胶结充填减缓岩爆的效果明显，结果出人意料的好。Barrett 等对南非深井金矿开采时充填采矿方法中充填料的性质以及对地压和岩爆的控制作用也进行了全面的研究，其成果很有参考价值。

4.4.5 应用实例

4.4.5.1 凡口铅锌矿

凡口铅锌矿 1965 年开采深度已达到 900m。随着开采深度的增加，地压问题将更加突出，甚至可能出现岩爆现象。为保证矿山深部矿体的安全生产和顺利达产，长沙矿山研究院针对深部地压开展了全面的研究，进行了岩爆倾向性评价。

A 岩石力学试验

取样地点位于 −550 中段（埋深 682m）的穿脉巷中，现场采取岩样 D_3t^a 灰岩岩层、硫铁矿矿层（$Sh_{214}b$）和铅锌矿矿层（$Sh_{214}a$），D_2d^b 为矿体上下盘主要围岩。

a 岩石单轴抗压强度的测定

岩石单轴抗压强度的岩样为 φ53mm 的岩芯，其高径比约为 2:1。岩石单轴抗压强度为普通压力机和刚性压力机上在静载荷作用下测得的结果。抗压强度的计算公式为：

$$R_c = P/S \tag{4-87}$$

式中，R_c 为单轴抗压强度；P 为破坏载荷；S 为岩样的受荷面积。

计算所得到的矿岩单轴抗压强度见表 4-11。

表 4-11 矿岩单轴抗拉、抗压强度的平均值 （MPa）

岩石名称	灰岩（D_3t^a）	灰岩（D_2d^b）	硫铁矿（$Sh_{214}b$）	铅锌矿（$Sh_{214}a$）
单轴抗压强度	63.83	85.36	153.1	104.97
单轴抗拉强度	5.06	4.91	10.48	6.18

b 岩石抗拉强度的测定

抗拉强度的测定采用常规的"巴西"劈裂法，该法要求圆盘的厚度与其直径的比值在 0.5~1 之间，试验时沿圆盘形岩石试件轴面平行粘贴两根合金刚性丝，然后将试件置于试验机上平行该轴面加压（静载荷），借助合金刚性丝将集中载荷转变为线载荷，从而产生垂直于该轴面的拉应力，最后导致试件拉伸破坏。抗拉强度的计算公式如下：

$$\sigma_t = 2P/(\pi dl) \tag{4-88}$$

式中，d 为岩样的直径；l 为岩样的厚度。

矿岩单轴抗拉强度的结果见表 4-11。

c　岩石崩裂试验

岩石崩裂试验也是在普通压力机上完成的。试验时，用常规试验加载速度加载，使岩样自由破坏，以此求算崩裂小岩片的崩出动能。所获得的试验结果列于表 4 – 12 中。

表 4 – 12　岩石崩裂试验结果

岩石名称	岩样编号	试件尺寸		试件质量/g	碎片飞行距离和质量		
		直径/cm	长度/cm		$5 < r < 11$cm	$11 < r < 24$cm	24cm$< r$ (cm, g)
灰岩（D_3t^a）	3	5.31	11.72	715	19g	1g	(65,9);(140,39);(200,0.4)
	4	5.30	11.11	690	25g	34g	(55,11);(70,16);(75,9);(140,10);(200,92)
	7	5.41	11.30	711	170g	7g	(55,26);(80,3);(120,30);(150,110);(215,30);(240,3)
灰岩（D_2d^b）	1	5.33	11.23	726	2g	4g	(100,2);(600,2)
	2	5.31	11.71	725	38g	109g	(90,4);(120,7)
	6	5.32	11.92	741	17g	7g	(50,43);(75,23);(80,65);(100,32)
铅锌矿（$Sh_{214}a$）	5	5.34	11.44	1188	18g	14.5g	(84,32);(157,29);(217,20)
	2	5.30	11.30	1080	17g	229g	(90,75);(130,102);(238,5.5)
	3	5.30	11.34	1067	17g	16g	(90,27)
硫铁矿（$Sh_{214}b$）	2	5.31	11.02	886			
	4	5.30	11.20	1056	63g	48g	(50,32);(110,4);(120,19);(250,14)
	5	5.30	11.43	1006.5	28g	106g	(60,22);(140,295);(208,1.5);(300,10);(400,4)

d　岩石加卸载试验

岩石的加卸载试验也是在静态荷载作用下，测定岩石在峰值强度时一次性应力卸载至零的过程曲线，该试验也是在 MTS – 815.03 型刚性试验机上完成的。试验过程中，加载是采用纵向应变控制的，加载控制速率为 $(1 \sim 5) \times 10^{-6}$。典型的凡口灰岩的加卸载曲线如图 4 – 51 所示。

e　岩石破坏的动态（DT）试验

岩石动态破坏试验是长江 500 型岩石型材料试验机上进行的单轴压缩试验，配套的仪器有 DPM – 6H 动态电阻应变仪，TYPE3033 型 X – Y 函数记录仪，DSS6521 记忆示波器，6 通道 TEAC R – 81 型磁带记录机，

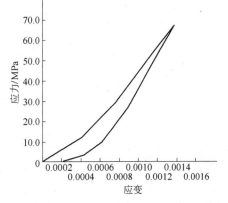

图 4 – 51　典型的凡口灰岩的加卸载曲线

动态仪频率响应为 1kHz，试验系统的加载条件为常规加载速度。一共对 18 块矿岩样进行了测定，除了一块编号为 2 – 4 的铅锌矿和一块编号为 3 – 6 的硫铁矿之外，其他岩样均获得了较为理想的结果。试验包括对矿岩石的抗压强度、动态破坏时间、破坏形式描述等内容，X – Y 函数记录仪记录的典型岩块的动态破坏试验结果如图 4 – 52 所示；根据测试图分析得到的峰后动态破坏时间的结果（表 4 – 13）。

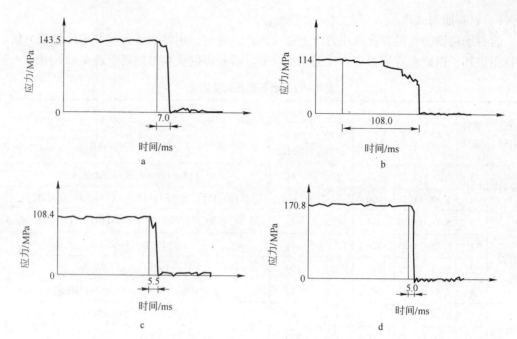

图 4 - 52   凡口铅锌矿典型的矿岩样 DT 测试

表 4 - 13   动态破坏测试分析结果

岩样名称	岩样描述	岩样尺寸（直径×高）/cm×cm	抗压强度/MPa	破坏时间/ms	备 注
硫铁矿	完整	5.42×10.93	91.1	7.5	剪劈
硫铁矿	完整	5.40×11.24	64.6	24	剪劈
硫铁矿	完整	5.43×11.61	131.0	5.0	剪劈
铅锌矿	完整	5.39×11.17	114.0	570	剪劈
铅锌矿	完整	5.32×11.63	94.0	12	剪
硫铁矿	完整	5.43×11.98	77.9	5700	破、剪
硫铁矿	完整	5.41×11.06	166.3	86	剪劈
铅锌矿	完整	5.22×11.31	168.8	4	剪
铅锌矿	完整	5.42×11.24	143.5	7	剪
硫铁矿	完整	5.42×11.24	114.0	108	剪劈
D_2d^b 灰岩	完整	5.42×10.97	70.2	22	剪劈
D_2d^b 灰岩	完整	5.42×11.30	148.3	57	剪劈
D_2d^b 灰岩	完整	5.42×11.15	108.4	5.5	剪
D_2d^b 灰岩	完整	5.43×11.04	126.2	10	剪
D_3t^a 灰岩	完整	5.42×11.55	170.8	5	剪
D_3t^a 灰岩	完整	5.43×11.35	121.0	2.5	剪劈
D_3t^a 灰岩	完整	5.43×11.43	181.5	7	剪
D_3t^a 灰岩	完整	5.42×11.74	92.8	5	剪劈

B 岩爆倾向性结果分析

根据试验研究结果可知，凡口铅锌矿矿岩石均具有明显的岩爆倾向性，虽然各种评价方法所得结果不完全一致，但各种方法均表明了矿岩石的岩爆倾向性，这也是我们通过研究所获得的有意义的地方，试验结果对凡口矿深部开采中的地压防治具有重要的指导意义。

a 强度脆性系数法试验及评价结果

根据试验测得的岩石单轴抗压强度 R_c 和抗拉强度 R_t，再根据强度脆性系数法判别公式即可判定岩爆倾向性，各岩石试验及评价结果见表 4-14，可以看出各岩石均具有发生中等岩爆的倾向性。

表 4-14 强度脆性系数法试验及评价结果

岩石名称	灰岩（D_3t^a）	灰岩（D_2d^b）	铅锌矿（$Sh_{214}a$）	硫铁矿（$Sh_{214}b$）
平均抗压强度 R_c	63.83	85.36	104.97	153.1
平均抗拉强度 R_t	4.91	5.06	6.18	10.49
R	13.0	16.87	16.98	14.6
岩爆倾向性	中等	中等	强烈	中等

b 变形脆性系数法试验及评价结果

根据试验确定的矿岩石峰值前的总变形和永久变形，再根据变形脆性系数法判别公式即可判定岩爆倾向性。试验时，由于峰值点处难以控制，一般只加载至岩石峰值强度的 90% 左右即开始卸载，各岩石试验及岩爆倾向性评价结果见表 4-15，可以看出各岩石均具有发生中等以上岩爆的倾向性。

表 4-15 变形脆性系数法试验及评价结果

岩石名称	灰岩（D_3t^a）	灰岩（D_2d^b）	铅锌矿（$Sh_{214}a$）	硫铁矿（$Sh_{214}b$）
U	0.00148	0.00104	0.00128	0.001232
U_1	0.0002	0.00016	0.000116	0.000175
K_u	7.4	6.5	11.034	7.04
岩爆倾向性	中等	中等	强烈	中等

c 应变能储存指数法及评价结果

根据试验确定岩石峰值前加卸载曲线，再根据应变能存储指数法判别公式即可判定岩爆倾向性。试验与评价结果见表 4-16，可以看出各种岩石都具有发生中等以上岩爆的倾向性。

表 4-16 应变能储存指数法试验及评价结果

岩石名称	灰岩（D_3t^a）	灰岩（D_2d^b）	铅锌矿（$Sh_{214}a$）	硫铁矿（$Sh_{214}b$）
耗损应变能 Φ_{st}	6.0	139.0	53.0	7.0
滞留的弹性应变 Φ_{sp}	13.4	474.1	577.0	22.0
应变能存储指数 W_{et}	2.23	3.41	10.9	3.14
岩爆倾向性	中等	中等	强烈	中等

d　岩爆能量比法试验及评价结果

根据岩石的崩岩和峰值前加载试验，再根据岩爆能量比法判别公式即可判定岩爆倾向性。崩岩试验是在普通试验机上完成的，加卸载试验同前。试验与评价结果见表 4 – 17，可以看出各种岩石都具有发生岩爆的倾向性。

表 4 – 17　岩爆能量比法及评价结果

岩石名称	灰岩（D_3t^a）	灰岩（D_2d^b）	铅锌矿（$Sh_{214}a$）	硫铁矿（$Sh_{214}b$）
破碎岩片抛出的动能 Φ_k	0.0229	0.0766	0.1136	0.0499
试块储存的最大弹性应变能 Φ_0	0.579	0.625	0.6933	1.316
岩爆能量比指标 η/%	3.96	12.26	16.4	3.14
岩爆倾向性	弱岩爆	强烈岩爆	强烈岩爆	弱岩爆

e　动态 DT 法评价结果

根据试验结果，得到的岩爆倾向性评价结果见表 4 – 18。

表 4 – 18　岩爆的 DT 试验及评价结果

岩石名称	编　号	DT/ms	岩爆倾向性
灰岩（D_3t^a）	1 – 15	5.0	强烈
	2 – 16	2.5	强烈
	3 – 17	7.0	强烈
	4 – 18	5.0	强烈
灰岩（D_2d^b）	1 – 11	22.0	强烈
	2 – 12	57.0	中等
	3 – 13	5.5	强烈
	4 – 14	40.0	强烈
铅锌矿	1 – 2	24.0	强烈
	3 – 5	36.0	强烈
	4 – 8	4.0	强烈
	5 – 9	7.0	强烈
黄铁矿	1 – 1	7.5	强烈
	2 – 3	5.0	强烈
	4 – 7	86.0	中等
	5 – 10	108.0	中等

4.4.5.2　红透山铜矿

红透山铜矿已有 50 多年的开采历史，2014 年开拓深度达到 1337m，采矿作业深度达到 1250m，是国内开采深度最大的金属矿山。围岩体主要为黑云母片麻岩和角闪斜长片麻岩，矿体和围岩比较坚硬，矿石的 $f=8\sim10$，围岩 $f=10\sim14$，矿石和围岩体的完整性较好，其完整性系数达到 0.88。矿区上部以自重应力场为主，-347m 以下为构造应力为主。采矿方法为上向水平分层充填法、浅孔留矿法和"小中段法"。

该矿自 1976 年开始，在浅部就发生过轻微的岩石弹射现象。之后随着开采的向下延深，地压显现，如巷道破坏、采场顶板冒落、岩爆等地质灾害问题也逐渐显现出来；1995 年以后，岩爆现象也逐渐增多。在 1999 年 5 月，该矿在 -647 中段的 31 号脉盘区产生了一次典型的中等岩爆现象，这被认为是我国金属矿山最典型的一次中等岩爆现象。岩爆发生后，矿山采取了停产措施。接着，红透山铜矿与长沙矿山研究院合作，开展了岩爆与声发射监测技术合作研究，并在此基础上对岩爆倾向性进行了补充试验研究。

A　岩爆倾向性评价

刘铁敏对红透山铜矿的岩爆倾向性在普通岩石力学试验机上进行了研究，包括弹性应变能指标法和动态破坏时间的试验研究。长沙矿山研究院在 MTS815 型岩石刚性试验机上做了补充试验研究，包括应立法、脆性系数法和弹性应变能指标法等。这里采用的是刘铁敏等开展的岩爆倾向性研究成果和本书作者开展的补充试验研究成果的综合结果。

根据现场实际情况，矿山在 -647m 中段进行了地应力测试，获得该区域的三个主应力。并采集了角闪斜长片麻岩、黑云斜长片麻岩、铜矿石三种主要岩性的岩石进行室内试验，其中包括单轴压试验、劈裂试验、一次单轴加卸载试验和动态破坏时间试验。获得其物理力学参数，列出部分数据见表 4-19。然后采用弹性应变能指标法、动态破坏时间法、应力法和强度脆性系数法四种评价方法对红透山岩爆倾向性进行评价。部分试验图及数据如图 4-53～图 4-55 所示。

表 4-19　部分岩石力学参数及地应力　　　　　　　　　　　（MPa）

矿岩类别	角闪斜长片麻岩	黑云斜长片麻岩	铜矿石
平均抗压强度 R_c	103.7	109.6	102.4
平均抗拉强度 R_t	6.9	8.2	5.24
最大主应力 σ_1	29.2	29.2	29.2

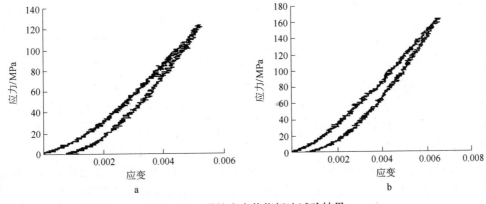

图 4-53　弹性应变能指标法试验结果

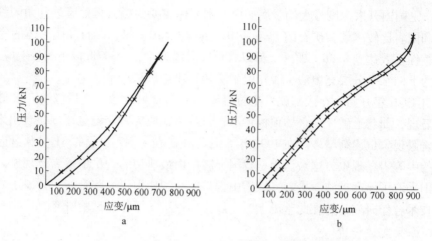

图 4-54 刘铁敏等人弹性应变能指标法试验结果

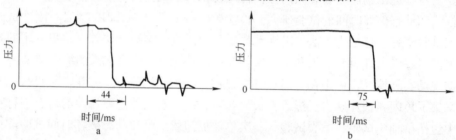

图 4-55 刘铁敏等人动态破坏时间测试

根据以上试验数据和结果，计算出各岩爆倾向性评价指标值（表 4-20）。

表 4-20 岩爆倾向性评价指标值

矿岩类别		角闪斜长片麻岩	黑云斜长片麻岩	铜矿石
W_{et}		8.7	9.73	8.7
DT/ms		44	75	330
R_c/σ_1	α	3.55	3.75	3.51
	β	0.24	0.28	0.18
R_c/R_t		15.0	13.4	19.5

根据表 4-20 可知，当采用弹性应变能指标法时，三种岩样均有强烈岩爆倾向；当采用动态破坏时间法时，铜矿石具有中等岩爆倾向，其余两种具有强烈岩爆倾向性；当采用应力法时，三种岩样均具有中等岩爆倾向；当采用强度脆性系数法时，铜矿石具有强烈岩爆倾向，其余两种具有中等岩爆倾向。

B 岩爆防治措施

红透山铜矿是我国深井金属矿山针对深部高应力开采环境问题在开采技术方面真正开展了具有实际意义研究的矿山，通过岩爆声发射监测、岩爆岩层中的支护、采矿方法的调整、开采顺序的优化、开采强度等方面的深入研究，总结得到了小中段法开采、增大充填采矿比重、不留矿柱等一些具有很好参考作用的技术经验，这些成果都是很值得国内深井金属矿山借鉴的。

a 岩爆声发射监测

在矿山发生岩爆后的停产期间，长沙矿山研究院与红透山铜矿采用便携式声发射仪开展卓有成效的监测研究工作，并通过监测结果和评估，在较短的时间内为矿山的恢复生产提供了技术保障。红透山铜矿在引进便携式声发射仪之后，一直作为地压和岩爆监测的一个基本和主要的技术手段，并在矿山的地压监测中持续了数年之久。该矿也是国内金属矿山应用声发射技术对岩爆矿山进行地压监测应用最好、最有代表性的矿山。

b 岩爆岩层中的支护技术

红透山铜矿在高应力与可能发生岩爆的深部井巷工程中，为了预防岩爆的发生，在支护技术方面进行了改进，引进一种全长黏结型钢筋砂浆锚杆。该锚杆锚固端可以采用砂浆注浆锚固，也可以采用膨胀型水泥药卷锚固；外露端长度 1.2 ~ 1.5m，然后将各锚杆外露的尾端相互交错焊接在一起，形成一种网状的结构。根据红透山铜矿多年的应用经验，认为该种支护方式既具有加固岩体、也具有让压变形的功能，能够很好地预防岩爆发生和减轻岩爆。

参 考 文 献

[1] 罗福才，等. 锡矿山北矿 558 充填运输道及采场大冒落的监测预报 [J]. 湖南有色金属，1997 (3).

[2] 李庶林. 岩层移动监测及预测研究 [J]. 矿业研究与开发，1998，18 (1).

[3] 叶粤文. 铜绿山南露天坑东帮与地下开采采场地压监测研究 [J]. 采矿技术，2011，11 (6).

[4] 李春雷，谢谟文，等. 基于 GIS 和概率积分法的北洺河铁矿开采沉陷预测及应用 [J]. 岩石力学与工程学报，2007 (6).

[5] 吴永博，高谦，等. 金川矿区岩移与工程稳定性研究及动态预测 [J]. 工业安全与环保，2007 (10).

[6] 毛建华，杨伟忠，黄道钦，等. 金属矿山岩层与地表移动研究现状及发展趋势 [J]. 采矿技术，2009，9 (6).

[7] 严鹏，李天斌，卢文波，等. 基于动力学机理的施工期岩爆主动防治初探 [J]. 煤炭学报，2009 (8)：1057 ~ 1062.

[8] 谷明成，何发亮，陈成宗. 秦岭隧道岩爆的研究 [J]. 岩石力学与工程学报，2002 (9)：1324 ~ 1329.

[9] 徐林生. 二郎山公路隧道岩爆特征与防治措施的研究 [J]. 土木工程学报，2004 (1)：61 ~ 64.

[10] 谢和平，Pariseau W G. 岩爆的分形特征和机理 [J]. 岩石力学与工程学报，1993 (1)：28 ~ 37.

[11] 李庶林，冯夏庭，王泳嘉，等. 深井硬岩岩爆倾向性评价 [J]. 东北大学学报，2001，22 (1)：60 ~ 63.

[12] 刘铁敏. 红透山铜矿岩爆发生可能性研究 [D]. 沈阳：东北大学，1991.

[13] 李庶林，唐海燕. 岩爆倾向性评价的弹性应变能指标法 [J]. 矿业研究与开发，2005，25 (5)：16 ~ 18，61.

[14] 徐则民，黄润秋，罗杏春，等. 静荷载理论在岩爆研究中的局限性及岩爆岩石动力学机理的初步分析 [J]. 岩石力学与工程学报，2003 (8)：1255 ~ 1262.

［15］吴满路，廖椿庭，张春山，等．红透山铜矿地应力测量及其分布规律研究［J］．岩石力学与工程学报，2004，23（23）：3943～3947．

［16］周瑞忠．岩爆发生的规律和断裂力学机理分析［J］．岩土工程学报，1995（6）：111～117．

［17］马永政，李庶林，周爱民．深部矿岩岩爆倾向性的模糊识别法［J］．矿业研究与开发，2001，21（2）：8～10．

［18］李庶林．岩爆倾向性的动态破坏试验研究［J］．辽宁工程技术大学学报，2001，20（4）：436～438．

5 固废胶结充填

固废胶结充填是以矿山固体废物作为充填集料，以水泥或矿业固体废物作为胶凝材料的胶结充填方式。金属矿山尾砂（包括赤泥、磷渣、磷石膏等）、废石是两大主要固体废物。矿山固废胶结充填主要是指以矿山废石、尾砂等作为充填材料的胶结充填方式。这种充填方式充分地利用了矿山固体废物，可以大幅度降低充填成本、提高充填效率，尤其是能够大宗量减少矿山固体废物的排放，因而为推广应用胶结充填采矿方法以解决难采矿床的开采技术难题提供了强有力的支撑。

废石胶结充填是以矿山的掘进废石作为充填集料，以水泥或固废胶凝材料作为胶结料，经重力混合后充入采空区的充填方式。其技术特点是在矿山内部充分地利用矿山自然级配的废石物，通过废石集料与胶结剂浆料分流输送和重力混合工艺，以充填体力学性能为目标实现最佳用水量充填，最大限度地降低能耗和胶结料消耗。由于以废石作为主要充填集料，其充填料的成本低于细沙胶结充填料的成本，而且废石胶结充填体比砂浆胶结充填体的抗压性能好。废石胶结充填料充入采场后几乎不渗水，可避免对井下造成环境污染。

尾砂胶结充填是指采用浮选尾砂作为集料的胶结充填方式，包括分级尾砂胶结充填和全尾砂胶结充填。分级尾砂胶结充填需要大量排放尾泥，自 20 世纪 70 年代已在国内外成熟应用。全尾砂胶结充填是指以不经分级和不脱泥的全粒级尾砂作为充填集料的胶结充填方式，由于其技术难度大，进入 21 世纪才开始在国内外矿山成熟应用。对于全尾砂充填集料，因泥质含量过高，在低浓度下会因脱水流失水泥，带来水泥消耗量过高、严重恶化井下作业环境和堵塞井下水仓，甚至因离析分级效应导致凝固困难等问题，以至不具备工业实用性。因此，要求在高浓度状态下进行全尾砂胶结充填（图 5-1）。狭义的全尾砂胶结充填方式不加粗集料，自流输送为主，可以泵送；充填料浆在充入采场后不脱水，只有少量泌水。广义的全尾砂胶结充填方式可以加粗集料。加入粗集料的全尾砂充填料采用泵送为主，条件合适时也可以自流输送。

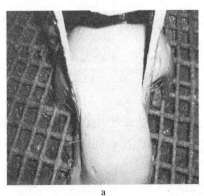

a   b

图 5-1　结构流全尾砂胶结充填

a—管道口结构流全尾砂胶结充填料；b—采场内结构流全尾砂胶结充填料

5.1　充填材料

充填材料组分主要有集料、胶凝料和水，以及改善充填料性能的辅料。本节重点阐述矿山废石和尾砂等固体废物作为充填集料的特性，以及水泥和赤泥、矿渣、粉煤灰等固体废物作为矿山充填胶凝材料的特性。

5.1.1　固废集料

5.1.1.1　矿山尾砂

在此讨论的矿山尾砂是指浮选尾砂，属矿石浮选过程中的排弃物，是矿产资源开发利用过程中排放的主要固体废物。

应用尾砂作为矿山充填料，对充填体产生影响的主要因素是其粒度组成及其矿物组分的化学性质。对于不同的矿山，这些性能指标都有所不同。尤其是对于不同的矿石类型，其差别相当大。因此，在具体应用过程中需要进行实验和分析。

A　尾砂粒度

尾砂的粒度组成对矿山充填的影响十分明显，既与脱水工艺相关，又与胶结充填体的胶结性能和胶结剂消耗量相关。尾砂粒径，尤其是尾砂的细粒比率，会影响充填料的孔隙率、孔径分布及排水能力。充填体总的孔隙率不仅影响充填体的强度，而且其孔径分布在胶结充填体强度的发展过程中也发挥重要作用；充填料的需水量也会随尾砂料的细度减小而增大。因此，采用尾砂作为充填料时，对尾砂的粒度分析是不可缺少的。

矿山尾砂一般按粒度分为粗、中、细三类，也按岩石生成方法分为脉矿尾砂和砂矿尾砂两类（表5-1）。一般采用筛分法对粗尾砂进行粒度分析，采用激光测定仪分析细尾砂的粒度。通过平均粒径和粒度分布参数描述粒度的特性。

表 5-1　矿山常用的尾砂分类方法

分类方法	粗		中		细	
粒级筛分法	>0.074mm	<0.019mm	>0.074mm	<0.019mm	>0.074mm	<0.019mm
	>40%	<20%	20%~40%	20%~55%	<20%	>50%
平均粒径法	极粗	粗	中粗	中细	细	极细
	>0.25mm	>0.074mm	0.074~0.037mm	0.037~0.03mm	0.03~0.019mm	<0.019mm
岩石生成法	脉矿（原生矿）			砂矿（次生矿）		
	含泥量少，<0.005mm的细泥少于10%			含泥量大，<0.005mm的细泥大于30%~50%		

B　尾砂理化特性

尾砂的物理化学特性对充填工艺和充填体性能均有较大的影响，同类矿山的相关特性一般可作类比参考。但由于每座矿山的尾砂特性各异，因此在利用尾砂作为胶结充填材料时，应测定其实际的物理化学特性。

尾砂的矿物成分对充填料的物态特性和胶结性能均有影响，其中以硫化物含量对胶结充填体性能的影响最为显著。尾砂中较高的硫化物含量会增加尾砂的稠度，也会因其自胶结作用而使胶结充填体获得较高的强度。但由于硫化矿物的氧化会产生硫酸盐，硫酸盐的侵蚀可导致胶结充填体长期强度的损失。因此，对于硫化物含量较高的尾砂充填料，当采用水泥作为胶凝材料时，对充填体强度的负面影响很大。含有火山灰质的矿渣胶凝材料可以解决硫酸盐侵蚀而使充填料强度降低的问题。有关试验表明，采用含有火山灰质的矿渣水泥制备的高含硫尾砂胶结充填料强度，与普通水泥与高含硫尾砂制备的充填料强度相比，可提高40%。尾砂矿物成分需要采用矿物分析方法进行测定。

尾砂的物理特性对充填体的性能均有不同程度的影响，包括密度、容重、孔隙率、渗透系数和粒级组成等。尾砂的密度、容重、孔隙率等物理性质的测定方法同废石料测定方法。尾砂渗透系数可采用常水头渗透仪测定，由式（5-1）计算。

$$k_T = \frac{QL}{AHt} \tag{5-1}$$

式中，k_T 为水温 T℃时尾砂试样的渗透系数，cm/s；Q 为时间 t 内的渗透水量，cm^3；L 为测压孔中心距，为10cm；A 为试样断面积，cm^2；H 为平均水位差，cm；t 为管中水位下降所耗时间，s。

C　全尾砂料浆沉缩

全尾砂料浆的沉缩特性包括最大沉缩浓度、临界沉降浓度和沉降速度等。

（1）最大沉缩浓度。最大沉降浓度及其沉降速度是尾砂脱水工艺的重要参数。

一般用直径 ϕ200mm、高1000mm 的有机玻璃沉降筒进行沉降试验，测定全尾砂料浆的最大沉缩浓度。将搅拌均匀的全尾砂料浆注入沉降筒内，记录某一个面下降的高度和时间。沉缩停止时所能达到的浓度为最大沉缩浓度。

全尾砂中值粒径与平均料径均较小，因而其最大沉降浓度较低（表5-2和图5-2）。凡口铅锌矿 F4 试样的中值粒径与 F3 试样相当，但平均粒径比 F3 试样高，比 F2 试样小；尾砂密度与 F3 试样一样，比 F2 试样大。而 F4 试样的最大沉降浓度与 F2 试样相当，明显高于 F3 试样。可见平均粒径对最大沉降浓度的影响十分显著。

表5-2　凡口铅锌矿全尾砂最大沉降浓度

尾砂试样	尾砂密度 /kg·m⁻³	中值粒径 $d_{50}/\mu m$	平均粒径 $d_W/\mu m$	初始质量 分数/%	最大沉降浓度	
					质量分数 C_m/%	体积分数 C_V/%
F2	3.07	73	92	68.36	77.48	51.66
F3	3.20	52	75	65.77	72.92	45.70
F4	3.20	53	84	66.37	77.68	52.43

（2）临界沉降浓度。临界沉降浓度是料浆中固体颗粒由沉降转为压缩时的浓度，是尾砂料浆性态变化的临界点。

图5-2表明，对于低浓度全尾砂料浆，沉降分为两个过程：首先是固体颗粒在水中的沉降过程；当尾砂料浆达到一定浓度后，进入固体颗粒逐渐密实的压缩过程。

对于大于临界沉降浓度的高浓度料浆，则只有压缩过程而没有沉降过程。压缩过程的特点是没有粗、细颗粒的分选沉降，只是颗粒间隙减小和体积收缩，水被逐渐析出。因此，为防止胶结充填料的离析，其输送浓度应大于临界沉降浓度。

5.1.1.2　矿山废石

矿山废石是矿床开采过程中排放的主要固体废物之一，主要有井下掘进废石、回采过

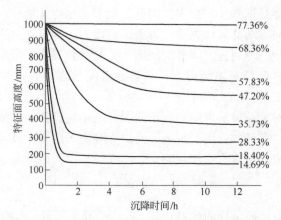

图 5-2　凡口铅锌矿 F2 全尾砂不同浓度试样沉降曲线

程中的剔除废石以及露天采场剥离废石。根据开采工艺不同，其废石的产出率差别很大。露天开采的剥离废石产出率高，地下开采的采掘废石产出率较低。一般条件下的地下开采，采掘废石产出量为采出矿石量的 10%～20%，仅极少数地下矿山的采掘废石量达到采出矿石量的 50% 左右。故井下采掘废石只能作为充填料来源之一，不能完全满足充填量的要求。另一方面也表明，井下采掘进废石可以通过矿山充填全部消耗，可以不需要外排地表。

每座矿山的岩石类型存在差异，产生的废石的性质也就不一样。废石料的粒级组成、矿物组分、物理特性和力学特性等性质，对充填料的工作特性和强度特性有一定的影响。

A　粒级组成

废石以一定粒径的散体形态被用作矿山充填的集料，其粒度组成反映了废石集料的级配特性。这种特性既取决于岩体的节理裂隙等构造特性和岩石的力学强度等指标，还与废石集料的产生过程及其加工制造工艺有十分重要的关系。掘进废石的自然级配，取决于岩体构造特性与凿岩爆破工艺及爆破参数；破碎废石的自然级配，则主要取决于岩石的力学特性与破碎工艺流程。

废石集料的粒度组成可采用四分法取样进行筛分测定。一般将试样拌匀后按四分法取50kg，在 105～119℃温度下烘干至恒重，然后将其冷却至室温进行筛分。5mm 以上的集料采用 ϕ500mm 金属筛，5mm 以下的集料采用 ϕ200mm 的振动筛。然后对不同粒径段的筛余量或筛下量按质量进行分计和累计。

废石集料的级配特性对胶结充填体的强度指标、工作特性和工艺过程的相关影响程度很大。一般情况下，废石的粒度组成比废石的矿物组分含量、物理性能和力学指标等因素对胶结充填体的相关影响更为显著。

B　物化特性

废石的物理特性包括密度、废石集料的堆积密度、孔隙率和吸水率等。废石密度为固有属性，废石集料的其他物理特性与其产生工艺有关。

废石的化学特性主要指岩石的矿物组分及化学成分，属岩石自身固有，可以采用矿物分析与元素分析的常用方法进行测定。

C　力学特性

废石的力学特性包括废石试块的单轴抗压强度、抗拉强度、弹性模量、泊松比、内摩擦角、内聚力等（表5－3）。不同岩石类型具有不同的性能指标。由于岩石成因条件和相关影响条件的不同，因而即使是同种岩石类型，其力学指标仍有较大的变化区间。因此，针对每个矿床的岩石均需要进行取样试验，尤其是单轴抗压强度指标对充填体的质量影响较大，必须通过试验获得实际的参数。

表5－3　几种岩石试块的力学特性

岩石类型	抗压强度/MPa	抗拉强度/MPa	弹性模量/GPa	泊松比	内摩擦角/(°)	内聚力/MPa
花岗岩	98 ~ 245	7 ~ 25	50 ~ 100	0.2 ~ 0.3	45 ~ 60	15 ~ 16
石英岩	150 ~ 340	10 ~ 30	60 ~ 200	0.1 ~ 0.25	50 ~ 60	20 ~ 60
大理岩	100 ~ 250	10 ~ 30	10 ~ 90	0.2 ~ 0.35	35 ~ 50	15 ~ 30
砂　岩	20 ~ 200	4 ~ 25	10 ~ 100	0.2 ~ 0.3	15 ~ 30	3 ~ 20
石灰岩	50 ~ 200	5 ~ 20	50 ~ 100	0.2 ~ 0.35	35 ~ 50	20 ~ 50
白云岩	80 ~ 250	15 ~ 25	40 ~ 80	0.2 ~ 0.35	15 ~ 30	3 ~ 20
页　岩	10 ~ 100	2 ~ 10	20 ~ 76	0.2 ~ 0.4	15 ~ 30	3 ~ 20

5.1.2　胶凝材料

5.1.2.1　水泥胶凝料

水泥是矿山充填常用的胶凝材料。水泥与水混合形成浆体，通过水化反应硬化后能达到一定的胶结强度。当充填集料与水泥、水配合成混合料后，由于水泥浆体硬化，将分散系集料固结成为具有一定力学性能的胶结充填体。

A　胶凝原理

水泥浆体是由凝聚的水泥水化产物（如凝胶和氢氧化钙结晶），以及一些次要组分、未水化的水泥颗粒核芯、孔隙以及填充在孔隙间的水分所组成。因此，水泥浆体是由固相、液相、气相共同组成的矿物胶。它能把分散的集料胶结起来，经过凝结和硬化过程形成坚固的混凝体。而水泥浆体中水泥的水化程度、胶凝成分的质量和数量、孔隙的分布和数量对胶结体的结合强度有决定性的影响。

B　水泥浆体结构

水泥浆体结构的形成过程，若简单地描述，可按物质的变化分为三个阶段，即潜化期、凝结期和硬化期。潜化期是指在正常条件下水泥和水接触以后很快就会发生化学反应的过程，一般在1h之内。不过这时的反应在表观上无法察觉，水泥浆体保持可塑性，处于潜伏的低活动状态。凝结期为1~24h之间，水化的水泥颗粒之间开始粘连。这期间的水泥水化产物交织成初期的网状结构，塑性逐渐降低。硬化期为24h，进一步形成刚性整体凝胶结构，力学强度逐渐增长。

C　水泥浆体基本性态

潜化期的水泥浆体是不稳定结构，会有泌水现象，到凝结期就形成了基本结构，硬化期则是稳定结构。在这三种结构之间还存在两种过渡结构形态，即不稳定结构向基本结构的过渡结构，基本结构向稳定结构的过渡结构。

充分水化的水泥浆体中，主要物质是长纤维状CSH凝胶（约占70%），另有氢氧化钙结晶（约占 20%），钙矾石、低硫铝酸钙（约占 7%），其余则是未水化的水泥和次要组分。

新拌水泥浆的水泥颗粒堆聚成团，呈絮凝状态。这时，水泥粒子相互接触，但是粒子之间由一层很薄（小于 1nm）的水膜相隔。这种网状絮凝结构的形成主要是 ξ-电势和分子聚合力的复合作用，已具有一定的抗剪、抗拉强度和黏结强度。按照流变学概念，新拌水泥浆体接近宾汉姆体。

硬化后的水泥浆体中存在大量孔隙，而孔隙中又含有水分。孔隙包括较为粗大的毛细孔和较细的凝胶孔。毛细孔的孔径为 0.1 ~ 1.27pm，遍布于水泥浆体之中。毛细孔中的水分是游离水。水灰比越大，毛细孔越多，导致胶结强度降低。这就是用水量偏大使胶结充填体强度降低的主要原因。较细的凝胶孔的计算孔径为 1.4 ~ 2.8nm，平均为 1.8nm。水化的纯硅酸盐水泥凝胶孔约占凝胶总体积的 28%，基本上是一个常数。

凝胶孔中的水分是吸附水。水泥水化产物中的化学结合水，则是固体的一部分。水泥的水化程度随时间加深，凝胶的数量和结构也发生变化，总的趋势是凝胶增多，搭接增强，浆体变硬。凝胶体积约为原来的未水化体积的 2.2 倍，填塞浆体中毛细孔隙，又使凝胶网状骨架增加。这就是水泥浆体随时间增长，水化程度深化，致使强度提高、孔隙率和渗透比下降的简单解释。

5.1.2.2 固废胶凝料

A 矿渣胶凝料

高炉矿渣是炼铁过程中排放的固体废物。高炉炼铁时，除铁矿石及焦炭外，还需加入相当数量的石灰石或白云石作为熔剂。在高温下石灰石或白云石分解所得的 CaO 或 MgO 与铁矿石中的杂质成分（主要是 SiO_2）及焦炭中的灰分相互熔化在一起，生成主要矿物为硅酸钙（或硅酸镁）、硅铝酸钙（或硅铝酸镁）的熔融体。其密度为 2.3 ~ 2.8g/cm^3，远较铁水轻，因而浮在铁水上面，并从炼铁炉排渣口排出。经水急冷处理而形成松散的颗粒，称为粒化高炉矿渣，简称矿渣，又称水淬渣或水渣。

矿渣的化学成分主要为 CaO（38% ~ 46%）、SiO_2（26% ~ 42%）、Al_2O_3（7% ~ 30%）、MgO（4% ~ 13%）。

慢冷的矿渣结晶良好，基本上不具备水硬活性。而急冷的矿渣（水渣）主要由玻璃体组成，其中有硅酸二钙 C_2S、硅铝酸钙 C_2AS 等潜在水硬性矿物。

在矿渣中添加硅酸盐水泥熟料、石灰、石膏、普通水泥等多种活性激化剂，可发生水化反应，从而可加工成矿渣胶凝材料。

矿渣胶凝材料的水化过程可简化描述如下：矿渣胶凝材料与水混合后，首先是熟料矿物发生水化反应而生成水化硅酸钙、水化铝酸钙、氢氧化钙等。其中氢氧化钙又是矿渣中潜在水硬活性矿物 β - C_2S 等的碱性激化剂，它可解离矿渣玻璃体的结构，使玻璃体中的各类离子进入溶液，从而生成新的水化物，如水化硅酸钙、水化铝酸钙、水化硅铝酸钙（C_2ASH_8）及水化石榴子石等。当有石膏存在的条件下，还可生成钙矾石。这些水化产物的生成，使矿渣亦参与水化反应，共同使凝胶结构物产生凝结硬化。

以高炉矿渣为主要基料，通过石灰激化，可获得很好的胶凝性能。矿渣的磨细度要求 +0.074mm（+200 目）所占比例不超过 12%，石灰中 CaO 含量约为 75%。

姚中亮教授采用 R1 矿渣作为基料，以石灰作为激化剂进行了矿渣胶结料试块的单轴抗压性能试验，结果见表 5 - 4。

表 5 - 4　R1 矿渣胶结料单轴抗压强度

矿渣:石灰	试块容重/g·cm^{-3}	水灰比	单轴抗压强度/MPa			
			3d	7d	28d	60d
0.85:0.15	1.71	0.6	2.06	11.01	20.47	26.91
0.825:0.175	1.71	0.65	2.56	11.98	21.30	27.42
0.80:0.20	1.69	0.68	2.47	11.10	20.53	25.33
0.725:0.215	1.65	0.75	2.01	10.10	18.40	18.89
0.75:0.25	1.67	0.76	1.97	9.95	15.31	17.74

不同钢厂生产的矿渣，其胶结性能存在差异。针对 R1、R2 和 R3 三种矿渣，在相同矿渣胶结料配比（0.825:0.175）条件下，进行的三种矿渣胶结料强度对比试验，结果表明（表 5 - 5），三种矿渣的胶结性能差别很大。因此，在实际应用过程中需要针对具体的矿渣进行实验，获取准确的实验数据。

表 5 - 5　不同种类矿渣胶结料的强度性能

矿渣胶结料类型	容重/g·cm^{-3}	水灰比	单轴抗压强度/MPa			
			3d	7d	28d	60d
R1 矿渣胶结料	1.72	0.65	2.83	11.35	21.00	27.00
R2 矿渣胶结料	1.71	0.65	3.10	11.93	13.71	18.34
R3 矿渣胶结料	1.71	0.65	5.34	18.00	24.34	28.51

添加剂对矿渣胶结料强度有正影响和负影响，其中絮凝剂的加入对矿渣胶结料强度的负面影响较大，强度下降 20% ~ 30%；石膏对矿渣胶结料早期强度影响较大，强度提高 16% ~ 33%，但后期强度有较小幅度下降；早强剂与速凝剂能使早期强度大幅度提高，而后期强度则大幅度下降。

B　赤泥胶凝料

赤泥属铝土矿生产氧化铝过程中排放的固相废料。由于氧化铝的生产原料和生产工艺使得赤泥具有潜在活性，因而可以被加工成矿山胶结充填材料。赤泥被利用的优势在于其潜在胶凝作用，对矿山充填产生影响的主要特性是其化学成分和粒度组成，其中化学成分是主要影响因素。

a　赤泥化学成分

赤泥中主要化学成分为 SiO_2、CaO、Al_2O_3 及 Fe_2O_3，这四种组分的总含量达 80% 以上（表 5 - 6、表 5 - 7）。经电镜扫描及 X 射线衍射分析研究表明，在这四种组分中，又以 $\beta - 2CaO \cdot SiO_2(\beta - C_2S)$、$4CaO \cdot Al_2O_3 \cdot Fe_2O_3(C_4AF)$，以及类水钙石 $CaO \cdot SiO_2 \cdot H_2O$（1，2）（$C \cdot S \cdot H$（Ⅰ，Ⅱ））等主要矿物形态存在。$\beta - C_2S$ 属水硬性胶凝矿物。但由于 $\beta - C_2S$ 颗粒不仅被 $C \cdot S \cdot H$ 水化物所覆盖，而且形成了大量的水化物片状薄膜。从而极大地降低了 $\beta - C_2S$ 与接触液面的反应速度，反应分子的渗透扩散十分缓慢。因而使赤泥的外在属性和火山灰质材料相近，自身仅具有微弱的水化活性或几乎不具有水化活性。

表 5-6 样品赤泥化学成分　　　　　　　　　　　（%）

试 样	SiO_2	Al_2O_3	$CaO + MgO$	Fe_2O_3	Na_2O	K_2O
1 号	19.32	6.35	45.2	9.06	3.2	0.35
2 号	19.11	7.13	44.9	7.71	3.3	0.37
3 号	17.40	5.93	43.95	10.24	2.76	0.32

表 5-7 样品赤泥主要矿物组成　　　　　　　　　　　（%）

$\beta-C_2S$	C_2SH	$C_3AH_6 \sim C_3AS_xH_y$	$Fe_2O_3 \cdot nH_2O$	$C_4AF \sim C_2F$	$C \cdot S \cdot H$	$CaCO_3$	$C \cdot T$	Na_2CO_3
40	17	10	10	3.6	3.7	6.7	4	2.9

　　b　赤泥粒度组成

　　赤泥物理性能最大的特点是颗粒细小（表 5-8、表 5-9），$-42\mu m$ 高达 70.5%，$-10\mu m$ 亦高达 35.4%。其主要物理性能为：比表面积大，$5000 \sim 7000 cm^2/g$，为普通硅酸盐水泥的 2 倍左右；容重小，$0.7 \sim 0.9 g/cm^3$；孔隙率大，65% ~ 70%。

表 5-8 样品赤泥的粒级组成

粒径/mm	0.091	0.056	0.042	0.030	0.010	0.005	0.001	-0.001
产率/%	22.93	3.98	2.59	5.76	29.36	14.88	12.94	7.56
累计/%	100	77.07	73.09	70.50	64.74	35.38	20.50	7.56

表 5-9 样品赤泥物理性能参数

密度/$g \cdot cm^{-3}$	容重/$g \cdot cm^{-3}$	孔隙率/%	比表面积/$cm^2 \cdot g^{-1}$	液限含水/%	塑限含水/%
2.5 ~ 2.7	0.7 ~ 0.9	65 ~ 70	5000 ~ 7000	62	45.5

　　赤泥的另外两个重要物理特性是液限、塑限含水率大。这两个物理特性使得赤泥的水分蒸发困难、烘干热耗大、成本高、效率低。这种特性的形成原理，主要是由于浸出过程中 $Na_2O \cdot Al_2O_3$ 溶解后，在赤泥颗粒内部产生网孔状毛细结构所致。

　　c　赤泥的潜在活性

　　由于烧结法特殊的生产过程，从而使赤泥的化学成分、颗粒级配及物理力学等方面具有许多特性。其中最具重要利用价值的特性之一，就是赤泥的潜在水硬活性。

　　赤泥的活性来自氧化铝生产流程中的烧结过程。铝土矿、石灰石及碱粉在回转窑中加温至 1200 ~ 1300℃时，发生以下主要化学反应：

$$Al_2O_3 + Na_2CO_3 === Na_2O \cdot Al_2O_3 + CO_2 \uparrow$$

$$Fe_2O_3 + Na_2CO_3 === Na_2O \cdot Fe_2O_3 + CO_2 \uparrow$$

$$SiO_2 + 2CaO === 2CaO \cdot SiO_2$$

　　同时还生成部分铝酸三钙、铁铝酸四钙等矿物。这些矿物在熟料磨细浸出过程中，$Na_2O \cdot Al_2O_3$ 及 $Na_2O \cdot Fe_2O_3$ 均溶于溶液。而 $2CaO \cdot SiO_2$（C_2S，即硅酸二钙）则以 β 相进入赤泥，成为赤泥中最重要的水硬性矿物。与硅酸盐水泥相同，硅酸二钙（C_2S）、铝酸三钙（C_3A）、铁铝酸四钙（C_4AF）均属于水硬性胶凝矿物。但由于铝氧熟料磨细后，赤泥即以固液混合态存在。固液间已发生一系列接触反应，形成部分硅酸钙凝胶及水化铝酸钙，从而使赤泥的外在属性与火山灰质材料相似，具有微弱的水化活性。实验室自然状态下的赤泥可在 1~2 个月内保持浆状而不凝固，经 3~6 个月后才凝固硬化。

由于赤泥具有潜在活性的特性，因此可通过加热活化、添加活性激化剂活化等方法，使赤泥的活性得到激化和提高。添加活性激化剂的方法对矿山充填更具重要意义，它可使赤泥不经煅烧而直接加以利用。同时，由于矿山充填时充填料以浆状输送至井下，含有一定水分的赤泥可满足工艺与技术的要求。因而，可省去热耗大、成本高的烘干过程。

最常用的赤泥活性激化剂有碱性激化剂石灰（CaO）和酸性激化剂石膏（$CaSO_4 \cdot 2H_2O$），均对赤泥的活性激化具有显著作用。在赤泥中加入 CaO 和 $CaSO_4 \cdot 2H_2O$ 后，$\beta - C_2S$ 晶粒吸附 Ca^{2+} 形成饱和溶液，且 Ca^{2+} 侵蚀破坏已生成的水化膜，直接和 $\beta - C_2S$ 未水化的活性表面接触而生成新的 $C \cdot S \cdot H$ 凝胶。与此同时，赤泥中的其他矿物和 C_4AF 也在 CaO、$CaSO_4 \cdot 2H_2O$ 作用下生成大量水硬性硅酸盐、铝酸盐胶凝体，从而使赤泥产生水化活性。赤泥的水化铝酸钙 C_3AH_6 等原有水化矿物，也可在活化剂作用下生成早期强度较高的三硫型硫铝酸钙 $C_3A \cdot 3CaSO_4 \cdot 32H_2O$（钙矾石）及其他水化物。

上述反应使赤泥中原存在的自由水转变为结晶水、胶凝水，最终使赤泥凝结硬化。正是由于赤泥的上述物化特性，构成了赤泥作为矿山充填用胶凝材料的技术基础。

C　粉煤灰胶凝料

粉煤灰的火山灰质特性具有一定的钙质活性。在胶结充填料中加入一定量的粉煤灰，可以提高充填体的强度，特别是后期强度。但加入粉煤灰也会增大料浆的黏度，从而增大了料浆的屈服应力和管道摩擦阻力损失。因此，对于料浆的配制，在满足充填料细粒级含量的基本条件下，若要通过添加粉煤灰来提高充填体的强度，粉煤灰代替水泥的量不宜超过水泥用量的 30%~50%。

a　活性特点

影响粉煤灰活性的因素较多，但粉煤灰的物理性质和化学性质是决定粉煤灰活性的主要因素。

（1）物理性质对活性的影响。粉煤灰的物理性质表现为颗粒形状、细度、密度和容重等。其颗粒多呈球形，表面光滑，色灰或浑灰。密度为 1.95~2.4t/m³，松散容重为 0.55~0.8t/m³。粉煤灰细度通常以 0.08mm 方孔筛的筛余量或粒级组成方式表示。普通原状粉煤灰的比表面积一般为 2000~3000cm²/g，细磨粉煤灰的比表面积为 3000~7000cm²/g。

对粉煤灰活性影响最为显著的物理性质是粉煤灰颗粒的组成及细度。比重、容重、比表面积等其他物理性质均与其有直接关系。粉煤灰由不同物理特性的颗粒组成，这些颗粒是粉煤灰在炉内燃烧时，其成灰矿物经历了不同的物理化学过程后形成的。研究表明，粉煤灰由三种颗粒按不同的比例组成：球形玻璃体颗粒、不规则的熔融颗粒和多孔炭粒，球形玻璃体颗粒的活性最高，不规则的熔融玻璃颗粒体次之，而多孔炭粒不仅属于化学惰性成分，而且由于其多孔，使含水量增加，属于活性有害成分。因此，粉煤灰中球形玻璃体颗粒含量越多，多孔炭粒含量越少，则粉煤灰的活性越高。

粉煤灰的细度是衡量粉煤灰活性的一项重要指标，不仅与其活性密切相关，而且影响充填料的流动性。一般来说，粉煤灰越细，质量越好、活性也越高。研究发现，粉煤灰中多孔炭粒、疏松多孔玻璃体等无活性或低活性组分大都存在于较粗颗粒中，而小于 48μm

的颗粒几乎都是玻璃体颗粒。

（2）化学性质对活性的影响。粉煤灰的化学性质包括其化学成分及矿物相组成，表 5-10 及表 5-11 分别是我国粉煤灰的化学成分、矿物相组成的变化范围及其平均值。

表 5-10   粉煤灰化学成分含量   （%）

化学成分	SiO_2	Al_2O_3	Fe_2O_3	CaO	MgO	$K_2O \sim Na_2O$	SO_2	烧失量
波动范围	35~60	16~36	3~14	1.4~7.5	0.4~2.5	0.6~2.8	0.2~1.9	1~25
平均值	49.5	25.3	6.9	3.6	1.1	1.6	0.7	9.0

表 5-11   粉煤灰主要矿物相   （%）

矿物相组成	无定形相		结晶相		
	玻璃体	未燃碳	石英	莫来石	铁化合物
波动范围	42~70	1~24	1.1~16	11~29	0.04~21
平均值	59.8	8.2	6.4	20.4	5.2

粉煤灰的活性成分主要是 SiO_2、Al_2O_3 和 CaO。由于 CaO 的含量一般较低（表 5-10），因此其主要活性成分是 SiO_2 和 Al_2O_3。SiO_2、Al_2O_3 主要存在于硅铝玻璃体中，尤其是可溶性的 SiO_2、Al_2O_3 几乎全部来源于玻璃体。结晶相以及无定形相中的未燃碳均是化学惰性成分。

粉煤灰的化学活性取决于火山灰反应所生成的水化产物的数量和种类，而反应所需的 SiO_2、Al_2O_3 存在于粉煤灰玻璃相中的可溶性 SiO_2、Al_2O_3。但粉煤灰中可溶性 SiO_2、Al_2O_3 的含量在 SiO_2、Al_2O_3 总量中所占的比例较低，参加反应的 SiO_2、Al_2O_3 较少，则火山灰反应的程度并不高。

粉煤灰的烧失量主要与含碳量有关。研究表明，只要粉煤灰中的含碳量在 8% 以下，对水泥的水化过程无明显的负面影响。

b　胶凝作用机理

粉煤灰只具备潜在活性，除高钙灰外，在没有外加剂的情况下，粉煤灰一般不会产生自结现象。但粉煤灰中活性 SiO_2、Al_2O_3 与水泥熟料矿物水化所释放的 $Ca(OH)_2$ 发生反应。因而，粉煤灰在水泥浆料中具有如下反应过程：（1）水泥水化产生 $Ca(OH)_2$（CH），粉煤灰表面形成水膜。（2）CH 在粉煤灰表面上结晶发育，形成碱性薄膜溶液。（3）粉煤灰表面被碱性薄膜溶液腐蚀，发生火山灰反应。（4）随着养护龄期的增长，水分的不断供给，碱性薄膜溶液在粉煤灰表面继续存在，并透过水化物间隙进一步对粉煤灰腐蚀，直到粉煤灰中活性矿物成分完全水化。

粉煤灰在胶结充填料中与水泥、集料体系共同作的水化反应，是一个分阶段、多层次的水化反应过程。

（1）钙化期。当以水泥作为胶凝剂的胶结充填混合料加水以后，水泥中的活性成分会与水反应生成 $Ca(OH)_2$ 进入液相。随着水泥中 Ca^{2+} 成分不断地水化和转化，使粉煤灰粒子发生浸润，在粉煤灰颗粒周围形成碱性包裹层。此时胶结充填料料浆体的 pH 值很高。当水泥中 Ca^{2+} 成分基本上转化为 $Ca(OH)_2$ 并达到平衡后，浆体失去流动性，浆体处于终凝阶段。这一水化期约 2~3d。

胶结充填料浆体水化后，充填体内存在大量的 $Ca(OH)_2$ 胶体和少量的细小晶核。随着时间的延长，多余水分被蒸发，$Ca(OH)_2$ 发生过饱和，致使 $Ca(OH)_2$ 再结晶成大的颗粒。这些片状的晶体相互交错，通过 Ca—O 键和分子间的力使浆体具有一定的强度。

在这个过程中，SiO_2 和 $Ca(OH)_2$ 还没有发生水化反应，粉煤灰颗粒表面也几乎没有什么变化，此时整个浆体的结构或宏观强度都是靠 $Ca(OH)_2$ 来胶结的，所以把这一阶段称为钙化过程，即钙化期。这一过程为 14d 左右。

在这一过程中，若将浆体放在非封闭条件下养护，浆体表面还会因 CO_2 侵入而形成 $CaCO_3$ 薄层。

（2）水硬期。水硬期包括硅化期和扩散期，时间约为 14~90d。硅化期是指粉煤灰颗粒受碱性包裹层的侵蚀，其中的硅酸根负离子团和 Ca^{2+} 开始结合，在颗粒表层生成 C·S·H 凝胶。扩散期是指在粉煤灰颗粒表面上形成的 C·S·H 凝胶中的 Ca^{2+} 向粉煤灰颗粒内部扩散，形成一定的 C·S·H 过渡层。

在硅化期阶段，粉煤灰颗粒表面的玻璃相在 $Ca(OH)_2$ 的包裹层的侵蚀下发生 Si—O 键和 Al—O 键断裂，玻璃网络解体。由于包裹层内外存在钙、硅酸根、铝酸根等离子的浓度差而产生渗透压，使得包裹层逐渐膨胀鼓起。当渗透压达到下一定压力时，膜破裂，两种离子相遇从而形成 C·S·H 凝胶和其他水化物沉淀。充填料中 pH 值越高，可以加速粉煤灰形成 C·S·H 凝胶。当胶结充填料中存在 $CaSO_4$ 时，硫酸根离子比氢氧根离子反应快，它优先与溶出的少量铝酸根离子和 Ca^{2+} 作用生成钙矾石，使液相中 Ca^{2+} 等浓度下降，同时又使粉煤灰表面发生解离。于是加速了粉煤灰和 $Ca(OH)_2$ 包裹层的化学吸附和离子交换，生成更多的 C·S·H 凝胶而提高强度。

在扩散期阶段，除了碱性 $Ca(OH)$ 硅化外，反应的速度由扩散控制。一方面 Ca^{2+} 穿过粉煤灰颗粒表面进入内部与玻璃体中的硅酸根离子结合，另一方面硅酸根离子在渗透压及静电引力的驱动下产生一定的迁移。这两种离子（团）的扩散以 Ca^{2+} 的迁移为主。Ca^{2+} 向粉煤灰颗粒内部迁移，进入无规则连续网络中间，出现移位和间隙扩散。特别是磨细的粉煤灰颗粒表面，由于出现了较多的 Si—O 键断裂，使粉煤灰颗粒表面处于电性不平衡状态，Ca^{2+} 会很快与其反应生成 C·S·H 凝胶。因此，在断开的玻璃微珠表面的断裂处，比其他部位有更多的 C·S·H。扩散过程是一个长期的自始至终的过程，而且相当复杂。在扩散阶段，因 C·S·H 凝胶体明显增多，强度曲线已经凸起，试体具有明显的耐水性。

（3）强度期。强度期包括胶化期和稳定期。胶化期是指 90d 到 1 年左右的时期，这是 C·S·H 形成的主要阶段，强度增加较大。稳定期是指 1 年以后的时期，此时强度增加较慢，反映的特征主要是各种水化物之间的相互影响和转化。

5.2　充填料制备

充填料的制备是指将充填原材料制成可以用于采场充填的胶结料。对于固废充填方式，主要包括：将矿山废石制备成胶结充填集料，将胶凝材料制备成料浆；将选厂浮选尾砂浆及胶凝材料制备成高浓度全尾砂胶结充填料；将废石、选厂浮选尾砂和胶凝材料制备成膏体充填料。

5.2.1 废石胶结充填料

废石胶结充填材料包括废石集料和胶凝材料两部分。采用矿山废石作为充填集料，一般采用水泥作为胶凝材料。充填料制备包括废石集料加工、水泥浆或砂浆制备。废石胶结充填料制备直接影响充填成本、充填体质量和工业应用规模，是废石胶结充填方式的主要工序。

5.2.1.1 废石集料

废石集料是胶结充填料的主要组分。为了获得最好的力学性能指标，要求废石集料的不同粒级能相互填充，即小粒径级的集料刚好能填充大一粒径级的集料的空隙。但因充填体集料消耗量大，受成本因素的制约，则一般不宜按建筑混凝土学的原理进行集料组配，而是就地取材，充分利用矿山的廉价材料，如井下掘进废石、露天矿剥离废石和天然集料等。因此，废石胶结充填新技术往往采用自然级配的废石料和工业废料作为充填集料。这些自然级配的集料，其级配效果虽然不能获得最理想的力学指标，但却能满足矿山充填体的强度要求，且制造成本低廉、制造工艺简单。国内丰山铜矿和奥地利的布莱贝格铅锌矿采用自然级配的掘进废石或露天矿剥离废石经破碎后的自然级配废石作为充填集料，均能满足工艺要求。

井下掘进废石一般不需加工制备，可以直接取用。国内的丰山铜矿、金川镍矿和凡口铅锌矿均直接采用井下掘进废石作为充填集料。采用露天剥离废石作为充填集料，往往需要进行破碎。但破碎工艺较简单，一般采用一段破碎或两段破碎。破碎块度一般在150mm以下，破碎后的废石不经筛分，以自然级配直接应用。

废石制备站主要包括废石装运、废石料仓和破碎工序。如丰山铜矿废石胶结充填试验系统的设计充填能力为35m³/h。废石集料制备站采用矿山已有的铲运机转运露天剥离废石，设置有废石料仓和破碎机，制备好的废石料不经筛分直接下放到废石充填井中（图5-3）。

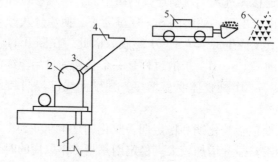

图 5-3　废石破碎站
1—废石井；2—破碎机；3—给料斗；4—料仓；5—铲运机；6—废石堆

5.2.1.2 水泥浆料

水泥浆制备站主要由水泥仓、搅拌桶、稳压水池和输浆管组成。散装水泥仓一般要求配备破拱架，并在散装水泥仓出口安装给料机，给料机通过软袋管与高效搅拌桶相连接。水泥浆的浓度以满足充填料的混合要求为原则，其搅拌工艺应满足水泥浆制备过程中不发生沉淀。根据充填规模不同，水泥浆的制备可以采用间断方式或连续方式。

当充填规模较小（300m³/d 左右）时，一般可采用间断方式制浆，其工艺和系统较简单，可靠性高。如丰山铜矿废石胶结充填试验系统的水泥浆制备站配置的散装水泥罐设计容量 25t，实际有效容量 21t（图 5 – 4）。采用间断制浆方式，水泥浆质量浓度为 56% ~ 57%，在制浆过程和输送过程中水泥浆性态稳定，管道中的浆料在静置 1h 后仍可自流输送。

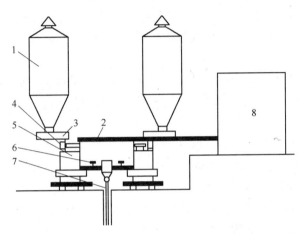

图 5 – 4　丰山铜矿试验系统制浆站

1—水泥仓；2—进水管；3—喂料机；4—软袋管；5—搅拌机；6—胶管阀；7—下浆管；8—贮水池

充填规模较大时，一般要求采用连续制浆方式。连续制浆是通过连续注水、连续下水泥和连续搅拌，以实现连续制浆和连续下浆。连续制浆要求下浆速度与注水速度、水泥添加速度相匹配。因此，需针对各参量设置自动控制系统，以保证制浆质量。

试验表明，当水泥浆密度低于 1.65g/cm³ 时，普通搅拌制浆可靠，制浆桶内无水泥沉淀。制浆工艺中的常见问题：（1）散装水泥仓时有结拱现象，需要敲击罐体，会影响下料的均匀性；（2）水泥浆容重达到 1.7 以上时，搅拌桶桶底可能出现水泥沉淀现象，甚至将下浆口堵塞；（3）搅拌桶内径过小的条件下，发生意外情况时不便于进行处理；（4）软袋管下料口在水泥水化热气的作用下，会产生水泥结块现象，导致下料口结实或结成水泥块后掉入搅拌桶内导致搅拌不匀。

5.2.2　全尾砂脱水

采用全尾砂作为胶结充填的集料，尾砂来源于选矿厂。原料浆含水量很大，需要排出大量的水才能满足高浓度的制备要求。但全尾砂的含泥量高，渗透性差，并且在脱水过程中要避免细泥物料的排放。因此，全尾砂的高效脱水技术成为全尾砂充填料制备工艺的一项非常关键的工艺与技术，是国内外通过较长时期致力于研究解决的难题。

目前在工业上应用的全尾砂脱水工艺流程有：旋流、沉降、过滤三段脱水流程；浓密、沉降、过滤三段脱水流程；浓密、过滤两段脱水流程；浓密、沉降两段脱水流程；沉缩一段脱水流程。

其中浓密、沉降两段流程是一种能耗较低和效率高的脱水工艺。如铜绿山铜矿选厂全尾砂砂浆经高效浓密机第一段脱水后，泵入立式砂仓进行第二段沉降脱水后，从砂仓放出砂浆直接进入搅拌。

南京铅锌矿的沉缩一段脱水工艺流程，完全取消机械脱水，在砂仓内进行沉缩脱水、本仓贮存和流态化造浆，实行短流程集中制备，其能耗低、工艺可靠和效率高。该脱水工艺很好地解决了全尾砂脱水的难题。

5.2.2.1　高效浓密

选矿厂全尾砂的质量浓度一般在 20%～25%，经过一段浓密机处理，可使尾砂的质量浓度达到 40%～55%。国内外高效浓密机的可选品种较多，其共同之处是使用絮凝剂以加速细粒级的沉淀，不同之处是传动机构和耙架形式各异。

A　高效浓密原理

全尾砂的高效浓密通过高效浓密机实现。高效浓密机的浓密沉降是通过料浆与添加适量的絮凝剂进行的。料浆与絮凝剂迅速均匀混合，获得最佳絮凝效果，从而使絮凝团快速沉降，实现固液分离。料浆在进入高效浓密机前，经消气装置除去所含的大部分气体后，从给料管进入混合装置。料浆在混合装置中与适量絮凝剂充分混合，形成良好絮凝状态。然后，从其底部向四周扩散，进入浓缩池底部已形成的高浓度沉泥层。此时，絮凝后的料浆（絮团）向池底部沉降，料浆水则透过沉泥层向上升。沉泥层起到了过滤作用，阻止细颗粒矿泥上升。尚未充分絮凝的料浆，在到达沉泥层时，将继续与絮团块接触，使絮团不断长大。最后，借助于中心驱动装置驱动耙架，将浓缩的物料推向中心排料口排出，料浆水从溢流口流出。

在正常工作条件下，底部沉泥层和上面的澄清液之间有一明显的分界面。为了获得最佳浓缩效果，将界面控制在适当位置是很重要的。因此，高效浓密机对"适当界面位置"进行自动控制。

为获得稳定的底流浓度和合理的絮凝剂加药量，高效浓密机对底流浓度和加药量也实现自动控制，整个控制系统各参数通过计算机处理。

B　絮凝剂制备

絮凝剂制备是高效浓密机不可缺少的工序之一。絮凝剂制备质量直接影响高效浓密机的效能和絮凝剂的消耗量。絮凝剂的品种较多，选用哪种絮凝剂，应根据砂浆的性质决定。根据尾砂浆料的特性，通过试验选择合适的絮凝剂以及配剂制度，这是成功应用高效浓密机的关键因素之一。如凡口铅锌矿通过试验选用絮凝剂及其配剂制度，使全尾砂的沉降速度由 0.204cm/min 提高到 6.18cm/min，提高幅度近 30 倍。

一般情况下，至少要在实验室进行下述六项沉降试验：（1）不同絮凝剂对比试验；（2）絮凝剂配制浓度试验；（3）絮凝剂添加量试验；（4）絮凝剂与尾砂浆料作用时间试验；（5）尾砂浆料的 pH 值对沉降影响试验；（6）尾砂浆料的浓度对沉降影响试验。

C　高效浓密质量控制

为了保证料浆良好絮凝所需的絮凝剂量，应对絮凝剂加入量实行自动控制。控制装置通过测定给料浓度、给料流量，使固体量与絮凝剂加入量的比例保持恒定。絮凝剂添加量的改变则通过絮凝剂输送泵的转速变化自动实现。

由于将料浆界面高度控制在适当位置十分重要，因此需将界面信号引入控制环节。界面控制与底流浓度控制组成串级调节系统，通过调节底流泵排量，保证界面高度与底流浓度的稳定。

底流浓度是目标参数，对底流浓度的控制是通过浓度测得的信号自动调节底流泵转速实现的。当底流浓度高时，泵的转速加快，排出量加大，浓度由稠密变稀；反之，泵的转速减慢，使浓度增稠。

D　高效浓密机选型

高效浓密机既要满足全尾砂充填料制备的下段工序对物料含水量的要求，又要严格控制溢流水的浓度，以减少随溢流排放的细泥量。因此，在高效浓密机的设计选型时，应尽量通过生产性试验或模拟试验确定浓密机的有效面积。在无条件进行系统试验时，也必须根据料浆絮凝沉降试验的有关参数和沉降曲线计算和选择。只有准确掌握料浆的浓密特性，才可参照处理类似料浆的生产指标。

高效浓密机的选型主要根据给砂量及物料的沉降速度。所以，在选择高效浓密机时，必须考虑影响沉降速度的因素，如给料及排料的液固比，给料的粒度组成、料浆及泡沫的黏度、浮选药剂和絮凝剂的类型、料浆温度等。高效浓密机的排料浓度取决于被浓缩物料的密度、粒度、物料组成、絮凝程度及其在高效浓密机中停留的时间等。

5.2.2.2　过滤脱水

细粒物料的过滤设备主要有压滤机、离心脱水机和真空过滤机。普通压滤机主要用于陶瓷工业处理瓷泥，其特点是能处理很细的带黏性的物料，但处理能力低，且为间断排料。全尾砂过滤脱水常用的设备为真空过滤机，其特点是借助真空泵所产生的真空度在滤布（或滤带）两侧形成压力差。固体颗粒在真空度的作用下被吸附在滤布上形成具有一定厚度的滤饼，而水分在真空度的作用下透过滤布作为滤液而被排出。在卸料端，通过鼓风机所产生的压力差或刮刀，将滤饼从滤布上压出或刮下。

（1）盘式真空过滤机。盘式过滤机因其占地面积小、处理能力大而成为金属矿山选矿厂精矿脱水最广泛使用的设备。洛阳矿山机械厂生产的 GPY 系列最大规格的单台过滤面积达 $300m^2$。凡口矿自行制造的 $68m^2$ 盘式过滤机用于处理全尾砂，当给料质量浓度为 $45\% \sim 55\%$ 时，滤饼含水率 20%，单位面积生产能力为 $0.29t/(m^2 \cdot h)$。

（2）外滤式圆筒真空过滤机。常用的外滤式圆筒过滤机有两种类型，一种是普通圆筒真空过滤机；另一种是圆筒带式真空过滤机。

普通圆筒真空过滤机又称鼓式过滤机。在相同占地面积下，其处理能力不及盘式过滤机，但操作维护简单，在物料很细的条件下，其卸料情况要比盘式过滤机好，适于在中小型矿山使用。

圆筒带式过滤机比鼓式过滤机更换滤布更方便，卸料不用吹风，故无反水现象，可降低滤饼水分 $1\% \sim 2\%$，且卸料率高，有逐渐取代鼓式过滤机的趋势。圆筒带式过滤机的生产厂有衡阳冶金机械厂、辽源重型机器厂、张家港市机械厂、沈阳矿山机器厂等。中国有色冶金工程设计研究总院吸收德国技术，与有关部门合作推出了 $40m^2$ 圆筒带式过滤机的新一代产品，现规格品种有 $5m^2$、$10m^2$、$20m^2$、$40m^2$ 等。

（3）水平带式真空过滤机。水平带式真空过滤机是以循环移动环形滤带作为过滤介质，利用真空设备提供的负压和重力作用，使固液快速分离的一种连续式过滤机，适合处理含粗颗粒的料浆。

带式过滤机的主要优点：

1）过滤效率高。采用水平过滤面和上部加料方式，在重力作用下，大颗粒物料会先沉降在底部形成一个过滤层，这样滤饼结构合理，减少了滤布堵塞，所以过滤阻力小，过滤效率高。

2）洗涤效果好。采用多级逆流洗涤方式能获得最佳洗涤效果，以最少的洗涤液获得高质量滤饼。洗涤回收率一般可达到99.8%。

3）滤饼厚度可调节、含水量小、卸料方便。滤饼厚度可根据工艺需要调节，小到3mm，大到120mm。由于滤饼中颗粒排列合理，加上滤饼厚度均匀，因此与圆筒真空过滤机相比，滤饼含水量大幅降低。并且滤饼卸料方便，设备生产能力得到提高。

4）滤布可正反两面同时清洗。在滤布（又称滤带）的正反两面都设有喷水清洗装置，清洗效果好，消除了滤布堵塞，延长了滤布寿命。

5）操作灵活、维护费用低。在生产过程中，滤饼厚度、真空度、洗水量、滤带运行速度和循环时间等都可调整，以取得最佳过滤效果。由于滤带寿命长，维护费用低，因此生产成本降低。

带式过滤机是近几年发展较快的一种过滤设备，目前已有四种形式：移动室型、固定室型、滤带间隙运动型和连续移动盘型。

移动室带式真空过滤机的真空盒随水平滤带一起移动，并且过滤、洗涤、干燥、卸料等操作同时进行。当真空盒移动到预定位置时，除去真空迅速返回初始位置，再重新恢复真空，吸上滤布继续前进，以此循环往复动作。

固定室带式真空过滤机的工作原理是真空盒与滤带间构成运动密封，滤带在真空盒上移动。这种结构克服了移动室带式过滤机每动作一次都要卸掉真空消耗能源的缺点。实现了连续过滤，生产过程的过滤、洗涤、脱水、卸料、滤布清洗可随滤布运行依次完成。因而过滤效率高，节约能源。要处理的料浆首先经过进料装置均匀分布到移动的滤带上。料浆在真空的作用下进行过滤，过滤后形成的滤饼运行至滤布转向处依靠自重卸料。滤带和滤布在返回时经洗涤获得再次利用。

5.2.2.3　沉缩脱水

全尾砂沉缩脱水的基本原理，是利用尾砂固体物料的重力作用以及泌水密实效应，将尾砂料浆中的大部分水量分离出来。沉缩过程基本规律：全尾砂在开始沉缩后的一段时间内，粗重颗粒快速落淤，较细颗粒缓慢下移、相互接触后逐渐渗出颗粒之间的水分而进入固结状态，更细的颗粒在上部形成悬浮态；当全尾砂在仓内沉缩一段时间，料浆介质进入静止状态，达到最大沉缩浓度。全尾砂料浆经自然沉缩脱水后所达到的最大浓度以及具体特性与全尾砂料浆的物化特性相关。对于特定矿山的尾砂，需要通过沉缩实验以掌握其特性。基于沉降－固结过程的唯象模型模拟全尾砂沉降过程及其规律的研究已取得进展，利用沉缩模型进行全尾砂沉降过程的模拟实验将会实现。

全尾砂自然沉缩池可设为立式，亦可设为卧式。沉缩池结构简单，整套脱水设施无任何运动部件，相对于浓密或过滤脱水，可大大降低基建投资，缩短基建周期；也较浓密或过滤脱水大大节省能耗，使脱水成本大大降低；操作简单、维修方便。

南京铅锌矿选厂全尾砂自然沉缩的实验结果表明，$-20\mu m$ 粒级占45%、$-74\mu m$ 含量72%～75%的细粒径全尾砂，经自然沉缩后的最大沉缩浓度为71%，其中沉缩1h、1.5h和4h时的沉缩浓度分别达到最大沉缩浓度的96.56%、98.25%和99.41%。

由于全尾砂浆含泥量较高，组成粒级差别大，不同粒级、形状的颗粒沉降速度不同，如果在仓中存留时间过长，势必沿仓体深度形成沉砂粒级分布不均，导致脱水成品和组成的充填料输送参数受到影响。因此，砂仓的放料技术对充填料的质量具有至关重要的影响。

5.2.2.4 组合脱水

在工业应用中往往采用两种以上的脱水方式组合成多段全尾砂脱水工艺，以保证其生产能力和脱水质量。

一般地，全尾砂粒径愈细、相对密度愈小，则脱水愈加困难。欲达到95%的全尾砂利用率，一般采用浓密加过滤的脱水工艺。高效浓密机由于使用了絮凝剂，其溢流的浓度低，应优先采用。至于过滤机的选型，则应根据全尾砂的粒径和处理量而定。原则上，粒径较粗、处理量较大，应采用水平带式过滤机；粒径较细，处理量较小，可考虑采用鼓式过滤机；粒径中等，处理量较大，可考虑采用盘式过滤机。

凡口矿的全尾砂胶结充填制备站采用 ϕ9m 高效浓密机配 68m^2 盘式过滤机，滤饼水分平均20%，单位面积产量 0.29t/(m^2·h)，日处理全尾砂达 1700t，全尾砂的利用率达97%。

德国格隆德铅锌矿原设计全尾砂的来料经水力旋流器分级，沉砂送过滤机，溢流经倾斜浓密箱处理，浓密底流再送过滤机、溢流排放。由于带式过滤机的效率较高，在生产中取消了水力旋流器和倾斜浓密箱，直接将质量浓度20%的全尾砂浆料送入水平带式过滤机过滤。构成不经浓密而直接采用水平带式过滤机对全尾砂进行过滤的脱水工艺。带式过滤机滤带宽 2.4m，真空段长 14.5m，过滤面积 32.5m^2，滤饼厚度 5～10mm，滤饼含水18%～20%。

铜绿山铜矿原设计为浓密、沉降、过滤三段脱水，后因压滤机故障较多，经对沉降工艺进行改进后可满足浓度要求，因此在生产中采用了浓密、沉降两段脱水工艺。选矿厂全尾砂料浆浓度约10%，经高效浓密机第一段脱水后，泵入立式砂仓进行第二段沉降脱水，从砂仓放出砂浆直接进入搅拌。第一段脱水采用内径 15m 的高效浓密机，絮凝剂（聚丙烯酰胺）用量 3.3g/m^3，使10%的全尾砂获得良好的絮凝效果，沉砂浓度达到40%～45%以上。第二段脱水通过中转砂仓进行沉降，理论放砂浓度 79.8%，实际放浆浓度可达80%以上。

5.2.3 全尾砂胶结料混合

高浓度的全尾砂料浆是一种似均质流体，输送过程中没有混合作用，必须依赖制备站内的搅拌设备实现全尾砂滤饼和水泥的均匀混合。但在较短搅拌时间和连续排料的条件下达到滤饼和水泥的均匀混合相当困难。采用不同类型的搅拌机进行两段搅拌，能较好地解决全尾砂滤饼与水泥的均匀混合问题。

一般采用双轴搅拌与高速活化搅拌两段搅拌流程对全尾砂胶结充填料进行活化搅拌。

双轴搅拌机由卧式筒体、搅拌机构，传动装置等部件组成（图5-5）。它通过改变搅拌叶片的送料流程，对充填料浆实行强制迂回搅拌，使极细颗粒含量增高。这一搅拌过程使黏性大的高浓度充填料浆基本达到混合均匀，为下一步活化搅拌制备出流动性高，混合均匀的高浓度充填料创造有利条件。

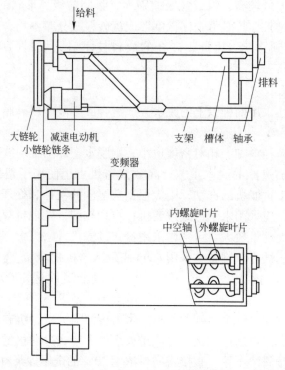

图 5-5   双轴叶片式搅拌槽

高速活化搅拌机由机壳、搅拌转子、传动装置等部件组成（图 5-6）。经由双轴搅拌机初步混合的充填料浆进入高速旋转的转子杆上，由于转子杆以不同的线速度转动，与转子杆相互作用的充填料颗粒也具有不同的速度和运动方向。在高速旋转转子杆的强力作用下，成团颗粒被分裂，水与固体颗粒的分离性减弱，不仅减小颗粒之间的黏着力，而且使水泥颗粒破裂，强化了水泥的水化作用，从而改善充填料的强度特性和流动性，达到活化搅拌的目的。

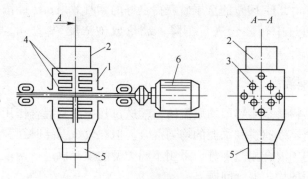

图 5-6   活化搅拌机原理
1—机壳；2—进料口；3—转子；4—转子杆；5—出料口；6—电动机

研究结果表明，活化搅拌机转子转速、搅拌时间与充填料抗压强度及流动性存在明显的关系，当转子的转速达到 1000r/min 左右时，充填料试块抗压强度均有不同程度的提高。当灰砂比为 1:5，质量浓度为 75% ~80% 时，抗压强度增加 8.69% ；当灰砂比 1:10

时，抗压强度平均增加12.91%。与常规搅拌设备的对比试验表明，28d 龄期的抗压强度提高了10%～24%，流动性增加了4%～7.5%。对于粒度极细的尾砂，在质量浓度为70%～72%时，采用活化搅拌技术制备出的充填料呈现出宾汉流体特性，其形状类似牙膏，用水量少。当充填料浆的质量浓度达到75%、灰砂比为1:4 和1:7 时，采场脱水量分别为0.558t/h 和0.279t/h。经活化搅拌制备的充填料混合均匀、流动性好，其抗压强度变化率小于30%，可视为均质流体；充填到采场的充填料不需平场，而且表面光滑平整；充填体强度高，单位体积的水泥耗量可降低20%～30%。

5.2.4　膏体充填料混合

根据采矿工艺要求和充填物料的配合组分，膏体料浆的搅拌作业一般实行不同组合的两段搅拌流程。第一段搅拌可以采用多台搅拌机实行间断制搅拌，也可由一台搅拌机连续搅拌混合物料。加入粗集料的全尾砂膏体充填料的第一段搅拌可以是间断制或连续制；单一全尾砂膏体料浆的第一段搅拌一般采用连续制搅拌工艺。第二段搅拌必须采用连续搅拌机，并且不间断地将料浆给入膏体输送泵的受料斗。第二段搅拌需要采用具有搅拌、贮存及输送功能的连续搅拌机。第二段搅拌机容积较大，国外常用为5～20m³，国内目前最大为5m³。

5.2.4.1　间断搅拌

膏体料浆第一段搅拌时可采用建筑工程中通用的卧式搅拌机进行间断搅拌。作业时干物料分别贮存、分别计量，按配比加入搅拌机。在一般情况下，有2～3 台卧式搅拌机顺序运行，几台间断搅拌机的合计生产能力和第二段连续搅拌机的生产能力相匹配（图5－7）。可将第一段搅拌的间断作业与第二段搅拌的连续作业衔接起来，将第二段连续搅拌好的膏体料浆不间断地给入膏体输送泵的受料斗。

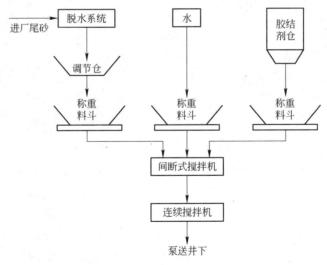

图5－7　间断搅拌作业流程

间断搅拌物料计量准确、可靠、搅拌质量好，并可通过搅拌器的受力及能量消耗，与事先进行了黏度标定的膏体相比较，一旦发现不符合黏度要求的膏体，可通过添加不同粒级的物料或清水来调整。因此，可控制不合格的膏体进入井下管路，这一点连续搅拌机难以做到。

建筑用间断搅拌机品种较多，可根据不同物料和搅拌条件选择。目前国外矿山通常采用卧式圆盘搅拌机，搅拌器呈多脚形铲状分布。

5.2.4.2 连续搅拌

连续搅拌作业要求按设计的各种物料定量、同时、连续地给入搅拌机，并连续定量加入清水。经过连续搅拌机不间断的混合、搅拌、排料，将膏体充填物料送入第二段搅拌机或膏体输送泵的受料斗（图5-8）。

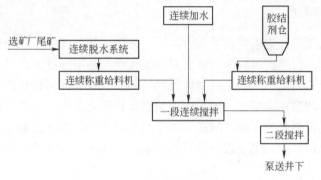

图5-8 连续搅拌作业流程

ATDⅢ型系列混合搅拌机是矿山膏体充填工艺中为正排量泵配套的专用设备（图5-9）。第一段搅拌为ATDⅢ-φ600型双轴叶片式搅拌机，采用间断非等螺距交叉组合叶片搅拌器；第二段搅拌为ATDⅢ-φ700型双螺旋搅拌输送机，采用内外反向螺旋搅拌器。

图5-9 卧式双轴搅拌槽

在槽体中水平布置两个并列的螺旋轴，每根轴上装有一大（外螺旋）一小（内螺旋）两个螺旋叶片，其旋转方向相反。工作时，如外螺旋向前推进，内螺旋则反向使其内部物料向后运动，强化了槽中前后的物料搅拌混合。两根螺旋轴分别由两台减速电动机驱动，电动机由变频器控制调速。左右螺旋可以同时同速向前推进搅拌混合物料，也可以不同速度推进物料，这样可加强物料在槽中的搅拌混合。充分考虑到两根搅拌轴上布置的多组交叉叶片，由于叶片间运动轨迹重叠，因此设计搅拌叶片的结构、形状、选择相对运动的相位和速度关系时，都应确保两轴上叶片不干涉为前提。该机选用了同步交叉运动，使多组叶片既不发生干扰，叶片间物料又能得到充分剪切、磨碎、混合等作用。

ATDⅢ-φ700型双螺旋搅拌输送机排料端设置了一套与水平横向主搅拌器相垂直的

竖直辅助搅拌器，将受料斗中物料的循环混合变为湍流混合，防止振动引起局部离析，保证入泵前膏体质量。

5.3　结构流理论

全尾砂胶结充填料需要通过管道输送到采场进行充填，要求在输送过程中和充入采场后避免产生离析分级和脱水。因此，一般应在结构流态的高浓度状态下进行输送和充填。结构流理论为全尾砂充填料的制备和输送奠定了理论基础。

5.3.1　结构流特征

充填料浆浓度由低到高时其黏度也相应增大，有阻止固体颗粒沉降的趋势。充填料浆的浓度经过一个临界点后，其输送特性将由非均质流转为伪均质结构流。但是，很难简单地确定某个浓度值为形成结构流的临界值。不同料浆的临界点随着物料粒度的组成而发生变化，一般是组成的物料粒度越细，其临界点越低。因此，对于不同充填料浆，需要通过实验才能找出其临界浓度值。

结构流是物料在流动以后的状态，它像固体那样作整体移动，以类似"柱塞"的形式流动（图5-10）。"柱塞"由一层连续的水膜分隔的物料与细泥颗粒组成，"柱塞"与管壁之间则由一层很薄的润滑层分隔开来。

理想的结构流浆体沿管道的垂直轴线没有可量测的固体浓度梯度，表现为非沉降性态。结构流在管道横断面上的速度分布如图5-10所示，"柱塞"全宽的横断面上的速度为常数。这是因为集料颗粒间不发生相对移动，只有润滑层的速度有变化。自柱塞边界至管壁，速度急剧下降而趋于零。这种料浆体在管道中与管道的摩擦力若大于等于浆体的重量，在没有外加压力的推动时，料浆不能利用自重压头自行流动。当管道中存在着足以克服管道阻力的压力差时，物料才可沿管道流动。

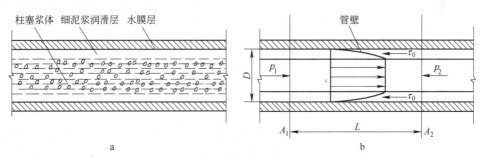

图5-10　结构流在管道中的运动状态

a—流运状态及结构；b—动力学模型及速度分布

D—管道内径；L—单位管道长；τ_0—初始切应力；A_1，A_2—管道两断面；p_1，p_2—A_1、A_2 断面的压力

流变学是材料流动和变形的科学，是研究材料在外力作用下所产生的应力与应变关系随时间发展的科学。对于同时具备黏、弹、塑性的结构流充填料来说，需要以流变学理论为基础，按照流变学基本原理，以充填料浆的屈服剪切应力 τ_0 和塑性黏度 μ 等流变参数作为可测定参数，进而确定流变模型，为设计提供估计各种流动状态的手段，以计算充填料通过管道输送的阻力损失。

管道内流体的切应力 τ 从管壁处向管心方向，其间将经过一切应力等于屈服应力（初始切应力）τ_0 的流层。从该层到管心的范围内，流体的切应力 τ 小于屈服应力 τ_0。故这一范围内的浆体不发生剪切变形，因而不存在层间的相对移动，即切变率为零。结构流只要克服屈服应力 τ_0 即可开始流动。随着流速的增加，管道阻力相应增大，因而阻碍着接近管道的物料的运动，使此层物料首先减速。由于摩擦阻力的存在，近壁层存在层流层。层流层中的速度一层比一层大，直至等于"柱塞"运动的速度。随着速度的进一步增加，润滑层中产生紊流运动。于是，管道中充填料浆的流变模型按非牛顿流体表达为：

$$\tau = \tau_0 + K\left(\frac{\mathrm{d}u}{\mathrm{d}y}\right)^n \tag{5-2}$$

式中，K 为表征黏滞性的实验常数，表示流体状态特性；n 为流变特性指数，结构流和层流状态时，$n=1$；$\frac{\mathrm{d}u}{\mathrm{d}y}$ 为切变率，s^{-1}。

实验表明，全尾砂加碎石的膏体充填料浆表现出明显的宾汉体流变特性，即切应力与切变率的变化呈线性。高浓度全尾砂料浆与膏体全尾砂料浆均具有较大的屈服应力，都属非牛顿流体。但这类充填料浆在管道输送过程中的切应力随切变率的变化关系，并非完全是一条直线，而是偏离宾汉姆体直线向下弯曲，呈现出伪塑性。因而，高浓度全尾砂充填料和膏体全尾砂充填料的一般流变模型属赫谢尔 – 布尔克莱（Hershel – Bulkley）体（简称 H – B 模型），可用式（5 – 3）描述。

$$\tau = \tau_0 + \mu_{\mathrm{H-B}}\left(\frac{\mathrm{d}u}{\mathrm{d}y}\right)^n \tag{5-3}$$

式中，$\mu_{\mathrm{H-B}}$ 为 H – B 黏度，$\mathrm{Pa \cdot s}$；n 为流动指数，$n<1$。

当全尾砂料浆浓度高于某一临界值时，其切应力随切变率的变化接近直线。因而，从工业应用的角度出发，可以将结构流全尾砂料浆视为宾汉流体，具有宾汉流体的特性。因此，在工业应用过程中，可以用宾汉流体的流变方程（5 – 4）来描述结构流充填料浆的流变特性。

$$\tau = \tau_0 + \mu_{\mathrm{B}}\left(\frac{\mathrm{d}u}{\mathrm{d}y}\right) \tag{5-4}$$

式中，μ_{B} 为宾汉流体的塑性黏度，$\mathrm{Pa \cdot s}$。

5.3.2　阻力因素

结构流充填料浆沿管道流动必然受到阻力。该阻力由两个分力组成，即料浆与管壁之间的摩擦力和料浆产生湍流时的层间阻力。料浆与管壁之间的摩擦力和料浆的层间阻力统称为流体阻力。单位管道长度内的流体阻力即为阻力损失或水力坡度。流体阻力的大小取决于多种因素。一般说来，流体阻力与水灰比的大小、输送速度、输送压力、料浆浓度、物料粒度组成及细粒级含量有密切关系。

为了使充填物料通过充填系统的自重压差或泵压能够连续地沿管道输送到采场，必须使流体阻力小于充填料的自重或输送泵所能达到的最大压力。流体阻力较小时，还可减轻输送泵与输送管道的磨损，尤其在输送管道很长的条件下，要求流体阻力小显得格外重要。

当结构流体含有足够的水量达到饱和水状态，其压力降与管道长度呈线性关系变化。未饱和水状态的压力降与管道长度呈指数函数的关系变化，这是物料含水量未达到饱和水状态时表现的特性。一般地，矿山充填物料容易达到饱和水状态，润滑层起着如同液体一样的作用，管壁不会对集料颗粒产生干扰作用。此时，单位管道中的流体阻力可视为常数，水平管道中流动着的结构流体的压力降沿管道呈线性关系。

5.3.2.1　水灰比对流体阻力的影响

料浆的水灰比直接影响阻力的大小，水灰比太小则不能使充填料达到饱和水状态，难以在料浆与管壁之间形成润滑层，导致输送阻力大。

艾德（Ede）针对泵送混凝土提出了如图 5-11 所示的一种典型流体的水灰比对其流体阻力的影响模式。当水灰比由 0.3 增至 0.6 时，流体即从未饱和水状态经由过渡状态转变为饱和水状态。处于过渡状态的流体阻力由两种性质的阻力组成。混凝土处于饱和水状态，其流体阻力最低。当混凝土所含集料孔隙率大，水泥含量低，具有很大的渗透性时，混凝土可能脱水。脱水带来的后果将使混凝土从饱和水状态转变成过渡状态或未饱和水状态，从而使流体阻力相应地急剧增大，对物料的输送极为不利。因此，应特别注意充填物料可输性态的稳定性。

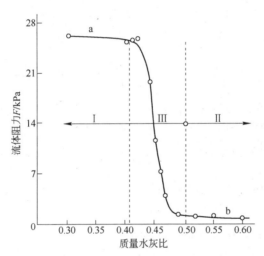

图 5-11　水灰比对流体初始阻力的影响

Ⅰ—未饱和水状态；Ⅱ—饱和水状态；Ⅲ—过渡状态

a—未饱和混凝土；b—饱和混凝土

5.3.2.2　输送管径对流体阻力的影响

假设任一流体在圆管中以某一固定速度流动，作用于该流体某一单元上的所有力可表示为：

$$F = \frac{D}{4} \cdot \frac{\mathrm{d}p}{\mathrm{d}x} \tag{5-5}$$

式中，F 为流体阻力（相当于 τ），指作用于管内壁单位面积上的力；$\dfrac{D}{4}$ 为圆管水力半径；D 为管道内径；$\dfrac{\mathrm{d}p}{\mathrm{d}x}$ 为沿流动方向的压力变化率；p 为输送压力。

可见，流体阻力 F 可用各种不同直径的水平直管的单位长度上所需压力的大小来表示（图 5-12）。当流体阻力相同时，管径越小，每米管道长度所需压力越大。随流体阻力的增大，管径越小，单位长度所需的压力急剧增加。因此，应根据生产能力的要求，选择合理的管径。

5.3.2.3　输送速度对流体阻力的影响

充填料浆进入结构流运动状态后，即料浆浓度达到形成结构流的临界浓度以上，其输送阻力与输送速度的关系由一般的水力输送下凹曲线变化到近似线性关系；浓度进一步提高后，则成为向上凸的曲线关系（图 5-13）。这种上凸曲线关系，意味着高速输送时，随流速的增加流体阻力的增长趋势变缓。在低流速区段，随着输送速度的增大，浆体的阻力损失随之快速增加。由于结构流体的黏度大，流体阻力也大，因而均在低流速下输送。因此，输送高浓度或膏体充填料时，流速的增大将快速增大阻力损失。

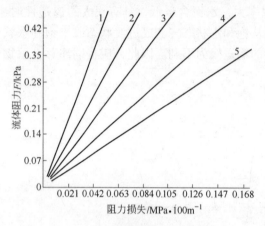

图 5-12　不同管径流体阻力与
阻力损失关系
1—管径 305mm；2—管径 203mm；3—管径 152mm；
4—管径 102mm；5—管径 76mm

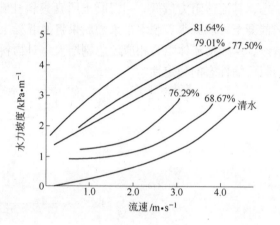

图 5-13　料浆输送速度与阻力损失的关系

5.3.2.4　粒级与浓度对流体阻力的影响

物料的粒级组成是构成结构流体的决定因素，其中足够的细物料能够形成悬浮状，是组成结构流体不可缺少的组分。由于结构流料浆的细物料含量较高，因而浆体的黏度大、压力损失大。在结构流体中增加尾泥和水泥等超细物料的含量，有利于在压力作用下于管壁形成润滑层，可减少沿管道的摩擦阻力。

浓度对输送阻力的影响更加明显。一般来说，流体的阻力损失随着浓度的增大而增大。浓度的增大也就意味着固体物料增加，为了使所有固体物料悬浮，克服固体物料的重力所需消耗的能量也相应增加，因而压力损失也就增大；另一方面，料浆浓度增大后，其黏度也增大，摩擦阻力也就相应增加。

5.3.3　流变特性

以料浆的屈服应力 τ_0 和黏度系数 μ 作为描述结构流体流变特性的主要参数。由于充填料组分的不确定性，使得料浆流变参数的变数更多，需要通过实验确定的因素更多。

5.3.3.1　流变参数影响因素

影响结构流体流变参数的主要因素包括物料组成、粗细物料的配比和料浆浓度。其中充填料的浓度对流变参数 τ_0 和 μ 的影响最为敏感，τ_0 和 μ 随浓度的提高而迅速增大（表 5-12），而且当料浆浓度超过某一值时，τ_0 和 μ 将急剧增大。但充填料的组成不同，这一浓度值也不同（表5-13）。

表 5-12　结构流充填料浆流变参数与体积浓度关系

物料组成	灰砂比	粗细物料比	屈服应力 τ_0/Pa	塑性黏度 $\mu/Pa \cdot s$	适用浓度（体积浓度）$c_V/\%$
全尾砂			$9037.48 - 385.08c_V + 4.2c_V^2$	$0.233c_V - 9.525$	74~57
全尾砂水泥	1:4		$9296.81 - 371.78c_V + 3.75c_V^2$	$0.107c_V - 9.53$	48~58
全尾砂磨砂水泥粉煤灰	1:8	全尾砂比磨砂=6:4	$20340.31 - 727.16c_V + 6.51c_V^2$	$1.358c_V - 77.706$	54~61
		全尾砂比磨砂=5:5	$28548.31 - 1007.81c_V + 8.90c_V^2$	$0.95c_V - 54.203$	55~63
		全尾砂比磨砂=4:6	$24043.02 - 828.19c_V + 7.13c_V^2$	$1.192c_V - 70.964$	56~66
全尾砂碎石水泥粉煤灰	1:8	全尾砂比碎石=6:4	$15988.36 - 556.64c_V + 4.87c_V^2$	$156.3 - 5.61c_V - 0.05c_V^2$	54~65
		全尾砂比碎石=5:5	$6928.16 - 243.86c_V + 2.16c_V^2$	$102.52 - 3.70c_V - 0.03c_V^2$	52~66

表 5-13　流变参数急剧增加的浓度值

物料组成	灰砂比	粗细物料比	临界体积浓度/%
全尾砂			51
全尾砂、水泥	灰砂比=1:4		54
全尾砂、磨砂、水泥、粉煤灰	灰砂比=1:8 水泥比粉煤灰=1:0.5	全尾砂比磨砂=6:4	59
		全尾砂比磨砂=5:5	59.5
		全尾砂比磨砂=4:6	61
全尾砂、碎石、水泥、粉煤灰	灰砂比=1:8 水泥比粉煤灰=1:0.5	全尾砂比碎石=6:4	61
		全尾砂比碎石=5:5	63

结构流全尾砂料浆的粒度组成对流变参数影响很大。在全尾砂料浆中添加粗粒径惰性材料（一般粒径为 -30mm），同样浓度下的屈服应力和黏度都下降。但从可泵性角度，应当以更高的浓度输送，才能保证输送物料的稳定性。在固体物料配比不变的情况下，加粗粒径惰性材料的全尾砂膏体的屈服应力和塑性黏度均随膏体浓度的增加而增大。

若以体现粒度分布的中值粒径 d_{50} 的变化进行分析，只要 d_{50} 稍有变化，则 τ_0、μ 便有较大变化。在输送范围内总的趋势是 τ_0、μ 随 d_{50} 的增加而减小。因而可以指导选择充填材料的级配及添加粗集料的条件，这对于充填料的可泵性及管道输送参数的确定至关重要。

金川试验中充填料浆的流变参数随组成材料配比的变化范围为：（1）结构流全尾砂胶结料的灰砂比在 1:4~1:10 区间变化时，τ_0 的变化范围为 82~345Pa，μ 的变化范围为 2.8~5Pa·s；（2）全尾砂加碎石按1:1、灰砂比1:（8~1）配制的结构流胶结充填料，τ_0 的变化范围为 42~215Pa，μ 的变化范围为 0.90~4Pa·s。

5.3.3.2　流变参数测定

流变参数是表征高浓度全尾砂胶结充填料浆体特性的重要参数，也是压力损失计算的重要依据。测定出料浆的流变参数便可推算不同管径的水力坡度，而不需做测定水力坡度的大型环管试验。这样可简化试验，并能大大减少试验用料。为此，长沙矿山研究院通过试验研究，开发了水平环管流变参数测定法和倾斜管道流变参数测定法。

A　水平环管测定法

a　测定装置

测定装置由环管输送系统、测试系统和调速系统组成。

b　流变参数测定原理

结构流体管壁处切应力 τ_w 和 $\frac{8v}{D}$ 之间的关系可以用白金汉（Buckingham）方程（5-6）表示：

$$\frac{8v}{D} = \frac{\tau_w}{\mu_B}\Big[1 - \frac{4}{3}\frac{\tau_0}{\tau_w} + \frac{1}{3}\Big(\frac{\tau_0}{\tau_w}\Big)^4 \Big] \tag{5-6}$$

式中，v 为平均流速，m/s；D 为管道内径，m；μ_B 为宾汉流体的塑性黏度，Pa·s；τ_0 为料浆屈服应力，Pa。

结构流充填料浆管壁处的 τ_w 远大于 τ_0，则可略去式（5-6）4 次方项简化为线性方程式：

$$\tau_w = \frac{4}{3}\tau_0 + \frac{8v}{D}\mu_B \tag{5-7}$$

可见，式（5-7）的斜率为宾汉流体的塑性黏度 μ_B，与 τ_w 轴相交处为 $\frac{4}{3}\tau_0$。

c　测定方法

在环管输送系统中选取两个断面安设压力仪，在不同的输送速度下测定两个受测断面之间的压力损失 Δp。根据环管料浆的压力损失测定结果，按照式（5-8）即可绘制出管壁处切应力 τ_w 与视切变率 $\frac{8v}{D}$ 关系的虚剪切曲线（图 5-14）。根据式（5-6）即可求出 τ_w 和 μ_B 的值。

$$\tau_w = \frac{\Delta p D}{4L} \tag{5-8}$$

式中，Δp 为两个受测断面之间的压力损失，Pa；L 为两个受测断面间的管道长，m。

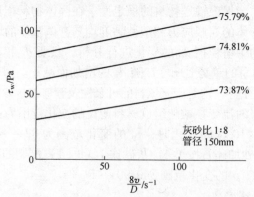

图 5-14　凡口矿 F1 全尾砂胶结料浆 $\tau_w - \frac{8v}{D}$ 关系曲线

B 倾斜管道测定法

采用环管模拟试验来测定浆体流变力学参数，仍然需要大量试验设备和试验物料，试验时间长、费用高。针对环管模拟试验的缺陷，长沙矿山研究院结合高浓度全尾砂料浆的特性，又发明了倾斜管道测定高浓度全尾砂料浆流变参数的方法，这是一种更加简便实用的方法。

a 测定装置

倾斜管道测试料浆流变参数的装置如图 5-15 所示。直径和长度一定的倾斜管道通过两个定位套筒固定在由槽钢焊接而成的长方形框架上。松开定位套筒上的锁紧螺帽，一个定位套筒可绕固定点旋转，另一个则可沿滑动槽上下移动并旋转。这样可以根据需要调整管道的倾斜角度。测试时，将制备好的高浓度料浆倒入受料漏斗，不断添料使漏斗内料浆面保持在同一高度。测定管道的倾角和管道全断面浆体平均流速，即可计算出浆体的流变参数。

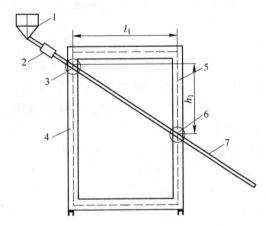

图 5-15 浆体流变参数倾斜管道测试装置

1—受料漏斗；2—连接杆；3—固定盘；4—槽钢架；5—滑动槽；6—定位套；7—输送管

b 测定原理

全尾砂高浓度浆体具有以下两个特性：

（1）由于全尾砂充填料的颗粒细，浓度高，料浆稳定性好，那么在静置时，料浆没有粗细颗粒的分离沉降过程，只有颗粒间隙减小、体积收缩和水分逐渐泌出的压缩过程。测试过程中，料浆在漏斗中存放时间短，压缩现象并不明显。

（2）高浓度全尾砂浆体在管道中呈"柱塞"流动，其流态属非牛顿流体，可以用宾汉姆流体模型式近似表征其流变力学特性。

因此，考虑管道全断面浆体的平均流速，管壁处切应力可用白金汉方程式（5-7）表示。

针对倾斜管道内料浆微元体进行受力分析，并沿倾斜管道全长积分，在管道的倾斜方向上有管道内壁处浆体的最大切应力为：

$$\tau_w = \frac{Dp}{4L} + \frac{D}{4}\gamma\sin\alpha \tag{5-9}$$

式中，τ_w 为浆体的最大切应力，Pa；D 为管道内径，m；p 为管道入口处压力，Pa；L 为管道长度，m；γ 为料浆体重，N/m³；α 为管道倾斜角度。

取漏斗内料浆面和倾斜管道入口处两通流断面，若忽略料浆在漏斗内的流动摩阻损失和漏斗转弯处的局部阻力损失，根据伯努利方程进行分析和推导可得：

$$p = \rho\left(gh - \frac{v^2}{2}\right) \tag{5-10}$$

式中，ρ 为料浆密度，kg/m³；g 为重力加速度，m/s²；h 为漏斗内浆料高度，m；v 为料浆流速，m/s。

将式（5-7）、式（5-10）代入式（5-9）有：

$$\mu_B \frac{8v}{D} + \frac{4}{3}\tau_0 = \rho \frac{D}{4L}\left(gh - \frac{v^2}{2}\right) + \frac{D}{4}\gamma\sin\alpha \tag{5-11}$$

对于确定的实验系统，D、L、h 可以固定不变，事先测定为已知值。对于某一配合比和一定浓度的料浆，其物理力学性质固定不变，体重 γ、密度 ρ 可以事先测定为已知值。因此，测定两个不同管道倾角 α_1、α_2 下的浆体平均流速 v_1、v_2，即可求得 μ_B 和 τ_0。

5.3.4 输送特性

输送特性是结构流充填料的一个综合性指标，其实质反映了料浆在管道输送过程中的流动状态，包括流动性、可塑性和稳定性。流动性取决于料浆的浓度及粒度组成。可塑性则是克服屈服应力后，产生非可逆变形的一种性能。而稳定性则是抗沉淀、抗离析的能力，还反映了充填料浆通过管路系统中弯管、锥形管、管接头等管件的能力。

并非所有级配的充填料均能构成可管道输送结构流料浆。国内外的研究与实践表明，只有当充填料的粒度级组成在一个合理的区域内，这种混合料才能形成稳定性好的可输送充填料。粗集粒不能单独形成结构流态进行管道输送，将粗物料与细物料混合后组配成膏状物料，以细物料作为载体，则可通过管道输送。细粒径的全尾砂物料有利于组配成稳定性好和流动性好的结构流充填料。保证结构流充填料能在管内顺利地输送，必须同时满足管壁摩擦阻力小、物料不离析和性态稳定等要求。充填料中适量的超细粒级含量对满足这些输送要求很重要。$-25\mu m$ 的超细物料能使膏体料浆保持稳定不离析、不泌水，其摩擦阻力损失也较小。可输送的结构流全尾砂料浆的质量浓度一般可达 70%～75%，添加粗集料后的可输送膏体充填料质量浓度可达 75%～85%。

（1）管壁摩擦阻力。管壁产生的摩擦阻力较大，输送距离以及输送流量会受到限制，不能满足工业应用要求。即使采用泵压输送，当管内充填料浆的压力过大时，也会出现泵送困难。实验表明，全尾砂料浆的质量浓度提高到 79%，其坍落度降低至 4cm，摩擦阻力损失将高达 2.6～3.25MPa/100m（流速 0.45～1.18m/s），虽然仍可借助泵压输送，但是在工业充填应用中不可接受，属可泵性差的一类充填料浆。

（2）物料不离析。如果充填料浆在输送中产生离析现象，就会引起管道堵塞事故。因此，必须对充填材料进行常压和高压下的泌水试验，以选择稳定性良好的配比。特别是含粗集料的膏体充填料，如果管内料浆产生离析，则粗集会形成相互接触状态，因而产生很大的摩擦阻力。若集料聚集在弯管处，将容易堵塞管道。所以必须保证充填料的稳定性好，使结构流充填料在较长时间内中断输送也不产生离析沉淀。

（3）物料性态稳定。输送过程中，充填料的性态不能发生大的变化。尤其是充填料的坍落度、强度、泌水性等特性不应产生大的变化。如果输送过程中因集料吸水使充填料浆的坍落度下降，将会导致堵塞管道。

（4）充填料坍落度。充填料浆的流动性能用坍落度来表征最为直观。坍落度的力学含义是料浆因自重而坍落，又因内部阻力而停止的最终形态量。它的大小直接反映了料浆的流动性特征与流动阻力的大小。往往需要通过料浆坍落度试验测定全尾砂胶结充填料浆的流动性，并辅以观察料浆的流动状态。一般地，全尾砂胶结充填料浆的坍落度大于 22cm 时，流动性好可实现较理想的自流输送，但坍落度下降到 18～20cm 时仍能满足自流输送。

料浆坍落度随着浓度的增加而降低，当浓度增加到一定值后，坍落度急剧降低（图5-16）。对于不同粒度组成及不同物理力学特性的料浆，可实现自流输送的浓度不同。如凡口铅锌矿的 F3 全尾砂试样的可自流输送的料浆质量分数为 70%；而 F4 全尾砂试样的可自流输送的料浆质量分数可达到 77%。

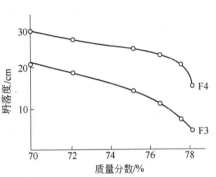

图 5-16　全尾砂胶结料浆坍落度与
质量分数关系

可泵送的充填物料的坍落度可在一个较大的范围内变化。但当坍落度过小则所需泵送压力很大。实验发现，全尾砂加碎石组成的充填料的坍落度为 6～8cm 时，充填料断面呈垂直截面，阻力损失过高；并且，充填料中的碎石料会在半径小的弯管处因速度的改变而集聚堵塞。不同物料组成的充填料适合泵送的坍落度为：全尾砂膏体 12～20cm；全尾砂加碎石膏体 10～20cm。

充填料的浓度和粒级组成对坍落度影响显著。铜绿山未加水泥的全尾砂水淬渣膏体配料试验结果表明，全尾砂与水淬渣之比为 6:4 和 7:3 时，均可以配制出适合泵送的料浆。针对全尾砂与水淬渣之比为 6:4 的充填物料，各种浓度条件下的料浆坍落度实验结果表明（表5-14），浓度为 85% 时，其坍落度为 26cm，有泌水性，长时间输送存在困难；而浓度为 88% 时，坍落度仅为 8cm，其输送阻力过大。可见，料浆坍落度对料浆浓度的变化十分敏感。因此，在工业生产中必须严格控制充填料的浓度。

表 5-14　全尾砂水淬渣充填料坍落度试验

全尾砂:水淬渣	名　称	浓　度			
		85%	86%	87%	88%
6:4	全尾砂/kg·m⁻³	1198	1231	1266	1302
	水淬渣/kg·m⁻³	798	821	844	868
	水/kg·m⁻³	352	334	315	296
	密度/kg·m⁻³	2348	2386	2425	2466
	坍落度/cm	26	24	16	8

集料的粒级组成与料浆含水率都是影响坍落度的重要因素。一般地，用水量越大坍落度越大，粗集料含量越高坍落度也越大。不同粒度组成及不同物理力学特性的料浆，可实现合理输送的浓度均不同。

在高稠度料浆条件下，即坍落度小于15cm时，其坍落度的变化对屈服应力的影响较大（图 5-17），因而对压力损失的影响也大。因此，合适的料浆坍落度指标也是评价充填料输送阻力最直观的参数。

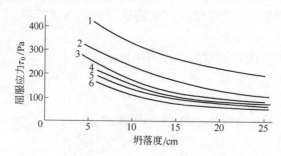

图 5-17　屈服应力与坍落度的关系

1—全尾砂（1:4）；2—全尾砂+碎石（6:4）；3—全尾砂+磨砂（6:4）；4—全尾砂+碎石（5:5）；
5—全尾砂+磨砂（5:5）；6—全尾砂+磨砂（4:6）

当采用全尾砂加碎石作为充填物料时，碎石在输送压力下有吸水特性，充填料将丧失一部分水而使坍落度降低。其降低程度随物料性质、管道长度，泵压等因素有关。因此，在确定充填料的坍落度时应考虑这一因素。

5.4　全尾砂胶结充填

浮选全尾砂不符合建立在非均质浆体管道输送理论与建筑混凝土材料理论基础上的充填要求，因而不能被用作充填材料。然而，均质浆体的结构流输送理论，以及物理化学和胶体化学原理为全尾砂胶结充填技术的发展奠定了新的理论基础。当充填料浓度提高到一定值，也即临界浓度时，料浆从非均质转变为均质浆体。根据浆体输送理论，获得均质或似均质结构流体最有效的方法是采用细颗粒物料。因此，这为采用细磨浮选全尾砂制备高质量的胶结充填料奠定了输送理论基础。物理化学理论认为，当物质以固态存在时，物料的物理化学作用速度与其表面积成正比，而随着物料的磨细其表面积急速地增加。因此，在物理化学理论和结构流浆体输送理论基础上，产生了新的充填理论，促进了全尾砂胶结充填工艺与技术的发展。在全尾砂胶结充填理论的支持下，随着高浓度尾砂充填技术和活化搅拌技术的发展，使全尾砂充填方式逐步得到发展和应用。苏联阿奇塞多金属公司于1980年率先在格鲁博基矿试验了高浓度全尾砂胶结充填。国内则于1990年由长沙矿山研究院与凡口铅锌矿合作开展了高浓度全尾砂胶结充填工艺的试验研究，并通过十余年的持续研究，进入21世纪以来，在国内20多座金属矿山推广应用。

5.4.1　充填料强度理论

5.4.1.1　胶结机理

全尾砂和水泥等固体物料加水形成的混合料浆，存在有大量的胶体颗粒，属于一种具有触变性质的分散系。在相对静止状态下，混合料浆呈固态性质。当外力作用使料浆颗粒间的内聚力将减小，丧失其赖以组成整体介质的水膜，固体分散体系被液化成具有流动性的溶胶状态，混合料浆中的固体颗粒作激烈的伪布朗运动，使胶结微粒分布均匀。与此同时，当胶结微粒相互碰撞时，又会从颗粒表面剥落一些水化产物和结晶物，从而露出新的表面层并继续产生新的水化作用，从而促使水化过程加强，使水化反应完全。

针对全尾砂进行的胶结充填料浇注试验结果表明，高浓度全尾砂胶结充填料的胶结机理与分级尾砂的胶结机理完全不同。全尾砂胶结机理包括以下三个主要过程：

（1）沉缩。由于颗粒细、浓度高、料浆稳定性好，充入采场后没有粗细颗粒的相对运动，只是就地沉降。

（2）水泥水化胶凝。水泥颗粒均化分散在全尾砂充填料中，与水发生反应起到胶凝作用。

（3）泌水密实。在缓慢的泌水过程中，部分水逐渐被析出后，充填料颗粒间的密实度提高。

这三个过程决定了高浓度全尾砂胶结充填体具有以下三个重要特点：

（1）充填体内粒级分布均匀，水泥分布也均匀，没有粗细颗粒的分层现象，因而充填体的整体性好，稳定性高。

（2）由于胶结充填料在胶结过程中具有泌水性，大部分多余水被析出，不会存于充填料中使充填料长时间处于流体状态。

（3）多余水被逐渐析出，所以不存在水泥流失问题。

5.4.1.2 强度因素

全尾砂胶结充填料的胶结强度取决于胶凝材料的用量、料浆浓度、全尾砂的粒级组成和添加剂等因素。其中水泥的用量和料浆浓度起主要作用，搅拌工艺则具有关键作用。一般来说，因为全尾砂的物料粒度细，其表面积大，因而消耗的水泥量多，或者在相同水泥耗量的条件下，其强度低。

A　胶凝材料

（1）水泥胶凝料。全尾砂胶结充填料与废石胶结充填料的强度原理一样，当充填料中的水泥用量大，其强度必然高。在同等力学强度下，全尾砂胶结充填料中的水泥耗量比废石胶结充填料更高。因此，水泥的添加量更是构成充填成本的主要因素，工程应用中必须通过试验来确定水泥的合理添加量，以保证既满足工艺要求，又能使充填成本最低。

（2）矿渣胶凝料。矿山尾砂料中往往含有硫化矿物，硫化矿物的氧化会产生硫酸盐，硫酸盐的侵蚀可导致胶结充填料强度的损失。矿渣胶结料水化所生成的硅酸钙凝胶较多，浆体密实性好，从而抗硫酸盐侵蚀性好。长沙矿山研究院对此开展了一系列的试验研究，发现矿渣分级尾砂胶结料比水泥分级尾砂胶结料、水泥矿渣分级尾砂胶结料的试块的抗压强度大幅度提高；矿渣全尾砂胶结料比水泥全尾砂胶结料试块强度有大幅提高。这一系列的试验结果表明了矿渣胶结料与尾砂（分级尾砂和全尾砂）的结合能力强，尤其是与高含硫尾砂物料结合，较普通硅酸盐水泥具有更好的胶结能力。因此，在矿山充填中，矿渣胶结料是一种比水泥更为理想的胶结料替代品，并且全部替代水泥优于部分代替。

B　料浆浓度

全尾砂胶结充填料浆需要通过管道进行水力输送，要求有足够的流动性。同时为了确保充填料浆在充填到采场后不出现分级、离析现象，在保有良好的流动特性的前提下，又要求充填料浆质量浓度高。一般地，全尾砂充填料浆的水灰比在 1.0 左右，与混凝土学中的饱和水灰比还有一定的距离。所以，提高全尾砂料浆的浓度，可以提高其力学强度（表 5 - 15）。原则上是在输送工艺可行的情况下，全尾砂充填料浆的浓度越大，对充填料的力学强度提高越有利。实际工业应用中一般以充填系统的最佳制备与输送浓度参数为依据尽量提高料浆浓度。

表 5 - 15   南京铅锌矿全尾砂胶结充填料试块强度

试块编号	质量分数 /%	坍落度 /cm	灰砂比	试块体重 /$g \cdot cm^{-3}$	试块单轴抗压强度/MPa		
					3d	7d	28d
1	78.28	15.5	1:8	2.03	0.59	1.11	3.89
2	77.20	20.5	1:8	1.99	0.52	1.18	3.77
3	75.56	22.8	1:8	1.97	0.44	0.83	2.85
4	75.91	21	1:12	2.05	0.20	0.45	1.67
5	73.6	23	1:12	1.97	0.19	0.39	1.23
6	71.49	24.5	1:12	1.93	0.19	0.35	0.78
7	74.62	21	1:12	2.01	0.18	0.37	0.99
8	74.62	23.5	1:12	2.02	0.18	0.41	0.99

注：8 号配方添加木钙减水剂。

南京铅锌矿全尾砂胶结充填料试块强度试验结果（表 5 - 15）表明，当浓度为 75% ~ 78%、灰砂比为 1:8、水泥消耗为 160 ~ 180kg/m^3 时，试块 3d、7d、28d 单轴抗压强度可分别达 0.4 ~ 0.6MPa、0.8 ~ 1.1MPa、2.8 ~ 3.9MPa；浓度为 71.5% ~ 75.9%、灰砂比为 1:12、水泥消耗为 120kg/m^3 左右时，试块 3d、7d、28d 抗压强度可分别达 0.18 ~ 0.19MPa、0.35 ~ 0.41MPa、0.78 ~ 1.23MPa，分别是 68% 低浓度条件下试块抗压强度的 3 ~ 5 倍。

C   粒度组成

（1）全尾砂的细泥影响。全尾砂中的细泥含量较高，与分级粗尾砂相比，在相同高浓度条件下，达到同一强度所需的水泥耗量增加约 30% ~ 40%。如采用金川有色金属公司尾砂库的自然分级粗尾砂作为胶结充填料，当质量浓度为 70% 时，水泥耗量为 180kg/m^3，28d 的抗压强度为 2.3MPa；而全尾砂胶结料浆在相同浓度下达到相同强度的水泥耗量为 250kg/m^3。若使全尾砂胶结料 28d 强度达到 2.3MPa，水泥耗量降低到 180kg/m^3，则全尾砂胶结料的质量浓度必须达到 75% ~ 76%；若使全尾砂胶结料的抗压强度达到 4MPa 以上，则水泥耗量需要 300kg/m^3 以上。

（2）添加粗集料的影响。全尾砂中加入部分粗集料，使粗细颗粒相搭配，细粒料填充粗粒料的孔隙，能明显提高充填料密实度，从而可提高充填体的力学强度，或在相同强度要求下降低水泥耗量。添加粗集料的类型与比例，对于强度指标也将有较明显的相关度。在金川镍矿的全尾砂中加入 50% 的碎石后，试块抗压强度达到 4MPa 的水泥耗量可以降低到 150 ~ 180kg/m^3（图 5 - 18）；加入 40% 的碎石，其抗压强度明显低于加入 50% 碎石的充填料；而加入 50% 的棒磨砂（-3mm），强度达到 4MPa 的水泥耗量只能降低到 180 ~ 200kg/m^3。

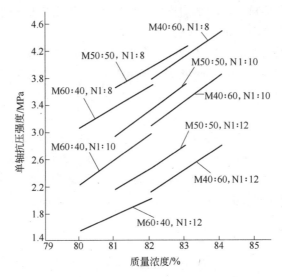

图5-18 金川镍矿全尾砂碎石胶结料试块单轴抗压强度

M—全尾砂:碎石；N—灰砂比

D 添加剂因素

用于全尾砂胶结充填料的添加剂主要有早强剂、减水剂以及粉煤灰等。

（1）早强剂的作用机理是与水泥矿物成分发生化学反应，加快水泥的水化反应速度和硬化速度。

（2）减水剂多数为表面活性剂，吸附于水泥颗粒表面使颗粒带电。颗粒间由于带相同电荷而相互排斥，使水泥颗粒被分散，从而释放颗粒间多余的水，达到减水目的。另外，加入减水剂，在水泥表面形成吸附膜，影响水泥水化速度，使水泥晶体生长更完善，网络结构更为密实，从而提高水泥石的强度及密实性。充填料中掺入水泥量0.2%~0.5%的普通减水剂，在保持和易性不变的情况下，能减水8%~20%，提高强度10%~30%。如掺入水泥质量0.5%~1.5%的高效减水剂，能减水15%~25%，提高强度20%~50%。在保持水灰比不变的条件下，能使充填料的坍落度增加50~100mm。

在充填料的制备过程中使用外加剂时，外加剂应符合混凝土外加剂的国家标准（GB 8076—87）。在选择外加剂的类型和确定其掺量时，应参照该标准进行对比试验，以满足充填材料和充填工艺要求。通常情况下，普通减水剂的适宜掺量为水泥质量的0.2%~0.3%，不得大于0.5%；高效减水剂的适宜掺量为水泥质量的0.5%~1.0%。

（3）掺有粉煤灰的胶结充填料的水化作用机理表明，粉煤灰在初期阶段（14d以前）几乎不发生作用；其主要作用是提高充填体的后期强度。因此，掺入粉煤灰适合于对早期强度要求不高的嗣后胶结充填。

国内外在利用粉煤灰代替部分水泥作为充填料胶凝剂方面做了大量的试验与研究工作，矿山充填的工业应用也积累了经验。研究与应用均表明，在充填材料中掺入粉煤灰后可以提高胶结充填体强度，或可以用粉煤灰代替部分水泥用量。研究表明，在相同灰料比条件下，灰砂比为1:6的水泥全尾砂胶结料与水泥、粉煤灰、全尾砂为1:1:5的胶结料相比较，以及灰砂比为1:8的水泥全尾砂胶结料与水泥:粉煤灰:全尾砂为1:2:6的胶结料相比较，添加粉煤灰的充填料试块的平均抗压强度比不加粉煤灰的强度高，并且粉煤灰的主要作用体现在能大幅度提高充填体后期强度。

粉煤灰对于提高胶结充填体强度有一个合理掺量。研究表明，在全尾砂胶结料浆中的合理掺量是水泥量的45%。若高于此掺量，充填体的早期强度有下降趋势。在棒磨砂料浆中的合理掺量为60%~80%；在粗集料充填料中的合理掺量为150%~200%。

关于粉煤灰的合理掺量可作如下解释：在全尾砂胶结充填料浆中，水泥水化反应提供的Ca(OH)₂能与水泥用量45%的粉煤灰发生反应，可提高胶结强度；如果粉煤灰的掺量继续增加，反而需要水泥去胶结粉煤灰，导致强度下降。在棒磨砂和粗集料胶结充填体中，粉煤灰的掺量之所以可以加大，是因为超过水泥量45%的粉煤灰起优化集料级配的作用。但是当粉煤灰的掺量再继续增大时，充填体强度也会下降，其原理与全尾砂胶结料浆相同。

5.4.2 自流充填

全尾砂胶结料自流充填是借助矿山充填系统的高差造成的料浆压差输送充填料的充填方式。其输送动力为充填料的自重，因而不需要加压装备和能耗，系统投资与输送成本低。但由于输送动力受系统高差的制约，输送距离有限。在高浓度条件下的输送阻力较大，自流输送倍线较小。当开采深度较小，或要求的充填料浓度较高，其水平输送距离会很短。因此，自流输送一般在充填系统服务范围较小或开采深度较大的条件下采用。在自流输送全尾砂充填料条件下，为了提高充填料浆的输送浓度或增大自流输送距离，在充填工艺中可通过添加减水剂实现。

5.4.2.1 系统组成

高浓度全尾砂胶结充填系统由脱水子系统、搅拌子系统和输送管路子系统三部分组成（图5-19）。脱水子系统将选矿厂排出的低浓度浮选尾矿浆中的大部分水量脱出，获得含水量满足结构流输送要求及最佳力学指标与经济目标的高浓度产品，并要求脱水过程中溢流排出的尾砂量小于5%。搅拌子系统需要将全尾砂胶结充填料浆充分活化和流态化，一般采用两段搅拌，并通过高速强力搅拌有效提高全尾砂充填料的活性与流动性。输送子系统包括地面管道系统与井下管道系统，在深井高压头低倍线充填条件下还包括卸压管网。

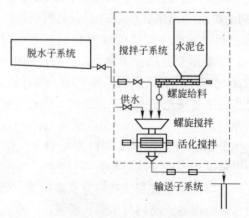

图5-19 全尾砂自流胶结充填系统基本组成

5.4.2.2 输送参数

A 输送浓度

料浆输送浓度是全尾砂胶结充填工艺设计过程中需要确定的重要参数。一般希望胶结充填料以最高的浓度满足高强度的要求，实现最少水泥消耗量的目标。但充填料浓度越高，其流动性越差，特别是当采用自流输送方式时，充填料浓度受到限制。因此，全尾砂充填料的浓度主要取决于充填料的输送工艺。充填料浆的特性试验研究，其首要目的就是要确定全尾砂充填料浆在输送工艺条件下能达到的最大输送浓度。

因此，一般根据采矿工艺对胶结充填体强度的要求，通过强度试验与研究确定充填料浆的下限浓度；通过料浆特性的试验研究确定最大输送浓度。如根据凡口矿全尾砂胶结充填料的试块强度试验研究，全尾砂胶结充填料强度达到 2MPa 的下限浓度为 70%；根据最大沉降浓度和坍落度的试验研究，全尾砂胶结充填料的最大输送浓度为 72% ~ 77%。

B 管径

高浓度全尾砂胶结充填料输送管径 $D(\text{m})$ 主要根据所要求的输送能力和所选定的料浆输送流速确定，可按式（5 - 12）计算：

$$D = \sqrt{\frac{4Q}{3600\pi v}} \qquad (5-12)$$

式中，Q 为输送能力，m^3/h；v 为料浆输送流速，m/s，对于以自流方式输送充填料，根据输送能力和实际输送倍线确定。

C 料浆输送流速

对于全尾砂胶结料，由于颗粒细而且浓度高，呈伪均质流，料浆稳定性好，即使在 0.1m/s 的低速条件下也不沉淀，可以选择低流速下输送，以降低输送阻力，节省能耗。对于自流输送的充填料浆，输送流速 v 取决于充填能力和所选用的管径，可按式（5 - 13）计算。

$$v = \frac{4Q}{3600\pi D^2} \qquad (5-13)$$

D 压力损失

在工业应用中通过管道输送高浓度全尾砂充填料浆，按照宾汉流体的流变参数特征确定料浆的压力损失。

当料浆流速低于临界流速进入结构流状态后，浆体压力损失与管壁处切应力 τ_w 的关系式为：

$$i = \frac{4\tau_w}{D} \qquad (5-14)$$

压力损失 i 与流变参数的关系式为：

$$i = \frac{4}{D}\left(\frac{4}{3}\tau_0 + \frac{8v}{D}\mu_B\right) \qquad (5-15)$$

流变参数 τ_0、μ_B 可通过水平环管测定法或倾斜管道测定法的相关试验获得。

根据不同料浆浓度条件下试验所得的 τ_0 和 μ_B 值，利用式（5 - 15）可计算相应料浆浓度条件下不同管径和流速的压力损失 i。这时，对于确定的管径，压力损失 i 就与流速 v 有了线性对应关系。

经采用管径为 117mm 的环管试验装置测定凡口矿 F4 全尾砂料浆的压力损失，然后将料浆转入流变参数测定装置测定相应的流变参数，再根据所测定的流变参数按式（5-15）计算压力损失，并与实测值进行比较后，表明在确定的流速范围内（1.1~1.8m/s），这种计算方法的误差小于 6.23%。在流速 $v < 2m/s$ 的范围内，计算值偏高；当 $v = 1.1m/s$ 时，计算值误差为 +6.23%；$v = 1.8m/s$ 时，误差为 0。

因此，应用式（5-15）计算的压力损失可供设计使用。当然，计算压力损失也需要通过实验获得流变参数，只不过倾斜管道法测定流变参数较为简便。通过倾斜管道法测定流变参数，然后采用式（5-15）计算的压力损失，是获取压力损失的一种经济实用的方法。但是在具有环管实验的条件下，则直接测定压力损失更为合适。

E　输送倍线

利用自然压头自流输送全尾砂充填料时，由于不能通过外压调整输送距离，料浆的输送特性必须保证充填料借助自重流入采场，才能满足工业应用的要求。因此，引入输送倍线参数来描述料浆的这种特性。

所谓输送倍线 N 是料浆输送管道系统的管道总长度 L 与管道系统入口至出口之间垂直高差 H 之比，即：

$$N = \frac{L}{H} \qquad (5-16)$$

自流输送的条件是依靠料浆所产生的自然压头能够克服管道系统中料浆的阻力。则克服料浆阻力损失所需的料浆自重压头必须大于料浆的阻力，才能实现有效输送。在工程设计和工业应用中，若输送管路弯管少，可不考虑局部损失和负压影响，则系统自流输送的条件可简化为：

$$N < \frac{\gamma}{i} \qquad (5-17)$$

式中，γ 为料浆的比重，N/m^3；i 为料浆的压力损失，Pa/m。

式（5-17）中的 $\frac{\gamma}{i}$ 为充填料浆的固有属性，由料浆的特性参数确定。对于输送特性参数一定的料浆，$\frac{\gamma}{i}$ 也是充填系统实现自流输送的极限输送倍线，只有当系统的输送倍线小于该值才顺利地实现自流输送。

以上的讨论做了简化处理，即无弯管局部损失、垂直管道为满管料浆。但当管道系统较复杂，存在较多的弯管时，其局部损失不可忽略，应在管道阻力损失中考虑弯管的局部损失。因此，系统实际的可输送倍线比 $\frac{\gamma}{i}$ 要小得多，设计时必须考虑到这一因素。

输送倍线既表征了料浆在管道系统内借助自重能自流输送的水平距离，同时又表征了管道系统的工程特征，包括管线变向（弯管）、垂直管线与水平管线长度等特征。因此，输送倍线实质上是受料浆特性与管道系统影响的一个综合参数，表征了充填料浆与充填系统的综合特征。由于每个充填系统的管路布置都不相同，则这个参数对充填料浆输送系统的工程设计与生产管理至关重要。

由于高浓度条件下的自流输送倍线较小，对于垂直高差较小的充填系统，其自流输送浓度不能太高，或在较高浓度条件下的水平输送距离较小。为了提高料浆的输送浓度或增大自流输送的水平距离，在充填工艺中可通过添加减水剂实现。

关于减水剂的作用原理可作如下描述：水泥全尾砂胶结充填料在加水搅拌后会产生一些絮凝状结构，在这些絮凝状结构中包裹着拌和水，从而降低了浆料的和易性与管输性；掺入具有表面活性的减水剂后，其憎水基团定向吸附于水泥颗粒表面，而亲水基团指向水溶液构成单分子或多分子吸附膜，使水泥胶粒表面上的同性电荷在排斥力的作用下，不但能使水泥－水体系处于相对稳定的悬浮状态，而且促使水泥在加水初期所形成的絮凝状结构分散解体，将絮凝状凝聚体内的游离水释放出来，达到减水的目的。另外，具有表面活性的减水剂离解后的亲水基团定向吸附于水泥颗粒表面，很容易和水分子以氢键形式缔合起来。这种氢键缔合作用力远远大于该分子与水泥颗粒间的分子引力。水泥颗粒吸附足够表面活性剂后，借助氢键缔合作用使水泥颗粒表面形成一层稳定的溶剂化水膜。这层水膜阻止了水泥颗粒间的直接接触，可在颗粒间起润滑作用。因此，减水剂还能起到降低输送阻力的作用。

5.4.3　膏体泵送充填

膏体泵送充填是通过柱塞泵输送典型结构流充填料浆的充填方式。充填料浆浓度在似结构流态基础上进一步提高，则料浆成为稠状膏体。膏体充填料的形成需要相当数量的超细粒级物料，才能使其在高稠度下获得良好的稳定性和可输性，达到不沉淀、不离析、不脱水以及管壁润滑层的特性。这使得全尾砂的充填应用具有更好的工艺基础，而且超细粒级全尾砂物料（尾泥）的固有缺点，可以在膏体充填料浆的输送工艺中转化为技术经济上的优越性。

输送泵是膏体泵压输送工艺不可缺少的关键设备，是泵送充填系统的核心。在泵压输送工艺中，根据充填料浆的输送参数，可以通过合理选择充填泵类型和泵压参数，将料浆输送到需要充填的采场。在充填料输送管线太长的条件下，可以在井下设置接力泵站。进行泵压充填输送工艺设计的核心，是让充填泵与充填料浆的特性相匹配。

矿山膏体充填泵是在建筑工程混凝土泵的基础上发展起来的。最初由德国混凝土泵制造商 Putzmeister 公司与 Preussag 公司合作，结合 Grund 铅锌矿的泵送充填系统研制成功。德国拥有一批世界著名的混凝土设备制造公司，如 Putzmeister 公司、Schwing 公司、Scheele 公司、Stetter 公司等。Putzmeister 公司和 Schwing 公司的矿用充填泵已在国内矿山使用。

矿山充填站服务时间较长，位置固定，适合于采用固定式泵，一般不宜选用移动式双活塞泵。移动式泵的维护检修不如固定式的方便，在物料的制备过程中，泵与搅拌机的配合及设备配置也不如固定式方便。另外在相同的输送量条件下，移动式泵的缸体短、直径小、频率快，其活塞、缸体及转向管阀的寿命较固定式短，不适合于矿山充填的长时间连续工作。

选择充填泵的主要因素是充填工艺所要求的输送能力和膏体料浆的输送特性参数。对于某一泵型，输送料浆的能力由料浆输送特性确定，实际输送能力一般比理论值小 5% ~ 10%。简单地说，充填泵的选择过程就是在满足矿山充填能力的条件下，让充填料浆的输送特性与输送泵的各项技术参数指标达到最优匹配。

对充填泵选型起决定性作用的料浆输送参数是料浆的压力损失，它决定泵的输送压力和输送能力是否满足矿山充填工艺的要求。由于充填料流变特性的不同，泵送时的管道阻力损失相差很大，选择充填泵时应取得较可靠的管道压力损失参数值。

在获得料浆的相关特性参数值后，可参考经验公式（5-18）确定充填系统所需的最小压力，作为选择泵压的依据。

$$p = \lambda_1 + \lambda_2(L + B) + 0.1\gamma(H - G) \qquad (5-18)$$

式中，p 为泵所需压力，MPa；λ_1 为泵启动所需压力，如对于 KOS 泵可取 2MPa；λ_2 为水平管每米管道阻力损失，MPa/m；L 为全系统管线长度，m；B 为全部弯管等管件折合水平管线长度，m；γ 为膏体重度，N/cm³；H 为向上泵送的高度，m；G 为向下泵送的高度，m。

在工业应用中，选择泵的压力时应留有一定的余地，以适应充填系统和物料特性的波动变化。确定泵的输送能力时，应将理论输送量乘以 0.8~0.85 的系数，同时还应注意这是所要求的工作压力下的输送量，而不能选取最低压力下的输送量。

当矿山生产过程中充填站服务范围发生较大变化，充填系统原有泵压不能满足矿山充填要求时，可以在原系统的基础上于井下增加泵站实现增压（图5-20），而不需要重建系统。

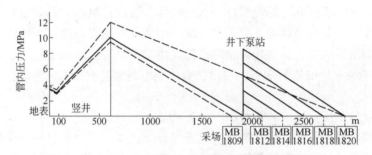

图5-20　Grund 泵送系统井下增压后的输送压力变化

目前膏体泵送充填工艺已在国内外众多矿山应用。20 世纪 90 年代在金川二矿建成了国内第一套膏体泵送充填系统（图5-21）；相继又在铜绿山铜矿建成膏体泵送充填系统，并投入生产应用。

5.4.4　闭路增压输送

5.4.4.1　闭路增压输送的特点

在自流输送条件下，高浓度充填料自流输送范围有限。为了扩大输送距离，在井下施加外力增压，是一种有效地利用充填料的自重压头实施长距离输送的技术方案。在长距离输送条件下，闭路增压输送具有投资少、成本低、系统和工艺简单可靠的特点。

井下闭路增压输送的技术方案，是在充填管线的井下适当位置安装无阀增压泵，通过新增压力将充填料输送到更远的距离。该增压方式与地面泵压方式相比的不同之处，在于有效地利用了充填系统的料浆自重压头；与自流输送相比的不同之处，是在自重压头被消耗后获得新增外部压力，将充填料输送到更远的采场。

5.4.4.2　井下增压输送泵

针对井下闭路增压输送工艺，长沙矿山研究院开发了一种井下增压泵专利产品，该增

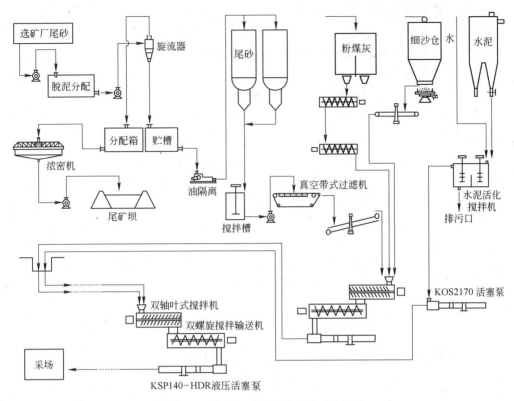

图 5-21 金川二矿区泵送充填工艺流程

压泵主要由三通、输送缸、活塞和动力执行部分组成。该装置采用曲柄连杆结构，由电动机带动减速箱，减速箱输送轴与曲柄连杆相连，进而带动活塞作往复运动（图 5-22）。

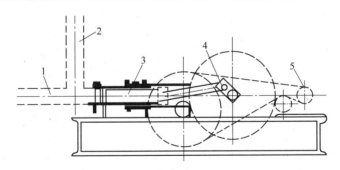

图 5-22 闭路增压输送原理

1—水平管道（出口管）；2—垂直管道（入口管）；3—活塞；4—曲柄连杆机构；5—电动机

在输送料浆的过程中，活塞在输送缸内作来回往复运动。当活塞回拉时，输送缸内将产生一定的空腔，入口管道内的充填料浆在管道内料浆自重作用下，加速向低压方向移动，以填充输送缸的空腔。当活塞推压时，活塞将输送缸内的充填料浆推出。这时料浆在压力作用下有两种运动趋势：其一是流入出口管道，使出口管道内料浆加速向采场方向移动，从而流入采空区；其二是流入入口管道，使入口管道内的料浆加速向受料漏斗方向移动。

增压输送泵采用液压驱动，由一台电动机带动主油泵，另一台电动机带动辅助油泵。主油泵采用恒功率泵，对主油缸提供压力油，其输出功率直接用于对充填料浆增压。辅泵主要控制换向阀和对润滑系统提供动力，在更换充填料浆输送活塞时，也向主油缸提供压力油。充填料输送缸是整个增压输送泵的关键部件。考虑到增压输送泵在工业充填系统中实际应用的可能性，故采用技术上较成熟的活塞式结构。在设计中对输送缸活塞密封方式、密封件材料做了特殊设计，保证其工作可靠性和耐用性。

活塞式混凝土泵均具有分配阀，而且是一个关键部件，是混凝土泵的心脏，它直接影响到混凝土泵的使用性能。但是在工业应用过程中，混凝土泵的分配阀极易磨损，需要频繁更换，是混凝土泵运营费用高的一个重要因素。在矿山充填过程中还容易发生故障。增压泵结构中省去了传统混凝土泵中的吸入阀和排出阀，以及操纵吸入阀和排出阀的连杆。因此，增压泵与已有混凝土泵相比，具有结构极为简单、易损件极少、无分配阀等优点。

5.4.4.3 增压泵位置的确定

由于增压泵取消了分配阀，料浆的流向需要借助充填料的自然压头进行控制，故合理确定增压输送泵的安装位置至关重要。一般地应满足以下两个原则：一是在活塞回拉过程中，入口管道内料浆在自重作用下达到足够大的移动速度，以填满输送缸的有效空腔；二是在活塞推压过程中，输送缸内的料浆只流向出口管道，使出口管道内的料浆加速向采场流动。

根据室内增压输送模拟实验表明，对于不同的输送倍线，不同的充填物料和料浆浓度，增压输送泵的合理安装位置均不一样。在工业应用中，一般可以根据充填工艺和井下工业场地的要求，初步选择增压泵在充填管线的安装位置，然后用上述两项原则验算输送装置安装在这些位置能否满足要求。

A 原则一校验

当活塞由推压变为回拉时，入口管道内的充填料浆在垂直管道料浆自重作用下加速向三通方向移动，以至充填输送缸空腔，而出口管道内料浆由于没有推力，其速度减至零。

假定料浆为不可压缩体，在活塞回拉过程中，入口管道内料浆在自重作用下加速流动。如果料浆在结构流状况下流动，按照宾汉流体进行计算，对入口管道内料浆进行受力分析并整理后有：

$$v = \left(\rho g H - \frac{16}{3D}\tau_0 L_1\right)\frac{D^2}{32\mu_\beta L_1} + Ce^{-At} \tag{5-19}$$

$$S = \left(\rho g H - \frac{16}{3D}\tau_0 L_1\right)\frac{D^2 t}{32\mu_\beta L_1} - \frac{Ce^{-At}}{A} + \frac{C}{A} \tag{5-20}$$

式中，v 为入口管道内浆体流速，m/s；ρ 为浆料密度，kg/m³；g 为重力加速度，m/s²；H 为入口管道的垂直管道总长，m；D 为管道直径，m；τ_0 为浆体的屈服应力，Pa；L_1 为入口管道总长，m；μ_β 为塑性黏度，Pa·s；C 为待定常数；t 为入口管道内浆体流动时间，s；S 为时间 t 内入口管道中浆体流动的距离，m。

将条件 $t=0$ 时，$v=0$ 代入式（5-19）可求出：$A = \dfrac{32\mu_\beta}{\rho D^2}$。

由式（5-20）可计算一定时间内料浆的流动距离。根据缸体参数也就可以确定料浆填满输送缸所需时间。

满足原则一的条件：要求在活塞回拉时间内，入口管道内的料浆能填满输送缸的有效容积。

B 原则二校验

当活塞由回拉变为推压时，输送缸内的压强将突增至一个很大值。这时，一方面入口管道内料浆将减速运行直至速度为零；另一方面，出口管道内料浆由于推压而加速向采场出口方向移动。当入口管道内料浆速度降为零时，出口管道内料浆极可能已加速至一个稳定值。因此，只验算当出口管道内料浆达到稳定流速值时，入口管道内料浆是否向上移动。

对入口管道内料浆进行受力分析，只有增压泵产生的出口推压力 p（Pa）满足式（5-21），入口管道内料浆才会向上移动。

$$p \geqslant \rho g H - \frac{16}{3D}\tau_0 L_1 \qquad (5-21)$$

充填料浆在结构流状态下输送时，若出口管道内料浆达到稳定流速，那么为克服流动阻力，要求增压泵提供的出口推压力 p 满足式（5-22）：

$$p = \left(\frac{16}{3D}\tau_0 + \frac{32}{D^2}V\mu_\beta\right)L_2 \qquad (5-22)$$

式中，L_2 为出口管道总长，m。

满足原则二的条件：由式（5-22）确定的输送压力小于增压泵的正常输出压力，且不满足式（5-21）。

在铜绿山铜矿井下闭路增压输送系统中，按照流变力学参数进行的分析计算，增压输送泵的合理安设位置在充填倍线的 2～2.5 处。考虑到铜绿山全尾砂料浆输送浓度为 72%～74%，增压输送泵的回拉和推压时间可以通过调节节流阀作一定的调整，其安装位置可以结合现场实际工程情况，在充填倍线 2～3 之间选择。故取增压输送所服务的充填区域的中线引线处安装增压输送泵。

5.5 废石胶结充填

胶结充填体作为岩体工程中的填料，其主要作用是整体承载或在爆破冲击作用下保持自立稳定，其服务时间短，且允许有局部损伤。因而所要求的强度值较低，且对其均质性要求不是十分严格，仅注重于整体承载能力。但矿山以盈利为目的，而矿山充填体的用量大，对成本因素很敏感。因此，胶结充填体的基本原则是在满足采矿工艺要求的条件下使制造成本最低。另外，由于受采矿工艺和制造成本的制约，胶结充填技术及其工艺呈现出多样化的特点，主要表现为：

（1）充填体的目的主要是满足采矿工艺的要求，而不同的采矿方法对充填体的作用均有不同要求，因而对充填体力学性能的要求将随着采矿方法的不同而变化多样。

（2）胶结充填体的强度指标远远低于建筑混凝土，但充填料制造成本的控制却比建筑混凝土严格，因而往往因地制宜地选取廉价充填集料，使得集料的种类和配比呈现多样性。

（3）充填集料的多样性导致混合工艺与输送工艺的可选范围大，需结合制造成本、充填体强度指标以及集料性能等多个因素具体确定。

（4）充填体的水泥用量不饱和，且集料级配、充填体强度要求、充填料混合与输送工艺呈多样性，则水泥的单耗量往往不是一个标准量，必须根据这些条件具体确定。因此，一方面胶结充填体的性能要求与混凝土相比简化了，另一方面其制造技术与工艺则更加多样化和复杂化，较难以实现标准化。

废石胶结充填方式是根据矿山充填的应用条件，为满足矿山充填的目标发展起来的。它不但借鉴了混凝土学的基本原理，而且在技术和工艺上具有自身的鲜明特点。其综合特点包括：（1）胶结充填料的配合要求和制造工艺简单，制造成本低；（2）制造技术与工艺具有多样性；（3）需要根据各矿山具体条件进行试验研究后选用合理的充填方式与充填工艺。其技术特点主要体现为：自然级配的废石集料、充填料重力混合、集料与胶结材料分流输送和实现最佳用水量配合等。

5.5.1 充填料配合

废石胶结充填料的主要组分为废石、胶凝材料和水，这三种组分的不同配合将获得不同的力学强度指标。废石胶结充填料配合的基本原则是要求获得成本最低而力学强度高的效果。胶凝材料是影响充填体力学强度的关键组分，同时也是主要的成本因素。胶凝材料用量的基本原则，是在满足强度要求的前提下尽可能降低消耗量。集料的级配和用水量也会影响到充填体的强度指标，尤其是水量对充填体强度的影响非常显著。虽然水的材料成本费相当低，对充填体强度的影响却相当显著。因此，在充填料配合时往往进行重点控制。集料的级配效果好，可以获得好的强度指标。但若需增加配料工序才能达到改善级配效果的目的，则需要综合分析比较方可评价其优越性。

废石集料的配合往往不会十分密实，使胶结充填体内部存在着一些孔隙和许多蜂窝状孔洞，因而它具有一些特殊的物理与力学性能。

（1）收缩性。废石胶结充填体的干燥收缩要比细沙充填体小，而且绝大部分的收缩量在早期完成。这是因为废石胶结充填体中的孔隙大、干燥快。

（2）力学特性。废石胶结充填体的抗压强度比细砂胶结充填体高，但抗拉强度低，而且由于存在大量孔洞，集料之间是点接触，所以它的握裹力也小。

（3）力学参数的统计特征。用于充填的废石料一般为自然级配，其配合不密实。因而，废石胶结充填体力学参数的离散性大，这是一个较大的弱点。为了满足一定的安全度，就不得不增加标号，增加的幅度与离散率有关。

5.5.1.1 废石料强度效应

废石集料是废石胶结充填体的主要组分，其质量比达90%左右。根据混凝土学的观点，在水泥浆体和集料的组合结构中，水泥浆体是分散介质、集料则是分散相。显然集料将构成充填体的骨架，并通过密集效应、构架效应、界面效应和混合效应对充填体的力学强度产生很大的影响。

（1）密集效应。混凝土科学的研究表明，最大的混凝土密度和最小的空隙率可使混凝土获得最好的力学性能。这种级配集料可以使胶结充填体获得最高的力学强度指标。对于非饱和水泥用量的充填体而言，充填体的密度将主要取决于集料的密集效果，而不能依靠水泥浆体填实集料中的空隙以提高密度。就是说，应尽可能按照几何学的原理，使各级分散的集料能相互嵌布形成密实的充填体内部骨架结构。按此原理要求，充填体中的小颗粒应刚好填满大颗粒间的空隙。最好的效果是小颗粒既不过多以至于产生楔塞和支撑作用，使得较大颗粒之间存在间隙或使颗粒分布不均匀；又不过少而使得大颗粒之间的空隙不能被填充满而形成较多的空隙。

（2）构架效应。最大粒级的颗粒将构成充填体的基本骨架。这种刚性骨架的网络作用直接影响到充填体的强度、弹性模量、变形性能、整体性和均匀性，这就是集料的构架效应。显然，若完全由最大级粒径的骨料构成这种基本骨架，则可获得较好的构架效应。过多的颗粒楔塞在这种基本骨架之间，将减弱这种构架效应。

（3）界面效应。集料的表面特性，特别是集料的表面糙度和集料的总表面积，将显著地影响集料和水泥浆体的黏结强度，这就是集料的界面效应。集料的总表面积增大，消耗的水泥将增多，同时也可提高水泥浆体和集料界面的黏结力。但在水泥耗量不增加时，则因表面积增大而使其黏结力减弱，强度降低。因充填体属贫混凝土类型，水泥用量很低，则选用较大平均粒径的集料可以获得较高的力学强度值。因而，其最大粒径一般宜大于35mm。但另一方面，在粒径较大的集料的表面上，容易截留多余水量，这对高标号混凝土是不利的，将会在界面上形成空隙，使黏结力降低。然而对于低标号的充填体，则不利的影响程度减弱。尤其是大采场充填体所要求的主要是其整体承载性能，这种情况下的废石充填集料的最大粒径达到300mm也是允许的。

（4）混合效应。废石胶结充填新工艺往往采用重力混合技术制备充填混合料，因而集料的级配对重力混合效果具有重大的影响。集料中细粒级含量太多，不利于浆料（水泥浆或砂浆）的渗入；集料中细粒级含量太少，则不利于保留浆料。这两种情况均对混合效果不利。有利于混合的集料级配应该是允许浆料有一定的渗入深度，但又不至于使浆料流失。一般地，采用废石水泥浆充填工艺时，因水泥浆的流动性好，渗透力强，故集料的空隙度可相应小一些；采用废石砂浆充填工艺，则要求集料的空隙度较大，以利于砂浆能有效地混入集料之中。

5.5.1.2　级配理论

A　级配原理

废石胶结充填料配合的目标，是以尽可能低的成本费用获得满足采矿工艺要求的最佳力学性能。混凝土配合设计的经典理论，如富勒与保罗米的理想级配理论和魏莫斯的粒子干扰学说，均从物料的粒度和级配出发，以获得最大的密度、最小的空隙率和最大的强度值为目标。因此，废石胶结充填集料的级配，可以借鉴这些经典的混凝土级配理论。

20世纪初，美国学者 W. B. 富勒等经过大量筛分析实验工作，提出了最大密度的理想级配理论，该理论认为混凝土的固体材料和水泥粉料必须连续地按粒度大小有规则地组合排列，并符合以下关系：

$$(P - 7)^2 = \frac{b^2}{a^2}(2a - d^2) \tag{5-23}$$

式中，P 为材料通过筛孔 d 的百分数；a、b 分别为椭圆曲线的横轴和纵轴，视集料种类而定，mm；d 为筛孔径，mm。

富勒后来将式（5-23）改进和简化为抛物线：

$$P = 100 \sqrt{\frac{d}{D}} \tag{5-24}$$

式中，P 为材料通过筛孔 d 的百分数；d 为筛孔径，mm；D 为集料的最大粒径，mm。

瑞士的保罗米则为了体现集料种类的特性和混凝土稠度的不同，又提出了改进型抛物线：

$$P = A + (100 - A) \sqrt{\frac{d}{D}} \qquad (5-25)$$

式中，A 为常数，取决于混凝土的稠度和粗集料的种类，实质上为水泥和细沙部分的百分数。

20 世纪 30 年代，美国的 C. 威莫斯认为，混凝土在拌制过程中，较大粒径的粒际距离会受到较小粒径的干扰。较小粒径的颗粒过多及较小颗粒的楔塞和支撑作用，都能使较大颗粒粒际距增大，使颗粒分布不均匀。因而他认为，最佳的混凝土级配应该是某一级集料的平均粒径加集料周围水泥浆的厚度之和，等于较大一级集料的空隙内径。此时小颗粒刚好填满大颗粒的间隙，而又不发生干扰现象，其密度最大。根据这一假设建立的级配方程为：

$$V_1 = \frac{V}{\sqrt[3]{\dfrac{t+D}{D}}} \qquad (5-26)$$

$$t = D_1 + 2C$$

式中，V_1 为次一级集料的绝对体积，mm^3；V 为较大一级集料的绝对体积，mm^3；t 为较大一级集料的粒际间距，mm；D 为较大一级集料的平均粒径，mm；D_1 为次一级集料的平均粒径，mm；C 为包裹集料的水泥浆体的厚度，mm。

B   级配设计

式（5-23）~ 式（5-26）均是针对混凝土的全粒级提出的级配方程，即包括了水泥粒级。但胶结充填体的水泥含量很低，因而这些级配方程可以作为废石胶结充填料理想的集料级配条件。而式（5-26）中的包裹集料的水泥浆体的厚度 C 可忽略不计。

矿山充填由于受成本的限制，按照理想级配配制集料是不现实的。故矿山充填过程中往往因地制宜地采用一些廉价的但级配效果相对较差的集料，如自然级配的掘进废石料或经破碎后的自然级配废石料。当然，在集料加工成本不增加或增幅不大的条件下，调整破碎流程或经简单筛分，以改善集料级配效果，仍然是废石胶结充填技术方面所致力于研究的主要内容。

对于改善集料级配效果使成本有所增长的情况则存在最优化问题，即在加工集料使成本增加与改善集料级配效果后减少水泥耗量所节省的费用之间存在最优点。当然，还需综合考虑工艺的简易性与复杂性等因素。

所以，作为废石水泥浆胶结充填集料级配设计的一般程序，并不着重于各级集料的配合计算，而在于其配合试验与分析程序。这是与混凝土集料配合设计有很大区别的，也比混凝土集料的配合设计要复杂得多。一般地可按如下程序：

（1）针对不同的破碎流程进行粒级筛分试验。破碎流程包括不经破碎、一段破碎、两段破碎（或三段破碎，较少采用），以及各段之间设或不设筛分工序。不一样的破碎流程当然会对破碎后的废石粒度组成有较大的影响，可根据原材料的硬度和块度特性选择两至三种流程进行试验。

（2）利用不同自然级配的集料进行充填体试块力学性能指标试验，一般情况下可选择单轴抗压强度指标进行试验。试块试验要求各组的用水量和水泥用量相同。

（3）在自然级配的基础上进行掺沙后的试块单轴抗压强度试验。通过这一试验步骤，应寻找出在水泥用量相同的条件下获得最高力学性能指标值的掺沙率，即在自然级配基础上的掺沙率。

（4）结合工艺和充填系统的基建投资进行经济分析和综合分析。最终选取的级配必须使矿山获得最佳经济效益。综合分析应考虑工艺的复杂性和可靠性。掺沙往往必须增加工序，如沙料的取料与加工、贮存、输送和添量控制等，使充填工艺复杂化。而系统越复杂，其可靠性程度相应降低，基建投资和经营成本也会相应增加。

以上四个步骤为一般程序，但若经级配理论分析和类比研究可以得出结论时亦可省去第（3）步。

由于每座矿山的废石条件和工艺条件都存在差异，因而第（4）步最为重要。对于具体的矿山条件来说，需要根据其集料来源通过配合试验和经济分析后方可确定其集料类型及其粒度组成。所以，对于矿山充填，很难采用一种通用的集料级配准则来统一地描述合理的级配所应满足的条件。在服从经济效益最优的总体原则下，不同的矿山原料条件和充填工艺条件下的合理级配可能各不相同。

因此，在应用矿山废石作为充填集料时，存在着多种可选方案。如丰山铜矿经过试验和分析研究后，尽管外加沙可以提高充填体力学强度，但在工业应用中采用无外加沙的自然级配的矿山废石作为充填集料；而诸暨璜山金矿废石充填料中的废石与河沙（尾砂）则按2:1的比例混合。加拿大的基德克里克矿采用最大粒径为150mm的废石作充填料，最优尾砂加入量为5%，在水泥含量不变的前提下，加5%的尾砂比不加尾砂的充填体强度有40%的增长。德国格隆德矿是把粒度为3～30mm的重选废石与粒度为0～0.5mm的浮选尾砂作充填料使用，这两种物料脱水后按1:1的比例混合而成。德国德莱斯赖矿的最大粒径为40mm，集料中不加沙。

采用丰山铜矿的废石料，在最佳用水量条件下，结合水泥用量因素，开展了单轴抗压强度正交试验。对试验结果进行回归分析后获得28d龄期单轴抗压强度的回归公式为：

$$R_{28} = 1.8249 + 0.0210C + 0.0171P - 0.0009P^2 \tag{5-27}$$
$$50 \leq C \leq 100 \qquad 0 \leq P \leq 18$$

式中，R_{28}为28d的试块单轴抗压强度，MPa；C为充填体水泥用量，kg/m³；P为自然级配集料中的掺沙率，%。

式（5-27）表明，在丰山铜矿-40mm自然级配的废石中掺沙，虽能使单轴抗压强度有所提高，但其增值很小。因此，综合考虑到增加掺沙工序将使工艺复杂化，最终采用自然级配的废石料作为充填集料。在生产过程中还尽可能多地采用井下掘进废石作为充填集料。

基德克里克矿采用露天的流纹岩和安山岩破碎到-150mm后作为充填集料。要求-10mm粒级占25%的质量比。但一段破碎后的集料粒级级配并不满足要求，因而对一段破碎后的集料又进行了第二段、第三段闭路破碎。但在深部充填时，因集料经溜井多次倒运溜放，使粒度变细。所以，后期不再进行第二、第三段破碎。基德克里克矿进行掺沙试验的结果表明，在集料中掺入5%的冰河沙，其强度可提高40%。但掺砂量达到30%时，其强度值将会降低到66%。考虑到：掺沙后强度增幅较大；冰河沙在矿山附近可采集到；

冰河沙粒径比尾砂粗、比冲积沙细、平均渗透速度 15cm/h，少掺量调制的水泥浆在输送时不会发生凝固、并可有效地充填到废石颗粒的空隙中。因此，基德克里克矿部分采场的充填过程中，在水泥浆料中掺入 5%的冰河沙。

在上述两例中，丰山铜矿试验料的最大粒径为 40mm，−5mm 的细粒级占 22.7%，级配比较合理，故加沙后使充填体的强度增幅较小。而基矿所用集料粒径更大，其中的空隙较多，故加沙后强度增幅较大。可见，由于矿山充填条件多变，制约因素复杂，在制订集料级配方案时，难以通过简单的理论计算即可确定，而需要结合具体的材料条件和工艺过程，进行试验和技术经济分析。当然矿山所积累的应用经验相当有用，可供借鉴类比。

5.5.1.3　用水量

水是充填料的一种不可缺少的组分，必须由它与水泥（或其他胶结料）混合后制成浆体，才能将松散集料胶结成一个整体。用水量的变化对强度的影响很大。用水量太少，水泥浆不能均匀地包裹在废石表面；用水量太多，水泥浆又会从废石料上滑下，并使浆体中产生空隙而降低胶结强度。所以，存在一个最佳用水量指标。水对胶结体强度的影响还具有一个明显的特点，就是与成本的相关性微小。也就是说合理的用水量可以在不增加成本的条件下使充填体的力学强度提高。因此，采用最佳用水量往往是节约成本的重要因素。

对输送性能有一定要求的胶结充填料，水的作用不仅仅是使胶结料水化，而且必须使充填料满足一定的输送性能。于是，其用水量往往大于获得最大力学强度值所需水量。废石胶结充填一般采用集料与浆料分流输送工艺，对输送性能无特殊要求，用水量的唯一目标是获得最大的胶结强度。因此，对于废石胶结充填工艺来说，最重要的是需要确定可使充填体获得最大力学强度值的最佳用水量。

研究表明，在一定的废石料条件下，对于水泥胶结料，对应一个水泥用量水平，随着水量由小到大的变化，充填体试块单轴抗压强度将有一个从小到大，再从大到小的变化过程（图 5−23）。最佳用水量随水泥用量的增大，在不考虑废石用量的改变引起吸水量的微弱变化时，将构成一条斜直线。不同的废石所具有的吸水能力不一样。显然，以强度为唯一目标的最佳用水量由水泥水化水量和集料吸水量两部分组成，其计算公式可表示为：

$$W = K_c C + K_g G \qquad (5-28)$$

式中，W 为使充填体获得最高强度值的单方用水量，kg/m^3；K_c 为水泥水化系数；C 为水泥用量，kg/m^3；K_g 为集料在全干状态下的饱和吸附水系数；G 为集料用量，kg/m^3。

关于水泥水化系数 K_c，可据国标 GB 177—85 水泥胶砂强度检验方法取 0.44，也可通过实验测定。集料的吸附水系数 K_g 则与集料的物理特性相关。一般地，集料的比表面积越大，其吸附水量越大，需要通过实验才能确定。

在工业应用中，确定最优水量最可靠的方法是针对确定的充填集料，按不同的水泥用量水平进行不同用水量的充填料试块强度试验，做出如图 5−23 所示的最佳用水量曲线。但这种方法的试验工作量大，按式（5−28）计算出的最佳用水量可作为一种重要参考量。式（5−28）中的系数 K_c 对于各类水泥均有标准可循，因而只需要测定集料的饱和吸附水系数 K_g 即可。在不做系列试验时，采用（5−28）计算出最佳用水量后，有选择性地作少量验证试验，也可减少试验工作量。

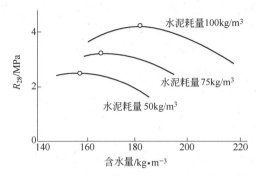

图 5-23　废石胶结充填体强度与用水量关系

值得指出的是，上述用水量均是在集料为全干状态下的用水量，即 K_g 是集料为全干状态下的吸水系数。所以，在实际应用时应考虑到集料自身已有的吸水量。

5.5.1.4　水泥用量

水泥被国内外胶结充填矿山普遍用作胶凝料，其用量是充填料配合设计的核心。水泥用量既是决定充填体强度的关键指标，又是影响充填成本的最重要因素。我国胶结充填成本相对较高，其中主要原因之一就是水泥耗量所占成本比例高达 60% 左右。因此，降低水泥耗量已成为我国胶结充填技术领域的一个主要研究课题。但减少水泥用量后会使强度指标显著降低，这是与工艺目标相反的。所以，合理配合的目标是应该以最低的制造成本使胶结充填体的力学性能满足采矿工艺要求。

为了实现这种合理配合，则需要解决两个主要问题：其一，采矿工艺所要求的最低力学强度值，这是目前矿山岩体力学致力于解决的课题；其二则是充填体所能达到的最高强度指标。充填体的水泥用量计算模型就是要建立抗压强度与相关因素之间的关系，为配合设计提供计算水泥用量的依据。

针对丰山铜矿自然级配废石胶结充填料试块单轴抗压强度，关于水泥用量和掺沙率双因素正交试验结果的相关研究表明，水泥用量与掺沙量对充填料试块强度的影响是独立的，因而可以建立强度与水泥用量之间的关系式（5-29）。

$$\begin{cases} R_3 = 1.2731 - 0.0088C + 0.00015C^2 \\ R_7 = 2.3095 - 0.0153C + 0.00021C^2 \qquad (50 \leqslant C \leqslant 100) \\ R_{28} = 1.875 + 0.021C \end{cases} \qquad (5-29)$$

式中，R_3、R_7、R_{28} 分别为充填料试块 3d、7d 和 28d 单轴抗压强度，MPa；C 为胶结充填料水泥用量，kg/m^3。

5.5.2　废石料输送

废石胶结充填料的输送一直是制约传统充填工艺的主要环节。新工艺通过分流输送很好地解决了这一难题。其中胶结充填料浆体可通过管道输送到井下的任一采场，而废石散体则可采用多种输送方式，包括自溜和多种机械输送方式。另外，传统工艺为了满足输送特性要求，往往需要增大用水量或进行严格的物料组分配合。分流输送工艺对充填料的输送特性没有特殊要求。因而，分流输送的意义不仅仅在于解决了充填料的输送问题，而且为实现最佳用水量配合和简化物料的配合要求奠定了工艺基础。

废石料可以采用成熟的工艺进行输送，这里讨论几种输送方式。结合矿山采矿工艺和装备情况，可选用的输送工艺方式有两段输送和三段输送，一般不采用四段以上的输送流程。其中第一段输送一般均采用自重输送方式。两段输送方式以自重输送结合铲运机输送、带式机输送、无轨运料车输送构成不同的输送流程。三段输送方式以自重输送结合铲运机输送、带式机输送、无轨运料车输送、电机车输送进行组合构成不同的输送流程。

5.5.2.1　两段输送流程

两段输送流程主要有：

（1）自重-铲运机输送。自重-铲运机输送方式是以无轨铲运机输送废石充填混合料的输送方式。废石料借助自重自溜到井下，堆置在充填水平，水泥浆浇淋废石后，由铲运机铲运混合料充入采空区。这一方式简便灵活，适合于充填服务范围在 300m 以内、铲运机单程运距不超过 150m 的开采条件。如国内的丰山铜矿、芬兰彼哈沙米矿和德国的德莱斯赖重晶石矿（图 5-24）所采用的输送方式。

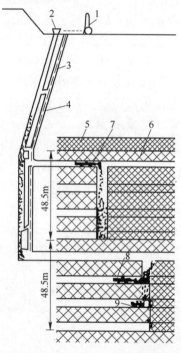

图 5-24　德国德莱斯赖重晶石矿废石胶结充填料输送方式

1—水泥库；2—废石溜井；3—2in 水泥浆管；4—水泥浆输送井；5—充填体；
6—矿体；7—铲运机充填；8—铲运机出矿；9—凿岩台车

（2）自重-带式机输送。自重-带式机输送方式借助自重将废石输送到井下后，由带式输送机直接将废石料输送到采空区，水泥浆或砂浆与废石同时下放到采空区构成废石胶结充填混合料。这一输送方式的充填能力大，充填能力可达 250～350m³/h，适用于阶段大采空区充填，如澳大利亚芒特-艾萨矿（图 5-25）废石料输送系统。

（3）自重-无轨运料车输送。自重-无轨运料车输送方式是以无轨运料车输送废石充填混合料的输送方式。废石料借助自重自溜到井下料仓，水泥浆或砂浆通过管道输送到井下后与废石同时下放到运料车内，再由运料车运送充入采空区。这一方式的输送能力较

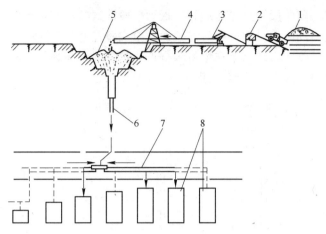

图 5 - 25　澳大利亚芒特 - 艾萨矿废石充填料输送系统

1—露天废石场；2—破碎站；3—筛分机；4—下料输送机；5—废石贮仓；
6—废石溜井；7—井下带式输送机；8—待充采场

小，一般在充填规模和充填范围较小的条件下应用。澳大利亚奥托昆普公司的威斯卡瑞铜矿，在井下掘进作业面采用铲运机铲取废石卸入无轨自卸式运料车，同时浇淋矿渣水泥浆后运送到采场进行充填（图 5 - 26）。澳大利亚的达罗托金矿在井下将废石溜放到卡车内的同时浇淋浆料，然后运送到采场进行充填。奥地利的布莱贝格铅锌矿曾以前端式无轨运料车运送废石混合料进行充填。

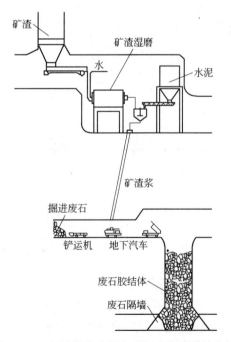

图 5 - 26　奥托昆普威斯卡瑞铜矿废石胶结充填

5.5.2.2　三段输送流程

在矿体走向长度较大的条件下通常采用三段输送流程，以扩大废石充填的服务范围。

在三段输送流程中，前两段均是输送废石，最后一段输送废石料或废石混合料。当废石来自地表时，第一段借助废石自重进行自溜输送；第二段在井下通过带式输送机、无轨运料车、电机车等方式，将废石转运至充填料混合点；第三段由无轨铲运机、带式输送机或其他输送方式输运到采空区进行充填（图 5 - 27）。

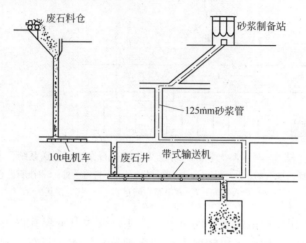

图 5 - 27　铜坑锡矿废石砂浆充填料输送系统

5.5.2.3　井下掘进废石短流程输送

当废石来自井下，也就是掘进废石不出窿，在井下直接用作充填料时，则掘进废石首先通过电机车或无轨运料车运输，分送到充填料混合点与水泥浆或砂浆混合，或直接由铲运机运送到采空区充填（图 5 - 28）。

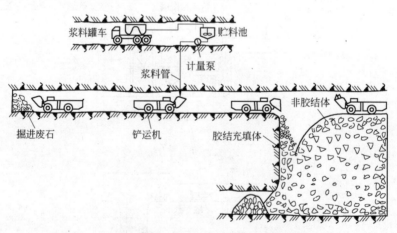

图 5 - 28　芬兰彼哈沙米矿废石胶结充填料输送方式

掘进废石不出窿的充填工艺需要解决充填料的平衡问题，因而目前还只是局部应用该工艺或作为一种辅助流程应用。在这种局部应用和辅助应用的情况下，往往采用两段输送或一段输送。因为废石在井下直接利用，可以降低废石的提升成本，并且在地面不建设废石场，是一种井下掘进废石短流程充填工艺。随着生态矿山建设的逐步推广，这种短流程将是一种具有发展前景的充填工艺。

5.5.3　充填料重力混合

废石集料与胶凝材料的混合是胶结充填必不可少的一道工序，是废石胶结充填料制备的核心工艺，也是决定能否大规模低成本地应用废石胶结充填工艺的关键因素。传统的混合工艺采用搅拌设备进行搅拌混合。但因充填料耗量大，每日充填量往往是数百立方米至上千立方米，不但能耗大，而且需要建造庞大的搅拌系统。大部分矿山难以承受大规模搅拌混合的制造成本，制约了在矿山的大量推广应用。因此，基于充填体强度指标较低和强调充填体整体性能的基本观点，通过试验和研究发现，采用重力混合方式可以满足采矿工艺的要求。这一混合方式不需要任何混合设备，具有工艺简单、技术可靠和能耗低等优点，而且能大幅度降低了制造成本，可实现大规模连续充填。如丰山铜矿采用水泥浆直淋重力混合工艺，铜坑锡矿采用废石和砂浆同时向采场下料的重力混合工艺，均取得了很好的效果。

重力混合可以实现充填料分流输送，对充填料的流动特性无特殊要求。满足充填体力学性能是唯一的配合目标，因而可按照最高充填体强度进行最佳用水量配合。因此，不但可以在一定的水泥用量条件下获得最高的充填体强度指标，或在一定强度值条件下使水泥用量最少，而且解决了充填料在井下脱水的难题。

目前常用的重力混合方式主要有水泥浆直淋重力混合、水泥浆溜槽重力混合和废石砂浆同时下料混合等方式。由于水泥浆溜槽重力混合方式对混合效果的改善作用不明显，因而有被直浇重力混合所取代的趋势。

5.5.3.1　直淋混合

直淋重力混合采用水泥浆作为胶结介质。在工业应用中，水泥浆直淋重力混合方式一般用于分段采矿法和阶段采矿法的充填工艺中。该重力混合工艺将水泥浆直接浇淋在废石料堆上，浇淋了水泥浆的充填混合料一般由铲运机运送充入采空区，如丰山铜矿。也可采用由地下无轨运料车装载废石料，将水泥浆直接浇淋在车内料堆上，然后运送到采场进行充填，如基德克里克的2号矿。本节重点讨论铲运机运料的重力混合方式。

A　混合工艺

将废石集料堆集在充填溜井内，在充填水平呈自然安息角坍积。通过管道输送将水泥浆直接浇淋在废石料堆上，料浆通过渗透分布到废石料堆的空隙中，实现初步混合（图5-29）。铲运机直接铲取废石混合料运送到采空区进行充填。

一般在料堆底部设一蓄浆槽，保持水泥浆不外泄。这种混合方式在丰山铜矿的应用效果很好。

按照这种混合方式将废石胶结充填混合料充入采空区后，一共要经历四次自然混合过程。第一次为上述的水泥浆浇淋混合，即水泥浆直接浇淋废石集料后形成重力混合充填料。第二次为铲运机从充填溜井下部坍积的废石料堆铲装充填料后，堆存在充填井口的浇淋有水泥浆的废石集料随之坍塌下来，在坍落过程中实现自然混合。第三次为铲运机在铲取废石混合料运往采空区充填的过程中，由于铲运机行走的振动作用产生自然混合。第四次是将充填料卸入采空区进行的充填过程中，由于废石胶结充填料下落的冲击作用，产生自然混合。

第一次和第四次的混合效果最显著、作用最强，另外两次则进一步提高了废石胶结充填料的混合质量。试验表明：即使在铲斗内存在未完全混合均匀的废石料，充入采空区后一般观察不到明显混合不均匀的废石胶结料。因此，这种充填料混合工艺能够满足分段采场或阶段采场废石胶结充填工艺的要求。

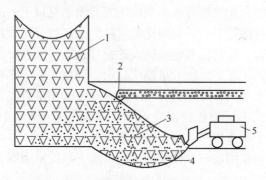

图 5-29　废石充填料重力混合示意图

1—废石集料；2—水泥浆；3—充填混合料；4—水泥浆蓄浆底槽；5—铲运机

B　混合质量影响因素

影响充填料混合效果的主要因素是废石集料的级配效果、集料流动方向与铲运机铲料方向的相对关系。

废石集料的细粒级含量不能太高。细粒物料含量太高，水泥浆不能渗入和分布到废石集料堆中，则显然不能混合均匀。对于自然级配的废石集料，-5mm 粒级含量不高于20%时混合效果较好，一般不应高于25%。而当细物料含量较少时，只要水泥浆浓度较高，当浓度达到55%以上时，其混合效果也较好，并且可以降低水泥用量。这时水泥浆在料堆中具有很好的渗透性，同时，水泥浆又能黏附包裹在废石表面，构成胶结层使充填料形成一个胶结整体。

废石料堆的集料流动方向应与铲运机的铲料方向构成180°，使充填井中的废石料在坍落过程中正好与铲料过程形成对流。这时能充分发挥第二次混合的作用，其混合效果较好。

5.5.3.2　溜槽混合

这一混合方式的胶结介质亦为水泥浆，是指将废石料与水泥浆同时下放到一个安装有混合挡板的溜槽或溜筒内，借助溜槽内的混合挡板改变物料运动方向，在自溜过程中使物料发生碰撞，以达到充分混合的目的。从溜槽下放的混合料可以由无轨运料车装载运送到采场充填，如奥地利的布莱贝格早期，或直接将废石混合料通过溜井充入采场，如加拿大基德克里克的 1 号矿和澳大利亚达罗托金矿。

基德克里克 1 号矿为阶段采场，最大空区高度达 140m。该矿采用 $\phi1.2m \times 2.0m$ 的溜筒作为混合装置。溜筒内装有 3 块折返式导流混合板，混合板与溜筒轴线成 55°角。-150mm 的废石集料由带式输送机输送下放到溜筒的同时，将水泥浆喷洒在集料上一同进入溜筒。物料经溜筒混合后再通过倾角大于 55°的斜溜井直接充入采空区。

5.5.3.3　采场混合

采场混合的胶结介质一般为砂浆，废石料与砂浆料向采场同时下料实现混合。采场重力混合方式主要用于阶段大采场充填工艺，如铜坑锡矿和澳大利亚的芒特-艾萨矿所采用的混合方式。这一混合方式的下料工艺与废石水泥浆溜槽混合方式相同。但下料后不通过溜槽混合，也不采用运料设备转运，而是通过充填溜井将废石料与砂浆料同时下放到采空区，借助下落过程中的碰撞效应、下放到采场充填料堆上的冲击作用与料流过程达到混合的目的。

这种混合方式需要重点考虑的是下料点的布置，应尽可能使充入采空区的充填料均匀分布；合理利用充填料通过斜充填井充入采场过程中的分级特点，使胶结充填体的质量满足采矿工艺和地压管理的要求，并减少不能充填接顶的空间。

5.5.4 充填系统

5.5.4.1 工艺流程

废石胶结充填工艺的主体流程为：采集或制备废石集料，制备水泥浆或砂浆，废石集料与水泥浆分流输送到井下充填料混合点，水泥浆或砂浆在井下混合点通过重力方式与废石集料初步混合制备成废石胶结充填混合料，通过机械输送或自重输送将充填料充入采空区。

废石胶结充填新技术所选用的集料、混合方式和采场充填方式的多样性，构成了不同的胶结充填工艺类型。目前在国内外实际应用较广的废石原料主要为自然级配废石集料，包括掘进废石、剥离废石、采石和天然集料。其中掘进废石和天然集料可不经破碎直接使用；露天矿剥离废石则一般需经破碎。而出于无废开采的目标则往往采用掘进废石和露天矿剥离废石。

混合方式主要有直接重力混合和溜槽重力混合，均在井下进入采场前混合。前者如丰山铜矿的废石水泥浆直接重力混合和铜坑锡矿的废石砂浆直接重力混合，后者如基德克里克铜矿的废石水泥浆溜槽重力混合。但值得指出的是，废石胶结充填料的混合并不是一次性完成的，而是结合采场充填过程多次混合。

充填料输送方式主要为分流输送，即废石集料与胶结剂浆料分流输送到井下，经初步混合后再次输送或直接充入采空区。因此，输送废石胶结充填料的全过程包括废石料、水泥浆或砂浆、废石胶结混合料的输送方式。废石料的输送方式主要有自重输送、带式输送、运料车输送、无轨铲运机输送和电耙输送。水泥浆或砂浆均通过管道自流或泵压输送，一般以低浓度状态输送，其技术成熟，工艺较单一。经初步混合后的废石胶结充填料的输送方式包括自重输送、运料车输送、无轨铲运机输送和电耙输送。其中运料车包括无轨翻斗车、抛掷充填车和机车。

5.5.4.2 系统配置

充填系统包括废石集料制备站、水泥浆或砂浆制备站、料浆与废石输送系统，以及充填料井下输送系统（图5-30）。

废石料破碎站：加工废石料，并转运到废石充填井。一般包括废石原料仓、废石破碎机和输送设备。

水泥浆或砂浆制备站：将水泥制备成浆料，或将水泥与细砂混合制备成砂浆。一般包括散装水泥仓和高浓度搅拌机。水泥仓的下部一般安装有给料输送机。

井下充填材料转运子系统：包括主废石井、中段水平转运系统、中段充填井，以及水泥浆输送管道。

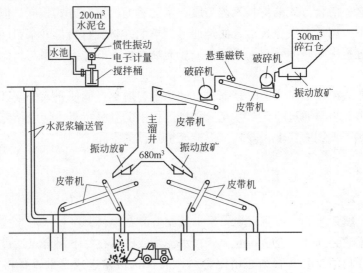

图 5 – 30　丰山铜矿废石胶结充填系统流程

5.6　矿山应用实例

5.6.1　南京铅锌矿全尾砂充填

南京铅锌矿地处栖霞山风景区，地表不允许建造尾砂库与废石场。早期充填工艺不能利用采空区排放全部采选固体废物，严重制约了矿山的正常生产，至 2003 年老窿空区填满后，矿山面临停产。南京银茂铅锌矿业有限公司委托长沙矿山研究院开展了全尾砂胶结充填技术的试验研究，2004 年建成了结构流全尾砂自流胶结充填系统投入工业应用（图 5 –31）。充填系统自投入工业生产，正常运行至今，全尾砂胶结充填料浆的质量分数为 70% ~72%，呈结构流态，不脱水、不离析，充填体整体性好，充填体强度满足采矿方法要求。结构流全尾砂充填工艺在矿山的成功应用，为实现尾砂零排放提供了技术支撑，在环境保护十分严格的开采条件下保证了正常开采，避免矿山停产；并且有效解决了矿山产量低和采选指标差的技术瓶颈。建成了三废零排放示范矿山，地表不建尾砂库和废石堆场，在矿产资源开发过程中有效保护生态环境，消除了末端治理工程及费用，消除尾砂库溃坝及废石场泥石流等安全隐患，实现矿业开发与资源、环境和经济的和谐协调发展，取得显著的经济效益和社会环境效益。

图 5 – 31　南京铅锌矿结构流全尾砂胶结充填站

5.6.1.1　充填材料

充填材料包括全尾砂、水泥和水。通过试验获得了全尾砂充填料的相关特性及其变化规律。

全尾砂粒径极细，其中 $-20\mu m$ 含量达到47%。全尾砂料浆试样的最大自由沉降质量分数为71.01%，沉降4h后几乎达到最大沉降浓度，达到最大沉降浓度所需的时间为6h（表5－16）。

表5－16　全尾砂自由沉降试验

沉降时间/min	料浆容积/cm³	质量分数/%	料浆密度/g·cm⁻³	状态特征
0	775	50.00	1.55	初始状态
5	670	54.79	1.63	全尾分级
20	530	62.83	1.80	粗粒沉降
60	450	68.57	1.94	细粒浓缩
240	425	70.59	2.00	沉缩密实
360	420	71.01	2.01	最大浓度

全尾砂充填料浆坍落度与质量分数的关系见表5－17。全尾砂充填料浆质量分数从76%降至72%时，料浆的屈服剪切应力及黏性系数产生突变（表5－18）。

表5－17　全尾砂充填料浆坍落度

质量分数/%	80	78	76	74	72	70	68	66
坍落度/cm	11	18	21	23	25.5	27	28	28

表5－18　全尾砂料浆的流变参数随质量分数变化关系

料浆质量分数/%		76	74	72	70
流变参数	τ_0/Pa	42.04	25.01	14.61	7.95
	μ/Pa·s	24.792	17.413	0.524	0.227

5.6.1.2　充填系统设计参数

充填系统制备与输送能力为 $60m^3/h$，日最大充填能力 $800m^3$，年充填能力 $100000m^3$。全尾砂胶结充填料浆制备与输送的质量分数为70%~72%，坍落度为23~26cm。

设计灰砂比为 1:4~1:12 可调。其中灰砂比 1:4 的充填体28d单轴抗压强度大于2.5MPa；灰砂比 1:6 的充填体3d单轴抗压强度大于0.2MPa；灰砂比 1:8 的充填体28d单轴抗压强度大于0.8MPa。

5.6.1.3　充填工艺流程

充填系统建设方案包括充填料浆制备及输送两大系统。通过大量的试验后，研究采用了卧式仓沉缩脱水、分层排水、本仓贮存、平行气流造浆及活化搅拌制备全尾砂胶结充填料的短流程工艺，将全尾砂脱水、造浆和贮存各工序集中在一个装置内完成；采用结构流自流输送工艺。

全尾砂充填料制备短流程为：低浓度全尾砂料浆通过多个放砂阀送入卧式砂仓；砂仓

中的全尾砂颗粒在自重和絮凝作用下沉缩，沉砂质量分数达到70%左右；砂仓上部的静置水经适度净化后供选矿厂循环利用；高浓度沉缩尾砂不再转运，本仓贮存备用；砂仓内沉缩尾砂通过平行气流进行流态化造浆（图5-32），料浆被充分混合均匀后排入搅拌设备；通过活化搅拌使全尾砂与水泥充分混合与活化，形成结构流体胶结充填料。

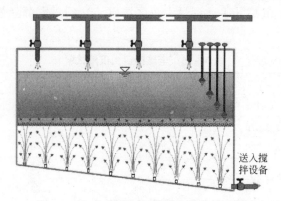

送入搅拌设备

图5-32   全尾砂沉缩脱水与流态化造浆

该流程将传统的多段全尾砂脱水、转运与滤饼再次造浆的离散长流程转化为集中在一个装置内完成的短流程，取消了滤饼转运和再次加水造浆工序，不但大幅度减少设备、能耗和占地，更重要的是保证了流程的可靠性和快速利用全部尾砂。

5.6.1.4   应用效果

充填料浆质量分数为70%~72%时，在充填倍线为4.2的条件下可实现理想的自流输送，其中质量分数为71.5%的料浆流量可达到50~80m³/h。在充填倍线为3.2的条件下，料浆质量分数达到73.6%时，仍可实现理想的自流输送。

质量分数为70%的全尾砂胶结充填料浆充入采场空区后，呈结构流状态流动。在采场充填过程中，充填料浆表面无积水，料浆粗细颗粒不产生分离，从根本上消除了充填料浆脱水离析、分层所带来的一系列难题。充填料浆自身屈服剪切应力较小，无法自然堆积，料浆在采场中流平性好。

为了研究充填料浆是否在采场中产生粗细颗粒分离及离析现象，在采场的充填体中的不同位置取样进行了全粒级分布测定。针对多个样品的粒级分布测定结果表明，不同取样点样品的粒级分布相当接近，其粒级分布差别不大。可见结构流全尾砂充填料浆在采场中不存在离析分级现象。

经矿山长期生产实践表明，结构流全尾砂胶结充填料充入采场后，不脱水，少量泌水可通过围岩和充填体自身吸收。灰砂比为1:6时，充填结束16h观察充填体表面无积水现象，充填料已凝结，人员可在充填体上行走并进行架模与移动充填管道等作业，3d后可进行凿岩等回采作业。

5.6.2   霍邱地区铁矿全尾砂充填

安徽霍邱地区是我国重要的铁矿石基地，矿区南北长32km，东西宽5km，该地区矿床的共同特点是矿床储量大，单条矿脉长达1~3km，单个矿床储量达几亿吨；矿石品位较低，一般为30%左右；地处淮河中下游冲积平原，其上覆第四系覆盖层厚达100m以上，其中含有 1~4 层流沙层；矿区地势平坦，地面植被良好，人口较为密集。可见，该矿区均属于典型的难采铁矿床，以至于长期以来难以得到开发利用。

进入 21 世纪以来，随着国民经济的持续快速发展，对铁矿石的需求越来越大，特别是全尾砂充填技术取得长足发展，使得这些矿床的开发利用受到重视。

有效地开采这一矿区的矿床，需要进行采空区充填，以保证上覆岩层不塌陷、不导通含水层，并保护地表植被；而矿山充填需要利用尾砂作充填材料，以解决冲积平原上无充填集料来源的问题；尾砂充填又需要采用全尾砂充填工艺，以解决分级尾砂作为充填料不足和溢流尾泥难以在平原上堆坝等瓶颈问题。因此，全尾砂充填对于这一地区的开采具有关键性支撑作用。

长沙矿山研究院受安徽金安矿业公司及安徽诺普矿业公司的委托，分别结合草楼铁矿和吴集铁矿开展了结构流全尾砂胶结充填技术的试验研究，在该地区率先实现了全尾砂胶结充填，建成三套结构流全尾砂自流胶结充填系统，其中草楼铁矿北区充填系统于 2008 年建成投入工业生产，南区充填系统于 2009 年建成投入使用（图 5 - 33）；吴集铁矿充填站于 2009 年建成投入工业生产（图 5 - 34）。

图 5 - 33　草楼铁矿结构流全尾砂　　　　图 5 - 34　吴集铁矿结构流全尾砂
　　　　　自流胶结充填站　　　　　　　　　　　　　自流胶结充填站

5.6.2.1　充填材料

充填材料包括铁矿全尾砂集料、水泥胶凝材料和水。草楼铁矿全尾砂细粒级含量相对较少，更有利于作为矿山充填集料（表 5 - 19 和表 5 - 20）。

表 5 - 19　草楼铁矿全尾砂粒级组成[①]

粒径/μm	-5	-10	-20	-50	-75	-100	-150	-180	+180
累计/%	7.93	13.27	22.11	48.52	67.21	81.71	95.20	97.99	100

①$d_{10} = 6.72 \mu m$、$d_{50} = 51.84 \mu m$，$d_{90} = 123.14 \mu m$，$d_p = 60.22 \mu m$。

表 5 - 20　吴集铁矿全尾砂粒级组成[①]

粒径/μm	-5	-10	-20	-50	-75	-100	-150	-180	+180
累计/%	9.10	14.65	24.31	52.50	70.18	82.81	93.71	96.29	100

①$d_{10} = 5.71 \mu m$、$d_{50} = 46.82 \mu m$，$d_{90} = 125.87 \mu m$，$d_p = 59.68 \mu m$。

5.6.2.2 充填工艺流程

两座矿山的充填工艺流程均由全尾砂沉降造浆、水泥供料、充填料浆搅拌制备，以及自流输送、自动控制等子系统组成。

（1）充填料制备。选矿厂全尾砂经直接输送至充填站立式砂仓，进行沉缩脱水，排除全尾砂料面上的澄清水后采用压气造浆，造浆均匀的全尾砂料浆供给搅拌机。散装水泥运至充填站后卸入水泥仓。仓内水泥经双管螺旋给料及电子秤计量后向搅拌机供料。选用双卧轴搅拌机加高速活化搅拌机两段连续搅拌制备全尾砂料浆流程。全尾砂料浆与水泥通过两段搅拌后，被制备成具有结构流特性的全尾砂胶结充填料浆。

（2）自流输送。呈结结构流态的全尾砂胶结充填料浆通过测量管及下料漏斗进入充填钻孔，通过井下输送管道自流输送至采空区充填。

（3）自动控制。充填系统检测的参数包括全尾砂放砂流量、水泥给料量、调浓水量、充填料浆流量及浓度、水泥仓料位等。系统调节的参数包括放砂流量、水泥给料量、调浓水量等。

5.6.2.3 草楼铁矿应用效果

草楼铁矿南北充填站的充填能力为 $70000 \sim 80000 \mathrm{m^3/}$ 月，可满足 300 万吨/a 的采矿生产能力对充填作业的要求。

通过对已充采场进行钻孔取样，其充填体岩芯较完整（图 5-35）。原位充填体岩芯试样单轴抗压强度 $1.5 \sim 2.56 \mathrm{MPa}$，达到了设计强度要求。

图 5-35 全尾砂胶结充填体原位取样岩芯

5.6.3 丰山铜矿废石胶结充填

大冶有色金属公司委托长沙矿山研究院对丰山铜矿南缘矿带的采矿法进行试验研究后，于 20 世纪 90 年代进行了采矿方法技术改造，采用分段胶结充填采矿法。该采矿法将采矿中段划分成分段，在各分段布置采场单元并进行采、出、充等各项采矿工序作业。分段采场垂直矿体走向布置，与最大水平主应力方向基本一致。整个矿体不留矿柱连续回采，分段作业采场可在中段内呈梯状多分段布置。分段采场断面呈似椭圆状多边形，其周边应力集中小，顶板上几乎不存在受拉区，有利于采空区稳定。在分段采场内按 6m 以内的采矿步距组织采、出、充作业循环；回采与充填作业在分段采场内按采矿步距交替进行。回采时剔除夹石。在巷道内进行凿、出和充作业，且形成采空区后立即采用自然级配的废石胶结充填料充填。台车凿岩、铲运机出矿和铲运机运料充填，实现采、出和充作业全盘无轨机械化。

采用下盘脉外无轨斜坡道采准系统。在各分段的下盘脉外布置分段沿脉巷道，该下盘沿脉巷道通过分支斜坡道与主斜坡道连通。主斜坡道直通地表，故无轨设备可以从地表进入分段采场。从下盘沿脉每隔20m开掘一条垂直矿体的采准进路，将分段矿体划分成可以同时作业的采区。

溜矿井和采场充填井均设于矿体下盘。沿矿体走向每隔50m设置一个出矿溜井，每隔150m设一个排水井。不另设废石井，利用暂不出矿的矿石溜井作为废石井。工业生产充填系统的采场充填井设置在下盘脉外，每隔100m左右一个，并由充填联络道与下盘沿脉连通。

5.6.3.1　充填材料

采用废石水泥浆胶结充填工艺进行分段充填。采用井下掘进废石和露天剥离废石经破碎后作为充填集料，采用水泥作为胶凝材料。

废石集料均为自然级配料，井下掘进废石或露天剥离废石经破碎后均不再筛分，以全部粒径的废石料作为充填集料。露天剥离废石破碎料的最大粒径为80mm，井下掘进废石粒径一般小于200mm（表5-21）。

表5-21　丰山铜矿掘进废石自然级配粒度组成

粒径/mm	100	90	60	40	20	10	5	2.5	0.9	0.45	0.28	-0.28	平均粒径/mm
分计/%	9.40	8.41	2.34	14.39	23.52	16.15	9.70	4.10	2.86	2.91	1.69	4.52	37.18
累计/%	100	90.60	82.19	79.85	65.46	41.94	25.73	16.08	11.98	9.12	6.21	4.52	

丰山铜矿南缘采矿方法技术改造投产后，要求采矿生产能力达到1500t/d，工业试验期间建立的简易废石胶结充填系统不能满足充填能力的要求。因此，在试验研究的基础上建成了工业生产废石胶结充填系统。根据废石胶结充填法的采矿生产规模，据此确定平均应充填的采空区体积为437m³/d，所需废石胶结充填料为468m³/d。按照每天两班工作制，每班制浆时间为5h，每天工作时间10h/d，确定充填材料的消耗量见表5-22。

表5-22　废石胶结充填材料用量

水泥浆质量分数/%		55		
材料名称		水泥	水	废石
材料消耗量	kg/min	78	64	1560
	t/h	4.68	3.84	94
	t/d	46.8	38.4	936

5.6.3.2　充填系统

废石胶结充填系统是丰山铜矿南缘采矿方法技术改造的重要配套工程，是服务于南缘开采的永久性工程。要求系统在满足采矿工艺与技术要求的同时，尽可能做到废石加工、输送，以及水泥浆制备与输送的工艺流程简单、合理、可靠；生产工艺过程的计量、控制、检测简单实用。

A　充填系统配置

充填系统由废石料制备站、水泥浆制备站和充填料井下输送系统组成（图 5 - 30）。

（1）地面破碎站。地面破碎站主要负责废石加工和转运到废石充填井。包括废石原料仓、二段破碎机和废石输送设备。

1）废石料仓。用钢筋混凝土浇筑而成，为了减少破损，在底板衬以 10mm 厚的钢板，底板倾角 50°，便于废石自溜；在废石料仓的顶板安有网度 500mm × 500mm 的格筛，料仓的下部出料口安装有型号为 GZC - 4.5/1.5 - 7.5 的振动给料机；料仓的有效容积为 200m^3。

2）二段破碎设备。粗碎采用 PE600 × 900 型颚式破碎机，终碎采用 PEX - 250 × 1200 型颚式破碎机。

3）废石输送。在地面破碎站安装两台胶带输送机，将破碎加工后的废石接力输送至主废石充填井。

（2）地面制浆站。地面制浆站包括两个散装水泥仓和两台高浓度搅拌机。水泥仓的设计容积为 200m^3，其仓底锥角为 65°。在水泥仓的下部安装有型号为 GDBP·A·WC 的惯性振动给料斗。高浓度搅拌桶的有效容积为 2.65m^3，规格为 ϕ1500 × 1500。

（3）井下充填材料转运系统。井下充填材料转运系统包括主废石井、-50m 水平水泥浆输送管道、4 台胶带输送机、4 个分充填井。主废石井的直径为 ϕ3m，在其下部 -50m 水平安装有 GZC - 2.3/0.7 - 3.0 型振动给料机。水泥浆下料井直径为 ϕ0.5m，在其中安装有 DN80 的钢管。-50m 水平的水泥浆输送管采用 DN50 的钢管。在 -50m 水平安装 4 台 TD 75 - 500 型胶带输送机，负责将主溜井中的废石送往 4 个分充填井。4 个分充填井直径为 ϕ2.5m，分别为矿体开采范围内的分段采场提供废石充填集料。

B　充填系统工艺流程

（1）充填集料制备。充填集料来源于井下掘进废石和露天排土场剥离废石，主要由大理岩和花岗闪长斑岩两类岩石组成，废石密度 2.6 ~ 2.8g/cm^3，自然安息角约 39°。采用 3m^3 露天装载机将废石从露天排土场运至废石料仓。块度小于 500mm 的合格废石进入废石料仓，大于 500mm 的大块带回排土场处理。

仓内的废石经由 GZC - 4.5/1.15 - 7.5 型振动给料机和钢制溜槽进入 PE600 × 900 型颚式破碎机粗碎。破碎机最大排料块度为 200mm。粗碎集料用 TD 75 - 650 型胶带输送机送到 PE250 × 1200 颚式破碎机终碎。破碎机最大排料粒度 80mm。最终集料产品用 TD 75 - 500 型胶带输送机输送至主废石井。

（2）水泥浆制备。用散装水泥罐车将散装 32.5 级普通硅酸盐水泥运送至水泥浆制备站，借助压气将其送至散装水泥仓中。通过 GDBP·A·WC 型惯性振动给料机和 ϕ200mm 螺旋输送机，将仓内水泥输送至 ϕ1.5m 高效搅拌桶中，与此同时进行加水和搅拌，将其制备成质量分数为 55% 的水泥浆。

（3）井下输送系统。井下输送系统包括地面以下的废石料输送、水泥浆输送和充填混合料输送等部分。

通过两台振动给料机和 4 台胶带输送机，将废石主溜井中的废石集料分送至 4 个分充填井。制备好的水泥浆从下浆小井中的 DN80 钢管自流输送到各充填水平。在分段充填水平的四个分充填井混合点，将水泥浆直接浇淋在废石集料堆上。浇淋了水泥浆的废石集料由铲运机直接铲取，运送至采空区卸料充填。

C 系统计量与参数控制

充填系统的计量和参数控制以简单实用和满足生产需要为基本原则。

（1）废石输送计量与参数控制。在井下-50m水平安装有两台型号为WPC-Ⅰ的多托辊电子皮带秤，可以自动记录进入分充填井中的废石瞬时流量和累计废石量。通过调节主充填井振动给料机的给料能力，以控制进入各分充填井中的废石输送流量。应用过程中主要通过调节振动给料机的闸门通过量以控制其给料能力。

（2）水泥制浆计量与参数调节。采用LDC-H-200A型恒速式螺旋电子秤，对散装水泥仓进入高效搅拌桶中的瞬时水泥流量和累计水泥用量进行计量。通过调节水泥仓的GDBD·A·WC惯性给料机的给料能力，控制水泥输送量。采用MWL-K10SI型涡街流量计，对进入搅拌桶中的充填用水进行计量，通过阀门控制注水流量。

5.6.3.3 应用效果

废石水泥浆胶结充填技术与丰山铜矿南缘矿带采矿方法技术改造密切结合，很好地解决了该矿充填工艺的技术难题。该充填工艺将矿山废物回填至井下，减少了废石对地表环境的污染；并形成高质量的胶结充填体抑制了山体塌陷，有利于保护自然环境；阻滞了雨季地表水经采区渗入井下，消除了井下洪患；有效缓减了采动地压，防止坑道垮塌，有利于矿山生产安全；充分回收矿产资源。

丰山铜矿应用实践表明，废石水泥浆胶结充填工艺与技术具有如下优势：

（1）充填工艺简单、技术可靠、能耗低、充填效率高，充填体水泥单耗低，充填体强度高，与同等强度的尾砂胶结充填相比较显著降低了充填成本。

（2）铲运机运料进行采场充填的工艺机动灵活，充填料不需要在采场脱水，大大改善了井下作业环境。

（3）实现粗集料与水泥浆分流输送和充填料直淋混合，解决了粗集料胶结充填工艺复杂的难题，为大规模应用创造了技术条件。

（4）大量利用了矿山固体废物，尤其是使绝大部分掘进废石不出巷，实现了井下废石内部循环利用，对于废石来源充足，特别是井下掘进废石产出量大的矿山，废石水泥浆胶结充填工艺不失为一种高效率、低成本的充填方式。

5.6.4 铜坑锡矿废石砂浆充填

铜坑锡矿是我国最大的地下锡矿，也是我国重要的有色金属矿产资源综合利用基地。该矿区属高、中温热液锡石-硫化物型特大矿床。矿体规模大，多产于长坡背斜轴部和其东北翼的横向裂隙带内，富集于层间错动交会地带。已探明并开采的矿体主要有细脉带矿体、91号矿体和92号矿体，其中91号和92号为厚大富矿体，构成该矿床的主体。

矿山在开采91号矿体时，为了最大限度地回收矿产资源，应用的采矿方法为嗣后充填的分段凿岩阶段空场采矿法和大直径深孔采矿法。将矿体划分为盘区，再在盘区内划分矿房和矿柱，先采矿房，胶结充填后再采矿柱。20世纪90年代初，由于与之配套的棒磨砂胶结充填系统未同时交付使用，一步骤采场的充填，在很长时间内成为该矿生产的制约因素，历年积累的采空区体积一度达到300000~400000m³。

为了保证矿山生产的持续和稳定，在当时条件下亟待解决如下充填技术难题：

（1）矿山生产规模大，空区形成速度快，加之在充填系统投产前积累了大量充填欠账，而棒磨砂胶结充填系统的实际生产能力基本上只能满足正常生产的需要，无法偿还充填欠账。

（2）矿体厚大部分的采场空间大，要求充填体有较高的强度和自立高度，而棒磨砂胶结充填体所具有的强度很难满足矿柱回采时对充填体自立高度和暴露面积的要求。

（3）棒磨砂胶结充填设计水泥单耗200kg/m³以上，生产中实际达到230～240kg/m³，充填成本在矿山总成本中占有很大比例，削弱了产品的市场竞争力。

（4）棒磨砂浆胶结充填过程中，将大量的水灌入采场，脱水过程中流失大量的胶凝材料，既降低胶结充填体强度，又污染矿山井下环境，并且在采场中存在大量积水，对充填接顶极为不利。

为了解决上述生产中存在的问题，长沙矿山研究院于20世纪90年代结合矿山条件研究并推广应用了废石砂浆胶结充填技术，使原有充填系统生产能力增加一倍以上，水泥单耗降低50%以上，并使充填体的允许自立高度和暴露面积大大增加，能满足二步骤高大采场回采时对充填体强度的要求，在生产中取得很好的应用效果。

5.6.4.1 充填系统

充填系统由地表废石集料破碎站、砂浆制备站，以及井下废石输送系统和砂浆输送系统组成。

地表破碎站安装有颚式破碎机，配备了铲装机及运料汽车。地表搅拌站设有两个直径11m、高30m，有效容量2800t的立式砂仓；两个直径7m、高22m，有效容量600t的水泥仓；两台直径为2m的高浓度搅拌机。搅拌站构成两个独立工作的砂浆搅拌系统。

井下废石输送系统包括废石料仓和主废石井，505m中段水平包括有2m³矿车的废石转运系统、分配溜井、充填平巷及输送废石至采场的皮带机输送系统。井下砂浆输送管路系统包括两套从搅拌站至井下充填采场的内径为φ113mm砂浆输送管道。

5.6.4.2 充填材料制备与输送

充填材料由两部分组成，即废石集料和水泥棒磨砂料浆。两种类型的充填料分别通过各自独立的输送系统分流输送到井下充填水平，同时充入采空区。

（1）废石集料。废石集料包括井下掘进废石和地表采石场废石。掘进废石提升到地表后不经筛分直接利用。地表采石场废石由汽车运送到破碎站，通过颚式破碎机破碎至-300mm。破碎集料块度组成的一般要求是到达充填点时-20mm粒级含量不超过25%。经破碎站破碎后的合格废石集料和井下出窿废石，由汽车运输至地表以下的废石料仓，通过主溜井溜至505m中段转运水平，经2m³矿车转运至采区分配溜井送达各充填平巷，再经皮带运输机送入待充采场。

（2）水泥砂浆。地表建有砂浆搅拌站，构成两个独立工作的砂浆搅拌系统。水泥砂浆由42.5级普通硅酸盐水泥与棒磨砂制备而成。其制备与输送流程为：采用罐车将水泥运送到搅拌站水泥仓；采用-25mm废石作为原材料磨细至粒径为-4mm的棒磨砂（表5-23）；棒磨砂由砂泵送至充填站立式砂仓脱水除泥。由地表搅拌站将棒磨砂与水泥制备成质量分数为70%左右的砂浆，通过管道自流输送至井下充填工作面。

表 5 - 23　棒磨砂粒级组成

粒径/mm	含量/%	累计/%	粒径/mm	含量/%	累计/%
>3.2	2.64	2.64	0.15 ~ 0.097	8.40	93.69
3.2 ~ 2.0	16.0	19.60	0.097 ~ 0.076	3.29	96.98
2.0 ~ 1.0	24.81	44.41	0.076 ~ 0.037	1.70	98.68
1.0 ~ 0.63	19.67	64.08	0.037 ~ 0.019	1.08	99.76
0.63 ~ 0.30	15.95	80.03	0.019 ~ 0.010	0.14	99.90
0.3 ~ 0.15	5.26	85.29	<0.010	0.10	100

5.6.4.3　采场充填工艺

（1）采场准备。在开始充入废石胶结充填料之前，首先封闭采场底部所有出矿进路口，然后充入少量棒磨砂胶结充填料，使采场底部残留的松散矿岩得到充分胶结。

（2）采场充填。完成了采场充填准备后，将废石集料和棒磨砂胶结料浆送达采场顶部充填井口，同时向采空区下料充填。在废石料与磨砂料浆下落过程中会发生互相碰撞、掺和，然后坠落到充填料堆顶部，再沿料堆锥面向四周滚动和流动。两种充填料经过碰撞、掺和、滚动和流动等过程，使之充分混合。

为了保证废石砂浆胶结充填体质量，每个采场充填井所担负的充填面积应尽量保持方形。铜坑锡矿阶段矿房法采场长 70 ~ 80m，宽 20 ~ 25m，一般每个采场设三个充填井，三点同时下料充填，并保持三个充填料堆基本处于同一高度。

在正常充填时，棒磨砂胶结充填料浆和废石集料的配合比取干料质量比 1:3。通过调节废石的供料速度实现砂浆与废石的配合比。为了实现充填料配合均匀，要求皮带运输机连续均匀输送废石。

（3）接顶充填。废石胶结充填几乎没有多余的水流出采场，不会污染井下巷道。但同时带来的另一个问题是充填料流动性能不佳，充填料堆坡面堆积角一般可达 25° ~ 30°。因而充填体与采场顶板之间存在较大的空区，使充填体失去对采场顶板的支撑能力。为了使充填体尽可能与采场顶板接触，在采场上部采用棒磨砂胶结充填料充填接顶。在部分采场还在两充填料堆之间布置专用充填钻孔下料，以改善充填体和采场顶板间的接顶效果。

5.6.4.4　应用效果

在充填过程中进行了充填料试块强度试验和现场充填体强度试验。试块规格为 300mm×300mm×300mm，采用单轴压力试验机进行不同龄期的抗压和抗拉试验。现场充填体强度由声波测定试验测得。通过相关试验揭示了废石砂浆胶结充填体的力学特性（表 5 - 24），表明废石砂浆胶结充填体的力学性能满足采矿工艺的要求。

表 5 - 24　废石砂浆胶结充填体力学性能参数

名　称	实 验 室	现　场	
养护时间/d	28	90	90
抗压强度/MPa	3.23	3.60	2.34
抗拉强度/MPa	0.47	0.55	0.37
弹性模量/MPa	730	780	780

续表 5 - 24

名 称	实 验 室	现 场	
泊松比		0.185	0.185
内聚力/MPa	0.68	0.70	0.46
内摩擦角/(°)	41	42	42
声波速度/m·s⁻¹		2806	2806

铜坑锡矿废石砂浆胶结充填效率高,达到 254m³/h,是传统混凝土胶结充填效率的 15 ~ 25 倍,是泵送充填效率的 3 ~ 7 倍。

水泥耗量 100kg/m³,抗压强度 3.2MPa。具有水泥耗量低、强度高的优点。

胶结充填料在采场几乎不泌水,很好地解决了采场泄水污染井下作业环境的难题。

参 考 文 献

[1] FALL M, BENZAAZOUA M, OUELLET S. Effect of Tailings properties on Paste Backfill Performance [C] //Proceedings of the 8th International Symposium on Mining with Backfill, 2004, 193 ~ 201.

[2] YILMAZ E, KESIMAL A, ERCIKDI B. Strength Development of Paste Backfill Samples at Long Term by Using Two Different Binders [C] //Proceedings of the 8th International Symposium on Mining with Backfill, 2004, 281 ~ 285.

[3] LI P, VILLAESCUSA E, TYLER D. Factors Influencing the Quality of Minefill for Underground Support [C] //Proceedings of the 8th International Symposium on Mining with Backfill, 2004, 248 ~ 252.

[4] 尹慰农, 等. 凡口铅锌矿全尾砂充填试验研究报告 [R] . 1990.

[5] 周爱民, 等. 铜绿山铜矿露天与地下联合开采技术报告 [R] . 2000.

[6] WANG Fanghan, YAO Zhongliang. An Experimental Study on Technology and Circuit of Unclassified Tailings Paste Filling [C] //Proceedings of the 8th International Symposium on Mining with Backfill, 2004, 67 ~ 73.

[7] 周爱民, 等. 高效低耗胶结充填技术 [R] . 2001.

[8] 周爱民, 姚中亮. 赤泥资源化开发前景 - 赤泥用作矿山充填工程材料 [C] //长城铝业公司技术创新院士行报告文集, 2000.

[9] 姚中亮, 等. 阿舍勒铜矿充填材料试验研究 [R] . 2008.

[10] 姚中亮, 等. 吴集铁矿高浓度结构流尾砂胶结充填试验研究 [R] . 2009.

[11] 姚中亮, 等. 莱新铁矿高浓度结构流尾砂胶结充填试验研究 [R] . 2009.

[12] 周爱民. 基于工业生态学的矿山充填模式与技术 [D] . 长沙: 中南大学, 2004.

[13] 周爱民. 碎石水泥浆胶结充填料直淋混合工艺与参数 [J] . 中国有色金属学报, 1998, 8 (3): 529 ~ 534.

[14] 周爱民, 等. 丰山铜矿分段碎石胶结充填采矿法试验研究报告 [R] . 1996.

[15] 沈旦申, 吴正严. 现代混凝土设计 [M] . 上海: 上海科学技术文献出版社, 1987.

[16] FARSANGI P, HAYWARD A, HASSANI F. Consolidated rockfill optimization at Kidd Creek Mines [J]. CIM Bulletin, 1996, 1001: 129 ~ 134.

[17] 周爱民, 等. 奥地利与德国充填采矿技术 [R] . 1990.

[18] GAUL T, HOPPE E. Schwerspatgrube Dreislar – Die Entwicklung einer kleinen Ganglagerstätte zu einem

modernen, leistungsfähigen Bergwerk [J]. Erzmetall, 1987 (5): 225~231.

[19] 高泉. 高浓度全尾砂胶结充填料胶结机理研究 [J]. 矿业研究与开发, 1995, 15 (2): 1~4.

[20] 于润沧, 刘大荣, 魏孔章, 等. 全尾砂膏体充填料泵压管输的流变特性 [C] //第二届中日浆体输送技术交流会论文集, 1998, 99~104.

[21] 刘可任, 等. 充填理论基础 [M]. 北京: 冶金工业出版社, 1982.

[22] LIU Tongyou, WANG Peixun. Mining Backfill Technology and Its Application in Jinchuan Group Co. Ltd. [C] //Proceedings of the 8th International Symposium on Mining with Backfill, 2004: 12~21.

[23] 刘同有, 等. 充填采矿技术与应用 [M]. 北京: 冶金工业出版社, 2001.

[24] 姚中亮, 等. 结构流全尾砂胶结充填及无间柱分层充填采矿法 [R]. 2006.

[25] RÜHE A, KÄMMERER H. Die Entwicklung einer neuen Vierkolbenpumpanlage für die hydraulische Dickstoff – Förderung [J]. Erzmetall, 1989 (5): 201~205.

[26] LERCHE R, RENETZEDER H. Die Entwicklung des Pumpversatzverfahrens für das Erzbergwerk Grund [J]. Erzmetall, 1984 (10): 494~501.

[27] ZHOU Aimin. Mining Backfill Technology in China: An Overview [C] //Proceedings of the 8th International Symposium on Mining with Backfill, 2004: 1~8.

[28] 陈鼎初, 等. 块石砂浆胶结充填技术研究 [R]. 1993.

[29] 霍米亚科夫 В И. 国外矿山充填经验 [R]. 周问华, 译. 1989.

[30] BLOSS M, GREENWOOD A. Rockfiil Research at Mount Isa Mines Ltd. [C] //Sixth International Symposium on Mining with Backfill, 1998.

[31] CHEN D, MESSURIER M, MITCHELL B. Application of Cemented Aggregate Fill at Barrick's Darlot Gold Mine [C] //Proceedings of the 8th International Symposium on Mining with Backfill, 2004: 82~89.

[32] DISMUKE S, DIMENT T. The testing design, Construction and implementation of cemented rockfill at Polaris [J]. CIM Bulletin, 1996 (1005): 91~97.

[33] RHEAULT J, BRONKHORST D. Backfill practices at the Williams mine [J]. CIM Bulletin, 1994, 979: 44~48.

[34] AFROUZ A. Placement of Backfill [J]. IME, 1994: 205~211.

[35] 刘同有, 金铭良. 中国镍钴矿山现代化开采技术 [M]. 北京: 冶金工业出版社, 1995.

[36] 刘育明, 等. 高效率泵送充填技术与装备研究 [R]. 2000.

[37] 徐树岚, 等. 充填采矿法 [R]. 1999.

[38] 钱桂华, 曹晰. 浆体管道输送设备实用选型手册 [M]. 北京: 冶金工业出版社, 1995.

[39] 刘同有, 黄业英, 等. 国外金属矿山充填采矿技术的研究与应用 [R]. 1997.

[40] 谢开维, 等. 用沙坝磷矿磷石膏胶结充填技术试验研究 [R]. 2008.

6 采矿方法

采矿方法在解决难采矿床开采问题中具有核心作用,其他技术均为实现采矿方法的目标提供支撑或为实施采矿方法创造条件。针对难采矿床的采矿方法主要包括充填采矿法和自然崩落采矿法。其中充填采矿法通常用于矿岩不稳固、矿体形态复杂多变和矿床开采环境复杂的难采矿床类型,为保护地表耕地、矿区生态、构建筑物、河流湖泊、矿区地下水系,防止和减缓矿山地压活动,有效地处置尾砂和废石等。自然崩落采矿法则往往用于回采不稳固贫矿体或特大型贫矿体难采类型。

我国充填采矿法具有悠久的历史,但直至20世纪70年代,仍然是一种工艺复杂、采场生产能力和劳动生产率低、采矿成本高的采矿方法。因此,它的使用范围受到了很大的限制。20世纪的50年代后期至60年代初,由于不适当地强调采矿方法的高强度和高效率,没有全面地考虑矿体的赋存和开采技术条件以及综合经济效益,以致应该采用充填采矿法的矿床也采用了中深孔崩落采矿法,充填采矿法的开采比重急剧下降。这一状况经过10多年的时间,然后才又根据开采条件逐步将其改用充填采矿法,不仅充分利用了资源,而且提高矿山经济效益。

充填采矿法随着充填工艺和充填料制备、输送技术等方面的不断发展和完善,以及无轨自行设备的广泛应用,目前已成为一种高效率的采矿方法。

由于充填采矿法是一种回收率高、贫化率低、可有效地控制地压活动的采矿方法,在有色、贵重、稀少金属和高品位富矿床和难采矿床开采中具有不可替代的作用。近年来,由于社会的进步,人类文明程度的提高,越来越注重人与自然环境的协调发展。同时,由于实现了全面无轨化作业,采矿效率的提高,使其应用范围进一步扩大,应用的矿山迅速增加,我国矿山充填采矿法比重迅速提升。充填采矿法在世界各国也都得到了广泛应用。

就采矿方法而言,根据矿床赋存条件、围岩状况、品位和价值的高低,现被采用的方法主要有上向水平分层充填法、点柱上向分层充填法、上向进路充填法、分段充填法、下向分层充填法和嗣后充填的空场法和留矿法。在这些采矿方法中,以上向水平分层充填法为主。

充填采矿法是我国近20年来发展最快的一种采矿方法。随着新技术的应用和发展,促进了采矿方法的改进和创新,大大提高了开采强度,取得了显著的进步。大量的充填法矿山实现了无轨化回采,一些矿山的回采工艺、技术装备、采场综合生产能力和工作面工作劳动生产率已达到或接近世界先进水平。但是,目前多数矿山除采用铲运机出矿外,凿岩、装药、顶板管理和二次破碎仍采用传统设备和工艺,采用传统工艺回采的矿山仍占有一定比例,致使充填法无轨化的总体水平仍有待发展。采用无轨化开采时,应使铲运机与凿岩台车、装药车和顶板管理等设备形成配套,才能实现较高的采场生产能力和劳动生产率。

6.1 机械化进路充填采矿法

机械化进路充填采矿法是随着地下无轨采矿装备的发展，针对复杂难采矿床的安全高效开采发展起来的采矿方法。该采矿方法在阶段内沿矿体走向划分作业盘区，在盘区内按分层布置采矿进路，以进路为采场单元进行回采和充填，完成分层内全部进路采场的回采与充填作业后，再转入相邻分层进行采、充作业。进路采场单元的作业空间小，能够有效地进行采场管理，回采率高。可以在阶段内实行下向或上向采矿，其中下向采矿在充填体顶板下作业，对于矿体形态与矿岩稳固性的适应性很强，能够很好地解决形态复杂多变的难采矿体和矿岩不稳固的难采矿体的采矿问题。

这种采矿方法通过大规格的进路断面，采用大型无轨采矿设备配套作业，能够实现高效率采矿。因而使进路采矿法成为高效率、大产能采矿方法，盘区生产能力可达 800～1000t/d，矿山生产能力可达 400 万～500 万吨/年。但回采作业面为进路工作面，凿岩、爆破成本较高；采用下行式回采必须实行全胶结充填，并且要求充填体的力学强度高，因而充填成本高。因此，机械化进路充填采矿法是一种能够很好地适应矿体形态与矿岩稳固性难采条件的采矿方法，但采矿成本相对较高。

瑞典较早地应用机械化进路充填采矿法，最早在波立登公司加彭贝里铅锌矿、克里斯汀贝格铜锌矿和伦斯吐姆多金属矿等矿山应用。我国应用机械化充填采矿法起步较晚，但发展较快，应用的矿山较多，如金川镍矿、铜绿山铜矿、焦家金矿、河西金矿、新城金矿和矾山磷矿等矿山均采用机械化进路充填采矿法。法国马林锌矿、德国梅根铅锌矿和拉梅尔斯贝格铅锌矿、南斯拉夫波尔铜矿，以及加拿大、日本和美国等矿山采用这一采矿方法。这些矿山均较好地解决了难采矿体的开采问题。

6.1.1 典型方案

机械化进路充填采矿法的典型方案有机械化下向进路充填采矿法和机械化上向进路充填采矿法。

6.1.1.1 机械化下向进路充填法

主要应用条件：矿体极不稳固或不稳固的难采矿床类型。

机械化下向进路充填采矿法沿矿体走向布置采矿盘区，在盘区的每个作业分层布置采矿进路，以进路为采场单元，按间隔进路顺序进行回采和充填。在阶段内按分层由上而下逐层采矿，当完成分层内全部进路采场的采充作业后，转入下一分层进行采充作业。自第二分层以下均在胶结充填体假顶下进行采充作业。绝大部分的采充作业均在胶结充填体顶板下进行，因而进路采场对矿体形态及其稳固性条件的适应性强，尤其针对矿体极不稳固、地压大和形态复杂、产状变化大的难采矿体，能有效地进行安全回采。

进路采场的布置主要根据矿体的厚度确定，一般不受矿体形态变化的限制。当矿体厚度小于 20m 时，进路采场沿矿体走向布置；矿体厚度大于 20m 时，进路采场垂直或斜交矿体布置，以利于进路的稳定和作业安全。沿矿体走向布置的采场长度一般为 50～100m；垂直矿体走向布置时，采场长度为矿体厚度。作业盘区一般覆盖矿体的厚度，需要考虑的盘区规格参数主要是沿矿体走向的控制长度，这与矿山产能规模及矿体的可布盘区数量有关。当垂直矿体走向布置进路时，盘区内的可布进路数不能少于采、出、充、养及备用采场数量，以充分发挥采矿设备的效率。进路采场的断面规格对采矿效率与采矿能力有重大关系，必须重点考虑。目前，国内外矿山采用的进路断面的宽和高一般为 3~5m。在这种规格的进路采场内，能够适应大型采矿装备作业，有效提高采场生产能力和采矿效率。金川镍矿二矿区的机械化盘区下向进路充填采矿法的进路断面规格为 4m×4.5m，采用台车凿岩、装药车装药和 6m³ 的铲运机出矿，盘区生产能力达到 800~1000t/d。

按盘区布置进路的充填采矿法在多条进路内进行回采作业，实现凿岩、爆破、出矿、充填和养护等工序平行交替作业，有效发挥无轨自行设备的效率和采场生产能力。需要在充填体顶板下进行采充作业，要求充填体的抗压强度达到 5MPa 以上，并且还应在充填体内加设钢筋网以提高其抗拉强度。一般应将上下分层的进路相互交错布置或垂直布置，在下分层进路回采时，能使上分层进路的充填体不至于全部暴露，在相互垂直布置时能像横梁一样架在进路之上，使之处于十分稳固的状态。进路采场为独头巷道型通风，通风效果相对较差。采矿损失率一般为 5% 左右，采矿贫化率一般为 4%~7%。

国内由长沙矿山研究院与金川龙首矿合作于 20 世纪 80 年代开展机械化下向进路胶结充填采矿法试验，并成功地在矿山大规模应用（图 6-1）。相继有金川二矿区试验成功，并投入规模应用，现已成为国内外机械化下向进路胶结充填采矿法先进水平的代表。

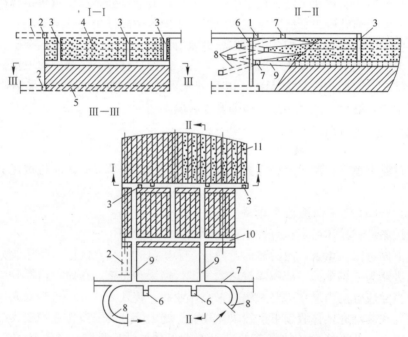

图 6-1 金川二矿机械化下向进路充填采矿法

1—回风巷道；2—穿脉巷道；3—回风充填井；4—胶结充填体；5—阶段运输道；6—溜矿井；
7—分段巷道；8—阶段斜坡道；9—分层联络道；10—分层巷道；11—进路采场

6.1.1.2 机械化上向进路充填法

主要应用条件：矿体分枝复合频繁或矿体不太稳固的难采矿床类型。

机械化上向进路充填采矿法沿矿体走向布置采矿盘区，在盘区的每个作业分层布置采矿进路，以进路为采场单元，按间隔或逐条进路顺序进行回采和充填。在阶段内按分层由下而上逐层采充，当完成分层内全部进路采场的采充作业后，转入上一分层进行采充作业。

采场布置方式主要是根据矿体的厚度确定，中厚以下矿体条件一般沿走向布置进路，厚矿体以上矿体条件根据矿岩稳固性垂直或斜交矿体布置进路，以利于进路的维护和作业安全。沿矿体走向布置的进路长度一般为 50~100m，最大不超过 150m。在一个分层水平往往双向布置进路，垂直或斜交矿体走向时，一般为矿体厚度。作业盘区一般覆盖矿体的厚度，需要考虑的盘区规格参数主要是沿矿体走向的控制长度，这与矿山产能规模及矿体的可布盘区数量有关。当垂直矿体走向布置进路时，盘区内的可布进路数不能少于采、出、充、养及备用采场数量，以充分发挥采矿设备的效率。进路采场的断面规格对采矿效率与采矿能力有重大关系，必须重点考虑。目前，国内外矿山采用的进路断面规格宽×高一般为 (3~6)m×(3~4)m。在这种规格的进路采场内，能够适应大型采矿装备作业，有效提高采场生产能力和采矿效率。在作业盘区内采用无轨采矿设备配套作业，在多条进路内实现凿岩、爆破、支护、出矿和充填等工序平行交替作业，有效发挥无轨自行设备的效率和采场生产能力。进路采场为独头巷道型通风，通风效果相对较差。采矿损失率和贫化率指标一般在 5% 左右，最大不超过 10%。

该采矿方法在一个盘区分层范围内的进路全部回采完后转入上分层进行回采，在盘区范围内没有连续矿柱支撑盘区的上部待采矿体，只有充填体作为支撑。但充填体具有让压效应，即使是充填接顶很好，也难以通过充填体提供有效支撑，需要依靠矿体的自承载作用承受盘区内的二次应力。由于盘区面积较大，其应力集中也较大，容易导致矿体失稳。因此，宜在矿体稳固性相对较好的条件下应用这一方法，并要求对进路充分接顶。

我国于 20 世纪 80 年代由长沙矿山研究院结合焦家金矿试验成功机械化上向分层进路胶结充填采矿法（图 6-2），相继有小铁山铅锌矿、铜绿山铜矿、矾山磷矿等矿山应用。

6.1.2 采准系统

无轨采准系统是机械化进路充填采矿法的代表性工程，主要包括满足无轨设备通行要求的斜坡道、分段巷道、分段联络巷道、分层联络巷道，以及溜矿井、通风天井、充填井等（图 6-1、图 6-2）。斜坡道、分段巷道、分段联络巷道、分层联络巷道等工程一般布置在脉外，通风天井、充填井布置在脉内，溜矿井有布置在脉内和脉外围岩中两种方式。

溜矿井布置在脉内还是脉外，以及溜矿井的间距和数量，需根据所采用的铲运机的最佳运距和溜矿井的最大通过量综合比较确定。采用铲运机出矿时，从回采工作面至溜矿井的最大运距不应大于 150m，否则需要采用井下自卸卡车。

6.1.3 回采工艺

以进路为采场单元，按凿岩、爆破、出矿、充填循环组织回采作业。进路沿矿体走向布置时，一般从上盘向下盘逐条或间隔回采；进路垂直矿体走向布置时，从盘区两端向中央间隔回采，以利于提高无轨自行设备的效率和盘区生产能力，减少分层巷道的维护费用。

进路采场内每一个作业循环的进尺取决于凿岩深度及爆破效率。采用单机或双机凿岩台车钻凿水平平行炮孔，炮孔深度一般为 3~4m，炮孔直径 38~43mm。为使矿岩和充填

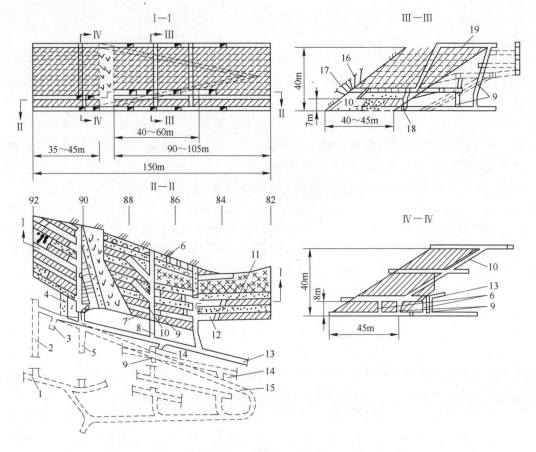

图 6 - 2　焦家金矿机械化上向进路充填采矿法

1—阶段运输巷道；2—措施斜井；3—休息室；4—维修硐室；5—材料库；6—泄水井；7—分层横巷；
8—分层联络道；9—溜矿井；10—通风充填井；11—已充填进路；12—回采进路；13—分段巷道；
14—分段联络道；15—斜坡道；16—长锚索；17—护顶巷道；18—阶段运输巷道；19—通风充填道

体受爆破的破坏较小，保持其自身的支承能力，形成较规整的断面形状，一般采用光面爆破。进路采场的顶板或底板，或两侧帮为充填体时，为降低矿石损失与贫化，应合理选取炮孔距充填体的间距，一般为 0.3 ~ 0.5m。

采用局扇压入式进行采场通风，所需风量按排除炮烟和出矿设备的柴油发动机功率计算；采用电动铲运机出矿时，回采进路的风速一般不小于 0.25m/s。通风用风筒通常采用橡胶、人造革和塑料柔性风筒。

采用斗容为 1.5 ~ 6.0m³ 铲运机进行采场出矿。为了创造良好的作业环境，减少污染，降低通风费用，国内外多数矿山采用电动铲运机。

6.1.4　采场充填

进路采矿法的采场充填工艺十分重要，具有相对严格的要求。其中下向进路采矿法的关键环节是敷设钢筋网，尤其要保证吊筋的质量，确保充填体能形成一个整体；上向进路采矿法采场充填的关键环节是充填接顶。

下向进路充填采矿法要求充填体具有较高的力学强度，使之形成稳固的人工顶板，以确保作业安全。在进路回采过程中，一般要求不再进行支护。进路充填按一至三次进行。多数矿山分两次充填，第一次充填高度为 $1 \sim 2m$ 作为人工假顶，充填体单轴抗压强度 R_{28} 不小于 $5MPa$，并构筑钢筋网；第二次充填的灰砂比为 $1:6 \sim 1:10$。充填前的准备作业十分重要，包括在采场底板铺设约 $300mm$ 厚的碎矿石垫层，以防止下分层回采对人工假顶的破坏；在矿石垫层上敷设塑料薄膜以减少垫层矿石的损失；在塑料薄膜上敷设钢筋网，钢筋直径为 $10 \sim 19mm$，网格为 $300 \sim 400mm$（图 $6-3$）；采用滤水性能好的炉渣或粉煤灰空心砖在进路口构筑充填滤水挡墙。当进路长度大于 $30m$ 时，应采用分段后退式充填，以防止砂浆产生离析。

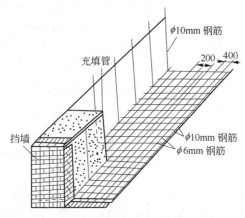

图 $6-3$　下向进路充填挡墙及钢筋敷设示意图

上向进路充填采矿法的一期进路采用尾砂或细沙胶结充填，其灰砂比为 $1:7 \sim 1:10$；二期进路和分层巷道一般采用非胶结的尾砂或细沙充填。所有进路和分层巷道顶部 $0.4 \sim 0.5m$ 的空间采用灰砂比为 $1:4 \sim 1:6$ 的胶结充填料进行充填并接顶，以便在上分层回采时能充分承受上部待采矿体的压力，并保证无轨设备的运行和降低矿石损失与贫化。第一分层的进路和底柱上的其他巷道，均需采用灰砂比为 $1:4 \sim 1:6$ 的胶结料进行充填，为底柱的回采创造有利条件。充填体质量和充填接顶程度关系到回采作业安全，目前国内矿山充填接顶率一般为 $70\% \sim 80\%$，为确保回采作业安全，充填接顶率应大于 80%。

6.1.5　应用实例

6.1.5.1　金川二矿区下向进路充填法

金川二矿区为一超基性岩型岩浆熔离硫化镍矿床，矿体赋存于辉橄榄岩、纯橄榄岩和二辉橄榄岩中，呈似层状产出。矿体走向长度 $1600m$，平均厚度 $98m$；其中富矿体走向长度 $1300m$，厚度 $64m$。富矿体除个别地段外，均被贫矿环抱。矿体倾角 $60° \sim 75°$。矿区构造地应力大，矿岩节理裂隙发育，裂隙面光滑，且有滑石和蛇纹石等多种充填物。矿体的部分地段有多种后期岩脉穿插，以辉绿岩脉为主，其次为煌斑岩脉等，且分布无规律，岩脉 $0.5 \sim 5.0m$ 不等，致使矿体的整体稳定性差。矿体上下盘围岩均为二辉橄榄岩，不稳固。矿体与围岩接触带有一层蛇纹石、透闪石、绿泥石片岩带，特别破碎，遇水泥化，稳固性极差。

该矿自投产以来，先后进行了多种采矿方法的试验研究，最后采用机械化进路下向胶结充填采矿法。多年的生产实践表明，该采矿方法适应矿石品位高、构造地应力大和矿岩不稳固的开采技术条件，在金川二矿区达到了安全、可靠和有效地控制矿山地压的效果，实现了安全高效和大规模胶结充填采矿。

（1）采场构成和采准工程。采矿盘区沿矿体走向长度为100m，宽度为矿体厚度80～100m；阶段高度为50m，分段高度一般12m，进路高4m、宽4～4.5m（图6-1）。上下分层的进路采场相互垂直交错布置，即上分层进路沿矿体走向，下分层进路垂直矿体走向。这种布置方式有利于提高充填体的稳定性，使下分层开采的安全程度得以改善，但分层联络巷道的布置较复杂。

采用脉外和脉内外联合斜坡道采准系统。采准工程包括阶段分支斜坡道、分段联络道、分段巷道、分层联络道、溜矿井和回风充填井等。为缩短铲运机的运距，有时在脉内也布置溜矿井，脉外溜矿井则作为辅助溜矿井或废石井。随着回采分层下降，预留回风充填井。阶段分支斜坡道坡度为16.1%～19.4%。斜坡道和其他采准巷道断面的宽×高为4.4m×4.0m，溜矿井直径为3.0m。采准巷道采用喷锚网联合支护，锚杆长度为1.8～2.5m，直径为16mm；钢筋网钢筋直径为6mm，网格为150mm×150mm。

（2）回采作业。盘区划分为2～4个作业区，采用由上盘向下盘、两翼向中间的回采顺序。进路间隔回采，盘区内同时回采进路为2～3条。转层区段的进路首先回采，以利于正常转层，缩短转层时间。采用瑞典阿特拉斯·柯普科（Atlas Copco）公司H127型或H128型双臂电动液压凿岩台车，配COP1032HD液压凿岩机进行采场凿岩。H127型台车钎杆长度为3.7m，直径为32mm，炮孔深度3.4m，炮孔直径为38mm；H128型台车钎杆长度为4.3m，炮孔深度为4m。采用光面爆破，中心孔掏槽，孔径为76mm。通常布置40～45个炮孔。光面层厚度：距进路侧帮充填体400mm，距进路侧帮矿体700mm，距顶部碎矿石垫层500mm。凿岩台车效率250～400t/（台·班），凿岩工效125～200t/（台·班）。采用φ32mm铵松蜡炸药卷进行爆破，非电雷管起爆。炮孔爆破效率一般为85%～90%，单位炸药消耗量为0.3～0.35kg/t。

在盘区采用抽出式通风系统，新鲜风流经斜坡道、分段联络巷道、分段巷道、分层联络巷道、分层巷道进入采场。进路采场内的污风依靠扩散作用扩散到分层巷道，然后经分层巷道的回风充填井抽至上阶段沿脉巷道进入主回风巷道。进路较长和距回风充填井较远的作业区，则安设局扇进行通风。

采用美国埃姆科（EIMCO）公司928型铲运机出矿，铲斗容积为6m³，额定载重量为13.6t。铲运机将矿石运至脉外溜矿井，平均运距为200m，铲运机出矿效率60～120t/h，250～400t/（台·班）。盘区年生产能力为25万吨。

（3）采场充填。采用高浓度棒磨砂浆管道自流输送工艺进行采场充填，砂浆浓度75%～78%。棒磨砂粒径小于5mm，425号普通硅酸盐水泥作为胶凝材料，掺入适量粉煤灰。根据不同充填部位的要求，灰砂比为1:4、1:6和1:8三种，水泥用量为200～300kg/m³，充填体强度4.5～5.0MPa。每条进路分3次充填，第一次充高为2m，灰砂比为1:4；第2次充高为1.5m，第3次充填接顶。第2、第3次充填料的灰砂比为：一期进路1:6，二期进路1:8。

进路回采结束后，立即进行充填。充填之前准备作业包括：撤除回采的管线，架设充填管道、敷设钢筋网和构筑充填滤水挡墙等。为缩短充填准备的时间，减轻劳动强度，每个盘区配备一台PT45B型服务车。充填滤水挡墙构筑在进路开口处，当进路长度大于30m

时，还需在其中间加砌一条 2m 高的挡墙，以防止充填砂浆产生离析。挡墙采用炉渣或粉煤灰空心砖砌筑，厚度不小于 500mm。挡墙砌筑之前，需清除墙基的浮石，采用高标号水泥砂浆构筑厚度为 150 ~ 200mm 的基础，并铺设底层钢筋。敷设钢筋网之前，在进路底板铺 300mm 厚的碎矿石，以防止下分层爆破时破坏充填体。纵横主钢筋直径为 10mm，间距为 1.2m；在主筋之间设有副筋，副筋直径为 6mm，间距为 400mm。用吊挂钢筋（ϕ10mm）钩住纵横钢筋的交叉处，其上部吊挂在上层钢筋网预设的吊筋挂钩上（图 6 – 4）。

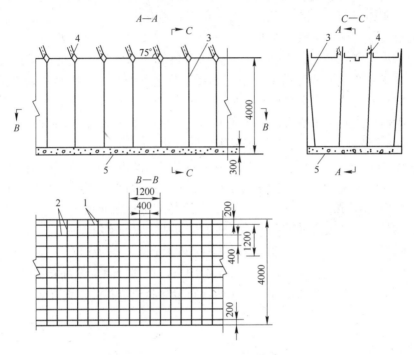

图 6 – 4 下向进路充填钢筋布置

1—ϕ10mm 钢筋；2—ϕ6mm 钢筋；3—ϕ10mm 吊挂钢筋；4—吊筋挂钩；5—碎矿石垫层

（4）主要技术经济指标。矿山采用了先进的回采工艺和现代化大型无轨设备，使盘区生产能力和工人劳动生产率大幅度提高，矿石损失率、贫化率和出矿成本降低，获得了良好的经济效益，其主要技术经济指标见表 6 – 1。

表 6 – 1 下向充填采矿法主要技术经济指标

指标名称	单 位	数 量	备 注
盘区生产能力	t/d	800	
凿岩台车效率	t/(台·班)	250 ~ 400	H127 型双臂电动液压凿岩台车
凿岩工班效率	t/(工·班)	125 ~ 200	
铲运机矿效率	t/(台·班)	250 ~ 400	928 型铲运机，斗容 6.1m³，平均运距为 200m
爆破效率	%	85 ~ 90	
炸药单位消耗量	kg/t	0.30 ~ 0.35	铵松蜡炸药或乳化油炸药
矿石损失率	%	4.20	
矿石贫化率	%	3.15	
全员劳动生产率	t/a	4684.17	

6.1.5.2 金川龙首矿下向六角形进路充填法

金川龙首矿为一超基性岩型岩浆熔离硫化镍矿床。矿体主要赋存于纯橄榄岩和二辉橄榄岩中，呈似层状、透镜状产出。矿体走向长度为1300m，厚度为15～110m。矿体倾角一般为70°～80°。矿区构造地应力大，矿岩节理发育，且时有表外矿和极破碎的斑岩岩脉穿插，使矿体的整体稳定性差；海绵状富矿的稳固性相对较好。矿体上盘围岩为二辉橄榄岩、橄榄辉石岩，节理发育，较破碎；下盘为二辉橄榄岩、含辉橄榄岩、大理岩和片麻岩，极破碎。矿体与上下盘围岩接触带有一层绿泥石化和蛇纹石化破碎带，稳固性极差。矿区水文地质简单，仅有少量裂隙水。

该矿自采用下向充填采矿法以来，经多次改进和完善，使之更适应矿床开采技术条件，提高了采场生产能力和劳动生产率。主要的改进方面有：由普通的低进路改为高进路；将高进路正方形断面改为六角形断面；由电耙出矿改用无轨铲运机出矿。

六角形断面进路回采充填后，采区充填体呈蜂窝状镶嵌结构，从而改变其受力状况，提高了充填体的稳定性，有效地控制了采场地压活动。

（1）采场构成和采准工程。采矿盘区沿矿体走向长度为50m，宽为矿体的厚度；阶段高度为60m，分段高度为12m。进路采场为双翼布置，长度为25m。进路断面为六角形，顶宽和底宽均为3m，腰宽为6m，高为5m。上层与下层进路交错半层，即2.5m（图6-5）。采用脉内外联合斜坡道采准系统。采准工程包括阶段分支斜坡道、分段联络道、分段巷道、分层联络道、分层巷道、脉内溜矿井和脉外废石井。斜坡道布置在上盘围岩中，呈折返式，坡度为14.3%。分层巷道布置在采场中央，在其一侧布置两个溜矿井，当矿体厚度小于40m时，只布置一个溜矿井。采场两端布置穿脉充填巷道，垂直间距为10m。

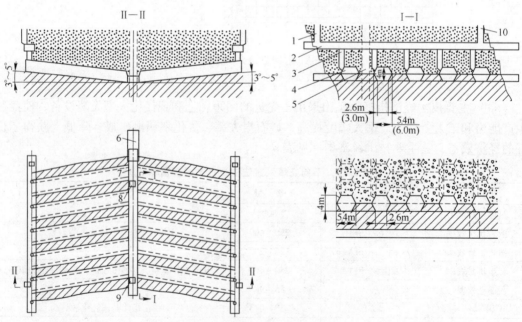

图6-5 金川龙首矿下向六边形进路充填采矿法

1—下料井；2—充填道；3—充填小井；4—进路采场；5—采场行人井；6—设备硐室；

7—分层巷道；8—溜矿井；9—通风井；10—充填巷道人行井

（2）回采作业。采用隔一采一的顺序回采进路，每回采一个分层下降 2.5m。进路回采凿岩采用水星 14 - IE/D3 - E50 型双臂全液压凿岩台车，配 Hydra Star 200 型凿岩机凿岩，炮孔深度 1.8~2.4m，采用铵松蜡炸药进行光面爆破，炮孔爆破率约为 95%。

进路采场出矿采用 GHH 公司 LF4.1 型铲运机，斗容 2m³，最大载重量 3.8t，铲运机将矿石装运至脉内溜矿井，平均运距为 25m 左右，两个采场交替作业，出矿效率为 126t/（台·班）。

采用抽出式通风系统进行采场通风。新鲜风流从斜坡道经分段联络巷道、分段巷道、分层联络巷进入采场，污风从采场预留的顺路回风井或进路充填小井排至上阶段回风巷道。

（3）采场充填。进路采场回采结束后，采用磨砂胶结料浆自流输送工艺进行采场充填。充填之前，需做好各项准备工作，首先是撤除管线，在进路和分层巷道底板分别回填 200~300mm 厚的碎矿石垫层，以防止下分层爆破时破坏充填体。在垫层上敷设底梁和钢筋网，并用 φ100mm 钢筋吊挂在上分层底板吊环上。底梁为直径 150~200mm 圆木，长度为 3.4m，间距为 1.5m。两底梁之间敷设一根长度 3m、直径 φ8mm 的钢筋；进路纵向敷设 4 根直径 φ8mm 钢筋。底梁两端各套一个吊环，吊环直径为 220mm，用 φ10mm 钢筋焊接。在进路两帮的吊挂钢筋上，按间距 1m 绑设 2 根 φ6.5mm 的护帮纵向钢筋。分层巷道的底梁和钢筋敷设与进路基本相同，只是底梁间距为 1.2m，长度为 4m，套 3 个吊环；纵向钢筋是 5 根。采完 2~4 条进路后，在分层巷道内构筑木质充填挡墙。

（4）主要技术经济指标。该矿下向充填采矿法由于改进了回采工艺，采用无轨回采设备，提高了采场生产能力和工人劳动生产率，获得了较好的技术经济指标（表 6-2）。

表 6-2　六角形进路下向充填采矿法主要技术经济指标

指标名称	单位	数量	备注
盘区生产能力	t/d	378	
凿岩台车效率	t/（台·班）	126	水星 14 - IE/D3 - E50 型双臂全液压凿岩台车，在 2 个采场交替作业
铲运机出矿效率	t/（台·班）	126	LE4.1 型铲运机，斗容为 2m³，平均运距为 25m 左右，在 2 个采场交替作业
单位炸药消耗量	kg/t	0.33	铵松蜡炸药或乳化油炸药
矿石损失率	%	5.17	
矿石贫化率	%	6.17	
工人劳动生产率	t/（工·班）	11.95	

6.1.5.3　焦家金矿上向进路充填法

焦家金矿矿体属破碎带中温热液蚀变花岗岩型金矿床，赋存于蚀变带中。矿体走向长约 1200m，厚度 1~45m，倾斜延伸 850m，倾角 25°~40°。矿体形态复杂多变，存在分枝复合、膨胀收缩和尖灭再现现象。矿体中常有岩脉穿插，使其形态发生突变。矿石品位高，但分布不匀，矿岩界线不明显，需根据取样化验确定。矿区内断层与节理裂隙发育，两组断层分别与矿体走向基本平行和接近垂直。矿体直接顶盘为主断层破碎带，极易冒落，矿岩均不稳固。地表为高产良田，不允许塌陷。

该矿于1988年与长沙矿山研究院合作，研究采用上向进路充填采矿法，获得良好的技术经济指标，改善了生产安全条件，其矿石产量占矿山总产量的80%以上。

（1）采场构成与采准工程。进路采场的布置方式根据矿体的厚度确定，薄至中厚矿体沿走向布置进路（图6-2），厚矿体垂直走向布置进路（图6-6）。当矿体中有较厚的岩脉穿插时，进路采场亦沿矿体走向布置。进路最大长度为50m，其断面尺寸根据矿岩的稳固性确定，采用宽×高为3.0m×（3.0～3.5）m和4.0m×3.5m两种规格。阶段高度为40m，分段高度为9.0～10.5m，底柱高度为7～10m。

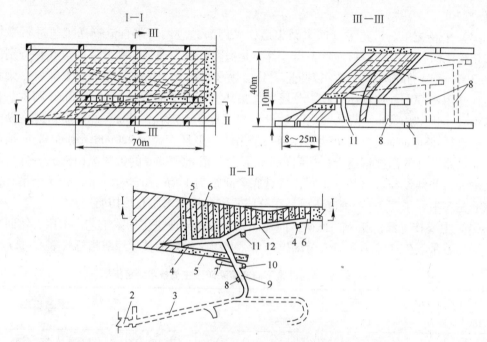

图6-6 垂直走向布置的上向进路充填采矿法采准和回采示意图

1——110m阶段运输巷道（环形）；2—铲运机维修硐室；3—斜坡道；4—通风天井；5—已充填进路；6—回采进路；7—铲运机插销硐室；8—溜矿井；9—分段联络巷道；10—充填井；11—泄水井；12—分层巷道

采用脉外下盘斜坡道采准系统（图6-2、图6-6）。采准工程包括斜坡道、分段巷道、分段联络道、分层联络道、溜矿井、通风充填井和泄水井等。除通风充填井外，其他采准工程均布置在较稳固的下盘围岩中。斜坡道为折返式，直线段坡度为20%。

（2）回采工艺。阶段内的回采顺序为自下而上。分层内的回采顺序为：进路沿矿体走向布置时，从上盘至下盘顺序间隔回采（图6-2）；进路垂直矿体走向布置时，从采区两端向中央间隔回采，以减少分层巷道的维护费和充填挡墙费用（图6-6）。

采用法国MERCURYl4-1型全液压凿岩台车，配HYDRISTAR200型凿岩机进行回采凿岩：炮孔孔深2.5～2.7m，孔径38mm。为保持矿岩自身的支承能力，采用光面爆破。进路两侧和底板为充填体时，炮孔与充填体的间距为0.3～0.5m，避免充填体受破坏和减少矿石贫化。采用2号岩石炸药爆破，非电导爆管雷管微差起爆。主要借助于矿山主风机形成的负压和扩散作用进行采场通风，当进路较长时采用压缩空气或局扇进行采场加强通风。一般采用管缝式锚杆或锚杆钢丝网对采场进行支护，锚杆长度为 1.8 ~ 2.0m，直径为 40mm，网度为 (0.8 ~ 1.2)m×(0.8 ~ 1.2)m，钢丝网网格为 50mm×50mm。在上盘主断层破碎带直接顶板，除锚杆钢丝网支护外，还采用长锚索进行预先加固。锚索孔深度为 8 ~ 15m，排距为 2.8m，孔底距 1.5m，孔径为 58mm，锚索为 $\phi24mm$ 的废旧钢丝绳。

采用斗容为 1.5m³ 的 EST－2D 型电动铲运机进行采场出矿。最大运距为 130m，实际平均运距为 90m。

（3）采场充填。一期进路采用分级尾砂胶结充填，其灰砂比为 1:10；二期进路和分层巷道采用分级尾砂非胶结充填。所有进路和分层巷道顶部 0.3 ~ 0.4m 的空间用灰砂比为 1:5 ~ 1:6 的胶结充填料进行充填接顶，以利上分层无轨设备的运行和降低矿石损失与贫化。对于第一分层的进路和底柱上的其他巷道，均采用灰砂比为 1:4 的尾砂胶结充填料充填 1.2m 的高度，以利底柱回收。

为提高充填接顶率，采取了如下措施：

1）进路分 3 次充填，首先充填进路高度的 50% ~ 60%；待脱水初凝后，进行第二次充填，其充填面高度达到进路高度的 90%；第二次充填料初凝后，进行接顶充填。

2）进行回采凿岩爆破时保持进路采场的平直，横向断面稍呈拱形，并在顶板中央形成一条高 0.3 ~ 0.4m 的纵向小槽，以利于进路充填接顶。

3）提高和稳定充填料的浓度，保持质量分数大于 70%；在充填管道上安装放水阀，将清洗管道水排于进路采场之外。

4）分级尾砂中的含泥量应小于 15%，以提高充填料的脱水性。

5）增加充填挡墙的脱水面积，当进路较长或顶板里高外低时，增设脱水管，并将其末端悬吊于进路顶板的最高处，既提高脱水效果，又在接顶充填时起到排气和排出溢流水的作用，当溢流水中含有较多泥砂时，表示充填基本接顶。

（4）主要技术经济指标。台车凿岩效率：75 ~ 90t/(台·班)；铲运机出矿效率：75 ~ 90t/(台·班)；采矿损失率：7.51%；采矿贫化率：8.64%。

6.1.5.4 矾山磷矿上向进路充填法

矾山磷矿矿体赋存在矾山杂岩体中，东西长 1718m，南北宽 1480m，标高 591 ~ 128m 范围内，其中 Ⅱ 矿体厚度为 13.5m，Ⅲ 矿体厚度为 6m。矿体总体走向北东，两端分别向北及北西；倾角 40° ~ 25°，平均 30° 左右，为向岩体中心缓倾斜的向南突出的月牙弯曲状或半盆状的似层状矿体。Ⅲ 矿体位于 Ⅱ 矿体下盘，Ⅱ 矿体和 Ⅲ 矿体之间有 0 ~ 7.5m 的夹石。Ⅱ 矿体及其顶板矿岩节理较发育，硬度系数 f = 5 ~ 7 稳固性处于中等稳固至不稳固之间。夹石岩性为云斑状辉石正长岩，质地坚硬，硬度系数 f = 12 属于稳固岩石。但 Ⅲ 矿体和底盘处于较软的黑云母岩中，硬度系数 f = 2.3 ~ 2.8，矿岩属于不稳固矿岩。

矾山磷矿西区属于高水位区，水文地质条件中等偏复杂。从上至下岩层分布为：上覆第四系的全新统砂砾卵石潜水含水层 (Q_4) 和上更新统黄土砾石承压含水层 (Q_3)，上更新统下部 (Q_3) 杂色亚黏土层和中更新统上部红色黏土层，属于良好的隔水层以及中更新统底部含黏性土砾石承压含水层 (Q_2)。中更新统底部含黏性土砾石承压含水层 (Q_2)，地下水位标高 750 ~ 745.8m，含水层厚约 20m，承压水头达 150 ~ 160m，与基岩风化带直接接触。Q_2 含水层需要有效保护，不得疏干，因此委托长沙矿山研究院研究应用上向分层进路与上向分层点柱式充填采矿法。

根据矿体稳固性条件,在矿岩基本稳固至不稳固的Ⅲ号矿体采用上向进路充填采矿法,在矿岩稳固的Ⅱ号矿体采用点柱式上向水平分层充填采矿法,形成上向进路分层与上向点柱式分层联合充填采矿法。

(1)采场构成与采准工程。采场沿矿体走向布置,走向长为60m,高度为中段高度45m,宽为矿体厚度,底柱高6m,不设顶柱。

Ⅲ号矿体水平厚度为11~12m,布置3条进路,进路规格3m×4m或3m×3m(高×宽),靠近上盘稳固段可取3m×4m,靠近下盘不稳固段取3m×3m。

采用脉外无轨采准系统,采准工程包括分段沿脉、采场联络道、顺路溜井、脉外溜井、充填回风井,切割工程有切割平巷(图6-7)。

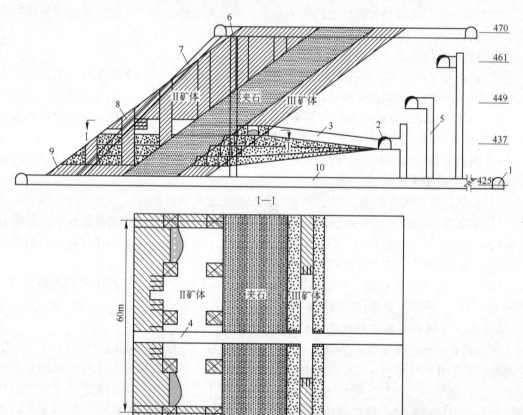

图6-7 矾山上向进路分层与上向点柱式水平分层联合充填采矿法

1—沿脉运输巷;2—分段联络道;3—分层联络道;4—切割平巷;5—溜矿井;
6—顺路溜井;7—充填回风井;8—点柱;9—底柱;10—穿脉巷

(2)回采工艺。Ⅲ号矿体的上向进路分层充填采矿法自下而上,以巷道掘进的方式进行回采,在进路掘至设计位置后再进行充填。每一水平分层布置若干条进路,按间隔或逐条进路的顺序回采,整个分层各条进路回采充填后,再回采上分层进路。

凿岩:凿岩采用BOOMER281凿岩台车,钻凿水平炮孔,孔深3.8~4.0m,孔间距0.8~1.0m,排距0.6~0.8m,3m×4m或3m×3m全断面一次回采。

爆破:采用人工装填2号岩石乳化炸药、半秒延期导爆管雷管起爆,起爆器配导爆管非电击发针击发导爆管雷管。落矿采用控制爆破技术，周边炮孔采用空气间隔不耦合装药，用导爆管雷管实现全断面一次起爆。为有利于充填接顶，也可在进路顶板中央上方0.3m左右增加一个炮孔，使之形成一条小槽。

通风：进路在爆破结束后即进行通风。采用上向风流贯通式通风，采区斜坡道—分段沿脉—采场联络道—采场—充填回风井—上中段水平穿脉—上中段水平回风沿脉—回风井，排出地表。采场通风主要借助于矿山主风机形成的负压和扩散作用；局部采用 3.5 ~ 5.5kW 的局扇辅助通风，确保良好的采场作业环境。

顶板管理：撬毛松石；局部出现不稳固时，采用管缝锚杆，锚杆长 2.0 ~ 2.2m，网度为 $(0.8 ~ 1.2)m \times (0.8 ~ 1.2)m$，或采用锚杆 - 钢筋网等组合支护方式。

出矿：采场出矿采用矿山已有的斗容 $1.5m^3$ 的电动铲运机，将矿石铲运至采区脉外溜井或顺路溜井。经电机车运至主溜井。铲运机下铲作业时，要做到用力均匀，运行平稳，避免破坏充填体表面，最大限度地降低二次贫化。分层回采结束后，清理采场，减少遗留矿石，降低损失。

自上盘至下盘逐条进路回采。当一条进路采完后，进行充填，达到养护期后，回采下一条进路，循环进行。Ⅱ、Ⅲ号矿体同时进行回采作业，但Ⅲ号矿体的最后一条进路的充填作业应超前Ⅱ号矿体，或与Ⅱ号矿体采场充填作业同时进行。

（3）采场充填。采用分级尾砂胶结充填。进路回采结束后，即可进行充填准备工作，在进路与联络通道相接处出口，采用土工布制作滤水挡墙。充填管由充填回风井下放到进路内，较长的进路架设两根塑料充填管，实现多点排放，确保充填面平整，对整个进路实施接顶充填。每条进路分三次进行充填，前两次每次充填 1.2m 左右，料浆质量浓度为65% 左右，其灰砂比为 1:10；第三次充填顶部 0.4 ~ 0.5m，料浆浓度为 65% 左右，其灰砂比为 1:8（强度大于 2MPa）。

充填接顶：进路顶板坡度控制在 3% ~ 5%；在进路顶板中央上方 0.3m 左右增加一个炮孔，使之形成一条小槽以利于充填接顶；采取多次充填方式。

进路充填体达到要求的养护期后，进行相邻进路回采作业，进入下一轮采充循环。

（4）主要技术经济指标。矾山矿进路充填采矿法主要技术经济指标见表 6 - 3。

表 6 - 3　矾山上向进路分层与上向点柱式分层联合充填采矿法主要技术经济指标

采场生产能力 /t · d^{-1}	凿岩台车效率 /m · (台 · 班)$^{-1}$	铲运机出矿效率 /t · (台 · 班)$^{-1}$	采矿工人劳动生产率 /t · (人 · 班)$^{-1}$	采切比 /m^3 · kt^{-1}	采矿贫化率 /%	采矿损失率 /%
400	400	200	5.0	31.62	6.28	20.54

6.2　机械化上向分层充填采矿法

主要应用条件：矿体形态分支复合频繁、倾斜中厚矿体、矿体中等稳固或稳固、围岩稳固性较差或矿区环境复杂的难采矿床类型。

上向分层充填采矿法是采用分层的方式自下而上实行分层回采和充填的采矿方法。包括普通分层充填采矿法和机械化分层充填采矿法。机械化上向分层充填采矿法是在普通分层充填采矿法基础上发展起来的一种高效率分层充填采矿方法，与普通上向分层充填采矿法的主要区别在于采用无轨自行设备及其与之相适应的采准系统。

该采矿方法通过分层回采方式，较好地适用于各种复杂的矿体形态，以及不稳固的围岩条件。通过无轨机械化作业，可以获得高的采矿效率；采用上向回采顺序，充填成本相对下向回采方式较低。但因在较大的采场顶板下作业，要求矿体稳固性较好。因此，机械化上向分层充填采矿法是一种效率高、成本相对较低、能够较好地适应难采矿床条件的采矿方法。

机械化上向分层充填采矿方法以井下无轨采矿装备为支撑，大幅提高了采场综合生产能力和劳动生产率，比普通上向分层充填法提高3~9倍；并能有效降低采矿成本，尤其是在发达国家人工成本在采矿成本中所占比重较高时，降低采矿成本的幅度可达50%以上。但目前国内仍有较多应用机械化上向分层充填法的矿山仅采用铲运机出矿，无轨设备的配套作业程度还较低。因此，国内矿山通过应用成套的无轨采矿设备，是提高劳动生产率、减轻劳动强度、降低采矿成本和提高市场的竞争能力有效途径。

6.2.1 典型方案

机械化分层充填采矿法的应用方案主要有机械化上向分层充填采矿法、机械化盘区上向分层充填采矿法、机械化脉内采准上向分层充填采矿法、机械化点柱上向分层充填采矿法。

6.2.1.1 机械化上向分层充填法

机械化上向分层充填采矿法是指沿矿体走向布置长采场，采用无轨机械化进行采矿作业的分层充填采矿方法（图6-8、图6-9）。该方法是机械化上向分层充填采矿法的一种典型应用方案，一般在矿体厚度小于15m、最大厚度不大于20m的条件应用。

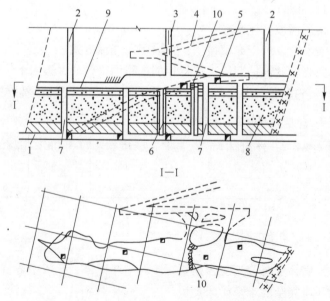

I—I

图6-8 红透山铜矿机械化上向水平分层充填采矿法

1—阶段运输巷道；2—通风井；3—设备材料井；4—斜坡道；5—分层联络道；6—溜矿井；
7—行人滤水井；8—充填体；9—尾砂胶结层；10—充填挡墙

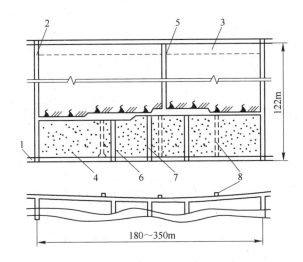

图 6-9　汤普森镍矿机械化上向水平分层充填采矿法
1—阶段运输巷道；2—人行通风天井；3—顶柱；4—尾砂充填体；
5—充填井；6—滤水井；7—设备材料井；8—溜矿井

沿矿体走向布置的分层采场长度一般为 100~300m，个别矿山达 760m，采场宽度一般为矿体厚度。采场规模随着无轨自行设备的大型化，以及锚杆、锚杆钢丝网和长锚索的广泛应用而加大，采场面积往往达到 1000~2000m²，部分矿山的采场面积高达 4000m²。红透山铜矿采场面积 1600~1800m²，加拿大国际镍有限公司的汤普森镍矿平均 1200m²，澳大利亚芒特 - 艾萨矿为 1100~2100m²、科巴铜矿为 1400~3800m²，瑞典波立登公司的乌登铅锌矿最大达 4000m² 以上，将整个矿体作为一个采场进行开采，不留矿柱，也被称为全面上向水平分层充填法。采场结构的大型化不仅充分发挥了无轨自行设备的效率，而且简化了矿体的开采步骤及其回采与充填工艺，提高了矿石回采率，降低了矿石贫化率，并且简化了采准系统，减少采准工程量；上向孔凿岩工作线长，能实现集中凿岩，从而提高了凿岩台车的效率；另外，满足矿山生产能力所需的采场数和作业阶段数相应减少，从而减少了开拓和采准工程的投入，并达到集中作业的目的。

6.2.1.2　机械化盘区上向分层充填法

机械化盘区上向分层充填采矿法由 3~5 个分层采场组成一个作业盘区（图 6-10），采用一套无轨设备，按凿岩、爆破、出矿、充填工序在盘区内顺序作业，是一种可以充分发挥无轨自行设备效率的机械化上向分层充填采矿法。一般垂直走向布置采场，采场长度为矿体厚度，分为矿房和矿柱（或 I 期采场和 II 期采场）按两步骤回采。主要应用于倾斜中厚、分枝复合频繁、产状复杂多变的形态难采矿体，或矿体稳固围岩不稳固的急倾斜难采矿床。

国内于 20 世纪 80 年代由长沙矿山研究院与凡口铅锌矿合作成功地研究开发该方法，由 3~5 个采场组成一个作业盘区，矿房和矿柱的宽度均为 8m。澳大利亚布罗肯 - 希尔铅锌矿由 3 个采场组成一个作业盘区，矿房宽为 10.1m，矿柱宽为 6.4m；加拿大汤普森镍矿由 5 个采场组成一个作业盘区，矿房宽度为 10m，矿柱宽度 6~7m。

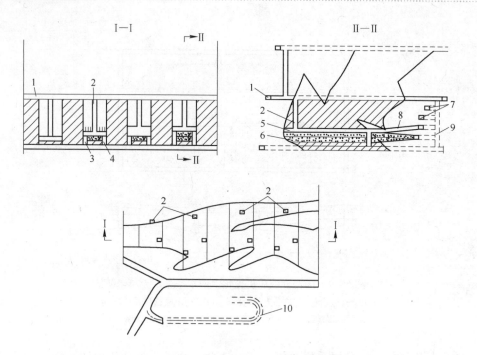

图6-10　凡口铅锌矿机械化盘区上向水平分层充填采矿法
1—阶段回风平巷；2—采场充填井；3—滤水井；4—顺路溜矿井；5—分层采场；
6—充填体；7—分段巷道；8—分层联络道；9—脉外溜井；10—阶段斜坡道

6.2.1.3　机械化脉内采准上向分层充填法

机械化脉内采准上向分层充填采矿法的主要特点是在脉内布置采准系统（图6-11）。一般在沿走向布置长采场方式时应用脉内采准系统，按照机械化上向分层充填采矿法的工艺要求，以分层采场为单元自下而上实施回采与充填作业；随着分层回采作业向上推进，顺路架设溜矿井和人行泄水井。也可以按3~5个分层采场组成一个作业盘区布置脉内采准系统，按机械化盘区分层充填采矿法的工艺要求，采用一套无轨设备，按凿岩、爆破、出矿和充填交替平行作业。

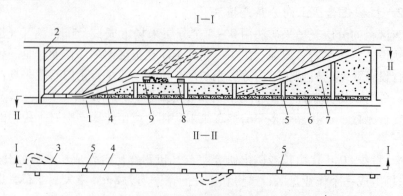

图6-11　金厂沟梁金矿脉内斜坡道采准机械化分层充填采矿法
1—阶段沿脉运输巷道；2—天井；3—斜坡道联络道；4—采场内斜坡道；5—溜矿井；
6—人工假底；7—充填体；8—凿岩台车；9—铲运机

一般应用于较薄的矿体或沿矿体走向的部分较厚大矿段，以解决无轨机械化采矿方法与采准比大的矛盾。为了在这些难采条件下减少采准工程量，美国 Drayo 公司采用了在采场充填体上构筑斜坡道的方式，在急倾斜薄矿脉矿山成功应用。国内由长沙矿山研究院结合鸡笼山金铜矿开展了机械化脉内盘区上向分层充填采矿法的试验研究（图 6 – 12），在不开掘中段斜坡道的条件下，对部分矿段成功地实施了机械化盘区分层充填采矿法，取得很好的应用效果。

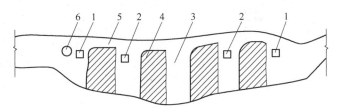

图 6 – 12　鸡笼山金铜矿机械化脉内盘区上向水平分层充填采矿法
1—人行天井；2—溜矿井；3—矿房；4—矿柱；5—采场联络道；6—设备井

6.2.1.4　机械化点柱上向分层充填法

机械化点柱上向分层充填采矿法是将房间矿柱分割为若干方形或圆形矿柱，这些矿柱不予回收，作为永久损失，使两步骤回采变为单步骤回采，并采用无轨采矿设备作业的分层采矿方法（图 6 – 13、图 6 – 14）。该方法实际上是机械化上向水平分层充填采矿法的变形方案，其采准系统、回采工艺和充填工艺基本相同，不同之处在于留有点柱作为永久支护。一般应用于矿石价值相对较低、围岩不稳固或水文条件复杂的难采矿床。点柱上向分层充填采矿法的采场布置不完全受矿体厚度的制约，需考虑矿房中点柱的合理布置。因此，在一些厚度大于 25～30m 的矿体条件下，仍沿矿体走向布置采场，采场长度一般为50～100m。矿体厚度大于 30m 时，一般垂直走向布置采场，或由 2～3 个采场组成一个盘区。

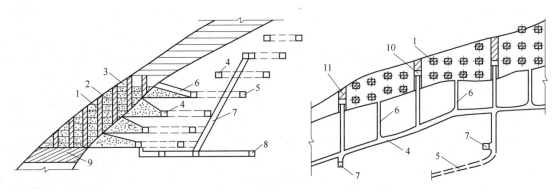

图 6 – 13　三山岛金矿机械化点柱上向分层充填采矿法
1—点柱；2—充填体；3—分层采场；4—分段巷道；5—斜坡道；6—分层联络道；
7—溜矿井；8—阶段运输巷道；9—顶柱；10—通风滤水井；11—间柱

点柱上向分层充填采矿法自 1965 年在澳大利亚芒特 – 恰洛特金矿首先使用以来，相继在加拿大鹰桥镍公司的斯特拉思科纳（Strathcona）镍矿和国际镍公司的科里曼镍铜矿、澳大利亚王岛多尔芬（Dolphin）白钨矿、印度达里巴铅锌矿和莫萨尔尼矿山集团的苏达

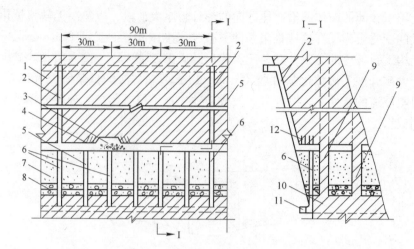

图 6-14　达里巴铅锌矿机械化点柱上向分层充填采矿法

1—矿体；2—通风充填井；3—崩落矿石；4—炮孔；5—人行滤水天井；6—溜矿井；7—尾砂充填体；
8—尾砂胶结充填体；9—点柱；10—底柱；11—阶段沿脉巷道；12—锚杆

铜矿、赞比亚的莫富利纳铜矿，以及中国三山岛金矿等矿山采用。由于矿房中点柱和采场之间的间柱（盘间矿柱或壁柱）不再回采，故可采用非胶结或低标号胶结充填，使充填成本大幅度降低。但是由于点柱不回收，因而矿石损失率高，一般在 20% 以上。

6.2.2　采准系统

无轨采准系统是机械化上向水平分层充填采矿法的代表性工程，主要包括满足无轨设备通行要求的斜坡道、分段沿脉巷道、分段联络巷道、分层联络巷道，以及溜矿井、通风井、充填井、滤水井等。除脉内采准方式外，斜坡道、分段沿脉巷道、分段联络道、分层联络道等工程一般布置在脉外，通风天井、充填井、滤水井布置在脉内，溜矿井有布置在采场充填体内和脉外围岩中两种方式。溜矿井布置布设的位置，以及溜矿井的间距和数量，需根据所采用的铲运机的最佳运距和溜矿井的最大通过量综合比较确定。采用铲运机出矿时，从回采工作面至溜矿井的最大运距不应大于 150m，否则需要采用井下自卸卡车。

采场内顺路溜矿井具有运距短，铲运机效率高、出矿成本低的特点，但需大量的构筑材料，在回采过程中增加了架设溜矿井的工序，并且每一溜矿井的通过量一般只有 10 万吨左右。对于面积大、阶段高的采场，溜矿井担负的矿石量太大，设于充填体中的顺路溜矿井通常在采场回采结束之前就被损坏。因此，对于这类大采场采用脉外溜矿井就显示了它的优越性。加拿大汤普森镍矿阶段高度为 122m，采场长度 305m，在距矿体 7.6～12.2m 的下盘围岩中布置 3 个溜矿井，这些溜矿井随着向上回采逐步上掘而成；澳大利亚芒特-艾萨矿，阶段高度 116m，溜矿井曾设在充填体内，尽管采用耐磨的厚锰钢板，溜矿井亦不能服务到采场回采结束，后改为布置在距矿体约 6m 的下盘围岩中。采场内顺路溜矿井主要有钢溜井、混凝土和钢筋混凝土现场浇灌或钢筋混凝土预制件构筑的溜矿井几种形式。目前国内外矿山广泛采用钢溜井，它具有制作简单，安装方便、快速、架设效率高，且不易被矿石击坏、溜矿效果好等优点。国外矿山几乎全部采用钢溜井。钢溜井由 3～4 块弧形钢板用螺栓连接而成，材质一般为高强度耐磨锰钢板，厚度应根据所需通过的矿石量确定，各段溜井采用不同厚度，一般为 6～14mm。

无轨采准系统充分发挥了无轨自行设备的效率，便于人员、材料和各类无轨自行设备直接进入各回采工作面，有效地提高劳动生产率。斜坡道是无轨采准系统的干系工程，其形式有折返式和螺旋式两种。前者倾斜升高部分是直线段，转弯部分一般为水平或缓坡；后者在整个线路上没有直线段，这是两者的主要区别（图 6-15、图 6-16）。

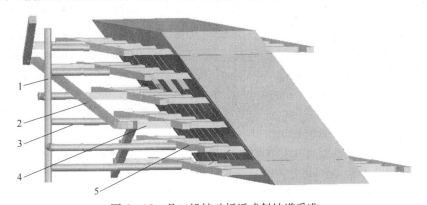

图 6-15　凡口铅锌矿折返式斜坡道采准
1—阶段溜井；2—折返式斜坡道；3—溜井联络道；4—分段联络道；5—分层联络巷道

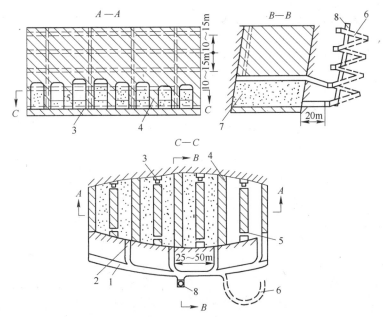

图 6-16　加拿大莱瓦克镍矿螺旋式斜坡道
1—分段巷道；2—分层联络巷道；3—充填井；4—房间矿柱；5—联络道；
6—螺旋式斜坡道；7—充填体；8—溜矿井

国内外各矿山的生产实践表明，折返式斜坡道的优点较多，故广为采用。主要优点包括：斜坡道线路便于与矿体保持固定距离；比较容易掌控施工，使质量达到设计要求；司机视野较好，通过水平或缓坡段时，无轨设备行驶速度较快、较安全；无轨设备行驶平稳，轮胎磨损较小，废气排出量相对较小；路面易于维护。其缺点是工程量较大。螺旋式斜坡道的优缺点正好与其相反。

阶段分支斜坡道主要是作为各类无轨自行设备和辅助车辆进入回采工作面的通道。即使采用脉外溜矿井，溜矿井一般布置在分段巷道或联络巷道附近，采场矿石运输一般不通过斜坡道或通过的路线很短。因此，分支斜坡道的坡度较大，一般为14%~20%。

采用脉内采准方式时，不设分段巷道和分段联络巷道；斜坡道和分层联络巷道均设在脉内，溜矿井设在脉内或紧靠矿体。美国Drayo公司采用的脉内采准系统只在矿体内开掘斜坡道起始段和结束段，斜坡道的主体部分构筑在采场充填体上，即斜坡道从阶段沿脉运输巷道进入下盘（或上盘）围岩，以上坡绕道到底柱的顶部进入矿脉；随着回采向上推进，回采与充填工作面到达顶柱时，斜坡道又一次进入下盘或上盘，绕道上行进入上阶段运输巷道；从斜坡道两端掘进天井形成采场拉底切割巷道。长沙矿山研究院针对鸡笼山金铜矿设计的脉内盘区无轨采准系统，在一个采场内布设一条斜坡道，从上中段的运输水平贯穿到回采中段的拉底水平；由拉底水平开掘沿矿体下盘或上盘的脉内分层联络道，连通盘区内各个采场及脉内斜坡道和溜矿井；随着分层采场的回采与充填，在充填体内将消失的脉内斜坡道构筑成顺路斜坡道；进行二步骤回采时，其沿脉联络道穿过一步骤充填体，与一步骤联络道对应布置。采用这种方式在不开掘中段斜坡道的条件下，在沿矿体走向的部分矿段内成功地实施了机械化盘区分层充填采矿法。

6.2.3 回采工艺

6.2.3.1 凿岩与爆破

机械化上向水平分层充填采矿法凿岩有水平孔凿岩方式和上向孔凿岩方式。通常采用单机或双机液压凿岩台车进行采场凿岩，其凿岩效率较高，为上向分层充填采矿法实现高效率和高强度采矿提供了支撑。凡口铅锌矿采用MONOMATIC HS105X型上向自动接杆凿岩台车，配HL538型液压凿岩机钻凿上向炮孔，凿岩台车平均效率为96m/(台·班)，每米炮孔崩矿量为7.45t/m；瑞典乌登铅锌矿采用一台BoomerH132型液压凿岩台车配COP1038型液压凿岩机，担负年产36万吨矿石量的上向水平分层充填法采场的全部炮孔的凿岩任务，实际凿岩能力可以达到45万吨/年以上。但目前在我国采用铲运机出矿的上向分层充填采矿法矿山，仍较多地使用YSP-45型、7655型手持式凿岩机凿岩，致使采场生产能力和劳动生产率难以有效提高。

上向分层采矿法的炮孔直径一般为38~55mm；炮孔排列方式以梅花形排列为主，以利于提高炸药能量利用率和改善爆破质量，最小抵抗线一般取25~30倍炮孔直径；炮孔间距一般取1~1.5倍最小抵抗线。

采用铵油炸药、乳胶炸药或2号岩石炸药进行爆破落矿，非电导爆管起爆，炸药单耗量一般为0.21~0.25kg/t。标准配置的机械化上向分层充填采矿法采用台车进行装药。但国内只有少数矿山采用装药车，大多数上向水平分层充填采矿法矿山仍为人工装药，效率低，劳动强度大。国内外部分矿山的凿岩爆破参数见表6-4。

表6-4 国内外部分矿山的凿岩爆破参数

矿山名称	凿岩爆破参数				
	分层高度/m	炮孔深度/m	炮孔间距/m	炮孔直径/mm	炮孔倾角/(°)
中国凡口铅锌矿	4.0	4.0~4.5	1.2~1.5	50	85~87
中国红透山铜矿	3.0	3.6	1.4~1.5	38	75~80

矿 山 名 称	凿岩爆破参数				
	分层高度/m	炮孔深度/m	炮孔间距/m	炮孔直径/mm	炮孔倾角/(°)
中国黄砂坪铅锌矿	2.0	2.0	0.8~1.2	38	80~85
中国金川龙首矿	2.0	2.0~2.5	1.4~1.6	40	水平孔
瑞典乌登铅锌矿	4.7	5.0	3.0	43	65
加拿大汤普森镍矿	3.6	4.0		35	65
加拿大莱瓦克镍矿	3.0	3.6	1.5	50	65
澳大利亚芒特-艾萨矿	3.7	4.4	1.36	48	65
澳大利亚科巴铜矿	4.5	5.4	1.5	51	65

采场爆破有小循环爆破方式和分区大爆破方式。水平孔均为小循环爆破,即沿采场钻凿一面水平炮孔后就实施一次爆破,然后进行顶板管理和出矿,依次循环直到分层采场回采结束。上向孔可以采用小循环爆破方式或分区大爆破方式,并以分区大爆破方式为主。上向孔小循环爆破方式以一到两排炮孔作为一个循环单元依次凿岩爆破,直到分层采场回采结束。上向孔分区大爆破也被称为分区控制爆破,往往是将分层采场的炮孔一次钻凿完成,然后按两排以上的炮孔作为一个控制爆破分区,依序起爆直到分层采场回采结束,或将分层采场作为一个爆破区,将采场炮孔一次性实施控制爆破。

采场爆破是分层充填采矿法回采过程中的核心工艺和关键工序,直接关系到采矿效率、生产能力和采场安全。为此,近年来长沙矿山研究院的研究人员开发了几项有利于提高爆破质量和效率的上向孔采场控制爆破技术。

A 多排孔微差控制爆破

多排孔微差控制爆破的全称为多排上向孔同段分区微差控制爆破,是指将两排以上的上向炮孔作为一个起爆单元,采用同一段起爆,各起爆单元间则微差控制起爆。这种起爆方式能使爆炸能量相互叠加和补充,改善爆破效果,有利于获得较好的爆破块度。但是,如果同时起爆的炮孔排数偏多,一次同时起爆的药量太大,将会产生较大的爆破震动,不利于采场的安全稳定,尤其不利于充填体的安全稳定。因此,有必要在爆破前对允许同时起爆的最大药量 Q_{max} 进行评估,以确定可以同时起爆的炮孔排数。

通过爆破震动产生破坏作用的质点振动峰值速度 v 与起爆药量 Q 之间的一般关系可以由式(6-1)确定:

$$Q = \left[\left(\frac{v}{K} \right)^{\frac{1}{\alpha}} R \right]^3 \tag{6-1}$$

式中, Q 为同时起爆药量; v 为质点峰值振动速度; R 为测点距爆心的距离; K、α 为衰减系数。

充填体对爆破震动产生的破坏比较敏感。因此,针对分层充填采矿法可以将充填体遭受破坏时的临界起爆药量作为最大起爆药量 Q_{max}。

式(6-1)中的 K、α 系数一般应该通过试验测定。但如果只测算 Q_{max} 的取值范围,K、α 值也可类比选取。根据一些矿山的实际经验,当充填体的强度确定时,充填体产生破坏的临界质量振动速度基本上为一个定值;对于尾砂胶结充填体单轴抗压强度为2~

4MPa 时，充填体产生破坏的临界质点振动速度约为 9.3~9.5cm/s。

B　采场分区微差控制爆破

采场分区微差控制爆破是指以分层采场为单元集中钻凿上向平行炮孔，按 A、B、C 多个分区设定控制爆破的技术参数（图 6-17），通过分区微差控制爆破技术将采场的掏槽炮孔与整个分层采场的回采炮孔进行集中起爆和大量崩矿。这种爆破方式有效解决分层回采作业循环多，导致采矿效率低、采场生产能力小、回采爆破大块多和采场顶板不平整的问题，实现集中凿岩、集中爆破和集中出矿的强化回采，可以提高采矿效率和采场生产能力，改善爆破效果和降低大块产出率，改善采场顶板平整度和减少顶板管理工作量，提高安全生产保障程度。

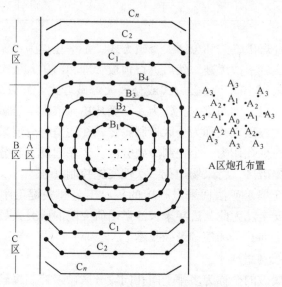

图 6-17　分层采场量落矿控制爆破炮孔布置图

图 6-17 的 A 区炮孔最小抵抗线 200~600mm；B 区炮孔最小抵抗线 600~900mm，孔间距离 800~1300mm；C 区炮孔最小抵抗线为 900~1300mm，孔间距 1000~1500mm。

A 区采用葫芦形掏槽技术，其技术特征为在设计的掏槽范围的中央设计孔径为 $\phi 60$~100mm 的大孔 A_0 不装药，为 A_1 掏槽孔提供爆破自由面。A_1 孔只在孔底的二分之一段装药，最先起爆，将爆破能集中孔底，爆破破坏区形成葫芦形状。A_2、A_3 孔全孔装药，同号孔同段起爆。B 区为同圈孔同段起爆，C 区为每 1~4 排孔同段起爆。

C　界面控制爆破技术

二步矿柱回采时，矿柱经过了一次爆破震动，其强度和完整性受到了影响，一般地在矿柱采场边界 1.5m 左右的范围内，矿石明显存在裂隙。矿柱采场至少有两面为胶结充填体，其强度远远低于矿体的强度。因此，矿柱采场的回采爆破不但要求控制好爆破块度，更为重要的是要减少回采爆破作业对充填体的破坏作用，以利于维护充填体的自立稳定，确保采场作业安全，并减少因充填体垮塌混入矿石造成的二次贫化或因矿石未被崩落造成矿石损失。

矿柱采场回采爆破难度更大，要求更高，长沙矿山研究院为此研究并应用了界面控制爆破技术。该技术的应用条件是被采矿柱边孔的一侧为力学强度较高的矿石，另一侧为力学强度较低的充填体。当边孔爆破后，爆炸能量经过一段时间到达矿体与充填体的界面。当爆炸能量在经过两种物理力学性能不同的介质的界面后，在分界面发生透射和反射，一部分从界面反射回来进入矿体内，另一部分透过交界面进入胶结充填体介质中。因此，要避免矿柱采场爆破作业对充填体产生破坏作用，关键是控制进入胶结充填体中的爆炸能量所产生的破坏作用，同时要求使界面处的矿石破碎成合格的块度，这就是界面控制爆破技术的控制目标。

当矿柱采场的边孔爆破时，爆炸冲击波首先在炮孔周围形成粉碎圈，其范围为装药半径的 2 倍左右；在岩体中形成的冲击波作用范围很小，很快衰减成应力波；应力波的作用范围较大，一般为 120～150 倍装药半径。边孔附近的矿岩节理裂隙较为发育，爆炸气体的准静态作用通过裂隙很快释放。因此，矿柱采场边孔起爆后，爆炸冲击波和爆炸气体的准静态作用只对边孔附近的矿岩体产生破坏作用，几乎不对充填体造成破坏，主要是爆炸应力波对充填体产生破坏作用。爆炸应力波到达矿岩体与充填体界面时，一部分应力波反射回矿岩体中，另一部分应力波透射进入充填体。因此，界面控制爆破的基本原理是：爆破的入射波应力和反射波应力的叠加应力大于矿岩动载强度，从而使界面处的矿岩破碎；同时使进入充填体的透射波产生的应力小于充填体的动载强度，以确保充填体安全稳定。

界面控制爆破技术的实质是寻求合理的边孔距离。如果边孔距离太大，界面处的矿岩体不能获得充分的爆炸能量而不能充分破碎，使一部分矿岩体不能被崩落下来而造成矿石损失；如果边孔距离太小，势必增加进入胶结充填体的透射爆炸能量，造成充填体破坏，使充填体产生片帮冒落，造成矿石的二次贫化，严重时甚至会出现充填体大量垮塌而导致采场发生安全事故。一般地，已经弱化的矿柱矿体不但受到入射应力波和爆炸气体的准静态作用，还受到界面处的反射应力波的作用，使界面一侧的矿体较易破碎。因此，界面控制爆破最关键的问题是如何确保充填体不受破坏，以维持充填体的自立稳定。这就要求进入充填体的透射波产生的应力 $\sigma_{透}$ 小于充填体的动态抗压强度 $\sigma_{充}$，即：

$$\sigma_{透} \leqslant \sigma_{充} \qquad (6-2)$$

考虑到爆炸力学过程是一个极其复杂的过程，为了简化透射应力 $\sigma_{透}$ 的求解，一般作如下假设：

（1）矿体与胶结充填体均为各向同性弹性体，其界面是一个规整的平面，相互紧密接触。

（2）药包视为球状药包，爆炸应力波到达界面时，按垂直入射计算应力波的反射，不考虑应力波的二次反射与透射。

（3）爆炸应力波载荷按一维应力波理论计算。

通过以上简化，根据爆破地震波质点峰值振动速度理论及一维应力波理论，可以获得爆炸应力波到达界面垂直入射时产生的透射应力为：

$$\sigma_{透} = \frac{\gamma_1 c_1 v_1 \gamma_2 c_2}{5g(\gamma_1 c_1 + \gamma_2 c_2)} \qquad (6-3)$$

式中，γ_1、γ_2 分别为矿体、胶结充填体的密度，g/cm^3；c_1、c_2 分别为矿体、胶结充填体的纵波传播速度，cm/s；v_1 为矿体质点的峰值振动速度，cm/s；g 为重力加速度。

6.2.3.2　采场出矿

机械化上向水平分层充填采矿法采用铲运机出矿，运输距离一般不大于 150m。当运输距离太大时，则采用铲运机将矿石装入卡车再运出采场。

我国采用的铲运机斗容为 $1\sim6m^3$，多数矿山为 $1.5\sim3.0m^3$，柴油铲运机占 70% 以上。柴油铲运机存在废气、噪声和温度高等问题，致使矿山通风风量和通风消耗的能源急速增长。瑞典波立登公司乌登铅锌矿针对柴油铲运机出矿条件下矿山通风电耗进行分析表明，为了达到良好的采场通风效果，其通风电耗占到全矿用电总量的 47%，而人员、矿石与废石提升仅占 7%，凿岩占 9%，井下破碎占 1%。因此，电动铲运机在国内外充填法矿山的使用量逐年增加，其占有量约为 25%~30%。电动铲运机型号多，斗容由 $0.75\sim4.0m^3$ 不等，电缆卷筒容量已达 150m 以上，基本上能满足充填法的采场出矿要求；且设备利用率提高 20%~60%，维修费用降低 42%，作业环境得到较大改善，通风费用显著降低。但电动铲运机拖带电缆，致使它的机动性受到限制。

铲运机出矿效率受到采场规格、一次爆破量、矿石块度、运距、设备维护检修和配件供应情况等因素的影响，其差别较大（表 6-5）。

表 6-5 国内外部分充填法矿山铲运机出矿效率

矿山名称	铲运机型号与斗容		运输距离/m	出矿效率 /t·(台·班)$^{-1}$
	型 号	斗容/m³		
中国凡口铅锌矿	ST-3.5	2.7	25~30	388
中国康家湾矿区	WJD-1.5	1.5	15~20	133
中国三山岛金矿	ST-3.5	2.7	<150	161
加拿大莱瓦克镍矿	ST-4A	3.0	150~200	300
澳大利亚芒特-艾萨矿	ST-5	3.8	52	500
澳大利亚科巴尔铜矿	ST-5	3.8	76	680
瑞典乌登铅锌矿	ST-8	6.1	150~175	100t/h

6.2.4 采场顶板管理

机械化上向分层充填采矿法之所以能大幅度地提高采场生产能力和劳动生产率，不仅是采用了高效率的无轨自行设备，同时为充分发挥这些设备的效率，采用了较大的采场规格。回采分层高一般为 3m 左右，在矿岩较稳固条件下，分层高度可提高到 $4\sim5m$，控顶高度达 $7\sim8m$。但较大的采场规格对采场安全带来了不利影响，因此，必须加强顶板管理和进行预防性支护，并配有检查和处理顶板的服务车辆，以确保作业人员和设备的安全。

采场支护通常采用锚杆、长锚索支护方式，或长锚索锚杆、锚杆钢丝网、长锚索钢丝网、锚杆长锚索钢丝网等联合支护方式（表 6-6）。锚杆与长锚索的直径、长度和网度，需根据采场的地质条件确定。锚杆长度为 $2.0\sim3.5m$，直径为 $16\sim20mm$，布置网度为 $1.2m\times1.5m$ 或 $1.5m\times1.5m$；长锚索直径一般为 $15\sim25mm$，布置网度为 $3m\times3m$ 或 $4m\times4m$，有效长度为 $3\sim5$ 个分层高度，长锚索在孔内的剩余长度应不小于 3m。

表 6-6　国内外部分矿山上向水平分层充填法采场支护概况

矿 山 名 称	采场支护概况
中国凡口铅锌矿	锚杆支护或锚杆钢丝网联合支护；锚杆直径 25～38mm，锚杆网度 1.4m×1.5m，钢丝网网度 25mm×25mm
中国铜绿山铜矿	长锚索锚杆联合支护；长锚索直径 24.5mm，长度为服务 3～4 个分层高度，网度 4m×4m；锚杆为管缝式，直径 45～46mm，长度 1.6～1.8m，网度 0.9m×0.9m
中国凤凰山铜矿	长锚索锚杆联合支护；长锚索直径 15～25mm，孔径 60～70mm，孔深 8～10m，网度 4m×4m；锚杆为胀管式和管缝式，孔径 35mm，孔深 2m，锚杆网度 1.5m×1.5m
中国云锡老厂锡矿	长锚索锚杆联合支护；长锚索直径 22.5mm，长度 12～15m，锚固 3～4 个分层；锚杆直径 33mm，长度 1.5～1.9m
澳大利亚芒特-艾萨矿	锚杆钢丝网或长锚索锚杆联合支护；锚杆直径 16～19.5mm，长度 2.3～3.0m，网度 1.2m×1.2m 或 2.4m×2.4m；钢丝网网度 100mm×100mm；长锚索由 7 股 7mm 高拉力钢丝组成，长度 18m，孔径 50mm，孔距 2.4m，呈菱形布置
加拿大汤普森镍矿	锚杆钢丝网联合支护；锚杆长度为 2.4m，间距为 1.0m，呈棋盘式布置；钢丝网网度 102mm×102mm
加拿大斯特拉思科纳矿	锚杆钢丝网联合支护；锚杆长度 1.8m，直径 19.5mm；钢丝网网度 102mm×102mm

对于点柱式上向分层充填采矿法，矿柱（包括点柱和间柱）是顶板管理的一个重要方面，需要重点考虑。采场实测结果表明，矿柱实际仅支承上部岩层的部分负荷，同时允许矿柱有一定程序的变形和破坏。矿柱的承载强度随采场向上推进而逐渐降低，但回采工作面顶板的应力也将随之重新分配，施加给矿柱的载荷减小，使矿柱维持到回采结束而不致崩塌。

分层采场处于不同回采高度时，矿柱的实际承载状况为：（1）采场拉底，矿柱高度小于等于矿柱宽度，矿柱承载强度超过其承载负荷，安全系数大于 1；（2）继续向上回采，矿柱高度大于其宽度，矿柱承载强度随之降低，接近于外加载荷，安全系数接近于 1；（3）再继续向上回采，矿柱表层开始破裂，其承载强度已低于外加载荷，这时应力将重新分配，矿柱的大部分外加载荷转移到采场周边矿柱和围岩上，使矿柱强度与载荷之间保持平衡。一般地，矿柱出露在充填体外的最大高度小于 8m，其余部分均被充填体包裹，对矿柱施加横向侧压力，且浇面胶结料的水泥浆能渗入被破坏的矿柱裂隙中起到加固作用，均提高了矿柱的承载能力，使之维持到回采结束。点柱规格一般为 6m×6m（表 6-7）；间柱宽一般为 4～6m；顶底柱高度应根据矿体的厚度确定，一般为 8～12m，极厚矿体为 20m。

表 6-7　国内外部分矿山点柱上向分层充填点柱尺寸及其中心距

矿 山 名 称	矿柱尺寸/m×m	矿柱中心距/m	
		沿走向	垂直走向
中国三山岛金矿	6×6	20	18
中国凤凰山铜矿	φ5	15	
中国铜绿山铜矿	5×5	18	15
加拿大斯特拉思科纳镍矿	6×6	18	15
加拿大科尔曼镍铜矿	6×6	18	15

矿 山 名 称	矿柱尺寸/m×m	矿柱中心距/m	
		沿走向	垂直走向
澳大利亚基伊格艾连德舍叶季特矿	6×6	14	14
澳大利亚王岛多尔芬白钨矿	6×6	14	14
赞比亚木富利腊铜矿	8×8	18	16
印度苏达铜矿	(4~6)×(4~7)	17	13
印度达里巴铅锌矿	6×6	20	
印度摩沙巴尼铜矿	4×4	24	14
西班牙索特鲁矿	8.3×5	19.3	16
日本小坂铜矿	5×5	10~12.5	10~12.5
前南斯拉夫波尔铜矿	8×8	18	18

6.2.5 采场充填

机械化上向水平分层充填法的充填以管道水力输送充填工艺为主。通过管道水力输送工艺的高效、高能以及高度自动化，与回采工艺的高度机械化相匹配，实现采矿方法的综合效率最高。充填集料包括分级尾砂、全尾砂、天然砂、磨砂、废石和戈壁集料等。其中以分级尾砂为主，全尾砂的应用有快速发展的趋势；磨砂趋于淘汰；废石集料一般与细砂集料配合使用，且所占比例较小，主要是利用井下采掘废石；戈壁集料只在有条件的矿山选取应用。

根据回采方式的不同，一般选用如下几种采场充填方式：

（1）采用一步骤回采时，通常采用非胶结加胶结浇面充填。胶结浇面的目的是降低矿石损失率和贫化率，以及有利于铲运机作业，浇面层厚度为 0.4~0.5m，灰砂比一般为1:5。我国红透山铜矿、澳大利亚芒特 – 艾萨矿、瑞典乌登铅锌矿和加拿大汤普森镍矿等矿山均采用这种充填方式。

（2）采用两步骤回采时，矿房采场一般采用胶结充填，矿柱采场采用非胶结加胶结浇面充填。我国凡口铅锌矿、康家湾矿区和红透山铜矿深部矿体，以及加拿大汤普森镍矿厚大矿体、澳大利亚布罗肯 – 希尔铅锌矿等矿山均采用这种充填方式。当矿房采用非胶结充填时，在矿房与矿柱之间构筑混凝土或细沙胶结隔离墙，并进行胶结浇面充填。

胶结浇面层的单轴抗压强度一般不低于 4MPa。考虑到回采顶底柱构筑人工假顶时，其充填体单轴抗压强度不低于 5MPa，充填体的厚度一般不小于 5m。

采场充填的准备工作包括加高顺路溜矿井、人行滤水井，构筑充填挡墙以及脉内采准系统的脉内工程等。脉内顺路溜矿井、人行滤水井的架设，一般采用钢筒现场拼装焊接的方式，具有简单、高效和快速的优点，广为矿山采用。钢筒溜矿井的钢筒厚度，根据放矿量、矿石性质、块度和溜矿井倾角确定。斯特拉思科纳镍矿对不同厚度的钢筒溜矿井的放矿量进行实测表明：钢筒壁厚为 4.5mm，溜矿井角度为 90°时放矿量为 15 万吨，倾角为60°时放矿量仅 4 万吨；钢筒壁厚为 12.7mm，溜矿井角度为 90°时放矿量达 30 万吨。混凝土浇筑加高各种顺路井，虽有较多的缺点，但仍在部分矿山应用。充填挡墙设置在采场与联络道的交汇处。将采场划分为几个区进行回采时，在充填之前还需按区设置隔离墙。充填挡墙的构筑可就地选用材料，包括沙包、混凝土砌块等。脉内采准工程通常采用混凝土浇筑或混凝土砌块。

采场内的充填管道通常采用轻便的增强聚乙烯管。为确保充填质量和充填面平整，在采场内每隔一定距离应设一下料点，以减少料浆离析和保证充填料浆的流平。此外，充填过程中的引流水和洗管水应排到采场之外。

采场充填料的脱水一般采用渗透脱水方式，脱水构筑物有滤水井和滤水塔两种。滤水井的形式有井框式、钢筒和混凝土浇筑；滤水塔由金属网或钢筋焊制成圆筒，也可用荆条编织。滤水井和滤水塔外包多层滤水材料。滤水塔下端用塑料管与人行排水井或滤水井连通。

6.2.6　应用实例

6.2.6.1　凡口铅锌矿盘区上向分层充填法

凡口铅锌矿的矿体集中，产于走向长约1800m、宽约300m、深约900m的范围内，形成一个与两断层及其延伸方向重合的北东向主矿带。矿体走向长1300m，倾角为25°～70°，一般45°，厚度6～86m，平均23m。主要矿石类型为黄铁矿石、黄铁铅锌矿石，矿石含硫高达32%，单一黄铁矿石含硫最高达到42%，具氧化发热或自燃特性。深部矿体变缓变薄，呈缓倾斜至倾斜似层状产出。矿体围岩为中等裂隙状的较完整岩体，稳固性较好，围岩系数 f 一般为8～10，矿石系数 f 为4～17。上部矿床水文地质条件复杂，属于以溶洞充水为主、顶板直接层进水的复杂类型；深部矿床水文地质条件相对上部简单，属于以裂隙充水为主、含水层直接进水的中等类型。深部矿体赋存于深层含水层，含矿层位的顶底板围岩均为隔水层，要求采空区及时充填以保护顶板导水裂隙带不触动上部含水层的水力联系。

根据长沙矿山研究院对深部地压的实测表明，凡口铅锌矿深部地应力场分布具有如下特点：

（1）深部地应力场具有典型构造应力场的特点，三个主应力均为压应力，最大主应力方向接近水平，最大主应力与垂直应力之比为1.0～1.7。

（2）垂直应力接近于单位面积上覆岩的自重。

（3）通过对凡口铅锌矿矿岩力学参数的测试，采用脆性系数法、冲击能量指标、应变能储存指数、岩爆能量比、动态法和应力法等多种方法进行了岩爆倾向性评价，结果表明凡口铅锌矿矿岩均具有不同程度岩爆的倾向性；随着开采深度的增加，井下采掘过程中可能会出现片帮、冒顶等地压问题。

矿山针对倾斜矿体采用的采矿方法为机械化盘区上向水平分层胶结充填采矿法。该方法由长沙矿山研究院于20世纪80年代后期结合矿山条件开展试验研究，并在矿山成功推广应用。2002年，长沙矿山研究院针对深部矿床的开采条件，开展机械化盘区上向高分层充填采矿法试验研究取得成功，并应用于深部矿床开采，在高地应力条件下实现高分层充填采矿。

（1）采矿方法结构参数。阶段高度40m，分段高度8～9m，分层高度4～5m，底柱高7m。采场垂直矿体走向布置，矿房和间柱宽度均为8m，长度为矿体厚度，由3～5个采场组成一个盘区（图6-18）。考虑最大空顶距对出矿作业安全性的影响，最大空顶距控制在8m以内。

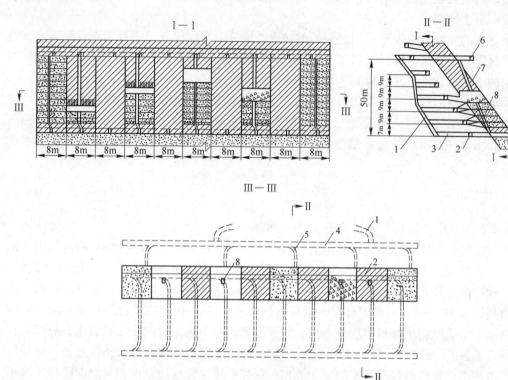

图6-18 凡口矿机械化盘区上向分层充填采矿法
1—斜坡道；2—中段运输平巷；3—中段溜井联络道；4—分层平巷；5—分层联络道；
6—上盘回风平巷；7—通风充填井；8—脱水井

（2）采准系统。采用无轨采准系统。采准工程包括斜坡道、脉外溜矿井、分段平巷、分层联络道和采场内通风、充填天井及脱水井等。

斜坡道布置在脉外下盘，坡度为18%，断面规格为3.4m×3.1m。

根据矿体倾角不同，分段平巷距矿体边界25~30m，断面规格为3.4m×3.1m，其弯道转弯半径20m。

每个采场均需布置分层联络道，将采场与分段平巷连通。分层联络道的断面规格为3.2m×3.0m。为了减少采准工程量，两个采场共用一条分层联络道；上下两条分层联络道需在平面上错开布置，以防止挑顶时上下联络道相互贯通。

每个采场均设置通风、充填天井，并兼作切割井，其断面规格为2m×2m。针对倾角较缓的矿体，在拉底层布置于矿体中部的天井，随高度增加逐渐进入上盘围岩中。因此，一般从第三分段另布置一条天井贯通上中段。

每个采场布置一个脱水井，断面规格为1m×1m~1.5m×1.5m。在中段水平至拉底水平之间，从中段穿脉上掘脱水井，随着回采工作向上推进，架设顺路脱水井。

（3）凿岩爆破。采用的凿岩设备为HS105X液压自动接杆上向凿岩台车。钻孔孔径φ50mm，钎杆长度1.2m。凿岩时自动上钎并自动退钎，可连续换钎16根。

HS105X 型凿岩台车支臂在上向凿岩状态时的最小高度为 2.81m，采场工作空间高度应不小于 3m，炮孔深度控制在 4~4.5m。

凿岩爆破参数：最小爆破抵抗线 1.2m，孔间距 1.4m，装药系数 0.8。拉槽炮孔孔网排列视矿石的可爆性可加密到 0.8m，采场边孔距采场边界 0.35m。炮孔向采场前方或掘槽天井倾斜，倾角 85°~87°。

上向平行孔集中凿岩、大量落矿，即分层采场的炮孔一次钻凿完成，采用微差控制爆破方式将分层采场的所有炮孔（包括拉槽炮孔）实行一次性大爆破。采用 MRB 乳化炸药爆破、导爆管微差起爆系统起爆（图 6-19）。装药设备为 NT30/NBB150 井下装药车。采用 JFC 采场服务车运送炸药和起爆器材。

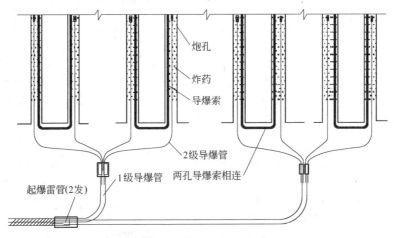

图 6-19　爆破网路连接示意图

采场大爆破以切割天井为中心逐步向外围扩开，实施侧向微差爆破。为了减少采场两帮受爆炸应力波的破坏，控制好采场两帮边界，爆破时边孔比同排炮孔延后一段爆破。最大尺寸超过 0.5m 的大块产出率为 1.3%，爆破后采场两帮超欠挖量少，采场顶板平整。

（4）出矿运输。采用美国瓦格纳公司生产的 ST-3.5 型 3m³ 铲运机进行采场出矿。铲运机将采场矿石铲运至盘区溜矿井，在中段主运输巷由 7t 电机车牵引 1.6m³ 侧卸式矿车将矿石运送至主溜矿井。

（5）采场支护。采场直接顶板为灰岩，稳固性较好，一般不需支护。但局部地段节理发育，稳固性较差，易发生成片冒落。针对不太稳固的采场局部范围，采用楔管式锚杆支护。该锚杆具有深部顶端点锚与浅部表层全长挤压加固岩层的联合支护效果，其表层加固能力强，能抗爆、抗震，对岩层的适用性较好。

选用的楔管式锚杆顶锚的锚固力可达 0.12MN/根，管缝段锚固力可达 0.05MN/根。锚杆孔孔深超过锚杆长度 5cm，孔径小于锚杆管缝段外径 2mm。

为确保采场出矿安全，在采场出矿之前和出矿过程中，均采用顶板服务台车对出空的两帮进行安全检查，处理顶板和两帮的残余松石。

（6）采场充填。采用管道自流尾砂胶结充填或尾砂充填，充填能力 50m³/h。当进入深部开采后，充填管道垂直高差增大，为了防止充填料浆压力大，引发爆管和喷管事故，在管路中设置了充填减压站，调整深部充填倍线。

采场充填准备包括架设顺路脱水井、敷设脱水滤布和构筑充填挡墙等。充填料浆通过软管从采场充填天井排入采场，实行多点下料。采场充填后保留3.5m高的凿岩作业空间。

矿房采场胶结充填，矿柱采场非胶结充填。进行非胶结充填时，需要对充填体进行胶结浇面处理，以满足铲运机和各种自行设备的运行要求，并减少铲运机出矿时造成充填料的混入。满足无轨设备运行要求的浇面充填体强度与大型无轨设备自重、载重及运行方式有关（表6-8）。采用1:4灰砂比尾砂胶结料浇面，3d抗压强度达到凿岩台车的作业要求。

表6-8　满足无轨设备运行的充填体表面强度计算值

设备类别	接触压应力/MPa	接触剪应力/MPa	备　注
凿岩台车	1.7	0.2	自重10t
铲运机	3.0	0.66	自重15t，载重6t

（7）设备配置。采用成套无轨采矿设备（表6-9），形成了从凿岩、出矿主体作业，到运药、装药、撬毛、顶板管理、二次破碎等辅助作业的全盘无轨机械化采矿作业，有效提高回采强度和采场综合生产能力，缩短了采空区暴露时间。

表6-9　主要设备配置

设备类型	地下铲运机	上向自动接杆台车	装药车台车	井下服务车	撬毛台车	液压碎石台车	采场运料服务车
型　号	ST-3.5	MONMAT 1CHS105X	NT30/NBB150	PLUTON-17	BROK 3000PT50L	SYC-2.5	JFC
厂　家	美国 WAGNER	芬兰 TAMROCK	芬兰 TAMROCK	法国 SECOMA	瑞典 NOBEL	中国 长沙矿山研究院	中国 长沙矿山研究院

（8）主要技术经济指标。盘区生产能力840t/d，HS105X型上向自动接杆凿岩台车效率为36m/h，装药台车台效850t/h，铲运机平均出矿能力115t/h，平均出矿效率400t/（台·班）。

6.2.6.2　三山岛上向点柱分层充填法

三山岛金矿矿床赋存于三山岛断裂带内的蚀变花岗岩中，为滨海裂隙富含水型难采矿床。矿体倾角40°，走向长900～1000m，倾斜延深已超过900m。矿体平均厚度16m，中部最厚达35m，两端变薄。矿体埋藏于海平面以下，西端延伸入海。

矿床开采技术条件较复杂，矿体上盘有断层，并有50～200mm厚的断层泥，断层与矿体之间为一厚度3～5m的较破碎的围岩夹层。矿床水文地质条件属中等复杂，以裂隙充水为主。坑内涌水主要受裂隙含水带和断裂带控制，其涌水量分别占坑内总涌水量的82%和16%。矿区大部分由第四系海沙层覆盖，与海水联系密切。海沙层底部为一稳定的隔水层，因而只要有效保护好该隔水层，则海水对井下的影响将较小。

采用混合井、辅助斜坡道开拓系统，斜坡道同时作为进风井。

根据矿床的开采技术条件和水文地质条件较复杂、矿石品位不高等特点，以及为防止地表移动和海水渗入坑内等因素，设计采用机械化点柱上向分层充填采矿方法。

（1）采场构成和采准工程。采场沿矿体走向布置，长度为100m，其中间柱6m，采场宽度为矿体的厚度。阶段高度为90m，顶底柱高8~10m。采场内点柱规格6m×6m，点柱间沿走向的中心距为20m，垂直走向的中心距为18m。

采用脉外下盘溜矿井和斜坡道采准系统（图6-13）。斜坡道坡度17%，分段平巷一般距矿体40m，分段高度15m。从分段平巷每隔50m设联络道与采场连通。脉外溜矿井间距200m，倾角60°。间柱内设有采场回风井兼滤水井。

（2）回采与充填。分层回采高度3m，空顶高度4.5m，回采工作面高×宽为3m×12m或3m×14m；采用全断面推进方式进行回采，平均每班推进2.97m。采用长锚索和锚杆对采场顶板进行联合支护。

采用法国埃姆科-赛科玛（EIMCO-SECOMA）公司生产的PLUTON-17双臂和MURCURY-14单臂凿岩台车钻凿水平回采炮孔。炮孔直径45mm，平均孔深3.5m。炮孔利用率为85%，一次崩矿量约300t。

根据不同的运输距离采用如下两种方式进行采场出矿：当运距小于150m时，用铲运机直接将矿石铲装运至脉外溜矿井；当运距大于150m时，则在采场内由铲运机将矿石铲装卸入井下卡车，然后运至脉外溜矿井。采用的铲运机有ST-3.5型、ST-2D型和WJ-2.7型三种型号，以ST-3.5型为主，其斗容为3m³。井下卡车为瓦格纳公司生产的MT-413-30型和盖特曼公司生产的1248-13型两种，其载重量均为11.8t。设计合格矿石块度为600mm，实际大块产出率一般为10%。当采下矿石的大块块度相对较小时，采用加拿大泰勒迪恩公司生产的TM-15HD型液压碎石机对大块进行二次破碎，一台碎石机能满足不同采场2~3台铲运机出矿，可使铲运机的出矿效率提高20%~30%。当大块块度较大时，将其集中于一处进行钻孔爆破。

采用+37μm的分级尾砂非胶结采场充填，在尾砂充填面上敷设厚度为0.4m的尾砂胶结层，其灰砂比为1:4，料浆浓度大于70%。由于采场面积大，平均为1579m²，最大达3500m²，故划分为若干个区进行充填，分区之间用废石构筑挡砂坝。

（3）主要技术经济指标。凿岩、出矿作业技术经济指标见表6-10。

表6-10 凿岩、出矿作业技术经济指标

设备名称及型号		台班效率/t·(台·班)⁻¹	工班效率/t·(工·班)⁻¹	纯作业时间/h·班⁻¹
凿岩台车	M-14单臂	174.51	91.11	3.29
	P-17双臂	186.51	104.44	3.11
铲运机	ST-3.5	161	150	4.52
	ST-2D	113	109	4.17
	WJ-2.7	111	103	4.52
井下卡车	MT-413-30	130	119	3.91
	1248-13	111	96	4.22

6.2.6.3 获各琦上向点柱分层充填法

巴彦淖尔西部铜业有限公司的获各琦铜矿位于内蒙古巴彦淖尔市乌拉特后旗赛乌素镇境内狼山山脉中段北麓。矿体似层状产出，全长1050m，向下延深1100m以上，深部向西侧伏，平均厚度为 27.34m。上部矿体产状相对较陡，平均 74°，深部矿体产状变缓，平均 55°。呈多层矿体产出，分枝复合现象非常明显，夹石厚度大小不一。

矿体主要产于硅化石英岩、局部条带石英岩中，其岩石坚硬，强度高，岩石稳固。极少出现冒顶、片帮等现象。局部出现破碎带后被磁黄铁矿胶结现象，强度降低，稳固性较差。矿体上盘围岩为二云母石英片岩和黑云母石英片岩。硅化地段，比较稳固；未硅化或硅化弱的地段，有很多断裂或破碎带、次生构造、节理、劈理、裂隙发育，岩石十分破碎，松软，绿泥石化强烈，遇水膨胀，极不稳固。下盘围岩为千枚岩和黑云母石英片岩，岩体以千枚岩为主。硅化岩石较完整，坚硬，稳固性好。未硅化，则强度较低，稳固性差。

（1）采场布置。当矿体厚度小于 20m 时，垂直矿体走向以勘探线为界划分采场，采场宽 50m，采场长为矿体厚度；当矿体厚度大于 20m 时，采场宽 25m，采场长为矿体厚度。中段高度 60m，分段高 10m，底柱高 6.6m，顶柱高 10m。采场之间留 4m 宽的连续矿柱（图 6-20）。为提高采场作业安全系数，在回采时，根据顶板的稳固情况，在采场留 2~3 个点柱，控制暴露顶板暴露面积，点柱尺寸为 4m×4m~4m×5m。

（2）采切工程布置。采用脉内外联合采准，在 4~8 线布置采区斜坡道连接各分段，每个分段的矿体下盘布置下盘沿脉巷道；每个采场的每分层布置一条出矿联络巷，将采场与下盘分段沿脉巷道连通。每个采场布置一条充填回风井，根据运输距离在脉外布置溜矿井，采场内架设采场溜矿井。

主要的采切工程有采区斜坡道、下盘分段沿脉巷道、分层联络巷、充填回风井、脉外溜矿井、采场溜矿井、第一分层的切割平巷、充填回风井措施巷等。

（3）回采工艺。在盘区内按分层全面回采，以切割天井为自由面沿走向或倾向推进，自下而上逐层回采，采高 3.3m，分层控顶高度为 5.3m 左右；一个分层采完后，进行胶结充填，并为下一循环留有 2.0m 的工作空间。

凿岩：采用 7655 凿岩机配 ϕ40mm 一字形钻头，首先在充填体上钻凿水平炮孔，孔深 2m，孔距 1.0~1.2m，最小抵抗线 0.8~1.5m。崩下一层矿后，再在矿堆上凿岩，采用控制爆破，保证顶板平整与稳定。

爆破：凿岩结束后，清洁炮孔、装填 2 号岩石炸药，CHA-300 型起爆器配 CCH 型导爆管引爆导爆索，起爆每个炮孔中敷设的导爆管雷管引爆炸药。

顶板支护：落矿后，对于爆破作业面区域顶板和两帮不平整部分和倒挂部分采用撬顶等安全措施。视顶板稳固情况，对采场中不稳固区域采用锚杆-钢筋网-素喷混凝土等组合支护方式，在确认安全后方可进行下一步骤作业。

采场通风：采用上向风流贯通式通风，各分层的通风为：采区斜坡道—下盘分段沿脉巷道—分层联络巷道—采场—充填回风井—上中段充填回风联络巷—回风石门—回风井，排出地表。采场中可由局扇辅助通风，确保良好的作业环境。

出矿：铲运机由分段平巷经分层联络巷道进入采场装矿，铲取矿石后直接卸入溜矿井，经电机车运至主溜井。分层回采结束后，清理采场，减少遗留矿石，降低矿石损失。

（4）采场充填。采场出矿结束后清理采场，根据充填的要求进行充填准备及充填作业。主要包括：在分层联络巷砌筑充填挡墙，将充填管道从采场的充填回风井引入采场，进行充填。采场充填需要为下一分层的回采留 2.0m 左右的作业空间。

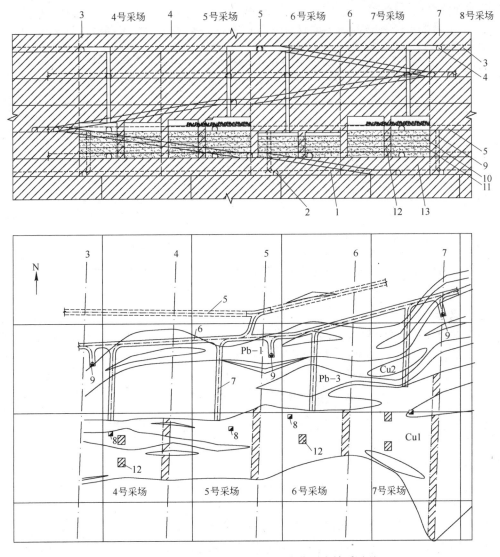

图 6-20　获各琦铜矿上向点柱式分层充填采矿法

1, 3—中段沿脉运输巷；2, 4—中段穿脉运输巷；5—采区斜坡道；6—分段平巷；7—分层联络巷；
8—充填回风井；9—脉外溜矿井；10—充填体；11—充填浇面层；12—点柱；13—底柱

充填挡墙：采用空心砖砌筑挡墙，厚度为 900mm；当断面超过 8m² 时，适当加厚挡墙厚度，或砌筑加强墩子。挡墙表面用 C20 喷混凝土支护，厚度为 50mm，对挡墙周围 1m 范围内喷混凝土以防漏水、漏浆。

溜矿井架设：当采场顺路溜井暴露出来后，采用钢模焊接构建采场溜矿井。钢模厚度 10mm，直径 1.5m，每节高度 1.5m；要求上下钢模吻合，焊接严密，钢模四周扎四层麻布，以防漏砂。

分层充填：分层回采结束并清场后，进行全尾砂胶结充填。每分层采高 3.3m，充填高度 3.3m，下部 2.8m 充填体灰砂比为 1:12，上部 0.5m 浇面层灰砂比 1:4，其 3 天强度大于 0.5MPa，作为下一分层回采时的作业平台。最后一分层根据顶柱厚度要求和顶柱的稳固性调整采幅，采高为 2~4m，采完后充填接顶。

（5）主要技术经济指标。上向点柱式分层充填采矿法主要技术经济指标见表 6-11。

表 6-11　获各琦上向点柱式分层充填采矿法主要技术经济指标

序　号	项目名称	单　位	数　量
1	采场生产能力	t/d	200~250
2	工作面工效	t/(工·班)	36
3	采切比	m^3/kt	34.3
4	回采损失率	%	12.6
5	废石混入率	%	6

6.3　机械化分段充填采矿法

应用条件：机械化分段充填采矿法主要应用于矿岩中等稳固或不太稳固、产状变化较大、形态有分枝复合的难采矿体，在急倾斜中厚矿体和缓倾斜厚大矿体条件下应用可以取得较好的效果。

随着井下无轨设备与充填新工艺的发展和推广应用，以及充填料特性的研究成果在地下采矿中的应用，20 世纪 80 年代发展了机械化分段充填采矿法。分段充填采矿法在阶段内划分分段，在各分段内按一定的采宽和回采步距回采矿石，其分段高一般取决于矿岩稳固性程度。凿岩、爆破、出矿和充填各工序以回采步距为单位循环。由于充填及时，因此可以在稳定的采矿环境中进行立体作业，使凿岩、爆破、出矿和充填互不干扰，这是一般分段法和充填法所没有的。

机械化分段充填采矿法是一种适应于不太稳固到中等稳固矿岩条件或稳固性多变条件，以及矿石价值中等的复杂难采矿床的高效率充填采矿方法。相对于上向水平分层充填法的较大的采场顶板暴露面，改变成采场侧帮暴露面，使采场具有更好的稳定性，并且可以通过采场长度或采场的采充步距调控采场暴露空间，因而对矿岩的稳固条件的要求比上向水平分层采矿法低，尤其是对矿体稳固性多变的开采条件有很好的适应性。相对下向进路胶结充填采矿法，则可以提供更大规格的作业空间以发挥采矿效率和实现较低的采矿作业成本，并且可以采用较低力学强度的充填体以降低充填成本。这一采矿方法在巷道内进行分段中深孔凿岩和爆破，无轨铲运机出矿和分段充填，作业安全、生产可靠和适应性强；同时结合了分段采矿法机械化程度高、施工简单和使用灵活的特点，充分发挥井下无轨采矿装备的优势，实现高效率的无轨机械化采矿，具有采场生产能力大、回采强度大等优点。

较多的矿山由无底柱分段崩落法改为分段充填法，其原因主要是矿岩不够稳固，矿石损失率和贫化率过高，采场地压等。如格隆德铅锌矿、沙赫拉本矿业公司的三个重晶石矿、乌拉尔铜矿、小铁山铅锌矿和丰山铜矿等。纵观分段胶结充填法的发展，大部分矿山均从无底柱分段崩落法改造而来。布莱贝格铅锌矿不但解决了地压问题，同时提高了生产能力和生产效率，改善了回收指标，而采矿成本并未增加。格隆德铅锌矿大大改善了采矿作业条件，提高了矿石回收率，采矿贫化率降低 60%。德莱斯赖重晶石矿的回采损失率由

25%下降至5%。丰山铜矿的采矿损失率与贫化率降低了60%。可见，分段胶结充填采矿法在采矿技术条件较复杂的金属矿床可取得很好的效果。其主要优势体现在以下几个方面：

（1）对矿床开采技术条件的适应性强，可随矿体形态变化和分枝、复合情况，灵活地布置回采巷道和调整采场宽度。

（2）开采中厚矿体时，可以不留矿柱，实现一步骤连续回采；开采厚大矿体时，也可以通过阶段内的梯级回采顺序实现不留矿柱连续开采。

（3）采矿、出矿和充填等作业可全面实现机械化和无轨化，采场生产能力大，劳动生产率高。

（4）凿岩、爆破、出矿和充填等工序可同时在几个分段进行，多工作面作业，互不影响，有利于充分发挥无轨自行设备的优势，提高开采强度。

（5）各项作业均在分段巷道中进行，空间暴露面小，作业安全。

（6）矿石损失率和贫化率指标，一般可接近或略高于上向水平分层充填采矿法。

6.3.1　典型方案

机械化分段充填采矿法的典型方案主要根据回采顺序分为机械化上向分段充填采矿法、机械化下向分段充填采矿法。

6.3.1.1　机械化上向分段充填采矿法

机械化上向分段充填采矿法的实质是：采用无轨斜坡道采准系统，在阶段内按分段划分分段采场，按分段上行式进行回采，以采矿步距为单元实施采、出、充等采矿作业工序。在分段巷道内采用凿岩台车进行中深孔凿岩爆破，铲运机出矿，在巷道内进行充填作业。矿体较厚大时，分段采场垂直矿体走向布置，在中厚以下矿体，分段采场沿走向布置。一般采用胶结充填。当矿体厚度不大，沿矿体走向采用一个采场能将矿体全厚度一次回采时，可以采用非胶结充填。

机械化上向分段充填采矿法自20世纪70年代在爱尔兰阿沃卡（Avoca）铜矿应用以来，相继在德国巴德－格兰德（Bad Grund）铅锌矿和沙赫拉本（Sachtleben）矿业公司所属的沃尔法赫（Wolfach）、沃肯休格尔（Wolkenhugel）和德莱斯赖（Dreislar）等重晶石矿，奥地利埃尔茨贝格（Erzberg）铁矿，日本栃桐铅锌银矿，前苏联乌拉尔铜矿和诺德斯基铁矿，爱尔兰塔拉（Tara）矿业有限公司纳范（Navan）铅锌矿，中国大冶有色金属公司丰山铜矿（图6－21）和鸡冠嘴金矿等矿山使用，均获得较好的技术经济指标。

6.3.1.2　下向分段充填采矿法

机械化下向分段胶结充填采矿法的特点是：采用无轨斜坡道采准系统，在阶段内按分段划分分段采场，并且按分段下行式进行回采，在分段采场以回采步距为单元组织采、出、充作业；在分段巷道内采用凿岩台车进行中深孔凿岩爆破，铲运机出矿；在胶结充填体顶板的分段巷道内进行充填作业。一般垂直矿体走向布置分段采场，并且在截面图上呈倒梯状，上下采场相互嵌布，成蜂窝状结构，回采采场的充填进路嵌布于上分段已采采场回采进路的充填体之间。该方案于20世纪80年代在奥地利的布莱贝格（Bleiberg）铅锌矿取得较好的应用效果（图6－22）。

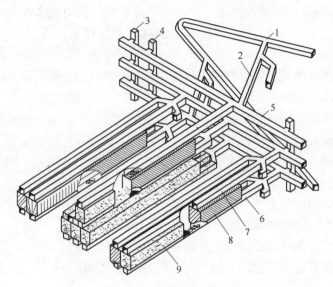

图 6 - 21　丰山铜矿上向分段胶结充填采矿法

1—主斜坡道；2—分支斜坡道；3—溜矿井；4—充填井；5—分段沿脉巷道；
6—回采进路；7—充填进路；8—矿体；9—充填体

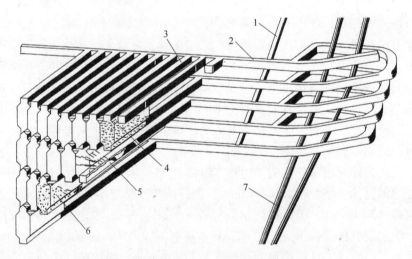

图 6 - 22　布莱贝格铅锌矿下向分段胶结充填采矿法

1—充填井；2—分段沿脉巷道；3—充填进路；4—充填体；5—回采进路；6—崩落矿石；7—溜矿井

6.3.2　采场结构

分段高度根据矿岩的稳固程度确定，一般为 8~15m，个别矿山达 22m。

采场的布置原则上主要是根据矿体厚度和出矿设备的有效运距确定。采场宽度和回采步距取决于矿岩稳固性，同时受到出矿设备的相关影响。一般情况下，矿体厚度大于 15~20m 时，采场垂直矿体走向布置，矿体厚度小于 15~20m 时，采场沿走向布置。垂直矿体走向布置采场的采场长度为矿体厚度，矿房的宽度根据矿体的稳固性确定，一般为 6~10m，最大达 12.5m，如纳范铅锌矿。沿矿体走向布置采场的采场长度一般为 100~200m，个别矿山将矿体全长达400m的走向长度作为一个采场,如爱尔兰阿沃卡铜矿。合理的采场长度,因各矿采用的出矿设备不同和矿岩的稳固程度各异而不同,因此,需进行技术经济比较确定。当采用铲运机出矿,且从采场一端后退式回采,采场长度最大为100m;从两端后退式回采时,亦不应超过200m;采用坑内卡车出矿时,可加大采场长度。一般地,采场长度过大,在技术和经济上产生以下问题:出矿设备效率降低,成本提高;采场生产能力低;分段巷道的维护工作量加大等。

国内外部分矿山分段充填法采场布置及构成要素详见表6-12。

表6-12 国内外部分矿山采场布置及构成要素

矿山名称	采场布置及构成要素								
	矿体长度/m	矿体厚度/m	矿体倾角/(°)	采场布置形式	阶段高度/m	采场长度/m	采场宽度/m	分段高度/m	分段巷道规格/m×m
中国丰山铜矿	800	35~40	50~70	垂直矿体走向	50	矿体厚度	6.7	10	3.8×3.0
中国小铁山多金属矿		5.5	70~90	沿矿体走向	60	100	2.5~4.0	8~12	(2.5~4)×2.5
中国鸡冠嘴金矿	100~670	1.3~27.2	13~83	垂直矿体走向	60	矿体厚度	6	10	3.0×3.0
德国格隆德铅锌矿	6000	<1~30	70~90	沿矿体走向	50	100	3~矿体厚度	7	4×(3~3.5)
德国德莱斯赖重晶石矿	500	4~7	45	沿矿体走向	48.5	150~200	矿体厚度	12	4.0×3.5
爱尔兰阿沃卡铅锌矿	400	9	55	沿矿体走向	>60	400	矿体厚度	15	
爱尔兰纳范铅锌矿	720	45~75	15~45	垂直矿体走向	150	矿体厚度	12.5	15	5.5×3.5
俄罗斯诺德斯基铁矿		5~15	>55	沿矿体走向	50	180~200	矿体厚度	12.5	
奥地利埃尔茨贝格铁矿		100	>55	垂直矿体走向		100	9	24	4.0×3.0
奥地利布莱贝格铅锌矿		>30		垂直矿体走向	50~60	矿体厚度	4	10	4.0×2.5
日本栃桐铅锌银矿		>15	60~80	沿矿体走向	68	矿体厚度		8~13	4.3×3.0

6.3.3 采准系统

分段充填采矿法采用斜坡道采准系统。采准工程主要包括斜坡道、分段巷道、联络巷道、矿石溜井、回风井、凿岩出矿巷道、充填井等(图6-20、图6-21)。此外,当矿石需进行分采时,还需开凿废石溜井。采准工程一般布置在矿体下盘,但当围岩不稳固时,也可在矿体内预留临时矿柱。采准巷道的规格根据采场出矿和充填设备工作时的最大尺寸确定。

6.3.4 回采工艺

分段充填采矿法在进路内凿岩、装药爆破和出矿，因而安全条件好。

通常采用单臂或双臂中深孔凿岩台车钻凿上向扇形中深孔；当分段高度较大时，可以采用上向和下向联合炮孔，如埃尔茨贝格铁矿。炮孔直径主要为 $\phi57mm$、$\phi60mm$ 和 $\phi65mm$，炮孔排距为 $1.2 \sim 1.5m$，孔底距为 $1.5 \sim 2.0m$。国内矿山一般采用 2 号粉状岩石炸药，风动装药器装药，分段微差爆破。采矿步距一般为 $6 \sim 10m$。为减少采充循环，提高采场生产能力，在矿岩较稳固的条件下可加大采矿步距。如小铁山多金属矿在矿岩稳固性好的矿段将充填步距加大至 25m；爱尔兰纳范铅锌矿由于矿石稳固，在分段全部回采完之后，一次充填，从而大大地简化了回采工艺。

一般采用铲运机进行采场出矿。当运距大于 $150 \sim 200m$ 时，则采用井下自卸汽车配套出矿。在采矿步距较大的条件下，铲运机需全部进入采空区铲装矿石，通常采用遥控铲运机出矿。

采场生产能力主要取决于分段高度和宽度、采矿步距、出矿和充填运输设备等。由于各矿山的上述因素在不同的矿床开采技术条件下，其差异较大，因此，采场生产能力最低只有150t/d，最高的达到1250t/d。如纳范铅锌矿，矿山生产规模为10000t/d，8 个采场同时生产就能满足要求。国内外部分矿山采场生产能力详见表 6 – 13。

表 6 – 13　国内外部分矿山采场生产能力

项　目	丰山铜矿	小铁山铅锌矿	布莱贝格铅锌矿	格兰德铅锌矿	纳范铅锌矿
采场生产能力/t·d^{-1}	204	200	$180 \sim 250$	$150 \sim 200$	1250
采矿工效 /t·(工·班)$^{-1}$		15	25		32.5
矿石损失率/%	14.13	8	<5		<5
矿石贫化率/%	9.65	14	<2	10	<5
凿岩设备	单臂凿岩台车	凿岩台架	单臂凿岩台车	单臂凿岩台车	双臂凿岩台车
出矿设备	铲运机	EHST – 1A 铲运机	T2G	铲运机	ST – 8 铲运机

6.3.5 采场充填

分段充填采矿法采用的采场充填方式有废石胶结充填、尾砂胶结充填、废石或尾砂非胶结充填等。采用无轨装备进行采场废石胶结充填的工艺正是针对分段充填采矿法开发的充填技术，具有工艺与系统简单，以及应用灵活、机械化程度高和可以充分利用井下掘进废石等优点。因此，在分段充填法矿山，尤其是中小型矿山较多地采用废石胶结充填。

6.3.5.1 采场充填特点

分段胶结充填法采场充填工艺的主要特点，是从上分段水平直接将充填料充入采空区。由此带来了一系列的有利效果，不但可以通过管道输送充填料直接送入采空区，而且可通过铲运机、自卸车等高效无轨设备在采空区附近转运充填料进行采空区充填。从而可以实现充填集料和胶凝材料从地表分流输送到井下，直到充填工作面附近再将其混合。避免了管道输送容易堵管、对充填料粒度要求高、输送浓度难以达到最佳强度要求等众多充填工艺和充填质量问题。因而，分段胶结充填法可以最大限度地利用矿山廉价充填原料，如尾砂、掘进废石等，并大大降低了充填料的加工要求，容易实现最佳用水量配比。因此，胶结充填体的力学强度指标高。水泥用量 $50kg/m^3$ 条件下，充填体强度可达 $2 \sim 4MPa$（表6-14）。若采用其他充填工艺，达到相同强度时，水泥耗量往往达 $15\% \sim 20\%$。由于水泥耗量一般占胶结充填费用的主要部分，因而可大大降低充填成本。

表6-14　部分分段胶结充填法矿山采场充填

矿山名称	充填料	充填料粒度 /mm	胶凝材料	胶凝材料用量/kg·m⁻³	充填体强度 /MPa	充填方式
丰山铜矿	废石	≤40	水泥	103.3	3.3	铲运机充填
鸡冠嘴金矿	分级尾砂		水泥			管道充填
小铁山铅锌矿	尾砂		水泥	1:(4~8)	1~3	管道充填
格兰德铅锌矿	重选尾砂	<30	水泥	60	2~3	井下自卸汽车
梅根铅锌矿	废石和重选尾砂	<50	水泥	50	1.5~3.5	铲运机充填、抛掷充填
沃尔法赫矿	废石		水泥	50		铲运机充填
沃肯休格尔矿	废石		水泥	50	2~4	铲运机充填
德莱斯赖矿	废石和重选尾砂	<400	水泥	40	2~4	铲运机充填
纳范铅锌矿	尾砂		水泥	5%		管道充填
栎桐铅锌银矿	废石	<400	无			铲运机充填
布莱贝格铅锌矿	重选尾砂和废石	<60	水泥	55	2~4	铲运机、井下自卸汽车充填

尾砂充填主要用于矿房之间的间柱采矿充填，其充填面上铺设尾砂胶结垫层。废石充填主要用于矿体厚度不大条件下沿走向布置采场的分段采矿方式，一般要求在废石充填面上铺设废石胶结料或尾砂胶结料垫层。

6.3.5.2　充填隔墙

采空区充填之前均需在出矿水平构筑隔墙，以防止充填料外泄。废石胶结充填混合料的浓度高，废石所占比例高，因而比砂浆充填方式构筑隔墙简单。一般可以采用砖料砌筑或散体料堆筑，当然也可采用木料构筑。

对于分段采场充填工艺，充填隔墙的目的是为防止充填料坍入回采进路内，避免给下一采矿循环的爆破作业带来不便。通过堆筑方式往往即可满足充填隔墙的要求。堆筑隔墙的基本工艺与方法是：初始充填时不需构筑隔墙，当废石胶结充填料坍入出矿进路1.5m左右时，利用废石胶结充填料构筑墙基，然后通过堆填废石或矿石堆构筑隔墙。在下一采矿循环进行爆破作业前将废石或矿石铲出。

一般地，当遇到夹石需要剔除时，应在夹石边界堆筑隔墙。当采场边界距离上、下盘沿脉巷道较近时，均应预先构筑隔墙，然后再开始充填。

采场边界的充填隔墙的构筑工艺同样简便。当采用上述堆筑隔墙工艺时，一般不对下一回采循环构成作业影响，可以不需铲出堆筑废石。

6.3.5.3　充填方式

采场充填方式是从上分段充填水平将充填料卸入采空区；充填料输送方式主要有井下

无轨设备输送和管道输送。

采用废石胶结和废石非胶结充填工艺时，运距较短时通常采用铲运机运送，当运距大于150~200m时，则采用井下自卸汽车输送。进行分段采场充填时，一般采用前排式充填采空区（图6-23a）。在充填过程中，开始充填时，废石混合料以自由落体的方式下落到采空区底部，充填到一定量后，充填料以滑落方式整体向下滑动。充填集料的粗颗粒明显偏多时，充入采场后有粗颗粒存在滚动现象，这对充填体质量有不利影响。级配合理的充填混合料在卸入采场后，无颗粒滚动现象，而在其自重作用下产生滑移，形成相对均质的充填体。

采用尾砂或其他细砂胶结充填或非胶结充填时，通过管道水力输送充填料充入采空区（图6-23b）。

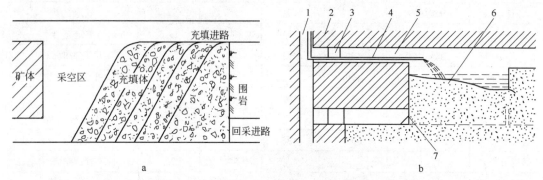

图6-23　分段采场前排式充填（a）和分段采场水力输送充填（b）
1—充填井；2—矿体；3—沿脉巷道；4—充填管道；5—充填进路；6—充填体；7—充填挡墙

6.3.5.4　充填接顶

上向分段胶结充填采矿法一般要求充填接顶。由于每分段需要进行一次接顶，其接顶工作量相对较大，充填作业面较多，接顶次数较频繁。当矿山建设有砂浆充填系统时，一般可采用砂浆进行充填接顶。当采用废石水泥浆充填工艺时，若采用水泥砂浆充填接顶，则需要建造一套砂浆充填系统。因此，一般不采用砂浆接顶方式，而往往采用无轨铲运机、无轨推卸式铲运机或抛掷充填车进行接顶。

采用无轨铲运机进行充填进路接顶的接顶率较低，最大接顶率约为60%，辅助接顶作业量较大。长沙矿山研究院研制的TCY-2型推卸式铲运机用于充填接顶时，推卸式铲斗内的充填物料可在不同铲斗举升水平高度进行推卸，大大提高了铲斗的卸载高度，在分段充填进路内的接顶率达85%以上。推卸式铲运机可以提高充填接顶率，比采用泵送充填或砂浆自流充填接顶工艺的投资少，工艺更简单和方便。并且可在矿山原有的铲运机的工作机构及铲斗上增设推卸机构，即可改装成推卸铲运机，收到事半功倍的效果。将推卸铲运机的上下推板向前推进到极限位置，可以将推卸铲运机当成推土机使用，将废石胶结料推送至充填空间的角落，提高和保证了充填质量。

抛掷充填是由梅根铅锌矿开发成功的一种充填方式（图6-24），并研制了关键设备抛掷充填车。采用抛掷充填接顶可以取得很好的接顶效果。抛掷充填车由行走机构、容积为4.5~7.5m³的充填料箱和抛掷机等部分组成。抛掷胶带宽度为500mm，线速度为20m/s。抛掷角可根据需要调整，抛掷距离14m时，最大抛掷高度为8m。在运距为200~250m的条件下，抛掷充填能力 $60\sim75m^3/$(台·班)。20 世纪 90 年代长沙矿山研究院研制了 PC-1 型抛掷机，由雪橇式底座、抛掷头和受料斗三部分组成（图 6-25）。整机结构简易，无独立的行走机构，在采场由铲运机拖拉移位，规格尺寸和技术参数较小，可以满足分段采矿法的抛掷充填接顶要求。

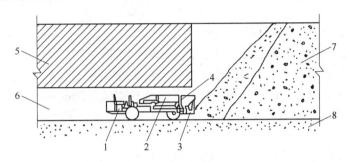

图 6-24 抛掷充填车充填接顶

1—行走机构；2—充填料箱；3—抛掷胶带；4—推板；5—矿体；6—分段巷道；7—抛掷充填体；8—下分段充填体

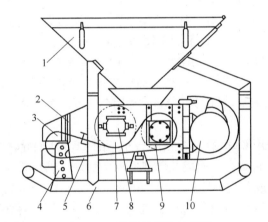

图 6-25 抛掷机结构示意图

1—受料斗；2—抛掷头；3—胶带张紧滚筒；4—抛掷头俯仰机构；5—抛掷胶带；6—雪橇式底架；
7—抛掷滚筒；8—抛掷滚筒调节机构；9—驱动滚筒；10—电动机

6.3.6 应用实例

6.3.6.1 丰山铜矿上向分段充填法

丰山铜矿床属大型矽卡岩型矿床。矿体赋存于花岗岩与嘉陵江灰岩接触蚀变带中，分为南缘和北缘两个矿带，其中南缘矿带矿体成群出现、相互平行、尖灭再现。南缘矿带主矿体主要呈扁豆状、透镜状产出，产状变化大，沿走向和倾向均有分枝复合，夹石穿插频繁。矿体走向长 800m，平均厚度为 $35\sim40m$，夹石平均厚度 $10\sim15m$，倾角一般为 $50^{\circ}\sim70^{\circ}$。矿石类型主要为矽卡岩型铜矿石，一般中等稳固；少量为花岗闪长斑岩型和大理岩型黄铜矿石。矿体上盘为中薄型大理岩，有两组节理常与层面构成三角节理，且在矿化和蚀变强烈地段，这些结构面常充填绿泥石或蛇纹石等泥质物，易沿三角节理冒落。下盘为蚀变花岗闪长岩，近矿体蚀变强烈，节理裂隙发育，常有充填物，易风化成 100mm 的均匀块度冒落，稳固性差。

原采用无底柱分段崩落法开采，由于开采技术条件复杂，巷道经常发生垮落，安全条件差，炮孔变形、堵塞严重，导致矿石损失与贫化大。在雨水季节，地表水经崩落区直灌井下，不仅影响生产，而且给井下防洪造成很大困难；随着开采深度的增大，上述问题更为严重。为此，大冶有色金属公司委托长沙矿山研究院对采矿方法进行技术改造，采用分段充填法。

（1）采场结构。阶段高度50m，分段高度12.5m。分段采场垂直矿体走向布置，采场长度为矿体厚度，即35~40m，采场宽度均为6.7m（图6-21）。

采用下盘脉外斜坡道采准系统。在下盘脉外布置分段沿脉巷道，通过分支斜坡道与主斜坡道连通，主斜坡道直通地表。从下盘分段沿脉巷道每隔20m开掘一条垂直矿体的脉外联络巷道。沿矿体走向布置溜矿井、充填井和排水井，其间距分别为50m、100m和150m。

采用上向扇形中深孔凿岩，胶结充填料挤压爆破，无轨铲运机出矿和充填。按6~10m的采矿步距组织采、出、充作业循环。

（2）巷道支护。采准和回采巷道采用喷锚网联合支护为主、浇筑混凝土支护为辅的支护方式。锚杆为缝管式，长度2m，呈梅花形布置，网度为1m×1m。金属网有方网和条网两种，方网多为φ4mm铁丝编制，条网采用φ12~14mm钢筋。喷射混凝土设计抗压强度为20MPa，其质量配比为1:2:2（水泥:砂:碎石），水灰比为0.45~0.50，碎石粒径不大于15mm。局部极不稳固的地段，采用超前锚杆支护。超前锚杆在工作面呈15°~30°的仰角，锚杆间距为0.6~0.8m，长度为2.5m，并用金属网将其连成一体。然后每掘进1m进行混凝土整体浇筑。

（3）回采作业。采用CZZ-700型凿岩台车，配YGZ90型导轨式凿岩机，在分段进路内凿岩。φ80mm上向平行炮孔一次成井爆破形成切割井，成井断面为2m×2m；扩槽炮孔φ65mm，呈两排分布于成井孔两侧，与成井孔同次起爆。回采炮孔为φ65mm的上向扇形孔，凿岩台班效率为40~50m/（台·班）。在充填结束24h内，利用充填料未凝固时的压缩性向充填体挤压爆破；其中靠近充填体的前两排炮孔进行同段爆破，其后各排炮孔采用排间微差爆破。采用粉状2号岩石炸药爆破，FZY-100型风动装药器装药，孔底起爆器加非电导爆管起爆。

采用斗容为2m³的柴油铲运机出矿，矿石铲运至脉外矿石溜井。当采矿步距大于6m时，采用遥控铲运机或从相邻的分段回采巷道开掘辅助出矿横巷出矿。

（4）采场充填。采场空区采用废石胶结充填。废石来自露天排土场，主要由大理岩和花岗闪长斑岩组成，经破碎后的粒度小于40mm。

采用重力混合工艺制备胶结充填料。经破碎的自然级配废石堆存于分段充填井；在地表制备的质量浓度为55%的水泥浆由管道自流输送至各充填水平，经塑料软管直接喷淋于废石堆上（图5-29）。浇淋水泥浆的混合充填料由铲运机铲装运往采空区充填。

充填料的重力混合作用包括浇淋渗透混合，以及在铲运机铲装、运输和卸入采空区充填的过程中的扰动和渗透混合。充入采空区的充填料一般无明显混合不均匀的现象。生产实践表明，重力混合的胶结充填料完全能满足分段采矿工艺的要求。

在分段回采巷道与采空区之间需构筑隔离墙。隔离墙的构筑是首先向采空区充填一定量的胶结充填料，用其堆筑高约1.0~1.5m的斜墙基，随着充填工作的进行，不断堆填矿石或废石，直至距顶板约 1.0m，然后在其上构筑木挡墙或用块石堆砌。在下一采矿循环的装药爆破之前，将堆填隔离墙的矿石或废石铲出，以形成爆破补偿空间。采用排土方式进行分段充填，铲运机平均运距为 70m 时的充填效率为 142m³/(台·班)，充填料水泥耗量为 103kg/m³，充填体 28d 单轴抗压强度为 3.3MPa。

（5）主要技术经济指标。

分段采场生产能力：204t/d。

凿岩台车效率：40～50m/(台·班)。

矿石损失率：14.13%。

矿石贫化率：9.65%。

一次炸药耗量：0.72kg/t。

二次炸药耗量：0.005kg/t。

充填台班效率：142m³/(台·班)。

充填水泥单耗：103kg/m³。

6.3.6.2　鸡冠嘴金矿上向分段充填法

鸡冠嘴金矿属岩浆后期高 - 中温热液裂隙充填、接触交代、矽卡岩型金铜矿床。主要矿体长度为 100～670m，厚度为 1.3～27.2m，最厚达 103.2m。矿体形态复杂、多样，有透镜状、似层状和扁豆状等，并有分枝复合、膨胀收缩现象。矿体产状变化大，倾角一般为 13°～56°，局部 83°或缓倾斜。矿岩不太稳固至中等稳固。矿石品位较高：金 2.99g/t、铜 1.78%；伴生有用组分有硫、银、铁等。矿床水文地质属中等偏复杂，以溶洞充水为主，顶底板直接进水。该矿针对矿岩不够稳固的多条邻近的矿脉和中厚以上的矿体，采用分段充填采矿法开采。

（1）采场构成要素。阶段高度为 30～50m，分段高度为 10m。在中厚以上矿体，采场垂直矿体走向布置，长度为矿体的厚度，采场宽度均为 6m，由 4 个采场（48m）组成为 1 个盘区。

（2）采准工程。采用脉外采准系统（图 6-26）。根据围岩的稳固性，在距矿体下盘 5～10m 处开掘分段沿脉巷道、盘区联络巷道、矿石溜井、废石溜井、配电硐室等。分段巷道和联络巷道规格均为 3.0m×3.0m，溜井直径为 2.0m。对于围岩不够稳固地段的采准工程，采用光面爆破和喷锚网支护。

（3）回采与充填。采用分段上行式、分段内两步骤间隔式、分段采场由上盘向下盘后退式的回采顺序。其中一步骤先采矿房，胶结充填后再二步骤回采矿柱。

回采凿岩采用 YGZ-90 型凿岩机钻凿上向扇形中深孔，孔径 φ65mm，炮孔排距 1.3～1.5m，孔底距 1.5m。在矿体上盘边界形成 2m×2m 的切割天井后，采用上向扇形中深孔爆破形成 3m×6m×10m 的切割槽。采用 2 号岩石炸药进行回采爆破，BQF-100 型装药器装药，分段微差爆破。采场出矿采用 C-30 型铲运机和 JS-100 型电动遥控铲运机，矿石装运至脉外溜矿井。

采场爆破后，在爆堆上处理顶板松石，并进行喷锚支护；采场两帮随爆堆下降亦需进行撬毛和支护。

采用分级尾砂或河沙胶结充填。充填料由地表制备站经管道自流输送至采空区。充填之前，在分段回采巷道口与采空区之间构筑封闭挡墙。

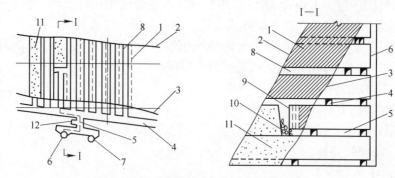

图 6 - 26　鸡冠嘴金矿分段充填采矿法

1—矿体；2—矿体上盘界线；3—矿体下盘界线；4—分段沿脉巷道；5—矿石井和废石井联络巷道；
6—矿石溜井；7—废石溜井；8—分段回采巷道；9—炮孔；10—爆堆；11—充填体；12—盘区配电硐室

6.3.6.3　布莱贝格矿分段充填法

布莱贝格矿属于碳酸盐成矿作用形成的铅锌矿床，赋存于厚约 300m 的三叠纪岩层中。分别有岩层接触带含矿，断层含矿，卡斯特类矿石和在沉积过程中形成的大型网状矿床矿石。矿化极为不均，品位高低不定。平均铅锌品位一般为 6% ~ 8%。以方铅矿和闪锌矿的形式构成矿体。方铅矿中少量含银，闪锌矿中则往往含有可利用的锗和镉。脉石主要为碳酸盐类的方解石与白云石，局部有重晶石、萤石和石英。

矿体赋存于由一种夹有泥质页岩自然分层的风化白云岩与卡尔迪塔白云石角砾岩构成的卡尔克岩块中。矿床在大范围内承受着强烈的地压，并存在多条断层。矿体的东北面边界和南面边界均由断层控制。矿体垂直延深 270m，平均水平面积约 5000m²。有层状矿体、管状矿体、角砾岩囊状矿体和多裂隙脉状矿体。矿岩不稳固到不太稳固，稳定性条件变化多样。

初期采用上向进路水砂充填采矿法回采，但顶板下沉较大，采场冒顶片帮严重，影响矿石回收指标和正常生产。于 20 世纪 70 年代采用上向分段胶结充填采矿法，80 年代采用下向分段胶结充填采矿法。

A　上向分段充填采矿法

（1）采准与采场结构。阶段高 60m，分段高 10m。在矿体东端开掘一斜坡道，坡度20%，与各分段水平连通。斜坡道附近设一充填井和一废石井，矿体中央设一矿石溜井（图 6 - 27）。

在各分段水平沿矿体走向开掘两条相互平行，相距 30m 的脉内平巷。沿走向将矿体划分成矿块，垂直走向的矿块边界由脉内平巷和矿体边界确定。在平面上，矿块呈梯状布置。在矿块内，进一步将矿体划分为宽 4m，最大长度 30m（即矿块宽度），高 10m（即分段高度）的垂直分条作为独立的回采单元。回采单元在纵剖面上呈梯状布置，并且工作单元之间至少相隔一个分段。

（2）回采工艺。

回采作业：从阶段的最下一个分段开始上向回采。每个中段只在最下一个分段水平拉底。拉底宽 4m，高 2.5m。其上各分段中相应分条的回采将通过在充填采空区时预留空间作为回采自由面。初期在一个分条内按 4 ~ 6m 的回采步距退采。爆破、出矿、充填均以回

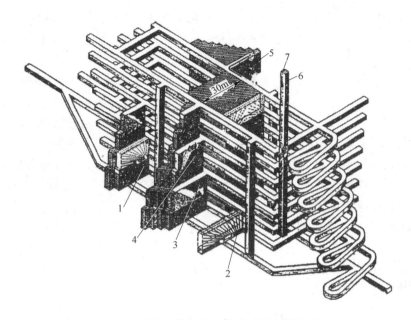

图 6 – 27　布莱贝格铅锌矿分段胶结充填采矿法

1—台车凿岩；2—台车装药；3—铲运机出矿；4—无轨运料充填；5—充填接顶；6—充填井；7—水泥浆输送管

采步距为单位循环。通过生产实践积累经验后，为了进一步提高采场生产能力，长为 30m 的分条一次落矿、出矿和充填。

凿岩爆破：采用 Bohler GTC – 110Z 双臂采矿钻车凿岩，有平行孔和扇形孔两种炮孔布置形式。炮孔深度达到上分段顶板水平，最深 18m，孔径 ϕ42mm。采用铵油炸药爆破，一次爆破量通常限制在 5～6 排孔内。

出矿：崩落矿石一般不需要进行二次破碎。采用 1.5m³ 柴油铲运机进行采场出矿。矿石铲运至矿体中央的矿石溜井内。出矿效率 150～200t/（台·班）。为了保证出矿作业安全，不允许铲运机进入采空区超过 5m，以免矿岩冒落发生危险。余下约 30% 的矿石量采用遥控铲运机出矿。

（3）回采质量管理。矿体铅锌品位的分布变化很大，极不稳定。为了减少采矿损失贫化，在各分段水平进行系统的钻探取样，探孔直径 32mm，孔深 15m，网度 6m×6m，将每个探孔的铅锌品位绘制成平面曲线图，作为凿岩爆破的依据。在凿岩时通过炮孔岩粉取样分析进一步确定采场品位分布。

（4）采场充填。在各分段顶部水平采用铲运机从充填井铲运碎石胶结充填混合料，经充填预留空间按前进方式卸入采空区进行充填，在刚充入的碎石胶结充填体上表面行走载重铲运机。一个分条采场空区一次充完。斗容 3m³ 的铲运机充填能力约为 300m³/（台·班）。

（5）采场支护与地压监测。主要采用锚网支护方式。管缝式锚杆。金属网用 ϕ5mm 的铁丝编制，网孔 50mm×50mm。脉内锚网率 100%。锚杆密度视岩性条件而定，一般为 1m×1m，最密 0.4m×0.4m，支护作业紧跟工作面，采用锚杆台车钻孔、加网、打锚杆连续作业。

在采场中应用伸长仪、压力枕和精密水准仪进行岩移和应力监测。

（6）主要回采技术指标。采矿损失率和贫化率均小于5%，炸药单耗0.25kg/t，出矿效率150~200t/（台·班），采矿强度43t/（$m^2 \cdot a$）。

B 下向分段胶结充填采矿法

随着卡尔克矿体的开采，约瑟夫矿体成了布莱贝格－克诺依特矿的主要供矿采区。为了进一步提高采场生产能力和采场作业的安全性，考虑到矿岩不稳固但不存在构造地压的开采条件，在上向分段胶结充填采矿的基础上发展了下向分段矿房胶结充填采矿法。而该矿体西端的局部破碎矿段不稳固，仍采用原分段胶结充填采矿法回采。

下向分段矿房胶结充填采矿法在胶结体顶板下作业，因而在分段分条采矿法的基础上加大了采场尺寸，以减少开拓工程和提高生产能力，同时也加大了巷道断面规格，以便采用较大型的高效率采矿设备。

（1）采场结构。分段高11m，采用斜坡道连通各分段沿脉平巷（图6-21）。分段矿房垂直矿体布置，在横截面上呈倒梯状，上下矿房相互嵌布，成蜂窝状结构，即回采矿房的充填进路嵌布于上分段已采矿房回采进路的充填体之间。经有限元法力学模拟分析表明，这种矿块结构比原分段法矿块结构的稳定性更好。

分段矿房长30m，宽6.6m，最大高15m（分段高加上充填巷道高）。

上分段的回采速度至少超前下分段一个矿房，在一个分段内最多允许两个矿房同时进行出矿或充填作业。而两个同时进行出矿或充填作业的矿房至少相隔两个分段。

（2）回采作业。首先用Tamrock Monomatic HS 105c 电液掘进台车开掘分段矿房底部的回采进路和顶部的充填进路。在回采进路内，用Tamrock Mono H606S 电液采矿钻车或Alimak BT121 风动采矿台架钻凿扇形炮孔。采用铵油炸药落矿，并尽可能将矿石和夹石分开崩落。

采用Schopf L72 铲运机进行采场出矿，要求铲运机不进入采空区出矿，余下矿石则由带有遥控功能的912B 或 GHH-LF4 运出。

出矿结束后，采用铲运机运送废石胶结充填料从顶部充填巷道充填采空区。充填巷道先由铲运机以堆填方式充填部分废石胶结充填料，然后用水砂充填接顶。由于采场呈蜂窝状结构，故对充填接顶的要求并不严格。

20世纪90年代采用高浓度全尾砂膏体泵送胶结充填法作为主要充填方式。泵送充填料输送流速0.7m/s，管道磨损量小。超细颗粒使混合物具有很好的抗沉淀能力，混合物在管道内存留数天仍可泵送。

C 采掘设备

（1）掘进设备：SIG BFS1 单臂液压凿岩台车，2台；Alimak BBUD-141 双臂风动凿岩台车，1台；Alimak L231 微型单臂风动凿岩台车，2台；Tamrock Monomatic 5c 电液凿岩台车，1台。

（2）锚杆台车，1台。

（3）采矿钻车：Alimak BT121 采矿台架，10台；Bohler GTC 110Z 双臂风动采矿钻车，2台；Tamrock Mono H606s 电液采矿钻车，2台。

（4）出矿设备：Schopf L72，1台；Eimco 911、Eimco 912B，11台（2台带无线遥控）；GHH LF4，6台（2台带有线遥控）；Atlas Copco T2GH，14台；Atlas Copco caro 310，4台。

（5）充填运料车：Ghhmka 12 – 1，2 台；Normet Pk 3000，3 台。

（6）喷浆机：TYP GM 020L，1 台。

D　应用效果

布莱贝格 – 克诺依特铅锌矿自 20 世纪 70 年代采用分段充填采矿法以来，实现了空间立体作业和大规模合理化的生产计划，无轨机械化采矿和无轨机械运料胶结充填，经历了从上向分层水砂充填采矿法到上向分段分条废石胶结采矿法、下向分段矿房废石胶结充填采矿法的发展过程。因而大大改善了井下作业环境和作业条件，提高了生产效率和采矿强度，降低了充填成本，提高了回采质量和经济效益，使分段胶结充填法成为机械化程度高，生产能力大、作业安全可靠、充填质量高和采矿成本合理的一种高效率现代化采矿方法。

采矿强度：$40000 \sim 50000 t/(km^2 \cdot a)$。

劳动生产率：上向分段充填采矿法 $30 \sim 35 t/(工 \cdot 班)$，下向分段胶结充填采矿法 $50 \sim 60 t/(工 \cdot 班)$。

充填效率：$40 m^3/h$，实现连续充填作业。

6.3.6.4　梅根矿分段抛掷充填法

梅根铅锌矿属热液充填脉状矿体，赋存于泥盆纪页岩中，矿脉组自地表 + 400m 延深到地下 – 400m，矿脉厚薄不均，从 1m 至 8m 不等，走向长分布达 2.5km。矿体倾角变化无常，经常呈逆倾斜和水平产出。平均品位铅 1%，锌 8%，共生黄铁矿和重晶石。

采用竖井加斜坡道联合开拓，由箕斗主井、通风副井和连接主副井的运输平巷组成。主井井口标高 + 317m，延伸到 – 300m 的 12 中段水平。通风井从 + 320m 延深到 – 150m 的 9 中段水平。中段高 50m。在铅锌矿体的西部，中部和东部分别下掘三条脉内斜坡道，斜坡道坡度为 11% ~ 14%，主运输平巷与这些斜坡道连通。

该矿于 20 世纪 70 年代采用无底柱分段崩落法回采急倾斜矿体。随着采矿与充填技术的进一步发展，于 80 年代以分段充填采矿法取代了无底柱分段崩落采矿法。由于矿体赋存条件多变，应用了不同变形方案，其中具有特色的方案为下向分段抛掷充填采矿法。

该方案用于回采急倾斜破碎矿体。其特点是凿岩、爆破、出矿、充填均在同一水平作业（图 6 – 28），采空区采用抛掷充填工艺进行充填。沿走向布置分段采场，分段高 8m，采场宽为矿体厚度 4 ~ 6m，分段巷道高约 4m；在各分段巷道内用台车钻凿上向扇形孔，然后沿走向按 3 ~ 5m 的回采步距落矿；出矿后对采空区进行抛掷充填，并保留一定的空间以利于下一个回采步距落矿。

该方法在回采作业时，人员不必进入采空区，也不必在充填体顶板下作业。

以抛掷车为核心的抛掷充填法，是该矿充填技术最突出的特点。抛掷充填的原理，是通过一条以 20m/s 速度高速运行的胶带将充填料抛入采空区（图 6 – 29）。能将充填料以束状抛至 14m 远和 8m 高的位置。车辆的运输量为 $6 m^3$ 或 $8 m^3$，当胶带宽为 500mm 时，抛掷能力为 $90 m^3/h$。

抛掷充填车可以改变抛掷角度和抛掷方向。通过高速抛掷和精准的抛掷方向，可将充填料密实地充填满采空区的每一角落。不过抛掷充填成本高，为铲运机充填的 2 倍。因此，该矿在一般情况下尽量采用铲运机充填，只在需要严格接顶的情况下采用抛掷充填。

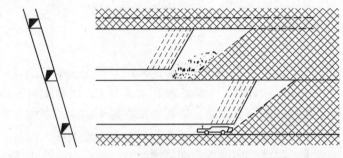

图 6-28　下向分段抛掷充填采矿法

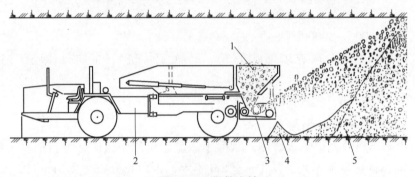

图 6-29　抛掷充填

1—抛掷车料斗；2—抛掷充填车；3—抛掷皮带；4—充填细料；5—充填体

6.4　自然崩落采矿法

自然崩落采矿法是成本最低、产能规模最大的地下采矿方法。该方法借助于拉底和辅助割帮或预裂等工程手段，造成矿体中的应力分布在其自重作用下发生变化，产生应力集中，促使矿体中的节理裂隙延伸、扩展或产生新的裂隙，进而形成贯通的裂隙网，在自重的作用下发生冒落并碎裂至一定块度，最终经底部出矿结构放出。自然崩落法在美国已有100多年的应用历史，随着采矿技术及相关科学技术的进步，自然崩落法理论及工艺技术也不断发展与完善，已成为一种高技术含量、高效率、低成本的地下采矿方法。目前，针对低品位破碎软岩、低品位硬岩或其他难以采用常规方法经济开采的大规模矿床，采用自然崩落法开采是一种有效途径。

自然崩落法在应用初期主要用于开采节理发育、稳固性差的难采矿体。1895年美国密执根州苏必利尔湖铁矿区皮瓦贝克（Pewabic）铁矿，首次成功地应用了自然崩落采矿法，之后相继在亚利桑那州莫利（Mowry）铜矿、雷伊（Ray）铜矿、迈阿密因斯皮雷申和鲁思铜矿等矿山推广应用。当时这些都是属于在软弱破碎矿岩条件下应用，大多划分成50m×60m左右的矿块回采，阶段高度50m左右，大多数采用格筛重力放矿。

1927~1930年期间，在加州科雷斯特莫尔石灰石矿坚硬的矿岩条件下成功应用了自然崩落采矿法。该矿由于矿岩坚硬，矿体稳固性好，仅仅依靠拉底难以有效崩落。因此拉底前在矿块四周采用留矿法回采方式进行削帮，然后在放矿时严格控制放矿量和放矿速度，致使岩体错动，以提供矿岩破碎所必需的应力，同时在拉底范围内不会因形成大的空洞而造成空气冲击波危害。

20世纪40年代以后，自然崩落法的应用范围扩大到一些中等稳固到稳固、节理裂隙中等发育的硬岩矿床。随之，自然崩落法从矿块崩落方式发展到盘区连续崩落方式，出矿方式也随着大型设备的采用形成了大功率电耙和大型铲运机出矿系统。

我国于20世纪80年代由长沙矿山研究院与金山店铁矿合作，试验应用了两个自然崩落法矿块，一个为电耙出矿，另一个用铲运机出矿，取得成功；长沙矿山研究院相继在丰山铜矿和诸暨铁矿针对不稳固的矿段采用自然崩落采矿法取得预期效果。为了解决中条山铜矿峪铜矿大型贫矿床的高效开采问题，1986年由国家科委立项开展自然崩落法技术与装备的攻关研究，长沙矿山研究院、北京矿冶研究总院、北京有色冶金设计研究总院、中南大学和北京科技大学等国内科研机构联合攻关九年，取得了圆满成功，形成了开采低品位斑岩型铜矿的自然崩落法的全套工艺技术和配套装备。铜矿峪铜矿已完成二期工程建设，生产能力达600万吨/a，成为我国采用自然崩落法开采的典型矿山。

自然崩落法已在美国、加拿大、智利、南非、赞比亚、菲律宾、印尼等国用于开采不适合露天开采的大型低品位矿床，取得了良好效果。表6-15所示为国内外采用自然崩落法回采的部分矿山。

表6-15 国内外采用自然崩落法的部分矿山

矿山名称	所属国家	矿石类型	年生产能力/万吨
Northparkes E26 Lift 1	澳大利亚	铜-金	400
Freeport IOZ	印 尼	铜-金	700
Palabora	南 非	铜	1000
EI Teniente	智 利	铜	3500
Andina Division	智 利	铜	1600
Salvador	智 利	铜	250
Premier Mines	南 非	钻石	300
Henderson	美 国	钼	600
Philex	菲律宾	铜	1000
Shabanie	津巴布韦	石棉	
铜矿峪	中 国	铜	600
San Manuel	美 国	铜	1300

自然崩落采矿法适用条件：

（1）矿体厚大。矿体的水平尺寸必须保证拉底层建立后能使矿石借助重力自然崩落。薄矿脉原则上不适于采用此方法，因为岩石将趋于以其最窄的尺寸形成稳定拱而无法形成持续的崩落。同时，拉底层上面必须有足够的矿石高度，使每一个放矿点都有合理的放出矿量，以保证较高的生产效率和较低的生产成本。目前，崩落矿块高度在45m以上，通常为90~120m，大型块状矿体一般能满足这些条件，而脉状矿床则必须是极厚的和急倾斜的才符合矿块崩落法要求。

（2）矿体有适合于崩落的节理强度和方位。这是确定矿体是否易于崩落的主要因素，在崩落法应用初期，这曾是确定矿石可崩性的唯一地质特征。

（3）矿体有适合于崩落的裂隙分布。矿体中裂隙应至少由两个相互交叉而又近似垂直的节理组和至少一水平节理组构成。裂隙不应重新黏结或者裂隙中的充填物较为软弱，通过重力对裂隙产生作用能使岩块分裂，从而导致矿体崩落并具有较为合理的崩落块度。

（4）良好的覆盖层或废石的崩落特性。废石必须在崩落进行过程中随着矿石下降，不会形成具有潜在危险的大空洞。同时，围岩的崩落块度比矿石的块度大，有利于减少矿石的贫化率。

（5）矿石品位分布均匀，矿体轮廓比较规整。自然崩落法的选别回采性差，不易回收分枝矿体，矿体内的夹层和低品位矿石也无法实现分采、分出，势必增加矿石的贫化和损失，影响此种方法的经济效益。

（6）矿石没有结块性和自燃性，以免矿石崩落后在采场内重新压实黏结和与空气接触后产生自燃。

（7）地表允许陷落，矿床水文地质简单。地面土地使用价值较低，地面径流水小。

相比其他方法，自然崩落法的前期工作量较大，需开展可崩性、块度分布、放矿控制等方面的工作。

6.4.1　矿岩可崩性

矿岩的可崩性是自然崩落法应用的首要问题，是指矿体和围岩能否适合于自然崩落采矿法的一个综合特性，反映了矿岩在这一过程中表现出来的综合力学特性。

岩体是一种复杂的结构系统，自然崩落法中矿体、岩体的崩落是在复杂的应力场作用下遭到破坏的动力学过程，它包含了两个方面的含义：（1）矿体在拉底、削帮等人工破坏之后，在矿岩自重和构造应力场作用下发生破坏崩落的难易程度，以及崩落继续向上稳定发展的可能性；（2）在现有技术水平条件下，矿体自然崩落的块度能否满足出矿设备和出矿工艺的要求。

可见，对于应用自然崩落法的矿山，通过对矿岩的可崩性分析和块度分布规律研究，确定矿体崩落的难易程度、预测崩落矿石的块度是一项非常重要的工作，它对于矿山应用自然崩落法的可行性、适用性起着决定性的作用，对于矿山的生产和日常管理有着重要的指导意义。

可崩性分析评价主要采用岩体质量分级方法。近几十年来，国内外提出的工程岩体分类方法有百余种，其中比较有代表性的有 RQD 法、RMR 法、Q 法、MRMR 法等十几种。总体来看，用于可崩性分析的岩体质量分级方法尚没有统一的标准，但总体的趋势是：定性描述和定量描述相结合。对反映岩体性状固有地质特征的定性描述是正确认识岩体的第一步，这些地质特征是划分岩体类别的依据。但只有定性描述而无定量评价则缺乏判定类别的明确标准，随意性大，失去了分类的意义。故多采用定性描述和定量评价相结合的方法。岩体工程的地质特征决定了多因素的复合影响，必须充分考虑各种因素的影响和相互作用，因而往往采用多因素多指标综合分类法。

在块度分析预测方面，从最初以经验和工程类比为主的直接预测阶段进入到采用数值模拟方法的定量分析阶段，从单指标评价方法发展到随机模拟方法，预测可靠性大大提高。

6.4.1.1　可崩性因素

可崩性因素包括：

(1) 结构面条件。结构面条件主要包括结构面间距、结构面组数及其产状（倾向和倾角）、结构面粗糙度以及结构面胶结强度或充填物性质。这些特性对矿体的可崩性有强烈影响。

矿岩的初始崩落几乎都是通过重力作用在弱面上引起的。因此，若没有弱面，任何矿体的崩落都将难以进行。这些弱面在岩体中就表现为节理、层理、裂隙等等各种形式的结构面。理想状态是至少有两组近似正交的陡结构面和第三组近似水平的结构面，并且结构面分布较密（每米10条以上），这样可确保矿体顺利崩落。

表6-16为国外部分应用自然崩落法矿山的矿岩块度分布情况。从表6-16中可见，当结构面密度增大，大块率随之降低。

表6-16　部分自然崩落法矿山矿岩块度分布情况

矿　山	矿石块度百分比/%				结构面密度/条·m⁻¹
	+1.5m	0.9~0.6m	0.6~0.3m	-0.3m	
克莱顿（Creigton）镍矿	30	30	40	—	
赛特福	20	25	25	30	
马瑟（Mather）铁矿	5	10	15	70	35.1
莱克肖尔铜矿1100m水平	—	2	32	66	25.6
因斯皮雷申铜矿	4	15	51	30	27.5
埃尔萨尔瓦多	变化不定				
埃尔特尼恩特（EI Teniente）铜矿	变化不定				次生矿15~90，电耙出矿 原生矿0.5~8，铲运机出矿
圣曼纽尔（San Manuel）铜矿2315m水平	细块矿石				13.1
克莱马克斯（Climax）钼矿	7	24	23	46	8.2~11.1
格雷斯（Grace）铁矿	50	20	20	10	
康沃尔	10	20	20	50	
尤拉德（Urad）	40	15	15	30	3
亨德森（Hengerson）	—	—	—	—	6.6

另外，结构面平整光滑，且有黏土、绿泥石或绢云母等低强度充填物的矿岩容易崩落，其可崩性较好。

(2) 岩块及结构面力学强度。不管岩石类型如何，在岩体无加固或约束的情况下，岩体在断裂时总是首先沿原有裂缝产生破坏。但是，由于结构面持续性的影响，对没有完全贯穿的结构面来说，岩体的破坏有时必须穿过不连续结构面之间的岩桥。因此，完整岩块和岩体以及结构面的抗压、抗拉和抗剪等力学强度，对岩体的可崩性具有重要的影响。

(3) 原岩应力场。自然崩落法依靠岩体中的自然力破岩，即在一定原岩应力条件下，通过矿块底部的拉底创造自由空间，促使岩体中的原岩应力状态发生改变，最终造成岩体的破坏。因此，原岩应力状态是影响可崩性的重要因素。

原岩应力场包括自重应力场和构造应力场。自重应力为主的原岩应力场有利于矿岩的自然崩落，在深井矿山，随深度增加矿岩自重应力不断加大，有利于矿岩崩落。通常，构造应力尤其以水平构造应力为主的原岩应力场不利于矿岩的自然崩落。并且，原岩应力的最大主应力方向与矿体中优势结构面的产状之间的关系也影响矿岩的可崩性，如果最大主应力方向与优势结构面的走向垂直或呈大角度相交，会在结构面形成较大的法向应力作用，妨碍裂隙的扩展和延伸，不利于崩落。

（4）地下水状况。崩落区内或其上部存在大量地下水时，开始崩落后大量的地下水将进入崩落区，当水量足以将崩落的粉矿变为泥浆，则无法对放矿作业进行可靠的控制，并且有可能形成泥石流，危及矿山安全。因此，要求崩落矿区必须较为干燥，或者在拉底和崩落前先疏干。在崩落后产生粉矿较少的矿山，适量的地下水不会损害放矿控制的可靠性，且可在放矿作业期间将粉尘量保持在最低水平，有利于改善作业环境。经生产实践表明，在崩落矿石中含有4%~7%的水分较为合适。

（5）采矿工艺因素。自然条件和工程因素之间相互作用使矿体的崩落特性具有较大的变化。因此，矿体的可崩性还受开采工艺技术的影响。这些影响因素包括放矿点间距、矿块高度、拉底工程、出矿系统及放矿控制技术等。

放矿点间距受预测崩落矿石块度的制约。为了减少矿石的损失贫化，崩落块度愈小，放矿点的间距愈密，反之亦然。放矿点间距不当，会造成损失贫化增加。

拉底引发矿岩在垂直方向的破坏，对矿体可崩性的影响极为重要。如果拉底不当，则可能产生成管作用，留下矿石的包体或半包体，并导致产生稳定性问题，助长大块的产生或者根本不发生崩落。

放矿控制或者放矿方法与放矿速率强烈地影响矿体的崩落特性。不合理的放矿方法可能透过软弱和高度裂隙化的矿岩区域产生成管作用，导致大块增多甚至停止崩落；或者废石向放出矿石量大的区域穿插，在放矿量较小的区域内留下矿石包体。

6.4.1.2 可崩性评价方法

矿岩可崩性评价方法基本上是以矿岩可崩性分级为基础。经过几十年的发展，先后形成了多种方法，主要包括单因素法、多因素法、图法等类型。随着现代数学的发展，数理统计、模糊数学、灰色理论聚类分级、神经网络等现代数学方法也开始应用于可崩性评价。表6-17所示为国内外常用的可崩性分级评价方法及参评因素，可见矿岩质量指标（RQD）是大多可崩性评价方法的基础。

表6-17 常用矿岩可崩性评价方法及参评因素

| 可崩性评价法 | 岩体结构 | RQD | 节理面状况① | 节理状况② | | | | 岩石强度 | 原岩应力 | 地下水 | 体积结构面模数 J_v | 大块率 $J_v/\%$ | 比能衰减系数 S_f | 完整性系数 K_v | 拉底方向 | 级数 |
				组数	间距	产状	性质									
RQD法			√													V
二次破碎炸药单耗												√				V
可崩性指数法			√													V
声波法														√		V
比能衰减系数法													√			V

续表 6-17

可崩性评价法	岩体结构	RQD	节理面状况①	节理状况②				岩石强度	原岩应力	地下水	体积结构面模数 J_V	大块率 J_v/%	比能衰减系数 S_f	完整性系数 K_v	拉底方向	级数
				组数	间距	产状	性质									
RMR 法			√	√		√		√		√					√	V
RMQ 法				√	√				√	√						V
Lacy 法			√	√		√		√		√						V
改进地质力学法			√	√		√		√		√						V
东北工学院可崩性	√							√								V
现场直观破碎度法③	√		√	√	√	√		√		√						V
模糊数学分级				√		√								√		V
聚类分析分级				√		√		√			√					V
神经网络分级				√		√						√				V
数值模拟			√		√	√		√							√	
物理模拟			√		√	√		√							√	

①节理面状况指节理面形状、粗糙度、蚀变程度、充填状况、隙壁状况等特征。
②节理状况指节理组数、间距、产状、性质（张、压、扭性）、连续性等。
③现场直观破碎度法是根据金山店铁矿自然崩落法试验地段工程地质条件发展起来的一种方法，参评因素还包括岩性等。

（1）单因素可崩性评价方法。在自然崩落法应用之初，可崩性评价主要凭经验，往往采用单因素进行可崩性评价。其中在实践中发现二次破碎单位炸药消耗量与矿岩可崩性存在线性关系，且由于二次破碎单位炸药消耗量这一指标容易获得，因此根据二次破碎单位炸药消耗量评价矿岩可崩性的评价法，在矿山生产过程中被经常采用。图 6-30 所示为二次破碎单位炸药消耗量与可崩性的关系。但由于这是一种事后评价方法，不能对开采设计进行有效指导，在实践中逐渐被淘汰。

（2）RQD 指标评价方法。美国 B. K. McMahon 和 Kendrick 在 Climax 矿和 Urad 矿的自然崩落法实践中，发现岩石质量指标（RQD）与可崩性之间存在明显的线性关系（图 6-31），其回归关系式为 $RQD = -29.14 + 11.2CI$，在此基础上于 1969 年提出了可崩性指数（CI）评价方法。该方法中用可崩性指数表示矿石崩落的难易和块度大小，针对不同分区将矿岩按 1~10 进行分类，其中 1 类表示崩落特性极好，而 10 类表示崩落特性极差。应用这种方法，可以在进行开采设计时，根据钻孔岩芯调查统计或巷道帮壁基准线测量统计得到 RQD 平均值，用以初步评价矿岩的可崩性。

其后博奎茨（Borquez）发现某些不太坚固的岩体虽可崩性较好，但因其具有较好的抗钻进性，常常可得出较高的 RQD 值。若用 RQD 指标评价可崩性，会得出可崩性较差的结果，不符合实际情况。因此他提出用节理面强度系数对原始 RQD 值进行修正（表 6-18），采用修正后的 RQD 值评价可崩性。修正后的 RQD 值与可崩性的对应关系见表 6-19。通过一些矿山的应用实践表明，采用这种方法评价的可崩性结果通常偏于保守。

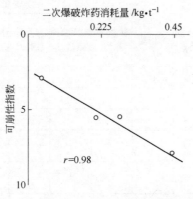

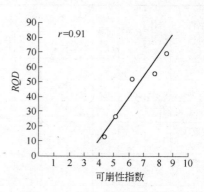

图6-30 二次破碎单位炸药消耗量与可崩性的关系　　图6-31 RQD与可崩性的关系

表6-18 RQD的节理面强度修正系数

节理面强度	强	中等	弱	很弱
修正系数	1.00	0.90	0.80	0.70

表6-19 RQD值与可崩性的对应关系

序次	RQD (0~100)	可崩性类别	序次	RQD (0~100)	可崩性类别
1	<25	极易崩	4	70.01~90	难崩
2	25.01~50	易崩	5	90.01~100	极难崩
3	50.01~70	中等可崩			

（3）多指标综合评价方法。由于可崩性的影响因素较多，单指标评价方法难以客观反映出矿岩的可崩性。因此，有学者又先后提出了Q法、RMR法、MRMR法等多种评价方法，这些方法除考虑RQD指标外，还考虑了结构面特性等多种因素，使评价结果更趋于合理。表6-20所示为Q法、RMR方法对矿岩的可崩性的分级结果。

表6-20 矿岩可崩性分级表

序次	Q法 (0.01~1000)	RMR法 (0~100)	可崩性类别	破碎特征
1	<0.09	<25	极易崩	极破碎
2	0.1~0.99	25.01~50	易崩	破碎
3	1.0~3.99	50.01~70	中等可崩	中等破碎
4	4.0~39.99	70.01~90	难崩	大块较多
5	>40	90.01~100	极难崩	大块多

1976年，劳布施尔（Laubscher）根据比尼阿斯基（Bienlawski）的地质力学方法（RMR）和自己20多年的矿山生产实践，提出了应用于自然崩落法矿山的地质力学分类法（MRMR），用以进行岩体质量分区和崩落特性评价，获得广泛应用。他根据RQD、岩石强度、节理间距、节理状态和地下水五个参数，把所有节理岩体在0~100分值范围内按20分值为一级划分为五个等级，每一级又按10分差划分成A、B两个副级，然后分别赋予每级中各个参数的不同分值（表6-21）。再根据岩体暴露面或钻孔岩芯所进行的岩体调查基础上，按五个参数给岩体评分，把每种岩体的五个参数的分值进行累加，然后根据风

化、现场应力、应力变化、岩块的尺寸和方位以及爆破等项因素对总分加以修正，根据修正后的总分把岩体划分为不同等级，从而确定岩体的质量分级及其崩落特性，表 6 - 23 所示为 MRMR 法的岩体质量分级及其崩落特性。

表 6 - 21　岩体地质力学分类表 （Laubscher，1977）

分　级		1	2	3	4	5
指　标		100 ~ 81	80 ~ 61	60 ~ 41	40 ~ 21	20 ~ 0
描　述		极好	好	一般	差	极差
子　级		A　B	A　B	A　B	A　B	A　B
1	RQD/%	100 ~ 91 90 ~ 76	75 ~ 66 65 ~ 56	55 ~ 46 45 ~ 36	35 ~ 26 25 ~ 16	15 ~ 6 5 ~ 0
	指　标	20　18	15　13	11　9	7　5	2　0
2	IRS/MPa	141 ~ 136 135 ~ 126	125 ~ 111 110 ~ 96	95 ~ 81 80 ~ 66	65 ~ 51 50 ~ 36	35 ~ 21 20 ~ 6 5 ~ 0
	指　标	10　9	8　7	6　5	4　3	2　1　0
3	节理间距	参见图 6 - 32				
	指　标	35·········	··········	··········	··········	···········0
4	节理状态	45°·········		摩擦角	··········	·········5°
	指　标	40··········	··········	参考表 6 - 22	··········	···········0
5	地下水	每10m 隧道涌水量	0	25L/min	25 ~ 125L/min	125L/min
		节理水压力与最大主应力之比	0	0.0 ~ 0.2	0.2 ~ 0.5	0.5
	描　述	完全干燥	完全干燥	潮湿	中等压力水	地下水问题严重
	指　标	10	10	7	4	0

表 6 - 22　节理状态评定表的修正系数 （Laubscher，1977；1994）

类比	参数	描　述		干的	潮湿的	中等水 （25 ~ 125L/min）	大水 （>125L/min）
A	大范围节理面形状	多向波纹状		100	100	95	90
		单向波纹状		95	90	85	80
		弯曲的		85	80	75	70
		微波状的		80	75	70	65
		平直的		75	70	65	60
B	小范围节理面形状	台阶状	粗糙的	95	90	85	80
			光滑的	90	85	80	75
			擦痕状的	85	80	75	70
		波浪状	粗糙的	80	75	70	65
			光滑的	75	70	65	60
			擦痕状的	70	65	60	55
		平面状	粗糙的	65	60	55	0
			光滑的	60	55	50	45
			擦痕状的	55	50	45	40

类比	参数	描 述		干的	潮湿的	中等水（25～125L/min）	大水（>125L/min）
C		节理面蚀变		75	70	65	60
D	节理充填情况	非软化、耐剪物质	粗颗粒	90	85	80	75
			中等颗粒	85	80	75	70
			细颗粒	80	75	70	65
		软化、不耐剪物质如滑石	粗颗粒	70	65	60	55
			中等颗粒	60	55	50	45
			细颗粒	50	45	40	35
		断层泥厚度<起伏度		45	40	35	30
		断层泥厚度>起伏度		30	20	15	10

注：节理面状态指标 $J_c = 40ABCD$，若无相应部分则不计入式中。

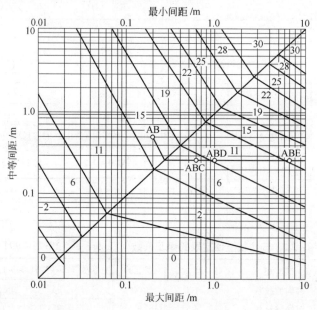

节理间距 A、B、C、D、E 分别为 0.2m、0.5m、0.6m、1.0m 和 7.0m；AB、ABC、ABD 和 ABE 的组合指标分别为 16、6、11 和 15 (Laubscher, 1977)

图 6 – 32　多组节理系的节理间距指标

表 6 – 23　节理岩体质量分级（MRMR）及其崩落特性

岩体分级	1	2	3	4	5
岩体分值	100～81	80～61	60～41	40～21	20～0
可崩性	不可崩	差	较好	好	很好
破碎块度	—	大	中	小	很小
二次爆破量	—	高	不定	低	很低
初始拉底面积（用水力半径表示的）	—	>30	20～30	8～20	8

（4）Laubscher 可崩性图法。1998 年，在 Laubscher 分类的基础上，Bartlett 根据其所收集的一些新增矿山资料对 Laubscher 分类方法进行了修正，形成了 Laubscher 崩落特征图（图 6 - 33）。该特征图包括形状因子或水力半径（HR）和矿山岩体指标（MRMR），在该图中划分了稳定区、过渡区和崩落区。过渡区表示崩落开始，顶板产生破坏与大破坏，但未达到连续崩落；崩落区表示产生连续崩落。但应用该方法对强度较高，且受侧向约束较大的岩体进行可崩性评价时，应力的变化调整较难确定，其结果不是很可靠的。

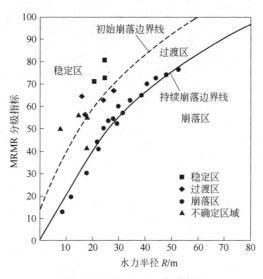

图 6 - 33　Laubscher 崩落特征

（5）Mathews 稳定图法。Mathews 稳定图方法是一种基于实践、相对简单，但理论上并不很严密的岩石分类方法。该方法最初应用于加拿大矿山的空场采矿设计，经过发展后已应用于自然崩落法的岩体可崩性评价。

Mathews 等人于 1980 年首先提出的 Mathews 稳定图方法（图 6 - 34），得出了在岩体质量、开采深度、采场尺寸和稳定性间的一种经验关系。此后，Potvin 等人（1989）和 Stewart 和 Forsyth（1995）从不同的采矿深度收集了大量新的数据，验证该方法的有效性，并对其进行了修正。Trueman 等人（2000）、C. Mawdesley（2002）又对Mathews 稳定图进行了扩展，他们根据大量新增实例资料，采用对数回归的方法对稳定区、大破坏区等进行了重新定义。在采用对数坐标系后各不同的区带，可用平行的直线表示，并使其可以应用于评价岩体可崩性。

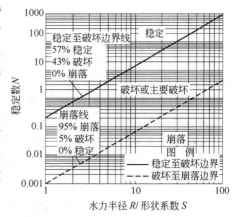

图 6 - 34　Mathews 稳定图

稳定图涉及稳定数 N 和水力半径 R 两个因子，其中稳定数 N 表示岩体在给定应力条件下维持自稳的能力。稳定数 N 的计算公式为：$N = Q'ABC$，公式中的系数 A、B、C 三个参数可根据 Mathews 等人发布的相应的参数或系数调整计算图（图 6 - 35），而 Q' 值则可根据岩体质量分级中的 *RMR* 值换算得到近似的取值，在此基础上即可计算出 Mathews 稳定图中的关键因子稳定数 *N*。

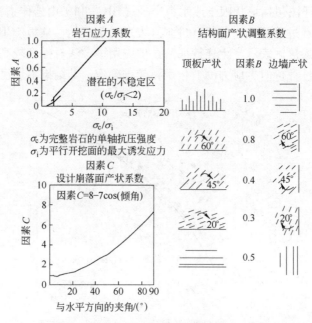

图 6 – 35 Mathews 稳定图中调整系数的计算

6.4.2 块度预测

矿岩块度直接影响到采场底部结构设计、出矿设备选择、二次破碎、炸药消耗的估算等，是合理选择出矿系统、放矿点间距和放矿口尺寸的重要依据。因此，预测矿岩块度是自然崩落法可崩性评价的一项重要工作。

6.4.2.1 块度形成机理

岩体是一个复杂的结构体，矿岩的崩落和运搬是一个复杂的动力学过程。在矿体崩落的不同阶段，矿岩的块度大小和分布均不同，通常可以分为原始块度、崩落块度和放出块度三种矿岩块度。

原始块度是指受结构面切割所形成的矿岩体自然块度，主要取决于节理间距和节理产状（倾向和倾角），不能人为干预，是崩落块度和出矿块度大小、形状及其分布的基础。

崩落块度是在二次扰动应力作用下，矿岩发生崩落所形成的块度。它的组成主要受原始块度、原地应力场、拉底及崩落过程中产生的二次扰动应力状态、应力作用时间、完整岩石及弱面力学性质、矿岩块体中所含未破碎微小裂隙面数量及扩展、应力作用下新产生的裂隙面数量及扩展、崩落空区高度等因素控制。在大多数情况下，崩落往往从已有的软弱面开始，但在高应力区的崩落也可产生于原岩体。这种崩落破碎的程度取决于不连续面和岩石块体的强度、扰动应力大小和方向。有些微小节理在统计节理时常被忽略，它们往往在二次应力作用后张开，使岩体在原始块度基础上沿着这些微小节理进一步破碎。崩落矿石块度的形成主要有两个过程：其一，崩落过程中，在应力的作用下使岩体中原有的微小裂隙面进一步得到扩展，并在岩体中产生新的裂隙面，从而使矿体持续崩落，应力作用的效果取决于应力的大小和方向、作用的时间长短及岩体力学性质；其二，在矿石脱离矿体后与矿堆产生碰撞作用，造成崩落矿石和原矿堆矿石的再破碎，使矿石块度进一步减小，这种碰撞作用对矿石块度减小的程度取决于崩落空区高度、块体大小与形状，以及岩体力学性质。

放出块度是指崩落矿石在放矿过程中由于矿岩间的相互挤压、摩擦、碰撞而进一步破碎后到达放矿口的矿岩块度。这种破碎程度与矿岩放出体高度、崩落矿岩的力学性质（岩石本身的强度、硬度等）、崩落矿岩块度大小、形状以及应力状况有关。

6.4.2.2　块度预测方法

影响矿岩块度的因素众多，一些因素处于动态变化之中。因此，预测矿岩块度及其分布是一项比较复杂的工作。目前，矿石块度的预测方法主要分为三类：单指标评价法、摄影测定与数字成像法、随机模拟法等。

（1）单指标评价法。单指标评价法有 RQD 法、裂隙间距指标 I_f 法、块体尺寸指标 I_b 法、岩体体积节理数 J_V 法等。这些方法主要考虑节理间距对岩块尺寸分布的影响，可以对岩块的平均尺寸进行评价。

Deere（1964）提出了一种由钻孔岩芯资料评定岩石质量指标（RQD），并根据 RQD 值的大小，将岩石分为五类，且 RQD 值越大，岩石稳固性越好，可崩性越差，块度越大。但是 RQD 值容易受测量方向的影响，为了克服这个缺点，Kazi 和 Sen（1985）建议采用 V. RQD 指标，它类似于平均块体体积，只能从整体上反映块体体积的分布，不能反映较小的或较大的块体的比例。

Franklin（1974）建议用节理间距指标 I_f 描述块体尺寸。I_f 是具有代表性的块体的直径，可以通过观察选取有代表性的岩芯尺寸或暴露面块体尺寸并计算它们的平均尺寸获得。国际岩石力学学会（1978）建议采用类似于 I_f 的块体尺寸指标 I_b 来描述块体尺寸，它是通过肉眼观察选取几个有代表性的块体尺寸并计算它们的平均值获得。很显然，I_f 和 I_b 是半定量的块度预测方法，在实际应用中有很多局限性。另外，国际岩石力学学会还建议用单位体积节理数指标 J_V 来预测块度。

Sen 和 Eissa（1992）采用公式（6-4）来计算岩体内棱柱形、板形或条形块体的体积，这种计算方法的前提假设是岩体内包含几组（一般 3 组）已知平均间距的节理组，通过平均节理间距就可以确定一般的或典型的块体的形状和大小。用这种方法进行块度预测也不能反映块度尺寸的范围和分布。

$$V = \frac{1}{J_V}\left(\frac{1}{\lambda_1 \lambda_2} + \frac{1}{\lambda_1 \lambda_3} + \frac{1}{\lambda_2 \lambda_3} \right) \tag{6-4}$$

式中，V 为块体体积；J_V 为单位体积节理数；λ_i 为单位长度内第 i 组节理的条数，即节理频率。

但这类方法对矿岩块度的预测还停留在以经验和工程类比为主的直接预测阶段，主要根据岩体特性参数，采用静态岩体工程分类法与工程类比法相结合，对可崩性和崩落矿石块度进行定性评价。这类方法简单方便，但其定性评价结果对实际工程的指导作用有限。

（2）摄影测量法和数字成像法。摄影测量法主要通过是对岩石爆堆的二维平面图像的分析与处理来确定岩石块度的尺寸分布。这种方法在将二维平面图像转换为三维的岩石块度体积尺寸时进行了许多的假设，因此在实际应用该方法时，需要进行测量的校正。

数字成像法分为取样、图像获取、图像分析三部分。较成功的分析系统有 Fragscan 系统，1996 年由 Schleifer 和 Tessier 研制。这类方法也需进行有效的校正。

这类方法是一种事后分析方法，在自然崩落法矿山中有一定的局限性。

（3）随机模拟方法。1977 年，D. H. White 根据节理面的空间分布规律，采用 Monte Carlo 技术模拟节理面在垂直平面内的切割情况，进而得出其块度分布。其方法步骤是：首先采用 Monte Carlo 技术获得随机的裂隙方位，根据所选择的垂直剖面的方位，把所有的节理的倾向和间距换算成视在的倾向和间距绘制在岩体剖面上，形成一个二维的岩面模型；然后测量每个由裂隙面相互切割所形成的多边形尺寸；最后假定每个多边形代表一个体积等于它的最大可见尺寸的立方体，求得矿岩体体积累计的块度组成。

1987 年，Amitabha Mukherjee 和 Ashraf Mahtab 提出了用于矿岩块度预测的平行四边形模型。与 D. H. White 的方法相比，他们通过采用有效间距的概念考虑了岩体力学参数及地应力对矿岩块度的影响，更趋于合理。

显然，随机模拟方法是在确定矿岩可崩性的基础上，根据现场节理裂隙面调查结果，建立节理网络系统，运用拓扑学、矢体概念以及计算机模拟技术等，对崩落矿岩块度进行预测。

由 S. Esterhuizen 组织编制的预测矿岩块度的 BCF 软件，也属于一种随机模拟方法。该软件可对矿岩的初始崩落块度、放出块度和卡斗进行预测分析，在南非、澳大利亚、美国、加拿大等国家广泛使用，分析结果得到了矿山生产实践的验证。

6.4.3 崩落规律

自然崩落法的开采规模一般较大，生产能力可得到较大幅度的提高，同时对生产组织、计划管理、贫化损失指标控制等诸多方面也有更严格的要求。但是，由于自然崩落法的特点决定了其未知的、不可控因素较多，在对其内在发展变化规律缺乏了解的情况下，诸多的生产管理方法、手段和措施常常没有针对性，无法实现既定的目标。因此，有必要掌握矿体的崩落规律，为自然崩落法的矿块设计、采掘计划编制和放矿管理提供科学依据，使自然崩落法的应用从经验走向科学化。

研究与实践表明，自然崩落法开采过程中的矿岩崩落大致经历以下过程：

（1）在矿块底部开始拉底以后，当拉底范围达到一定面积时，应力集中导致矿岩破坏，矿体发生初始崩落。初始崩落的矿量较小，如不继续拉底，矿岩的崩落会停止。发生初始崩落时的拉底面积反映了矿岩崩落的难易程度。

（2）发生初始崩落后继续拉底，当拉底面积达到一定值时，即使不再扩大拉底面积，只要存在空间矿岩崩落仍能继续向上发展，矿岩崩落进入持续崩落阶段。当以矿块为崩落单元时，持续崩落面积是决定最小矿块尺寸的依据。同时，也意味着矿块已达到一定的生产能力，有比较可靠的产量。

（3）初始崩落和持续崩落发生以后，随着崩落区的进一步发展，崩落范围向矿岩交界面推进，并进而发展到上覆岩层甚至地表。此时需要通过控制拉底和放矿速度来控制崩落区的发展，以避免出现空洞和大块过多、降低矿石的损失贫化指标。

在应用自然崩落法的初期阶段，一般应用自然平衡拱理论来解释拉底后岩石的自然崩落。认为矿岩自然崩落与矿岩所承受的应力、矿岩的抗压强度和抗剪强度有关，矿岩体的崩落是在拉应力和（或）剪（压）应力的作用下的结果。但由于没有原岩应力测试手段，缺乏数值模拟分析方法，对矿岩所承受的力缺乏了解，只能假定原岩应力场为重力场，假定拉底形状为理想化的椭圆形，采用弹性平面应变问题的解析方法进行分析，但结果与实际出入相当大，之后采用弹塑性理论进行分析，也不能达到理想的效果，不能作为设计和生产的依据。因此，这一时期主要采用经验类比法来指导设计和生产。

20 世纪 70 年代，人们开始认识到不连续面对崩落的影响。Mahtab 和 Dixon 经过研究认为，影响矿岩崩落的因素主要是自然因素和人工因素两个方面。自然因素包括原岩应力场、岩石强度、岩石中不连续面的几何形态及不连续面的剪切强度；人工因素主要为拉底宽度、边界削弱工程或边界预裂工程等。Mahtab 和 Dixon 同时指出，不仅要重视不连续面的组数和产状，而且要重视不连续面的状态及力学性质。这一时期，在矿岩结构面调查、统计分析方法、结构面力学性质测定装置和方法等方面都有了快速发展，对崩落机理的研究有了新的突破，研究结果应用于自然崩落法矿山的可行性研究中，取得良好的效果。但仍缺乏应力分析的有效手段，对矿岩崩落的发生、发展过程不能全面了解。

随着计算机技术的进步，数值分析方法获得飞速发展，为岩体崩落规律的研究提供了有力的手段。M. A. Mahtab 进一步运用平面弹性有限元方法分析不同倾角的裂隙对矿体拉底割帮后剪应力和拉应力分布的影响，认为缓倾斜裂隙对剪切带分布的影响敏感，水平裂隙的剪切带最大。Krstulovic G 运用三维弹性有限元研究了水平构造应力对崩落过程的影响，认为存在单向水平构造应力不利于自然崩落。加拿大的 Kidd Mine 曾应用 FLAC3D 对崩落进行数值模拟，其主要思路是利用连续性方法模拟矿体在崩落过程中的非连续介质力学问题。其中每一个块体表示一个单元，如果这个单元符合一定的准则，就会崩落下来。其中利用了四个判断准则：单元的应变、单元的垂直位移、单元的最小主应力、是否存在滑落的途径。

在开展数值模拟分析的同时，物理模拟方法在崩落规律研究中也发挥了重要作用。1986～1990 年，McNearny 和 Abel 在科罗拉多矿业学院建造了四个物理模型，以模拟矿块崩落法的开采过程。其模型架高 4.6m、宽 6.1m、厚 0.9m。1987 年，长沙矿山研究院针对铜矿峪矿自然崩落法研究进行了两次立体物理模型试验、两个平面物理模型试验和一个光弹性模拟试验。所得结果经生产实践验证符合实际，为理论分析和设计施工提供了重要的指导作用。相比数值模拟方法，物理模拟方法的模型建模成本较高、试验时间较长，但其更直观，在已知条件和假设相同的情况下，物理模拟更符合实际，其结果可为修改完善数值模拟提供依据。

到目前为止，对矿岩崩落规律和崩落机理的认识尚不充分。

6.4.4　底部结构

自然崩落法的底部结构是矿块内从拉底水平到运输水平之间的工程总称。底部结构属采场的重要组成部分，是影响自然崩落法成败的关键工程。矿块中所有采下的矿石都经过底部结构由装运设备运出采场。不同的底部结构形式在很大程度上决定了采场的生产能力、劳动生产率和矿石贫化损失指标，决定了采准工程量以及放矿工作的安全程度。显然，底部结构在自然崩落采矿方法中占有举足轻重的地位。

通常，矿块的底部结构应满足下列条件：

（1）在矿块的整个放矿过程中，应保证底部结构的稳固性，使采下矿石能按计划放出。

（2）在保证底部结构稳固的前提下，尽量减少底柱所占矿量，降低矿石损失率。

（3）保证放矿、二次破碎等工作的安全和良好的作业环境。

（4）满足放矿工艺要求，有利于最大限度地发挥出矿设备的技术能力。

（5）施工工艺简单，管理方便。

自然崩落法主要用于开采厚大矿体，矿块规模较大，底部结构负担的矿量较多，服务时间相对较长，一般多在三年以上。但是，底部结构的工程较多，应力状态复杂，并且还承受拉底、出矿、放矿过程中应力集中的影响，以及矿石冲击和二次破碎的爆破震动冲击，容易崩塌破坏，常常成为采矿过程中的薄弱环节。

6.4.4.1 影响因素

早期的自然崩落法往往应用于开采软破矿岩矿床，一般采用格筛加指状天井的重力放矿底部结构，以保证底部结构的稳定性。这种重力放矿系统的采准工程量大，放矿作业劳动强度高，因而应用范围逐渐缩小。之后，电耙出矿的电耙道底部结构开始应用于自然崩落法开采，并在很多矿山得到推广应用，我国在铜矿峪铜矿自然崩落法工程中也曾采用电耙道底部结构。由于其设备简单，价格不高，操作简单方便，维修容易，现仍有不少矿山采用这一底部结构。目前，随着自然崩落法应用于开采坚硬矿岩矿床，以及铲运机及配套的无轨设备的发展与推广应用，无轨出矿的底部结构逐渐成为主流。

影响底部结构形式的主要因素包括：

（1）工程地质条件。工程地质条件是影响底部结构形式的首要因素。矿岩的结构面特性、岩体和岩石的强度、原岩应力等都是底部结构形式选择必须重点考虑的因素，直接影响选用的底部结构形式和断面规格，以及底部结构的支护方式。

（2）崩落矿岩块度。崩落矿岩的块度影响底部结构的选择。矿岩块度较小的条件下才可采用重力放矿底部结构，矿岩块度较大宜采用铲运机出矿结构。同时，矿岩块度对底部结构尺寸也有重要影响，在一定程度上决定了出矿点间距、出矿口高度、出矿口形状等。

（3）施工条件。底部结构形式在满足出矿要求的同时，还需要考虑到施工的难易程度，结构简单的底部结构形式利于施工，节省采准工作时间。

（4）出矿条件。底部结构形式应有利于铲运机的铲装和运输，满足处理大块卡斗的需要。

（5）避灾降险。底部结构形式要有利于避免大量岩石冒落、岩爆、泥石流等灾害事故造成危害和重大影响；有利于减缓拉底过程中次生应力对底部结构稳定性的危害。

6.4.4.2 底部结构形式

自然崩落法底部结构的类型较多。按照矿石的运搬形式，一般可分为重力放矿闸门装车底部结构、电耙耙矿底部结构、装载设备出矿底部结构以及自行设备出矿底部结构。重力放矿闸门装车底部结构其受矿巷道形式一般为漏斗式，电耙耙矿和装载设备出矿底部结构的受矿巷道形式则包括漏斗式、堑沟式以及平底式，自行设备出矿底部结构的受矿巷道形式则一般是堑沟式和平底式。目前绝大部分矿山均采用无轨铲运机自行设备出矿的底部结构。

A 铲运机出矿底部结构形式

无轨铲运机出矿的底部结构形式主要有漏斗式（图 6 - 36）、堑沟式（图 6 - 37、图 6 - 38）和平底式。在自然崩落法中以堑沟式和漏斗式为主。

漏斗式底部结构与堑沟式底部结构相比较，漏斗式底部结构较高，中间存在三角矿柱，底柱结构的稳固性较好；另外可在一定程度上减少相邻放矿点之间的互相影响，有利于放矿控制。主要缺点是辟漏工作较麻烦，影响拉底切割的施工进度。

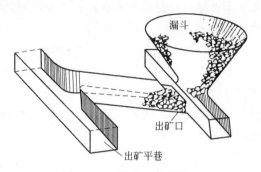

图6-36 漏斗式底部结构

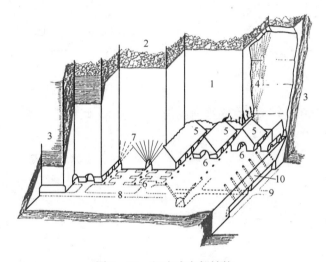

图6-37 堑沟式底部结构

1—矿石；2—崩落带；3—围岩；4—主切割槽；5—堑沟；6—出矿平巷；
7—扇形炮孔；8—沿脉；9—主运输平巷；10—泄水孔

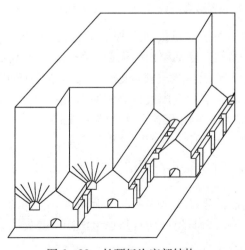

图6-38 长颈堑沟底部结构

堑沟式底部结构相当于将漏斗从纵向贯通，形成一个 V 形槽，可将拉底和辟漏两项施工作业结合起来，采用上向扇形孔一次完成。这样不仅简化了底部结构，并且施工方便，可提高拉底切割工作效率。主要缺点是过多切割底柱，影响底部结构的稳定性。

B 铲运机出矿底部结构平面布置

自然崩落法采用铲运机出矿的底部结构的平面布置形式有 10 多种，但有些是基本形式的局部变形。归结起来，主要有人字形、错开人字形、Z 字形和平行四边形等形式。

人字形布置形式的出矿进路对称布置，出矿口成一直线，并与出矿联络道成直角排列（图 6 – 39）。错开人字形布置形式的出矿联络道两侧的出矿进路呈错开或交错布置，出矿进路与出矿口的相对位置不变（图 6 – 40）。

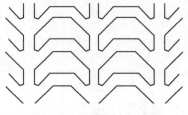

图 6 – 39　人字形布置形式

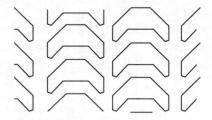

图 6 – 40　错开人字形布置形式

Z 字形布置形式的出矿进路有序排列成行，并与出矿联络道斜交，但出矿口与出矿联络道均呈直角排列（图 6 – 41）。

平行四边形布置形式的出矿进路与出矿联络道呈 60°排列（图 6 – 42）。

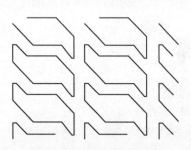

图 6 – 41　Z 字形布置形式

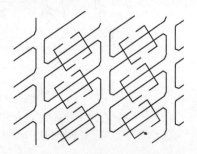

图 6 – 42　平行四边形布置形式

上述四种布置形式中，人字形与其他几种形式相比，在对称的两个装矿巷处跨度较大，顶板暴露面积较大，不利于底部结构的稳定。并且，在有泥石流隐患的矿山，装矿巷对称布置的人字形布置形式可能会造成安全隐患。错开人字形布置则改善了稳定性条件，成为矿块崩落法和盘区崩落法矿山应用最普遍的底部结构布置形式。Z 字形布置形式首先在美国 Henderson 矿开始应用，但在该矿并未大范围推广，其他矿山也较少采用。平行四边形布置形式与其他几种形式相比，其稳定性更好一些。

6.4.5　放矿控制

国内外应用自然崩落法的生产实践表明，具有两个关键性的技术环节，即可崩性评价和放矿控制。前者评价矿体是否具备应用自然崩落法的必要先决条件，后者则是应用自然崩落法获得成功的充分保障条件。

自然崩落采矿法放矿的特点是一部分矿石在矿体的自然崩落面下放出，一部分矿石在覆岩的直接接触下从采场放出。因此，自然崩落法的放矿控制存在两个阶段：崩落面下放矿控制阶段和覆岩下放矿控制阶段。前者的主要目的是通过放矿控制获得最好的崩落效果，使矿体获得适当的自然崩落速度和崩落块度，避免出现空洞造成废石穿入和大量冒落现象；后者则旨在使放矿过程中尽量减少废石的混入，减少矿石的损失与贫化。当然，第一阶段的效果将直接影响第二阶段的指标。因此，不仅要求加强覆岩下的放矿控制，而且还要求特别注意加强崩落面下的放矿控制。

6.4.5.1　基本要求

放矿控制的基本要求包括：

（1）放矿速度与崩落效果的关系。良好的崩落效果，应当是矿石的崩落块度均匀，大块率低，底部结构所承受的压力平稳和崩落速度均匀。应用自然崩落法的矿体，一般要求节理裂隙发育，但是在原岩中相当多的裂隙是隐裂隙，需要在崩落过程中得到进一步发育。所以，如何利用崩落过程中的应力集中，使这些隐裂隙得到充分发展是很重要的。

通过拉底给矿体提供一个初始的暴露面后，表层矿石由于自重和应力集中作用而发生冒落，形成崩落面。只要冒落下来的矿石不断地从采场放出，崩落面就将不断地发展，直至应力分布达到新的平衡。崩落面的发展速度和崩落块度，除了受到岩体结构与构造以及矿岩自身的物理力学性质制约外，还将取决于暴露面积的大小和暴露时间。一般情况下，当放矿速度较小时，崩落矿石可能与崩落面接触，将对崩落面有支撑作用。适当的支撑和合适的暴露时间可以使矿体中的隐裂隙得到发展。而暴露面的急速扩大，将使矿体中的隐裂隙得不到充分发育而呈大块冒落。因此，通过崩落面下的放矿控制，应使崩落面获得最佳崩落效果。

（2）放矿速度与采矿综合效果的关系。一般情况下，较小的放矿速度的崩落效果较好。但是放矿速度太小，不但不能充分发挥采场的生产能力，同时由于底部结构的服务年限延长，容易使底部结构受压破坏，增加巷道维护费用，影响放矿效果。而较大的放矿速度，其崩落效果欠佳，并且容易使崩落面与崩落矿堆之间形成较大的空洞而产生隐患。隐患之一是突然的大面积崩落，对底部结构造成冲击破坏甚至产生冲击波灾难；二是废石流入空洞隔断矿石，造成超前贫化甚至不能出矿（图6-43）。因此，合适的放矿速度才能获得好的采矿综合效果。

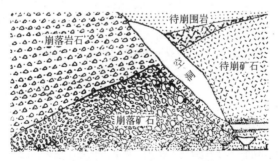

图6-43　放矿速度过快导致废石阻隔矿石

（3）覆岩下放矿与贫化损失的关系。覆岩下放矿是在矿体自然崩落达到矿块顶点后的放矿过程。这时，上覆废石与矿石直接接触，放矿过程中废石容易混入矿石中，造成矿石贫化和损失。研究表明，废石的混入发生在矿岩接触面上，其混入量主要取决于两个因素：其一是矿岩的物理力学性质，如矿岩颗粒的块度特征及流动特性等，废石的块度越细，流动性越好，越容易混入；其二是矿岩接触面，接触面积越大、越不平整，废石混入的几率就越高。一般情况下，对于特定的自然崩落法采场，其崩落矿岩的物理力学性质通过放矿发生改变的差异较小。但是，可以通过放矿过程来控制对废石混入有较大影响的矿岩接触面，因此，覆岩下放矿往往以矿岩接触面作为控制目标。

（4）不同崩落面形式的放矿控制原则。自然崩落法有水平崩落面和倾斜崩落面两种形式。前者的崩落面积较小，按矿块控制崩落范围，一般在矿块范围内全部拉底后才能开始自然崩落，这时的崩落面基本上是以水平面形式向上发展；后者则在较大的范围内要求崩落面以倾斜的形式连续推进，一般按盘区控制崩落范围，如亨德森钼矿和铜矿峪铜矿的盘区连续崩落法。由于连续崩落法的放矿点较多，并且不断改变放矿点，因而其放矿控制管理更加复杂。

水平崩落面下放矿控制的基本原则，是保持各放矿点所担负的存窿矿量基本均等。因此，按等量、均匀、顺序的放矿制度进行控制。各放矿点每次放出的等量矿石量，将根据矿体崩落速度、出矿设备的生产能力和矿石性质确定。为了达到均匀放矿，每个放矿点的放矿作业时间，必须按放矿点的矿石柱状下降高度进行控制。

倾斜崩落面是盘区连续自然崩落法的典型崩落面形式，其矿岩接触面也为一斜面（图 6 - 44）。针对这种倾斜崩落面进行放矿控制的基本原则，是使崩落面下不出现空洞、矿岩接触面尽量保持平整，一般要求同一排放矿点所担负的矿量基本上同时放矿完毕。据此原则编制排产计划和放矿计划、放矿指令确定各放矿点的放矿量。放矿点的最大允许放矿量受到矿体崩落速度的制约，由放矿点担负矿量与允许放矿指数决定。各放矿点的允许放矿指数，由拉底作业面向已崩落区方向逐步递增 100%。一般地，放矿点的季度排产矿量按最大允许放矿量的 50% 进行控制，而采场内的保有允许放矿量应在停止崩落后仍能维持 6~7 个月的产量。

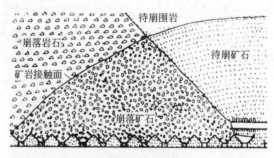

图 6 - 44　自然崩落法崩落矿岩接触面示意图

6.4.5.2　放矿规律

放出体的形状能形象的综合反映放矿规律，因而自 20 世纪 40 年代开展放矿理论研究以来，往往是以放出体为前提研究放矿问题。理论研究方法也最终归结到放出体形状，以此检验放矿的客观规律性。所以，放出体形状的变化规律就成为放矿理论的基础和核心。前苏联的马拉霍夫通过室内低阶段放矿实验，首先提出了放出体为一旋转椭球体的观点，并由此建立了系统的放矿椭球体理论；相继有国内外学者提出了上细下粗近于椭球体的放出体、上椭球体下部抛物线旋转体或圆锥体的放出体等关于放出体的观点。

长沙矿山研究院的周爱民于20世纪90年代针对自然崩落法的高阶段特点，专门研究了高阶段条件下的放出体形态，提出了椭球对接放出体假设，并建立了放出体的拟合模型。

A　椭球对接放出体模型

通过对120m高阶段放出体进行的放矿实验表明，在放矿高度低的条件下的放出体为近似椭球体，随着放矿高度增大，放出体愈来愈变得上粗下细。如果仍用椭球体描述这种放出体，则放出体的下部落在椭球体的表面内侧，放出体上部落在椭球体表面外侧（图6-45）。显然，采用椭球体描述高阶段条件下的放出体，将存在着规律性误差，不能客观地表征放出体形状。由此提出了椭球对接放出体假设，能统一地客观表征不同放矿高度条件下的放出体。椭球对接放出体模型由两个短半轴相同、长半轴不一致的旋转椭球体进行对接，以拟合实际放出体（图6-45）。

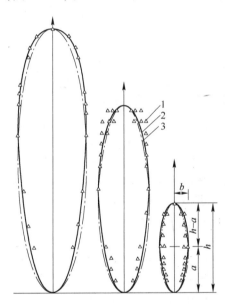

图6-45　高阶段条件下放出体
1—实际放出体；2—椭球体；3—椭球对接体

椭球对接放出体表面方程为：

$$x^2 + y^2 = b^2 \left[1 - \alpha^2 \left(\frac{z}{a} - 1 \right)^2 \right] \tag{6-5}$$

$$\alpha = \begin{cases} 1 & 0 \leqslant z \leqslant a \\ \dfrac{a}{h-a} & a \leqslant z \leqslant h \end{cases} \tag{6-6}$$

式中，α 为放出体上下对称率；a 为放出体下长半轴；b 为放出体短半轴；h 为放出体高度。

要确定放出体形状，必须根据放出体实验，通过 a、b、h 三个参变量进行放出体拟合。针对不同放出物料和不同放出高度条件下，采用最优化方法可以很好地拟合肥瘦变化和上下不对称变化的放出体。

当 $a = 0.5h$ 时，放出体为一个标准的旋转椭球体。所以，放矿椭球体可以认为是椭球对接放出体假设的一种特殊情况。

将坐标原点设在放矿口，放出体为一完全旋转体，原点下移可表征为一截头旋转体。当放出体为一完全旋转体时，放出体体积等于等高旋转椭球体体积：

$$Q_V = \frac{2}{3}\pi b^2 h \tag{6-7}$$

放出体形状特征由参数 ε_1、λ 表征，有：

$$\varepsilon_1 = \sqrt{1 - \frac{b^2}{a^2}} \qquad a \neq b \tag{6-8}$$

$$\lambda = \alpha \sqrt{1 + \frac{h(h - 2a)}{a^2 - b^2}} \tag{6-9}$$

式中，ε_1 为下半椭球的偏心率，表征放出体的肥瘦，ε_1 越小放出体越肥大，反之越瘦小；λ 为表征放出体上下对称关系，λ 越小，放出体上部越粗，反之越细；当 $\lambda = 1$ 时，放出体为一椭球体。

上半椭球的偏心率为 $\varepsilon_2 = \lambda \varepsilon_1$。

B　椭球对接放出体拟合方法

当 a、b、h 一定，则放出体的形状也就确定了。所以，确定 a、b、h 的过程也就是拟合放出体的过程。因为放出体的旋转特性，确定 a、b、h 实际上只要求采用曲线拟合方法拟合放出体的母线（式（6-10））。

$$y^2 = b^2 \left[1 - \alpha^2 \left(\frac{z}{a} - 1 \right)^2 \right] \tag{6-10}$$

采用线性相关模型与指数相关模型 $y = Ax + B$ 或 $y = Ax^B$ 均可以作为 a、b、h 之间的相关方程模型。实际应用中可根据边界条件选用其中之一。在高阶段放矿条件下，可认为放出体为一完全旋转体，因此有边界条件：

$$a|_{h=0} = 0 \qquad b|_{h=0} = 0$$

所以，可选用指数模型。如针对铜矿峪铜矿矿岩特性取得放出体实验数值后，拟合的指数模型为：$a = 0.575h^{1.02}$，$b = 0.254h^{0.86}$。

C　放矿过程中的颗粒移动规律

放矿过程中，矿岩颗粒的移动将以放出体的形式过渡，逐步向放矿口收缩，即任一放出体表面的所有颗粒在放矿过程中将始终处于同一放出体表面，最终从放矿口放出。于是，通过数学抽象后，得出放出体移动的基本性质为：在放矿过程中，放出体表面颗粒同时达到放矿口。

根据放出体移动的基本性质，导出放出体移动的另一性质：放出体表面颗粒在移动过程中的轴偏角不变。由此，可导出颗粒移动坐标变换方程为：

$$\begin{cases} x = \dfrac{ab}{\sqrt{a^2 u^2 + \alpha^2 b^2 v^2}} x_0 \\[2mm] y = \dfrac{ab}{\sqrt{a^2 u^2 + \alpha^2 b^2 v^2}} y_0 \\[2mm] z = a\left(1 + \dfrac{bv}{\sqrt{a^2 u^2 + \alpha^2 b^2 v^2}}\right) \end{cases} \tag{6-11}$$

$$u^2 = x_0^2 + y_0^2$$

$$v^2 = (z_0 - a_0)^2$$

h 为过点 (x, y, z) 之放出体高度，由下式确定：

$$\eta(h)(Q_0 - Q_f) = \frac{2}{3}\pi b^2 h$$

式中，$\eta(h)$ 为二次松散系数函数；Q_f 为放出矿量；Q_0 为颗粒初始位置点的归零量，$Q_0 = \frac{2}{3}\pi b_0^2 h_0$；$b_0$ 为过颗粒初始位置点的放出体短半轴；h_0 为过颗粒初始位置点的放出体高度。

6.4.5.3　放矿控制

A　覆岩下放矿控制目标

覆岩下放矿控制的中心任务，是尽可能减少放矿过程中的矿石损失与贫化。崩落法放矿的实践与研究表明，覆岩下放矿过程中的矿石损失与贫化，主要产生于矿岩接触面上的废石混入。放矿过程中矿岩接触面上的废石混入，主要受两个因素制约：其一是矿岩接触面的面积，面积越小，矿岩接触面越平整，废石混入几率越低，反之越高；其二是松散矿岩的物理力学特性，包括矿岩的粒级组成、湿度和黏结力等，矿石颗粒粗，而废石颗粒细，则废石混入率大。

设 S 为矿岩接触面面积，φ 为与矿岩物理力学性质有关的废石混入函数。则接触面上的废石混入量 W 为：

$$W = \iint\limits_{S} \varphi \mathrm{d}S \tag{6-12}$$

那么，放矿控制的目标函数可以表示为：

$$\min W = \iint\limits_{S} \varphi \mathrm{d}S \tag{6-13}$$

φ 是一个相当复杂的函数，在目前的放矿实验条件和放矿理论水平下，要求得能应用于现场放矿控制的 φ 函数非常困难。因此，假设采场中崩落矿石散体堆和覆岩散体堆具有整体均质和各向同性的物理力学特性，使问题得到简化。

根据这一假设，在放矿过程中矿岩的物理力学性质不发生变化，并且不随空间位置变化。对于某一固定放矿采场的矿岩散体堆，φ 是与空间和时间无关的函数。则：

$$\iint\limits_{S} \varphi \mathrm{d}S = \varphi \iint\limits_{S} \mathrm{d}S = \varphi S$$

所以

$$\min W = \varphi S \tag{6-14}$$

对于特定的放矿采场，崩落矿岩的物理力学性质相对放矿控制来说为不变因素。式 (6-14) 中能受到控制的因素实际上只有矿岩接触面面积 S。所以在放矿过程中既能制约废石混入，又能通过放矿得到控制的因素，只有矿岩接触面面积。那么，实施放矿控制的目标，就是要控制矿岩接触面面积最小，使其废石混入量最少。因此，其目标函数可以简化为：

$$\min S = S(x, y, z) \tag{6-15}$$

在现场放矿过程中，将经常出现一些意想不到的特殊情况。诸如放矿口堵塞、破坏、维修等,以及底部结构的压力转移和产量要求等,均随时发生。现场放矿控制必须考虑到这些因素对放矿方案的约束作用。因此,构成如下有约束的放矿控制目标函数。

$$\min S = S(x, y, z) \tag{6-16}$$

$$\text{s. t. } Q_{fj} = C_j$$

则

$$\sum_{j=1}^{n} Q_{fj} = C_g$$

式中,Q_{fj} 为放矿点放出矿量;C_j 为特定放矿点的约束放矿量;n 为放矿点数量;C_g 为放出矿总量。

B 放矿控制原理

由式(6-16)表明,保持矿岩接触面最小的放矿制度,可以实现覆岩下放矿过程中的损失贫化达到最小。对于初始矿岩接触面为水平状态的崩落矿堆,实施等量均匀的放矿制度,就是式(6-16)在无约束条件下的特殊解。但初始矿岩接触面往往不是水平的,况且在实际放矿过程中不可避免地出现放矿点堵塞或被破坏等特殊情况,故难以实施等量均匀放矿制度。在一般条件下,任一采场的控制放矿方案,是式(6-16)的一般最优解。由于实际的矿岩接触面在一般情况下是一个非常复杂的空间曲面,难以表达成具体的空间几何解析式。显然,式(6-16)的求解必须借助数值方法。

为了对矿岩接触面进行数值化,设矿岩接触面 S 的状态方程为:

$$F(x(Q_f), y(Q_f), z(Q_f)) = 0 \tag{6-17}$$

若给定曲面 F 的一组离散近似值 F_i($i = 1, 2, \cdots, n$),则可以构造一个比较简单的函数 f,去逼近 F 或离散值 F_i。如果 f_i 近似等于 F_i,那么,可以近似地以通过给定点的曲面 f 逼近原曲面 F。f 即为曲面 F 的拟合曲面。

合理地构造曲面 f,要求选用合适的插值方法。根据放矿控制面积求和的要求,采用分片逼近法中的三角形区域插值方法较合适。

显然,三角形区域越小,越能真实地逼近原曲面,但计算工作量将成倍增加,所以必须选用合适的区域。由于多点放矿过程中矿岩接触面的凹凸点总处于放矿点轴线上及两放矿点连线的中心附近,因此可以采用如图6-46的网格垂直切割每一放矿点所担负的矿岩接触面,将其划分为 8 个小三角形区域。则接触面上的切痕在水平面上的投影正是图6-46底部的网图。

以网图的节点为插值点,那么,每个单元网域的曲面状态由与该网域相关的三个节点的状态来表征。以该网域的平面面积 Ω_i,逼近原曲面单元的曲面面积 S_i,则单放矿点的矿岩接触面面积为:

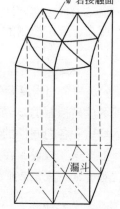

图6-46　单放矿点矿岩
接触面分片

$$S = \sum_{i=1}^{8} \Omega_i \tag{6-18}$$

多点放矿时的矿岩接触面面积为:

$$S = \sum_{i=1}^{n} \sum_{j=1}^{8} \Omega_{ij} \tag{6-19}$$

$$\Omega_{ij} = \left[P^{(i,j)} \prod_{k=i}^{3} (P^{(i,j)} - d_k^{(i,j)}) \right]^{1/2} \tag{6-20}$$

$$P^{(i,j)} = \frac{1}{2} \sum_{k=1}^{3} d_k^{(i,j)} \tag{6-21}$$

$$d_k^{(i,j)} = \left[(x_k^{(i,j)} - x_{k+1}^{(i,j)})^2 + (y_k^{(i,j)} - y_{k+1}^{(i,j)})^2 + (z_k^{(i,j)} - z_{k+1}^{(i,j)})^2 \right]^{\frac{1}{2}} \tag{6-22}$$

式中，x、y、z 为接触面上节点的空间坐标状态；n 为放矿点数量。

C　分区最优放矿控制方法

针对多点放矿时，矿岩接触面的移动由多个放矿点的放矿量及放矿顺序的综合效果确定，即 S 为 n 维向量 $Q_f = (Q_{f1}, Q_{f2}, \cdots, Q_{fn})$ 的函数。则式（6-14）为 n 维有约束非线性最优化问题，可以采用罚函数法进行求解。

在实际放矿过程中，从放矿点一次放出的矿量相对较小。当某一放矿点放矿时，对接触面的影响很有限。对于 100m 高的矿堆，当放出 1000t 矿量时，矿岩接触面上半径为 25m 以外区域的矿岩颗粒的最大位移小于 0.06m。若忽略放矿对 25m 半径范围以外矿岩接触面的影响，以及放矿顺序对矿岩接触面所造成的非线性影响，那么，可以将式（6-14）的 n 维有约束最优化问题通过分区优化方法转化为 n 次一维无约束最优化问题，即所谓分区最优放矿控制方法。其基本思想是：在采场中按一定的放矿顺序，使任一放矿点的放矿量 Q_{fi} 在满足采场放矿要求的前提下，使半径为 25m 的分区接触面面积最小。

D　最优放矿控制模拟

自然崩落法矿岩接触面为一倾斜面（图 6-44），随着拉底推进而移动。设定拉底控制线一个季度改变一次，阶段高 120m，放矿点间距 10m×10m；崩落矿石的放出体参数 a、b 分别为：$a = 0.575h^{1.02}$，$b = 0.254h^{0.86}$。

采用前述放矿控制的基本原理和方法，按旬控制周期和产量要求进行最优放矿控制数值模拟，并按照数值模拟的放矿方案在物理模型中所进行验证实验表明：

（1）按最优原理和最优控制方法放矿，当视在回收率为 123% 时，可获得原矿石回收率 97%、废石混入率 21.4% 的良好指标。

（2）物理模拟验证实验的纯矿石回收量与数值模拟纯矿石回收量的相对误差为 -7.8%，与放矿过程中废石混入现象相吻合。

（3）矿岩接触面高差较大的突变处，在其后续放矿优化过程中，不可能再恢复到完全平整状态。任一控制周期的放矿效果均将影响到后续放矿的优化效果。

（4）矿岩接触面下降至距离放矿水平 18m 左右时，接触面开始进入不可调整的锯齿状阶段，可以不再实施控制放矿。

6.4.5.4　放矿排产

自然崩落法的放矿控制，可分为长期控制和短期控制。短期控制一般以一周为控制周期，通过放矿指令实施；长期控制则一般以月、季或年作为周期，通过放矿排产来实现。

A　放矿排产的基本模型

a　排产矿量模型

排产矿量是指一个排产周期内各个放矿点的计划放矿量，由下式确定：

$$Q_{fi} = \frac{(\alpha_i Q_{ci} - Q_{pi}) Q_g}{\sum_{j=1}^{n} \alpha_j (Q_{cj} - Q_{pj})} \qquad i = 1, 2, \cdots, n \tag{6-23}$$

式中，Q_f 为排产矿量，t；α 为崩落指数，表征自然崩落法采场内不同放矿点的崩落特征；

Q_c 为担负矿量；Q_p 为已放矿量，t；Q_g 为排产期采场产量，t；n 为放矿点数。

b　排产品位模型

在放矿过程中，接触面上的废石混入将造成矿石贫化。排产品位为渗入废石后的贫化品位，由下式确定：

$$C_i = g_i(1 - \beta_i p) + g'\beta_i p \qquad i = 1, 2, \cdots, n \qquad (6-24)$$

式中，C 为排产品位，%；p 为采场平均废石混入率，%；β 为放矿点贫化指数，%；g' 为废石含矿品位，%；g 为矿体地质品位，%，由地质品位模型确定。

c　崩落指数模型

崩落指数是指一个放矿点的崩落矿石量占其所担负矿量的百分数。随着放矿作业的进行，每个放矿点的崩落指数 α 是一个上界为 1 的单增序列。影响崩落指数的因素主要是矿体的自由崩落速度，其次是产量要求、出矿设备生产能力、生产组织管理等。

崩落面在没有任何支撑作用条件下，矿体的崩落速度为自由崩落速度。自由崩落速度只与矿体的可崩性和拉底面积有关。当崩落面受到崩落矿石的支撑作用时，矿体的崩落受到约束，其崩落速度称为约束崩落速度，它小于自由崩落速度。合理的崩落指数应使放矿速度、实际的矿体崩落速度和自由崩落速度三者同步。当放矿速度大于自由崩落速度时，实际崩落速度等于自由崩落速度。这时，崩落面与崩落矿堆之间形成越来越大的空洞，造成各种隐患。因此，进行排产时不允许放矿速度大于自由崩落速度，但可以使放矿速度小于自由崩落速度，此时的实际崩落速度为约束崩落速度。

确定崩落指数 α 模型为：

$$\alpha_i = Tvk\eta/H \qquad (6-25)$$

$$\eta = \frac{nQ_c}{\sum\limits_{j=1}^{n} Q_{cj}}$$

式中，T 为放矿点拉底后至排产时的累计时间，月；v 为矿体自由崩落速度，m/月；k 为修正系数，$k \leqslant 1$；H 为放矿点担负放矿量矿层高度，m；η 为放矿不均匀系数。

对于盘区连续自然崩落法，崩落面为一倾斜面，则从待崩区向已崩区放矿点的崩落指数是逐步递增的。按式（6-25）确定崩落指数时，其崩落面的倾斜角度取决于拉底推进速度和采场达产前的产量增长速度。

在没有获得矿体的自由崩落速度参数的条件下，对于较坚硬的矿体，可应用亨德森经验公式（6-26）确定崩落指数。

$$\begin{cases} \alpha_{n+1} = \alpha_n + \delta \\ \alpha_0 = 0.1 \sim 0.15 \end{cases} \qquad (6-26)$$

式中，n 为放矿控制线序号，由待崩区向已崩区递增；δ 为崩落指数增量，取 0.1~0.15。

d　贫化指数模型

贫化指数是指废石混入系数 γ 与放出矿石量系数 ω 之比值。即：

$$\beta = \gamma/\omega \qquad (6-27)$$

废石混入系数 γ 为排产周期内废石混入量与总废石混入量之比。放出矿石量系数 ω 为排产周期内放矿量的百分比。排产矿量可表示为：

$$Q_{fi} = \omega_i Q_c$$

则：
$$\omega_i = \frac{Q_{fi}}{Q_c} \tag{6-28}$$

设平均废石混入率为 ρ，排产周期内的废石混入量 P_i 可表示为：

$$P_i = \gamma_i \rho Q_c$$

则：
$$\gamma_i = P_i / (\rho Q_c) \tag{6-29}$$

γ 为与累计已放矿量 Q_p 有关的函数，通过物理模拟实验求得。

B　排产方法

根据上述模型，可按如下排产方法进行排产：

第一步：计算放矿点担负矿量。

$$\{Q_c\} = \begin{bmatrix} Q_{c1} & 0 & \cdots & 0 \\ 0 & Q_{c2} & \cdots & 0 \\ \vdots & \vdots & & \vdots \\ 0 & 0 & \cdots & Q_{cn} \end{bmatrix}$$

第二步：计算崩落指数。

$$\{\alpha\} = (\alpha_1 \alpha_2 \cdots \alpha_n)^T$$

第三步：计算存窿崩落矿量。

$$\{Q\alpha\} = \{Q_c\}\{\alpha\} - \{Q_p\}$$

式中，$\{Q_p\} = \{Q_{p1}\ Q_{p2} \cdots Q_{pn}\}^T$ 为累计已放矿量。

第四步：计算排产矿量。

$$\{Q_f\} = (Q_g / A)\{Q\alpha\}$$

式中，$A = \{Q\alpha\}^T \{I\}$，$\{I\} = (1\ 1 \cdots 1)^T$；$Q_g$ 为排产期产量，预先确定或按 $Q_g = KA$ 计算，K 为产量系数，经验数据取 $0.4 \sim 0.5$。

第五步：计算排产总量。

$$QF = (Q_f)^T \{I\}$$

第六步：计算地质品位和贫化指数。

$$\{g\} = (g_1 g_2 \cdots g_n)^T$$

$$\{\beta\} = \begin{bmatrix} \beta_1 & 0 & \cdots & 0 \\ 0 & \beta_2 & \cdots & 0 \\ \vdots & \vdots & & \vdots \\ 0 & 0 & \cdots & \beta_n \end{bmatrix}$$

第七步：计算排产品位。

$$\{R\} = \{g\} - P\{\beta\}[\{g\} - \{g'\}]$$

其中 $\{g'\} = (g_1' g_2' \cdots g_n')^T$ 为废石含矿品位。

第八步：计算排产金属总量。

$$MT = \{Q_f\}^T \{R\}$$

按照上述算法，崩落指数是唯一在每次排产过程中均需改变其数值的原始数据。实现自动地生成崩落指数 $\{\alpha\}$ 非常重要。确定 α 的数值与拉底、崩落和放矿组织等各个生产环节相关。并且，对于每个排产周期，其 α 数值在采场中的分布规律均不一样。因此，排产速度和排产优化能力将取决于生成 $\{\alpha\}$ 的速度。

6.4.6 应用实例

铜矿峪铜矿是中国应用自然崩落采矿法的典型矿山。第一期开采设计规模400万吨/年，属20世纪中国矿石产量规模最大的地下金属矿山。该矿于1974年采用有底柱分段崩落法简易投产，但矿山年产量长期徘徊在600000~800000t，不能达到设计规模，导致矿山长期亏损。直至采用自然崩落采矿法后，才扭转了矿山亏损局面。1985~1986年中美联合设计组相继完成了该矿5号矿体自然崩落法的初步设计和详细设计；1993年矿山技改工程正式投产，1998年矿山产量达到设计规模。为了使矿山技改工程能达到预期目标，在矿山技改设计、基建和试生产期间，针对该矿的开采技术条件，由长沙矿山研究院、北京矿冶研究院、北京有色冶金设计院和中南大学等单位的有关专家，开展了自然崩落法工艺和技术的试验研究。所取得的研究成果均在设计和生产中被采用，并获得很好的应用效果。

6.4.6.1 开采技术条件

(1) 矿体赋存条件。铜矿峪矿区地层属于下元古界绛县群铜矿峪变质火山岩组的中下部，出露的变质火山岩组由老到新为变富钾流纹岩层、变钾质基性火山岩层和变凝灰质半泥质岩层。铜矿峪矿床位于变质半泥质岩层内，且属于多次地质作用和多种成因的复杂铜矿床。矿床由113个矿体组成，具有开采规模的有6个矿体，其中5号矿体规模最大，其次为4号矿体。

5号矿体为主要的开采对象。该矿体主要含矿岩石是变石英晶屑凝灰岩，其次是变石英斑岩和变石英二长斑岩。矿体上盘围岩为绢云母石英岩，下盘围岩为绢云母石英岩和绿泥石石英片岩。矿体形态为似层状、透镜状，倾角30°~50°，走向长980m，其延伸大于走向长。矿体平均厚度110m，最大厚度达200m，上部与下部的厚度变化较均匀。

(2) 矿岩构造特征。矿区内断裂构造发育，多为区域变质晚期及以后的断裂，且有多次活动。主要断裂有两条，次级断裂较发育。存在两组几乎正交的优势节理：第一组占总节理数的40%，平均倾向320°，平均倾角59.1°；第二组占总节理数的38.5%，平均倾向134.7°，平均倾角49.8°。其他方位的节理分布较零散，占总节理数的21.5%。含矿岩体的 RQD 均值为73%。

第一节理组的间距为0.42m，第二节理组的间距0.73m，其他节理组间距0.47m。以闭合节理为主，占总节理数的77.3%。这些节理壁面接触紧密，且大部分无充填物。在应力作用下，这些闭合节理容易张开。张开节理约占21.4%。愈合节理较少，仅占1.3%。节理面的持续性较好，大于统计长度2m的节理数占49.2%。节理面大都为平面型，约占84.4%，其中大部分节理属于平面较粗糙类型。

(3) 矿区应力与矿岩力学性质。矿区以构造应力为主，属于中等偏低的应力区。最大主应力方位为60°~80°，倾角±10°，应力值为10~14MPa，平均水平应力与垂直应力之比为1.05~2.5。含矿岩体的物理力学性质见表6-24。

表6-24 用φ50mm标准试件测定的岩体物理力学参数

岩石类型	抗压强度/MPa	抗拉强度/MPa	弹性模量/GPa	泊松比	容重/kg·cm⁻³
变晶屑凝灰岩	60~130	4~13	54.4	0.244	2.720
变石英斑岩	120~150	6~16	70.8	0.230	2.848

岩石类型	抗压强度/MPa	抗拉强度/MPa	弹性模量/GPa	泊松比	容重/kg·cm⁻³
变石英二长斑岩	120 ~ 160		62.9	0.257	2.687
变质基性侵入体	60 ~ 100	2 ~ 10	50.8	0.295	2.987
绿泥石石英片岩	80 ~ 130	4 ~ 9	52.4	0.280	2.884
绢云母石英岩	90 ~ 150	5 ~ 11	58.3	0.215	2.775
绢云母石英片岩	100 ~ 155	5 ~ 11	50.5	0.270	2.742
辉绿岩	150 ~ 220	5 ~ 9	73.5	0.260	2.900

在抗压强度试验中大部分试样呈脆性破坏，呈锥体和劈裂状，部分试样呈剪切状；通常以剥皮、掉渣、裂缝和压碎等形式出现。抗拉强度试验中则多数试样沿中心劈裂，少数沿微节理破坏。

6.4.6.2　自然崩落特性

长沙矿山研究院、中南大学和北京矿冶研究总院针对铜矿峪矿体的可崩性、崩落块度和崩落规律开展了必要的研究。

（1）矿岩可崩性。针对铜矿峪铜矿具有硬岩节理发育型矿体的特点，采用了岩体质量综合评判方法评价矿岩的可崩性，其中应用了综合节理间距、RQD 指标、综合摩擦角和等效节理组数等四个参数作为可崩性分级评价指标。按照采集原始资料、处理数据、形成评判指标样本库、建立岩体质量分级模型和综合评判分类等五个步骤，对铜矿峪 5 号矿体 2 ~ 13 勘探线之间、800m 水平以上到 930m 水平的岩体可崩性由低到高划分为 Ⅱ、Ⅲ、Ⅳ 三个类型，其中 Ⅱ 类 32.38%、Ⅲ 类 58.3%、Ⅳ 类 9.29%，相应的 RQD 值分别为 83.86%、58.73% 和 26.38%。可见，铜矿峪 5 号矿体 Ⅲ 类加 Ⅳ 类矿岩超过了 60%，其可崩性属中等偏易。

（2）块度评价。在铜矿峪矿的设计中，针对矿体的原始矿石块度、崩落矿石块度和放出矿石块度进行了评价。评价原始块度考虑了节理的倾向、倾角、间距和持续长度等因素。评价崩落矿石块度在原始块度的基础上再考虑了矿体及其弱面的力学性质、二次应力状态及其作用时间、原始矿石块体的大小形状和崩落空区高度等因素。评价放出矿石块度时，又在崩落块度的基础上增加了放矿高度、崩落矿石块度的大小形状和放矿过程等因素。另外，三级矿石块度的评价均借助了 Monte Carlo 技术和三维矿石块度模型。

评价预测的铜矿峪矿 5 号矿体的崩落块度和放出块度组成如图 6 – 47 所示，其中大于 0.8m 的崩落块度和放出块度分别占 58.69% 和 47.2%；大于 1m 的分别占 44.42% 和 23.5%；大于 1.2m 的分别为 35.18% 和 5.9%。这一评价结果与其后生产过程中的实测结果大致吻合。

（3）崩落规律。根据铜矿峪矿 5 号矿体的开采技术条件和工程地质特点所开展的自然崩落规律的研究内容包括：物理模型模拟试验、三维有限元法数值模拟和崩落状态实际监测。其中物理模型试验包括两个 3m × 2m × 1.45m 的立体模型试验和两个 2.5m × 0.2m × 1.35m 平面模型试验；崩落状态监测则采用专门设计的触须探测仪和断路电缆进行钻孔监测。研究对象有矿岩崩落机理及其崩落形式、拉底与崩落的关系、削帮工程对矿体崩落状态的影响以及放矿与矿体崩落的关系等。

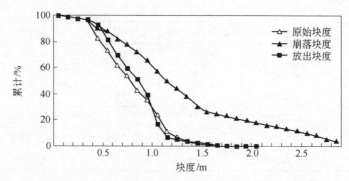

图 6 - 47　铜矿峪矿 5 号矿体的崩落块度和放出块度组成

经研究表明，铜矿峪铜矿这种节理发育但坚硬类矿体的自然崩落机理可归结为：矿体的崩落主要取决于岩体中节理的分布特点和力学性状；岩体中的无充填断续节理可视为裂纹；裂纹从发生亚临界扩展开始到高速扩展所需时间是一个与作用在裂纹上的应力有关的量；受岩体中裂纹扩展过程的影响，矿体的崩落呈周期性。

研究结果还表明，矿体的自然崩落可划分为拉底崩落和持续崩落两个阶段。（1）拉底崩落。随着拉底面积的不断扩大，二次应力增大到足以导致岩体发生崩落，使矿体处于临界稳定状态，进入拉底崩落阶段，一旦继续拉底就会发生崩落。在拉底崩落阶段的不稳定区域较小，在小范围内发生崩落后即形成平衡拱而不再继续崩落。但当继续拉底破坏这种极限平衡状态，矿体又会发生崩落。该阶段的主要特征是只要也只有增加拉底面积，矿体就发生崩落。选取拉底面积作为拉底崩落的特征参数，这是安排矿山基建计划和排产计划的一个重要因素。铜矿峪矿 5 号矿体的拉底崩落特征面积为 3200 ~ 5100m^2。（2）持续崩落。当拉底（包括削弱工程）面积达到足够大，在崩落面表层矿岩崩落后，所形成的新的二次应力场在不增加拉底面积的条件下就足以使矿体发生崩落。矿体的崩落将不再取决于增加拉底面积，只要存在崩落空间，就将周期性地使崩落面的矿体发生崩落，并一直持续下去。其特征参数是持续崩落速度，只要持续放矿，矿体将以这一崩落速度持续崩落。铜矿峪矿的持续崩落速度为 0.375m/d。

6.4.6.3　采矿工程布置

针对铜矿峪 5 号矿体的自然崩落法开采，设计采用沿矿体走向连续崩落的回采方式，漏斗电耙出矿底部结构，机车运输。运输水平设为 810m 水平，出矿水平直接位于 810m 运输巷道顶板上的 813.5m 水平（图 6 - 48）。

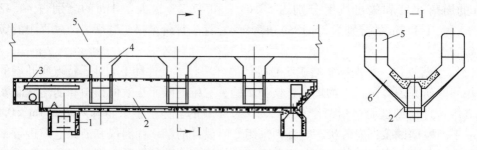

图 6 - 48　铜矿峪铜矿自然崩落法出矿系统结构
1—运输巷道；2—电耙巷道；3—电耙硐室；4—受矿漏斗；5—拉底巷道；6—放矿斗颈

（1）运输系统。运输系统设计为环形运输，其环形运输轨道总长约2200m，每条运输穿脉巷道长为350~500m，运输车辆由架线式电机车拖运。各种用途的列车有：矿石运输车、废石运输车、混凝土罐车、炸药运输车、材料运输维修车等约15~20辆。

由于运输列车的种类和数量多，行车密度大。且矿车在溜井口直接受矿，要求矿车与出矿密切配合。而对于混凝土罐车和炸药车则要求优先通过，并允许逆向行驶。针对810m运输系统采用了自动调度系统，通过自动控制信号机和电动转辙机将列车导向预定的目的地。

（2）出矿系统。矿山一期工程受资金的制约，选用了电耙出矿而未选用铲运机出矿。电耙道沿矿体走向布置，每条耙道上呈双向对称设置6个出矿漏斗，每个漏斗担负的出矿面积为10m×10m。由于矿体倾角为45°左右，故在833m、853m和870m水平还分别设置了副层电耙道。

电耙道与漏斗口均采用混凝土进行加强支护，其支护厚度为310mm，混凝土标号达到350号。

（3）拉底与削弱工程。主要拉底工程有拉底巷道，主要削弱工程有位于首采区段矿体端部的50m高的割帮槽和边界角上的削弱天井。

考虑到拉底巷道和电耙道均沿矿体走向布置的工程特点，以及矿体中密集成组的小断层的走向与矿体走向大体一致，且节理密度从下盘向上盘由密变稀等岩体结构特点，采用了自下盘向上盘的对角式拉底顺序，呈台阶状沿走向推进。每次拉底的形状为长方形，其长度方向垂直于矿体走向。每次拉底的面积为（3.4~3.6）m×20m。在每条拉底巷道上同时进行拉底爆破的炮孔不超过三排，但一次同时在2~3条拉底巷道上进行爆破。这种拉底顺序的优点是避免了断层整体滑动而产生大块、便于检查和保证拉底质量、降低了拉底巷道和电耙道的应力集中并缩短了应力作用时间。

6.4.6.4　放矿控制

铜矿峪铜矿正常生产期间的放矿点数量约200个。按照不等量均匀放矿原则，实行排产计划加放矿指令的控制放矿制度。

（1）排产计划。排产计划包括3~5年的中长期计划和年度计划。中长期计划均按季度给出产量，年计划则按月给出产量。按式（6-30）、式（6-31）制定排产计划。

$$Q = \Sigma\eta(\alpha_i Q_{di} - Q_{pi}) \qquad \eta = \begin{cases} \dfrac{m}{7} & \alpha Q_{di} - Q_{pi} > 1000 \\ 1 & \alpha Q_{di} - Q_{pi} < 1000 \cap \alpha \geqslant 1 \end{cases} \qquad (6-30)$$

$$Q_{fi} = \frac{\alpha_i Q_{di} - Q_{pi}}{\displaystyle\sum_{j=1}^{n}(\alpha_j Q_{dj} - Q_{pj})} Q \qquad i = 1,2,\cdots,n \qquad (6-31)$$

$$\text{s. t. } Q_{fi} \begin{cases} \leqslant 30 \\ \leqslant 50 \\ \leqslant 60 \\ \leqslant 70 \\ \leqslant 80 \\ = 100 \end{cases} \qquad \frac{Q_{pi}}{Q_{di}} \begin{cases} \leqslant 5 \\ \leqslant 10 \\ \leqslant 20 \\ \leqslant 30 \\ \leqslant 40 \\ > 50 \end{cases}$$

式中，η 为采场排产系数；α_i 为第 i 号放矿点的排产指数，在拉底线上的放矿点设为 0，自第二排起按 10% 递增，当超过 100% 后均计为 1；Q 为排产期内的总产量；Q_{fi} 为第 i 号放矿点在排产期内的计划放矿量；Q_{di} 为第 i 号放矿点的担负矿量；Q_{pi} 为第 i 号放矿点已经放出的矿量；m 为排产单元的月数，即中长期排产取 3、年度排产取 1；n 为采场放矿点总数量。

（2）覆岩下放矿优化。通过放矿指令实现对放矿的最终控制。放矿指令在年度计划的基础上通过优化以后按天下达。其中崩落面下的放矿优化相对容易实现，是考虑了每天的实际放矿量和当天放矿点实际工况后的当天优化矿量。实现覆岩下的放矿优化相对较为复杂，也是放矿优化的重点。针对铜矿峪矿的矿石性状，分别进行了 1∶50 单漏斗立体模型放出体试验、包括有 261 个放矿点的 1∶100 多漏斗立体模型放矿试验和数值模拟放矿试验。

根据试验结果研究采用了最小接触面模型实施覆岩下放矿控制。按照椭圆对接放出体假设建立矿岩颗粒在放矿过程中的移动方程组为：

$$
\begin{cases}
x = \dfrac{ab}{\sqrt{a^2 u^2 + \beta^2 b^2 v^2}} x_0 \\[3mm]
y = \dfrac{ab}{\sqrt{a^2 u^2 + \beta^2 b^2 v^2}} y_0 \\[3mm]
z = a + \dfrac{ab}{\sqrt{a^2 u^2 + \beta^2 b^2 v^2}} v
\end{cases}
\tag{6-32}
$$

$$u^2 = x_0^2 + y_0^2$$
$$v^2 = (z_0 - a_0)^2$$

根据式（6-32），应用数值方法构造出以放矿量为变量的最小接触面目标函数式（6-33）。

$$\min S = f(x(Q_f), y(Q_f), z(Q_f)) \tag{6-33}$$
$$\text{s.t. } Q_{fj} = C_j \quad j = 1, 2, \cdots, t < n$$
$$\sum_{i=1}^{n} Q_{fi} = Q$$

式中，S 为矿岩接触面总面积；$x(Q_f)$、$y(Q_f)$、$z(Q_f)$ 为任意矿岩颗粒的空间状态；C_j 为要求进行特殊处理的放矿点的放矿量。

参考文献

[1] DEWOLFE V. Draw control in principle and practice at Henderson mine [J]. Design and operation of caving and sublevel stoping mines, 1982.

[2] MUKHERJEE A, MAHTAB A. Size distribution of ore fragments in Block Caving [C]//The 13th World Mining Congress Thesis, Stockhoum Sweden, 1987.

[3] PAN CHANGLIANG, et al. Rock Caving Characteristics and Caving Rules Block Caving [J]. Journal of the Central South Institute of Mining and Metallurgy, 1994, 25 (4): 441~445.

[4] TAN GUANGWEI. A Study on the Block Caving Rules of the No. 5 Orebody in Tongkuangyu Copper Mine

［J］. Nonferrous Metals, 1997 (5): 8～12.

［5］ WANG LIGUANG, et al. Simulation – based Ore Fragments Model and Its Applications ［J］. Nonferrous Metals, 1998 (2): 6～10.

［6］ ZHANG FENG. Monitoring the Orebody Caving State in A Blocking Caving Mine ［J］. Ferrous Mines, 1997 (9): 9～12.

［7］ ZHOU AIMIN. Optimization and Method of Drawing Control in Block Caving at Tongkuangyu Mine ［J］. Trans. Nonferrous Me. Soc. China, 1997, 7 (2): 9～13.

［8］ ZHOU AIMIN. A Study and Application of Ore Drawing Rules in High Level Caving System, the Quarterly of Changsha Institute of Mining Research, 1998, 9 (2): 20～27.

［9］ 周爱民, 等. 高阶段崩落法放矿规律的研究与应用 ［J］. 矿业研究与开发, 1989, 9 (2).

［10］ 周爱民, 王大勋. 崩落法放矿控制的计算机方法 ［J］. 矿业研究与开发, 1989, 9 (3).

［11］ 周爱民. 自然崩落法放矿与计算机排产方法的探讨 ［J］. 矿业研究与开发, 1990, 10 (3).

［12］ 周爱民. 覆盖岩下放矿控制基本原理与方法 ［C］//第四次全国采矿学术会议, 1993.

［13］ 周爱民. 自然崩落法研究与应用 ［J］. 矿业研究与开发, 1997, 17 (3).

［14］ ZHOU AIMIN, SONG YONGXUE. Application of Block Caving System in the Tongkuangyu Copper Mine ［C］// MassMin 2000 (Brisbane), 2000.